EDS-10100을 이용한 **재미있는**

전자회로 기초 및 응용

남상엽 · 박정호 · 박용후 공저

도서출판 상 학 당

머리말

Anytime, Anywhere, Anynetwork, Anydevice, Anyservice를 지향하는 유비쿼터스 컴퓨팅 패러다임은 인간 생활을 둘러싼 모든 환경과 사물 속에 특정 용도와 기능 중심의 컴퓨터를 센서, 반도체 등과 같은 포스트 PC 형태로 내장시키고 이들을 유무선 네트워크로 연결함으로써 보이지 않은 컴퓨터를 통해 사람, 장소, 사물의 시시각각 변하는 상황정보를 활용할 수 있는 미래 정보화의 핵심으로 떠오르고 있다.

이러한 유비쿼터스의 시대에 맞추어 적용될 뭔가의 요소의 기초전자 기술력이 필요해짐에 따라 '전자회로 기초 및 응용'을 구성하여 발간하게 되었다. 이전까지는 단순히 각종 전자회로는 복잡하고 까다로운 시스템으로 인식되고 방대한 분량을 차지하고 있으므로 이러한 약점을 보강하여 작고 강하게 구성한 새로운 개념의 전자회로를 구성하였다. 특히 새로운 시대의 변화에 발맞추어 기초 전자회로를 이론만 구현되던 것을 자체 컴퓨터 시뮬레이션을 통하여 이론과 실습을 동시에 구현할 수 있는 전자북으로 IT 산업의 차세대 성장의 엔진으로 성장할 수 있는 기초 전자부품들의 특징적인 동작원리 및 특성 등을 구성하였다. 여기에서 이러한 기초적인 이론과 부품들의 동작원리 및 특성들을 공부함으로써 앞으로 좀더 고차원적인 이론과 회로를 공부하는 데 바탕이 된다.

본 교재는 전자회로의 기초가 되는 소자와 기초 이론에 근거를 둔 응용회로를 공부하고 실험을 통해 이론을 증명하는 형태로 구성되어 있다. 단지 일반 전자회로 책처럼 깊이 있는 내용보다는 쉽게 이해할 수 있도록 구성 편집하였다.

따라서 좀더 깊이 있고 보다 전문적인 내용은 이 책을 통하여 개념을 이해하고 추가적인 참고서적을 통하여 학습하는 것이 효과적일 것이다. 이 책을 사용하는 방법은 각 과정의 핵심적인 실험 목적을 숙지하고 기초적인 이론을 이해하고 이 실험을 통하여 이론을 검증해 나가는 것이다.

이 교재는 EDS-10100 전자회로 시뮬레이션 소프트웨어와 병행하여 컴퓨터·전자·통신 분야 관련 학생 및 초보개발자를 대상으로 한 기초 전자회로에 대한 기본학습 및 실습을 위한 교재로서, 처음 기초부품 및 전자회로를 접하는 학생에게 쉽고 빠르게 접근할 수 있도록 하는 데 초점을 맞추어 편찬되었다. 따라서 기초 전자회로 및 응용회로의 작동원리에 대한 이해와 감각을 키우기 위하는 데 부족함이 없을 것이라 생각된다.

이 책의 주요 구성은 다음과 같다.

제1장은 EDS-10100의 설치 및 환경설정, 제2장은 EDS-10100의 구성 및 특징, 제3장에서 제19장까지는 기초 전자회로 및 응용에 대한 이론 및 실습을 통하여 이해하도록 하였다. 각장의 항목은 직류회로, 전류, 전압, 저항측정기의 원리, 교류회로, 변압기의 원리, 반도체인 다이오드 특성, 제너 다이오드의 특성, 트랜지스터의 구성 및 이해, FET, SCR특성, 트랜지스터 증폭기, OP AMP회로, 능동 여파기, 전원공급장치, 발진회로, 신호변조 및 복조, 펄스회로, 기초 논리회로, 순차논리회로, 조합논리회로, 신호변환기 등으로 각 전자회로 및 특징에 대한 실질적인 실험실습을 통해 다양한 기능과 특징을 확인할 수 있어 전자회로에 대한 쉽고 빠른 이해를 얻을 수 있을 것이다.

끝으로 이 교재를 집필하는 데 많은 도움을 주신 (주)ED의 강용식 부사장님, 김창일 상무님 그리고 기술연구소의 김석중 부장님, 이효영 과장님, 최호진주임, 박효진님, u-IT마케팅의 양영규 팀장님, 이춘택 과장님, 곽석민 과장님, 출판홍보팀의 최정윤 대리님 등 관계자 여러분과 도서출판 상학당의 관계자 여러분에게 감사의 마음을 전한다. 그리고 어려운 환경 속에도 묵묵히 이 책의 집필에 많은 도움을 준 남상석 및 박원민, 노성민, 전정화, 천지현 학생에게 감사의 말을 전한다.

어떤 일이든 첫발을 내딛고 개척하는 것이 가장 힘든 일일 것이다. 그러나 그 어려움을 극복하였을 때 얻는 것이 무엇보다 값진 결실이 될 것이다. 아직은 열악하고 힘든 개발환경이지만 이 책이 보다 많은 기초 전자회로 인력 양성에 힘이 되어주길 바란다.

저자 씀

차 례

Chapter I

EDS-10100 환경설정

CHAPTER 1

EDS-10100 환경설정

1-1 10100의 작업환경

10100(만백)은 윈도우의 자바(Java)기능에 기반을 두고 개발되었다. 따라서 윈도우의 사용법을 충분히 익혀야 원활한 사용이 가능하다.

1. 컴퓨터의 구동(booting)

PC의 전원 스위치를 눌러 PC가 작동되기 시작하여 사용자가 사용할 수 있는 상태가 되기까지의 과정을 부팅(booting)이라고 한다. 부팅과정은 운영체제마다 차이가 있으나 기본적으로 윈도우의 사용방법은 비슷하다.

2. 윈도우(Windows) 환경

부팅과정을 마치고 나면 윈도우의 초기 시작 화면을 보게 된다. 초기 시작화면은 아래 그림과 같은 구성으로 이루어져 있다. 초기화면은 아이콘, 시작버튼, 빠른 실행 아이콘, 작업표시줄 등으로 구성되어 있다.

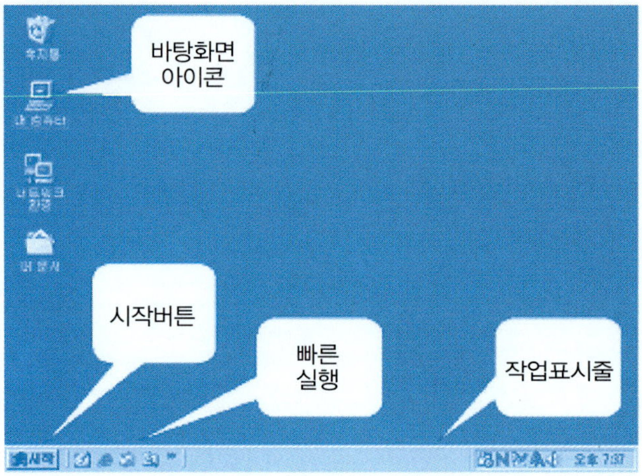

[그림 1-1]
바탕화면

(1) 바탕화면 아이콘

바탕화면 아이콘은 자주 사용하는 응용 프로그램이나 문서를 쉽게 열 수 있게 해주는 바로 가기이다. 바탕화면 아이콘은 윈도우에 기본적으로 설정되어 있는 것 이외에도 사용자가 임의로 아이콘을 바탕화면에 등록시킬 수 있다.

1) 내 컴퓨터

내 컴퓨터 아이콘을 이용하여 시스템의 내용을 볼 수 있고 파일 및 폴더 등을 관리할 수 있다. 다음 그림은 시스템 내용의 확인과 파일 및 폴더를 보여주는 그림이다.

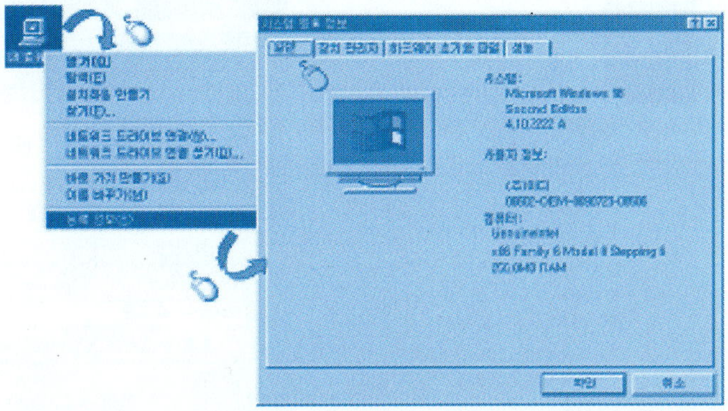

[그림 1-2]
내 컴퓨터 등록 정보

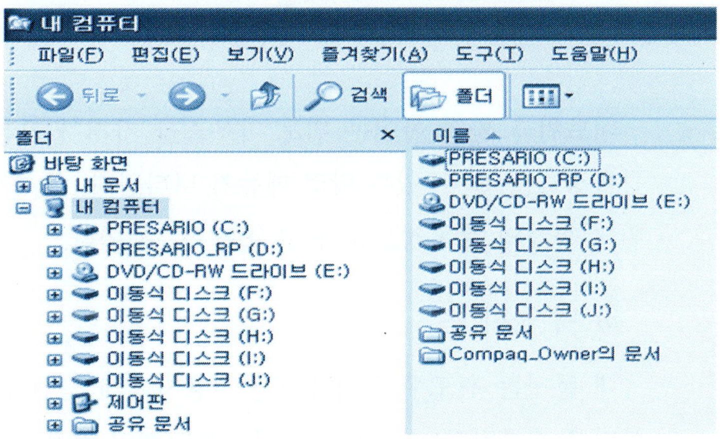

[그림 1-3]
내 컴퓨터 파일 보기

2) 네트워크 환경

네트워크 아이콘을 이용하여 네트워크 환경을 보거나 설정할 수 있다. 네트워크 환경은 로컬 네트워크와 글로벌 네트워크로 구분된다. 로컬 네트워크는 같은 로컬에 존재하는 컴퓨터들을 보여주며 글로벌 네트워크는 인터넷과 같이 원거리의 네트워크를 의미한다. 네트워크 환경은 인터넷을 사용하기 위해서는 필수적으로 설정되어져 있어야만 한다. [그림 1-4]는 네트워크 환경의 등록정보를 보고 설정하기 위한 과정이다.

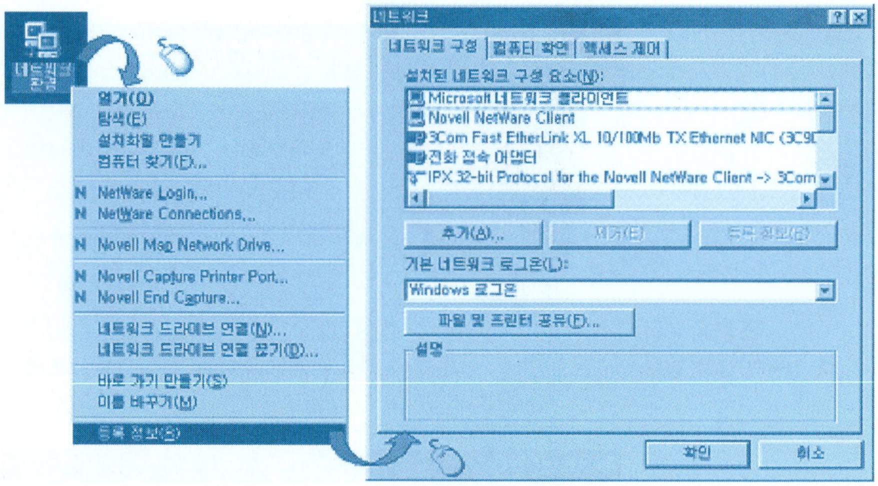

[그림 1-4]
네트워크 환경설정

네트워크 환경 아이콘 위로 마우스를 가져가 오른쪽 버튼을 클릭하면 등록정보를 볼 수 있는 팝업 메뉴가 나타난다. 등록정보를 클릭하면 네트워크 환경의 등록정보를 보고 설정할 수 있다.

3) 내 문서

내 문서는 윈도우를 사용하는 사용자에게 작업을 보관하기 위한 기본 폴더로 제공된다. 대부분의 응용프로그램이 기본적으로 "내 문서" 폴더를 작업공간으로 사용한다.

4) 휴지통

휴지통은 사용자가 파일을 지운 경우 지운 파일을 임시로 보관하는 장소이다. 잘못 지운 파일은 휴지통에서 복원할 수 있다.

2. 작업표시줄

작업표시줄은 바탕화면과 함께 윈도우의 시작화면을 구성하는 요소이다. 작업표시줄은 시작버튼, 빠른 실행, 작업표시 등으로 구성되어 있다.

[그림 1-5]
작업 표시줄

1) 시작버튼

시작버튼은 프로그램의 실행, 문서열기, 시스템 설정변경, 도움말 보기, 찾기 등의 작업을 수행하는 버튼이다. 시작버튼을 클릭하면 계단식 메뉴를 통해 응용프로그램을 열거나 옵션을 사용자가 정의할 수 있다.

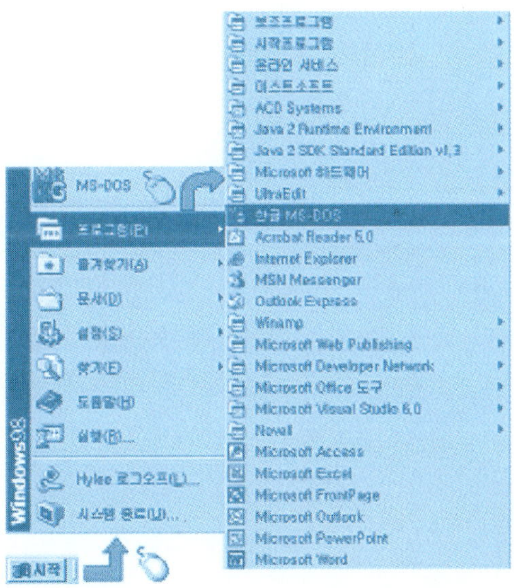

[그림 1-6]
시작 메뉴〉

2) 빠른 실행

빠른 실행은 한번의 클릭으로 응용프로그램을 실행시켜 주는 도구 창이다. 자주 사용하는 응용프로그램일 경우 빠른 실행 도구 모음에 등록하여 사용하면 편리하다. 아이콘을 도구모음에 등록하기 위해서는 아래 그림과 같이 아이콘을 드래그(drag)하여 빠른 실행위치로 이동하면 된다.

[그림 1-7]
빠른 실행 아이콘 추가

3) 작업표시

윈도우 응용프로그램을 실행하면 실행중인 응용프로그램은 작업표시줄에 표시된다.

1-2 설치 환경

■ 시스템 요구사항

10100을 사용하기 위한 최소한의 사양은 다음과 같다.

- **시스템 CPU** : Pentium-Ⅱ 300 이상
- **RAM** : 64MB 이상
- **하드 디스크** : 200MB 이상의 하드 공간
- **운영체제** : 한글Windows 95/98/NT4.0/2000×P 계열
- **웹 브라우저** : 인터넷 익스플로러 5.0 이상
- **주변장치** : CD-ROM 드라이브

1-3 설치하기

1. 제품 구성

전기, 전자 실습 프로그램인 10100은 다음과 같은 제품들로 구성되어 있다.

- **소프트웨어 CD** : 10100 프로그램
- **아드웨어 록** : 10100은 소프트웨어 불법 복제를 방지하기 위해 하드웨어 록을 사용한다. 10100 사용 시 록이 없으면 프로그램이 실행되지 않으며, 프로그램 사용하는 도중에 로크를 제거하면 프로그램 실행이 중지된다. 록은 프린터 포트에 설치하여 사용하며, 프린터와 같이 설치하여도 무방하다.
- **사용자 매뉴얼** : 10100 프로그램 사용 안내서 1 부
  10100사용 안내 및 10100을 이용한 실험의 이론적인 설명이 있다.

2. 프로그램 설치

(1) 자동 실행

10100을 설치하기 위해서는 10100 설치 CD가 필요하다. 설치 CD를 CD-ROM 드라이브에 삽입하면 설치 프로그램은 자동으로 동작한다. 자동설치 프로그램이 시작되면 "
" 버튼을 클릭함으로써 10100을 설치할 수 있다.

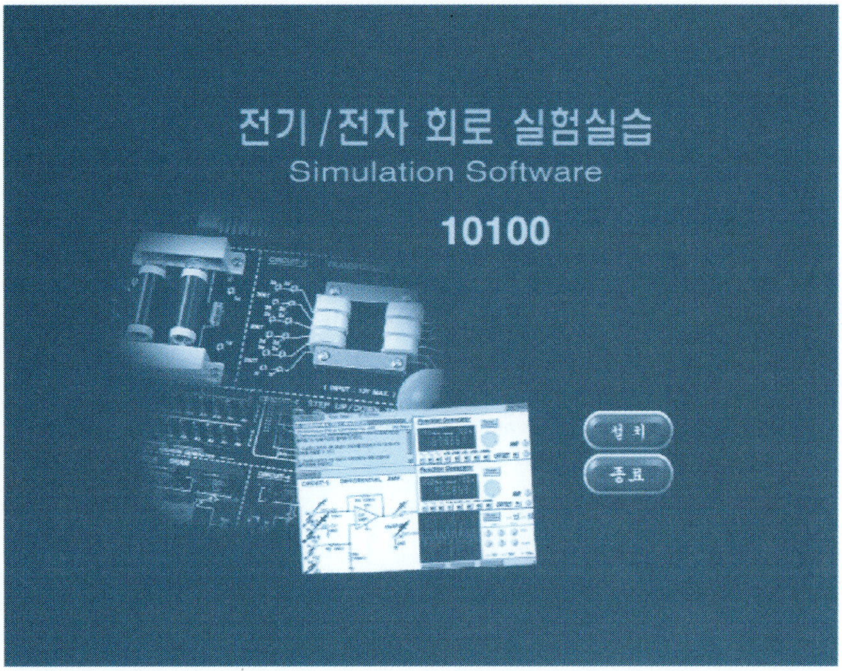

[그림 1-8]
10100 설치 화면

2. 수동 실행

자동으로 설치하지 않고 사용자가 직접 설치를 원할 경우 윈도우의 탐색기를 이용한 방법과 실행창을 이용한 방법으로도 설치 가능하다.

1) 탐색기 이용

탐색기를 이용한 설치방법은 Windows 탐색기( )를 이용하여 CD로 이동한 후 "Install. exe" 파일을 실행하거나 운영체제가 "Windows 95/98" 일 경우에 "SETUP" 폴더 안의 "setup₩win98₩Run. exe" 파일을 실행하고, 운영체제가 "Windows NT/2000XP"일 경우에는 "WinNT" 폴더 안의 "setup₩WinNT₩Run.exe" 파일을 실행함으로써 설치가 가능하다.

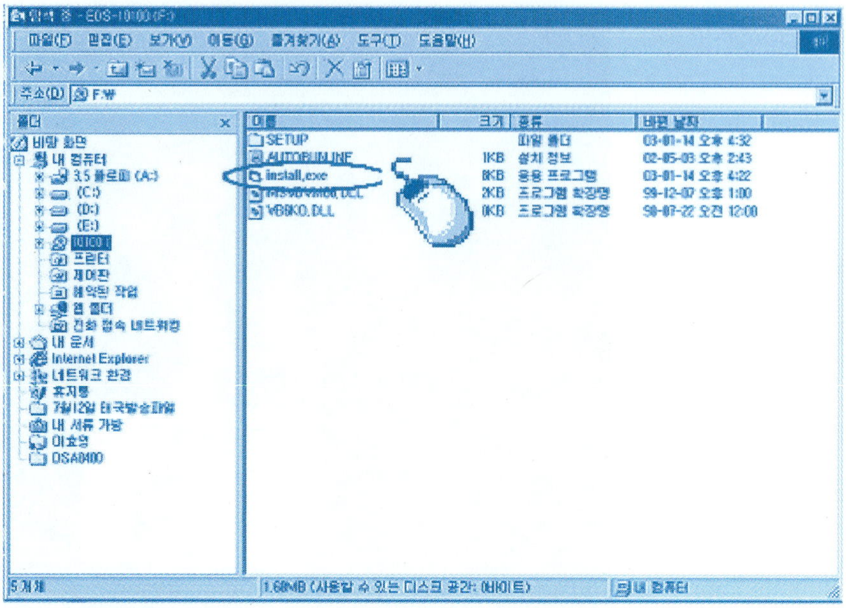

[그림 1-9]
탐색기를 이용한 설치

2) 실행창을 이용

실행창을 이용한 설치는 윈도우의 시작버튼을 클릭한 후 실행 메뉴를 선택하여 직접 "Run.EXE" 파일의 경로를 입력하면 된다.

- **파일의 경로는 윈도우 95/98일 경우** : F:₩setup₩win98₩Run.exe
- **윈도우 NT/2000/XP일 경우** : F:₩setup₩WinNT₩Run.exe이다.
  (여기서 F:₩ 는 자신의 컴퓨터의 CD-ROM 드라이브명이다)
  그 이후의 과정은 탐색기를 이용한 방법과 같다.

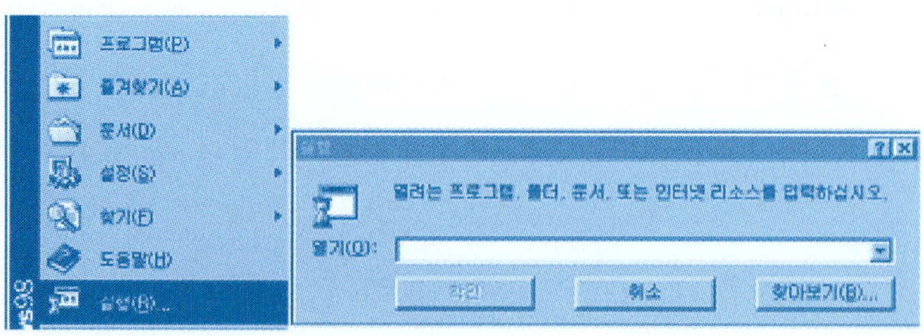

[그림 1-10]
실행창을 이용한
10100설치

3. 설치 과정

1) 설치 시작

자동 실행 프로그램 또는 수동 설치로 "Install.exe" 파일을 실행시키면 프로그램을 설치할 수 있는 프로그램 설치창이 나타난다. 설치창의 설명에 따라 설치를 진행하면 간단하게 설치가 가능하다.

2) 운영체제의 선택

프로그램 설치창의 "

" 버튼을 누름으로써 프로그램의 설치를 시작하면 운영체제의 선택 표시가 나타나게 된다.

[그림 1-11] 운영체제의 선택

위의 대화상자에서 자신의 운영체제를 선택한 후 OK 버튼을 클릭한다.
(위의 운영체제 선택 대화상자는 Run. exe를 이용하여 설치를 시작했을 경우 나타나지 않는다).
10100은 소프트웨어 설치시 불법 복제 방지 록(Lock)의 인스톨도 같이 하므로 프로그램을 설치시에는 실행중인 다른 프로그램을 종료하는 것이 더욱 더 안정적이다.

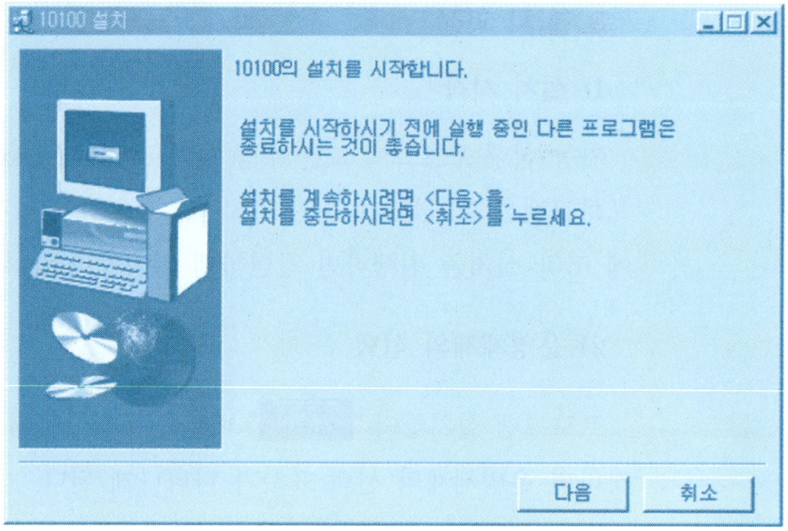

[그림 1-12]
설치 시작

프로그램 설치시에는 록(Lock)은 필요하지 않다.

3) 사용권 계약 동의서

설치 시작 창에서 다음을 누르면 소프트웨어 사용권 계약 동의서가 나타난다. 중요한 내용이므로 사용자는 자세히 읽어 차후 불이익이 없도록 해야 한다.

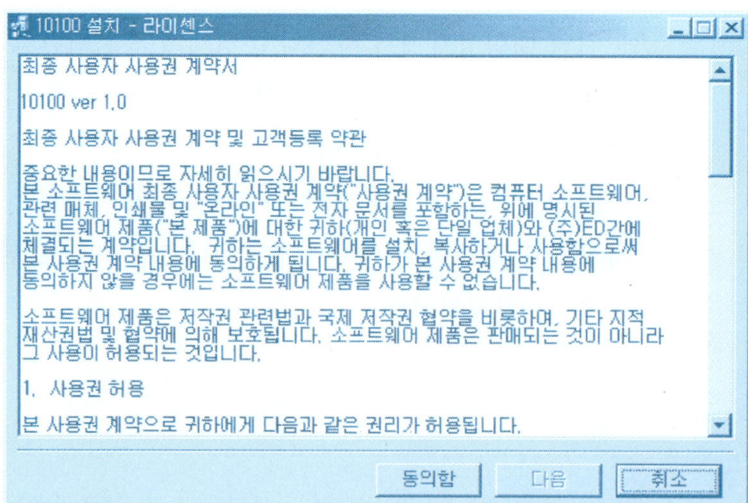

[그림 1-13]
10100의 사용권 계약서

4) 버전 정보

사용권 계약 동의서에 동의하면 다음으로 프로그램의 설치정보를 볼 수 있다. 설치정보는 현재의 버전 및 업데이트 상황 등의 사항이 기록되어 있다.

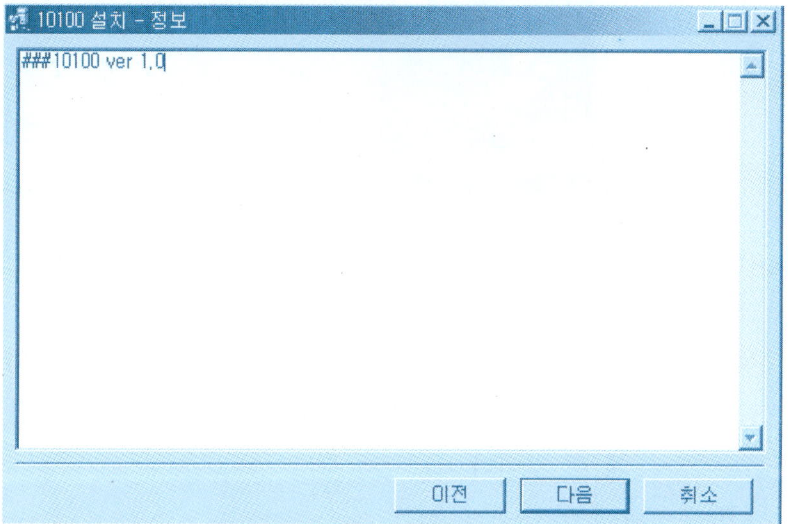

[그림 1-14]
10100의 버전 정보

5) 설치 폴더 선택

버전 정보를 확인한 후에는 프로그램 설치 폴더를 선택하게 된다. 폴더는 기본적으로 "C:₩10100"이 설정되어 있다. 설치 폴더를 변경하고자 할 때에는 찾아보기 버튼을 사용하여 사용자가 원하는 위치에 설치가 가능하다. 폴더의 입력을 끝마치고 설치 시작버튼을 클릭하여 설치를 계속한다.

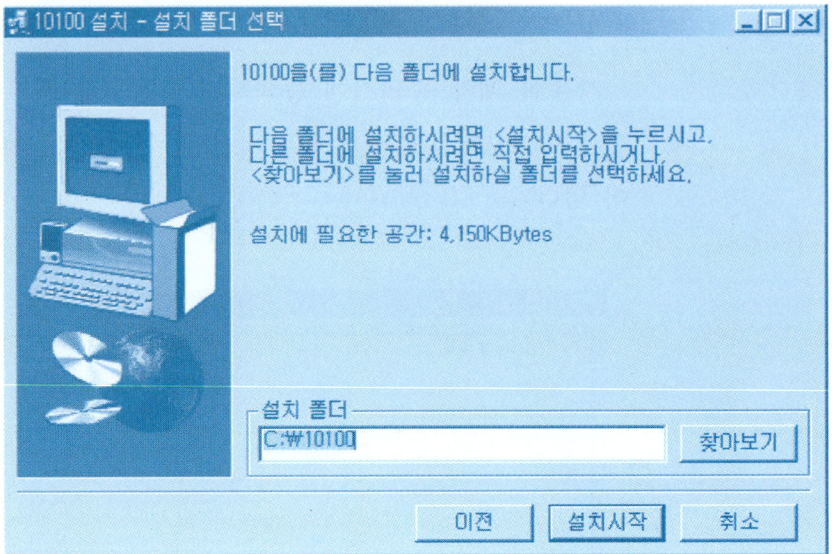

[그림 1-15]
설치 폴더의 선택

기본적으로 설정된 C:₩10100 이외의 다른 폴더를 이용하여 프로그램을 설치할 때는 설치하고자 하는 폴더를 다시 한번 확인하는 단계를 거치게 될 것이다.

[그림 1-16]
설치 폴더 새로 만들기

이와 같은 폴더 만들기에 대한 확인을 할 것이다.

6) 파일 복사

폴더의 설정이 끝나면 프로그램을 사용하는 데 필요한 파일이 하드디스크에 복사된다.

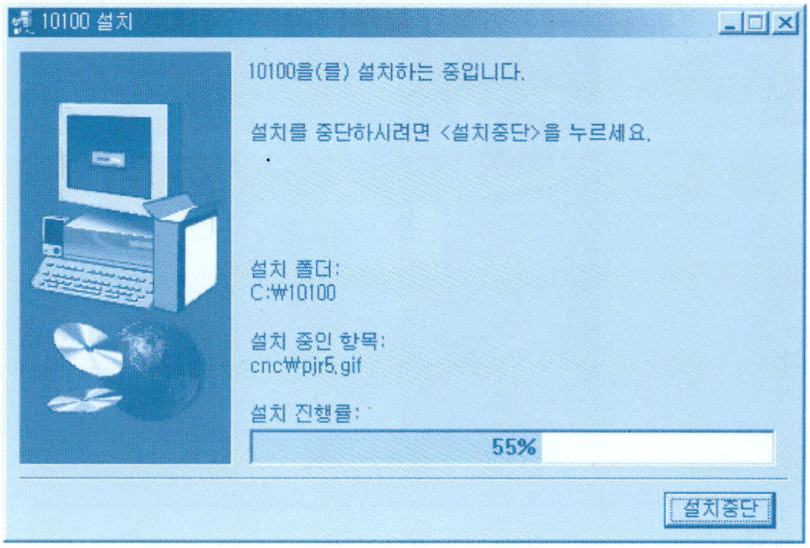

[그림 1-17]
설치와 파일의 복사

7) 설치 완료

모든 설치 과정을 끝마치고 재부팅하면 10100의 실행 준비가 완료된다.

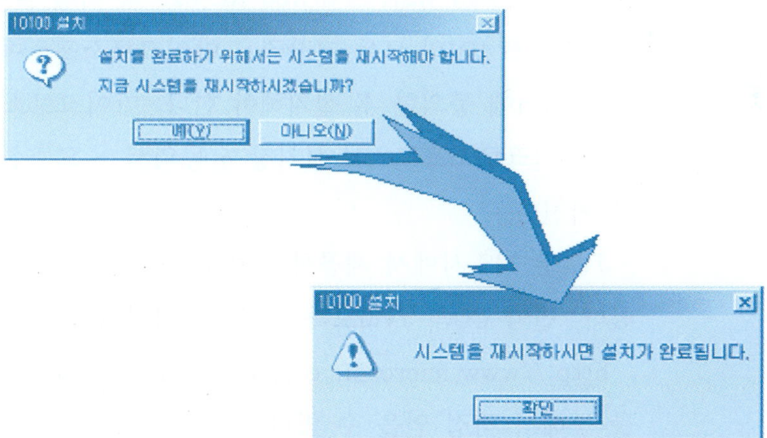

[그림 1-18]
설치 완료 및 시스템 재시작

10100이 정상적으로 설치가 되었다면 시스템 재시작 후 10100의 성공적인 설치를 알리는 창이 뜨게 된다.

[그림 1-19]
설치 완료

설치 완료 후 마이크로소프트의 자바 VM(Virtual Machine)이 설치되지 않은 사용자는 마이크로소프트의 자바 VM을 설치해야 한다. 자바 VM은 CD의 "JVM"폴더에서 Windows 95/98일 경우는 "Win"폴더의 "msjavx89.exe"를 더블 클릭하여 설치하고 Windows NT/2000XP 일 경우는 "WinNT" 폴더의 "Q300845_W2K_SP3_X86_KO.exe"를 더블 클릭하여 설치한다. 마이크로소프트 VM의 모든 저작권은 마이크로소프트에 있다. 따라서 사용자는 동의서에 동의한 후 설치해야 한다. 마이크로소프트 VM의 설치 과정은 "마이크로소프트 VM 설치창 - 동의서 - 요소설정 - 재 부팅"의 순서를 거친다.

JVM은 MS 사에서 제공하는 프로그램으로 인터넷상에서 쉽게 구할 수 있다. 만약 CD의 JVM보다 더 높은 버전의 JVM을 원한다면

http://www.microsoft.com/korea/download/

를 통해서 직접 얻을 수 있다.

다음의 그림은 Windows 98에서 자바 VM의 설치 과정을 보여준다.

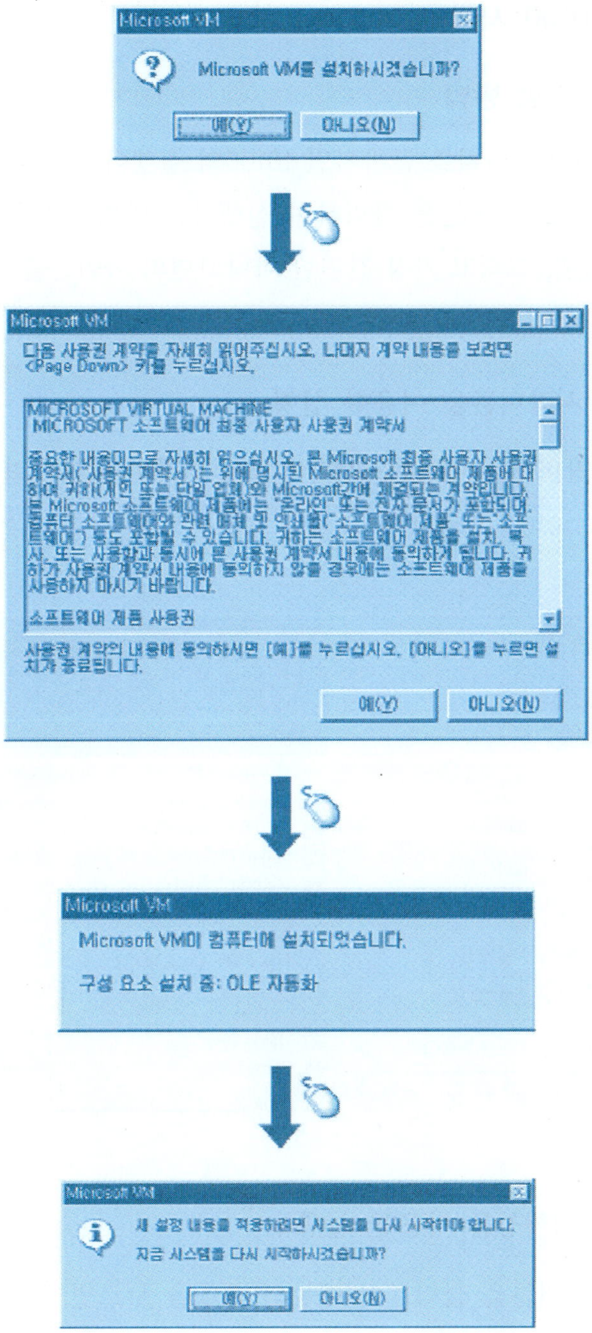

[그림 1-20]
JVM의 설치

3. 10100 시작

(1) 실행 방법

10100의 설치를 끝마치면 10100의 실행이 가능하다. 10100을 실행하는 방법은 시작버튼을 클릭하여 실행하는 방법, 실행창을 이용하여 실행하는 방법, 그리고 가장 간편한 바탕화면의 아이콘을 클릭하여 실행하는 방법이 있다.

1) 시작버튼을 이용한 실행

시작버튼을 이용한 실행 방법은 시작버튼을 클릭하여 "시작 - 프로그램 - 10100 프로그램 그룹 - 10100"의 순서로 실행하면 된다.

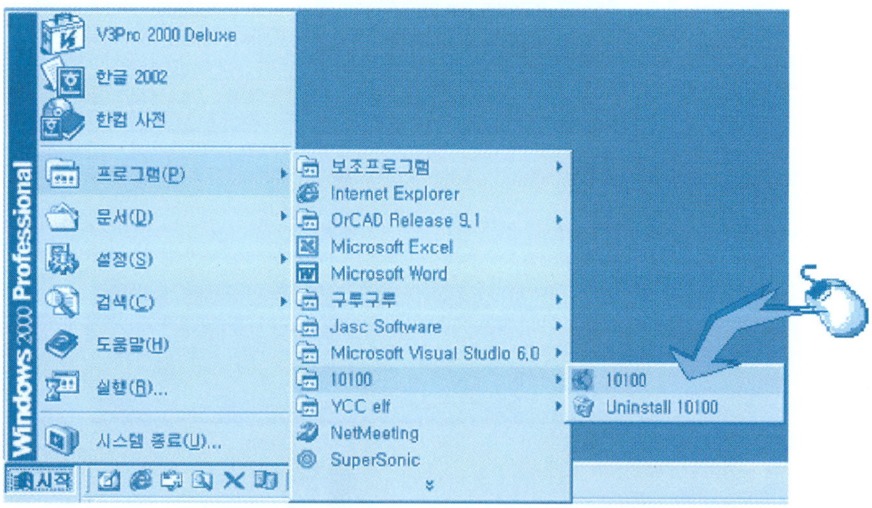

[그림 1-21] 시작버튼을 이용한 10100의 실행

2) 실행창을 이용한 실행

시작버튼을 클릭하여 메뉴의 실행을 누르면 실행창이 활성화된다.

[그림 1-22]
실행창을 이용한 10100의 실행

실행창이 활성화되면 찾아보기 버튼을 이용하여 10100이 설치된 폴더를 찾아서 10100.exe를 선택한 후 열기버튼을 누르면, 10100의 실행 파일의 위치가 입력된다. 사용자는 실행창의 확인 버튼을 누름으로써 10100을 실행할 수 있다.

3) 탐색기를 이용한 실행

Windows의 탐색기를 이용하여 프로그램을 실행시키고자 할 때는 탐색창에서 10100 프로그램이 설치된 폴더로 이동하여(Default:C:₩Program files₩10100₩) 10100 실행파일인 10100.EXE 파일을 더블 클릭함으로 인해서 10100을 실행할 수 있다.

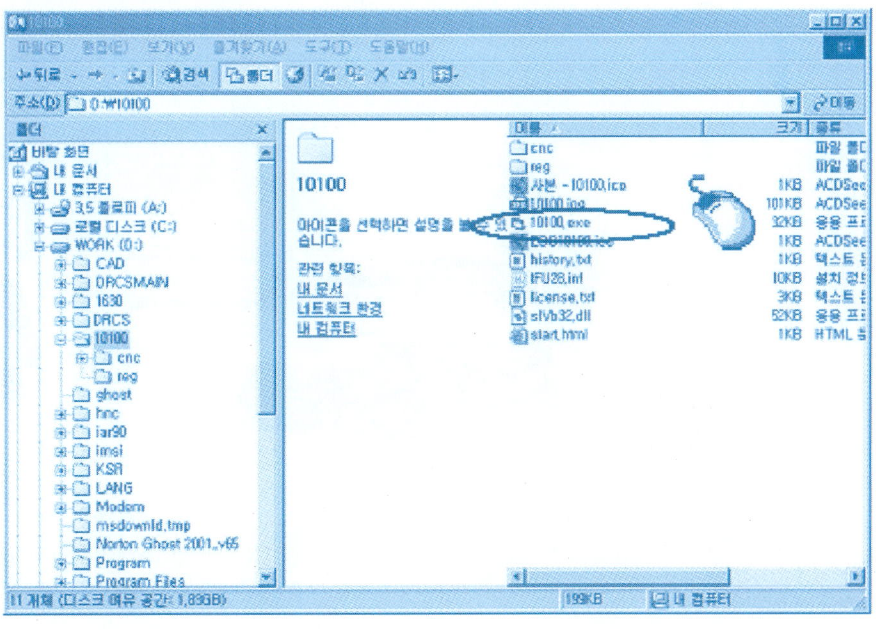

[그림 1-23]
탐색기를 이용한 10100의 실행

4) 바탕화면 아이콘을 이용한 실행

마지막 방법은 가장 간편한 방법인 바탕화면의 아이콘을 이용한 방법이다. 10100을 설치하면 바탕화면에 10100 바로 가기 아이콘이 등록된다. 따라서 이 아이콘을 더블 클릭하면 10100을 실행할 수 있다.

[그림 1-24] 10100의 바로 가기 아이콘

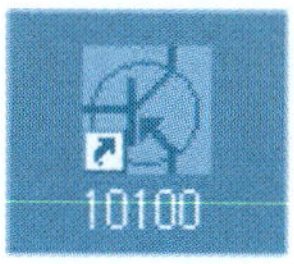

2. 10100의 시작

앞에서 언급한 여러 가지 실행방법 중 하나로 10100을 실행하면 다음과 같은 초기화면을 볼 수 있다.

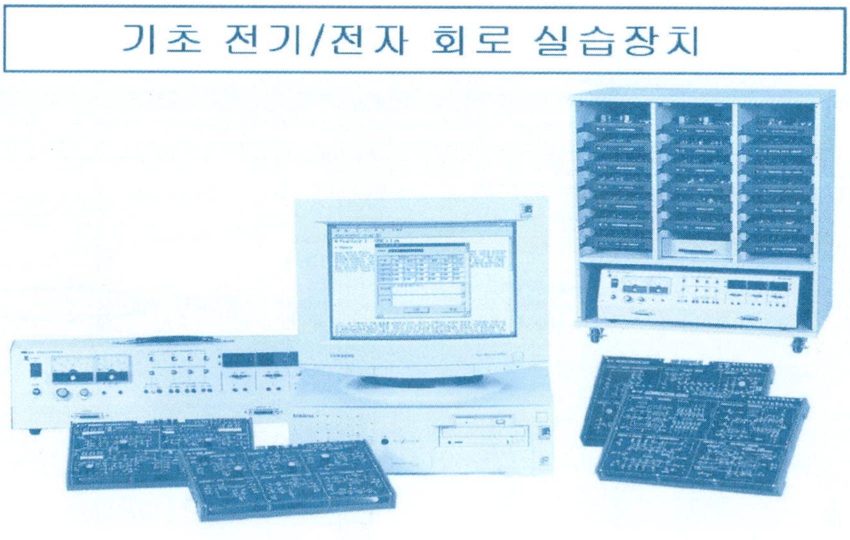

[그림 1-25] 기초 전기/전자 회로 실습장치

만약 10100의 실행화면이 나타나지 않는다면?

- 록(Lock)이 정확하게 연결되었는지를 확인한다.
- JVM(Java Virtual Machine)이 설치되었는지 확인한다.
- 컴퓨터를 재부팅한다.
  10100은 인스톨(Install) 후 반드시 재시작을 해야 정상적으로 동작한다.
- 10100을 언인스톨(Uninstall) 후 다시 설치한다.
  10100 설치시 운영체제가 자신의 운영체제와 맞지 않는 운영체제를 선택했을 경우, 10100라 운영체제의 충돌로 인해서 실행이 안 될 수도 있다.

주의해야 할 것은 이 실행기는 PC의 프린트 포트에 록(Lock)을 장착한 상태에서만 동작한다는 것이다. 록(Lock)이 장착되지 않은 상태에서 실행기를 동작시키려고 하면 아래와 같은 경고창이 나타나며 10100을 실행할 수 없다.

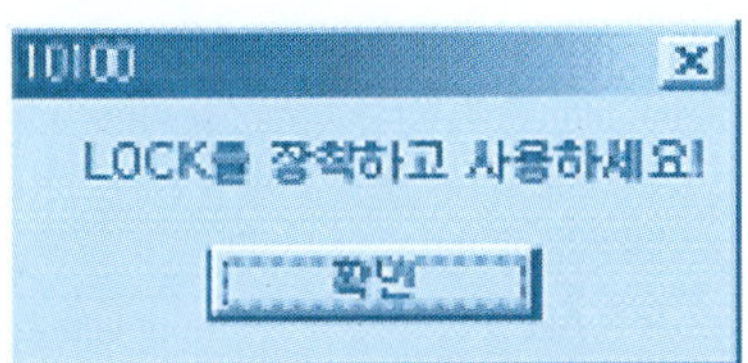

[그림 1-26]
록(Lock)을 설치하지 않았을 때

록(Lock)을 장착한 상태에서 실행기를 실행하면 실행기에 의해 시뮬레이터가 동작된다.

시뮬레이터가 동작하면 아래의 그림에서 '실험 분류'와 '실험 목록'을 선택하여 

를 클릭하면 시뮬레이터의 동작으로 실습이 가능하다.

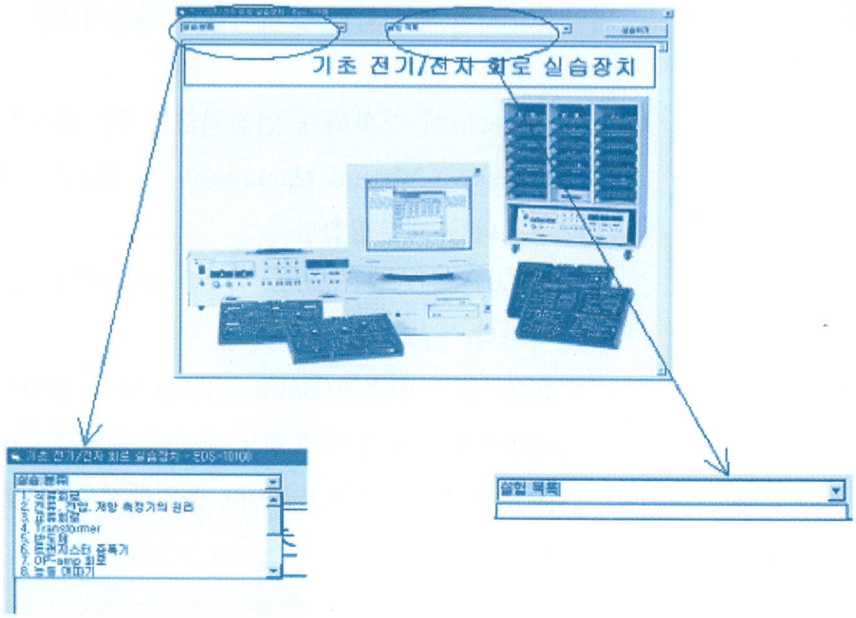

[그림 1-27]
10100의 실험 분류와 실험 목록

다음 장에서는 10100의 구성에 대하여 알아보기로 하자.

Chapter **2**

EDS-10100 구성

CHAPTER 2

EDS-10100 구성

2-1 전체 화면구성

■ 10100의 화면구성

10100의 기본적인 화면구성은 다음과 같다.

- **실험 분류** : 각종 실험의 분류를 선택하는 창이다. 이 창은 풀다운 방식으로 ▼를 이용해서 실험 분류를 바꿀 수 있다.
- **실험 목록** : 각종 실험 분류에 따른 세부 과제를 결정하는 창이다. 실험 과제 또한 실험분류와 마찬가지로 ▼를 이용해서 실험을 바꿀 수 있다.
- 실습하기 : 실험 분류와 실험 목록을 선택 후, 실습하기 위한 버튼이다.

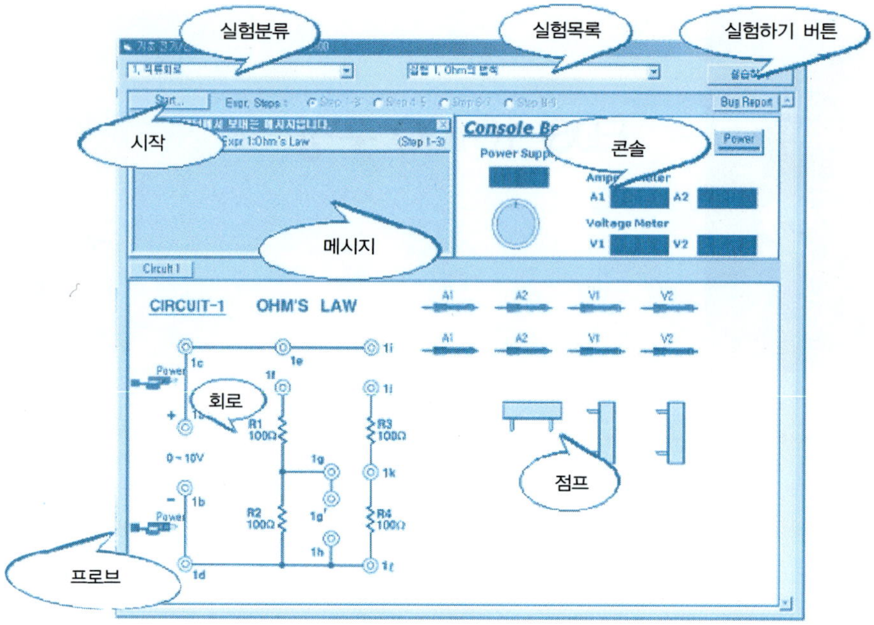

실험을 선택하고 이 버튼을 클릭하면 실험에 알맞은 회로, 콘솔, 프로브 등이 나타난다.

이는 실제 실험실에서 실험을 하기 위해 각종 장비, 부품을 준비하는 단계에 속한다.

-  : 실습 시작을 위한 버튼이다.

  이 버튼을 누름으로써 본격적으로 회로가 활성화되고 각종 콘솔, 프로브가 작동하게 된다.

  이는 실제 실험실에서 회로를 꾸미고 각종 장비의 전원을 인가하는 단계에 속한다.
- **창** : 실험의 방법을 설명하는 창으로 시뮬레이터와 사람의 대화창이다.

각종 실험의 방법 및 각종 프로브의 위치 등을 설명하는 창이다.

[그림 2-1]
메세지 창

- **창** : 각종 측정 장비 및 전원공급기(Power supply)가 표시되는 창이다.

  그 실험에 필요한 각종 측정 장비 및 전원공급기는 실험에 알맞게 자동으로 배치되며, 그 결과 또한 콘솔 박스(Console Box)를 통해서 출력된다.

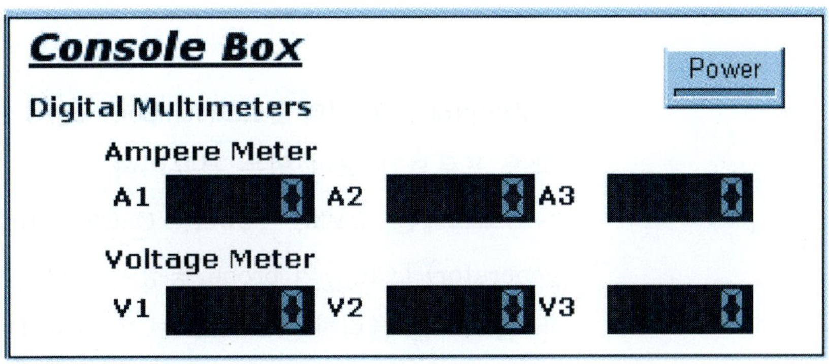

[그림 2-2]
콘솔 박스

- **회로** : 실험에 알맞은 회로를 제공하는 부분이다.

  회로는 각종 전자회로 도면표시법에 의해 표시되며, 각 노드(node)마다 명칭을 표시하고 있어 메시지(Message)창에서 나타나는 노드 명칭에 따라 노드를 배치하면 각 측정 장비의 결과 값이 출력되어진다.

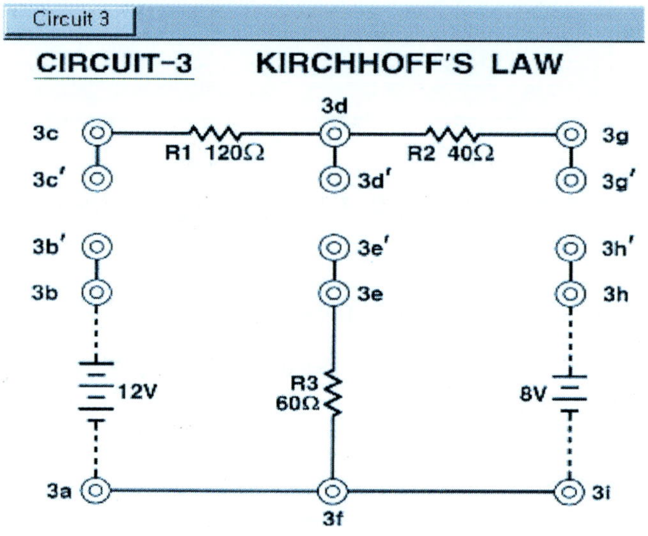

[그림 2-3]
실습 회로

- **프로브(probe) 및 점퍼 플로그(Jumper Plug)** : 실험을 하는 데 필요한 각종 프로브가 모여 있는 부분이다.

  프로브에는 DMM, Power, OSC(Oscilloscope), FG(Function generator) LCR 등의 probe 명칭이 나타나게 된다. 프로브 및 점퍼 플로그를 클릭하면 그 프로브가 위치되어야 할 노드가 회로에 표시된다. (●)

우리가 할 일은 그 프로브 및 점퍼 플로그를 표시된 노드에 갖다 놓으면 원하는 결과 값을 얻을 수 있다.

프로브 및 점퍼 프로브는 드래그를 통해서 원하는 곳에 위치시킬 수 있다.

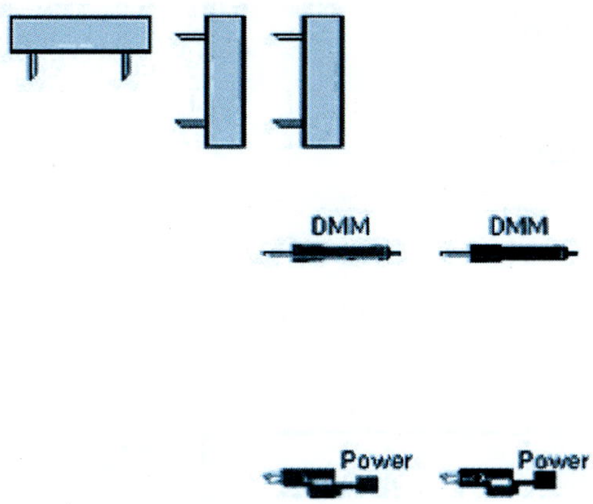

[그림 2-4]
실험에 필요한 프로브 및 점퍼 플로그

프로브와 점퍼 플로그를 지정된 노드에 위치시키면, 모양이 바뀌게 된다.

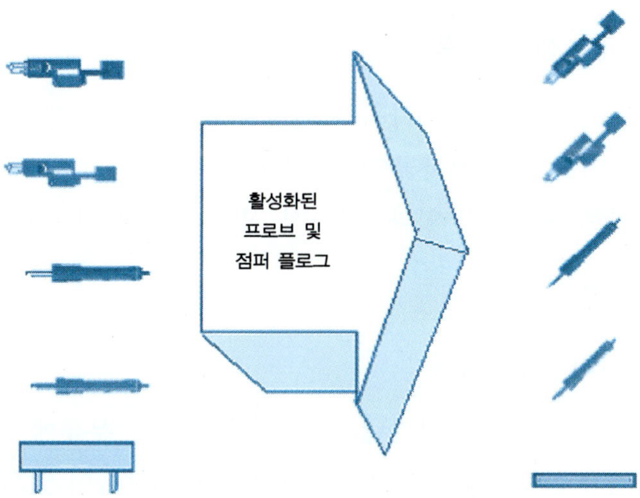

만약 프로브 및 점퍼 플로그를 노드에 위치시켰음에도 불구하고 [그림 2-4]처럼 프로브 및 점퍼 플로그의 모양이 변하지 않는다면, 해당 노드에는 프로브를 설치할 수 없는 노드임을 뜻한다(프로브의 모양은 회로에 따라 활성화되는 모양이 다를 수도 있다).

2-2 각 실험 내용 및 목표

1. 실험 내용

실험 분류에는 16가지의 실험으로 분류되어 있으며, 이는 다시 3~6개의 작은 실험 목록으로 나누어진다.

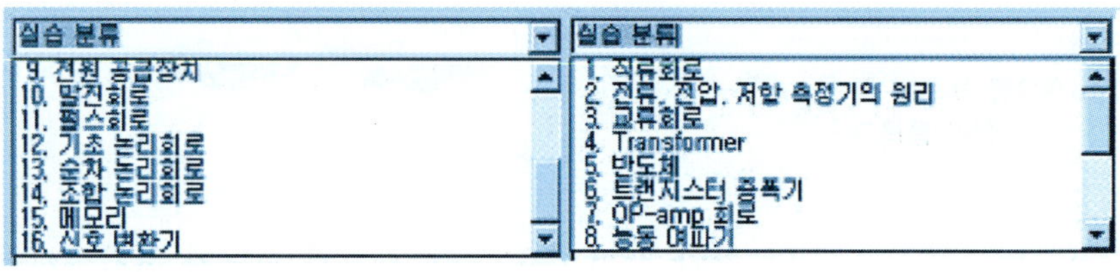

[그림 2-5] 10100의 16가지 실험

(1) 실험 분류

10100에서는 16가지의 실험이 분류되어 있다.

이는 전기 전자공학을 공부하는 데 있어서 반드시 필요한 것들이 단계별로 정리되어 있다. 따라서 실습 분류의 번호대로 실습을 시행할 것을 권한다.

(2) 실습 목록

실습 목록에 나타난 소 과제들은 실습 분류에 따라 달라진다.

각 실험 분류마다 3~6가지의 실험 과제들이 있으며, 이 실험 과제에 대한 자세한 설명을 본 교재 3장 이후 실습과정을 통해서 소개되고 있다.

다음은 10100에서 실습할 수 있는 실험의 종류와 목적을 나타낸 것이다.

2. 실험목표

(1) 직류회로

(실험 1) **옴(Ohm)의 법칙**

옴의 법칙은 전압(E), 전류(I), 저항(R)의 상호관계를 정의한다.

(실험 2) **저항의 직렬연결과 병렬연결 회로**

두 개 이상의 저항이 직, 병렬로 연결되어 있을 때 합성저항을 계산한다.

(실험 3) **키르히호프의 법칙**

전압원이 둘 이상 되는 복잡한 회로의 전류, 전압 관계를 설명한다.

(실험 4) **휘트스톤 브리지 회로**

R, L, C 또는 주파수 등의 측정에 널리 사용되는 휘트스톤 브리지 회로에 대해 알아본다.

(2) 전류, 전압, 저항 측정기의 원리

(실험 1) **전압계 및 전압측정**

전압계의 측정방법 및 측정원리를 설명한다.

(실험 2) **전류계 및 전류측정**

전류계의 측정방법 및 측정원리를 설명한다.

(실험 3) **저항계 및 저항측정**

저항계의 측정원리를 설명하고 저항계의 동작원리를 이해한다.

(3) 교류회로

(실험 1) **커패시턴스 회로**

에너지 축적소자인 커패시턴스에 대해 알아보고, 커패시턴스의 직, 병렬연결에 대해 알아본다.

(실험 2) **인덕턴스 회로**

에너지 축적소자인 인덕터에 대해 알아보고, 인덕터의 직, 병렬연결에 대해 알아본다.

(실험 3) **RC & LC 회로**

에너지 축적소자인 L, C와 에너지 소비 소자인 R이 결합하였을 때 일어나는 현상에 대해 연구한다.

(실험 4) **LC 공진회로**

L, C의 조합으로 이루어진 공진회로에 대해서 연구한다.

(실험 5) **Filter Circuit**

아날로그소자의 기본이 되는 R, L, C를 이용한 필터 구현방법에 대해 알아본다.

(4) 변압기(Transformer)

(실험 1) **상호 인덕턴스(Mutual Inductance)**

변압기의 기본이 되는 상호 유도작용에 대해 알아본다.

(실험 2) **변환비율**

변압기의 기본이 되는 변환비율에 대해 알아본다.

(실험 3) **변압기 부하**

변압기 제작시 유의해야 할 변압기 부하에 대해 알아본다.

(실험 4) **단권 변압기**

변환비율의 조정이 가능한 단권 변압기에 대해 알아본다.

(5) 반도체

(실험 1) **다이오드 특성**

반도체의 기본이 되는 다이오드의 특성에 대해 알아본다.

(실험 2) **제너 다이오드의 특성**

다이오드 종류 중 하나인 제너 다이오드에 대해 알아본다.

(실험 3) **NPN, PNP 트랜지스터 실험**

증폭기, 스위치 회로로 많이 사용하는 NPN, PNP 트랜지스터의 특성에 대해 알아본다.

(실험 4) **unction FET, MOS-FET**

저전력 트랜지스터인 FET, MOS-FET에 대해 알아본다.

(실험 5) **SCR 특성**

사이리스터의 특성에 대해 이해하고, 그 응용방안을 알아본다.

(6) 트랜지스터 증폭기

(실험 1) **달링톤(Darlington) Amp.**

트랜지스터를 이용한 달링톤 Amp.에 대해 알아본다.

(실험 2) **상보대칭(Complementary) Amp**

트랜지스터 2개를 이용한 푸시-풀(Push-Pull) 회로에 대해 알아본다.

(실험 3) **차동(Differential) Amp.**

OP Amp의 기본이 되는 차동증폭기의 원리를 이해한다.

(7) OP AMP 회로

(실험 1) **반전증폭기**

OP Amp를 이용한 반전증폭기에 대해 알아본다.

(실험 2) **직류 오프셋(Offset)**

'0' 출력 값을 맞추기 위한 방법을 익힌다.

(실험 3) **비반전증폭기**

OP Amp를 이용한 비반전증폭기에 대해 알아본다.

(실험 4) **차동증폭기**

OP Amp를 이용하여 차동증폭기를 구현한다.

(실험 5) **가산증폭기**

연산회로의 기본이 되는 가산기에 대해 알아본다.

(8) 능동 여파기

(실험 1) **저역통과 여파기**

OP Amp를 이용한 Low Pass Filter에 대해 알아본다.

(실험 2) **고역통과 여파기**

OP Amp를 이용한 High Pass Filter에 대해 알아본다.

(실험 3) **대역통과 여파기**

OP Amp를 이용한 Band Pass Filter에 대해 알아본다.

(9) 전원공급 장치

(실험 1) **정류기**

교류전원을 직류로 변환하는 원리를 연구한다.

(실험 2) **브리지 정류기 및 평활회로**

교류에서 변환한 직류의 Ripple을 줄이는 방법에 대해 알아본다.

(실험 3) **정전압 레귤레이터(Fixed Voltage Regulator)**

정전압 공급기의 원리에 대해 알아본다.

(10) 발진회로

(실험 1) **RC 발진기**

R과 C를 이용한 위상이동(Phase Shift) 발진기의 원리에 대해 연구한다.

(실험 2) **윈브리지 발진기**

넓은 범위의 주파수발진과 낮은 왜곡레벨을 가지는 윈브리지 발진기에 대해 알아본다.

(실험 3) **콜피츠 발진기**

경제성을 고려한 저가의 발진기인 콜피츠 발진기에 대해 알아본다.

(실험 4) **하트레이 발진기**

경제성을 고려한 저가의 발진기인 하트레이 발진기에 대해 알아본다.

(실험 5) **수정 발진기**

안정적인 발진 주파수를 가지는 수정 발진기에 대해 알아본다.

(11) 펄스 회로

(실험 1) **클리핑 회로**

기준 레벨보다 높거나 혹은 낮은 전압만을 전송하기 위한 클리핑 회로에 대해 알아본다.

(실험 2) **슈미트 트리거 회로**

전압 레벨의 검출, 파형의 정형 등에 사용되는 슈미트 트리거 회로에 대해 알아본다.

(실험 3) **쌍안정 멀티바이브레이터 회로**

플립 플롭(Flip-Flop)이라고도 불리는 쌍안정 멀티바이브레이터의 동작원리에 대해 알아본다.

(실험 4) **단안정 멀티바이브레이터 회로**

단안정(One-shot) 멀티바이브레이터의 동작원리에 대해 알아본다.

(12) 기초 논리회로

(실험 1) **다이오드 논리회로**

다이오드를 이용한 논리회로 구현방법에 대해 알아본다.

(실험 2) **AND 게이트 / NAND 게이트**

논리회로의 기본이 되는 AND, NAND 게이트의 구조와 원리를 알아본다.

(실험 3) **OR 게이트 / XOR 게이트**

OR, XOR 게이트를 알아보고, 어큐뮬레이터(Accumulator)의 기본동작을 이해한다.

(실험 4) **NOT 게이트**

인버터(Invertor)의 기본원리 및 구성방법에 대해 알아본다.

(13) 순차 논리회로

(실험 1) **RS 플립 플롭(Flip-flop)**

Set-Reset 기능을 가진 메모리소자에 대해 알아본다.

(실험 2) **JK 플립 플롭(Flip-Flop)**

여러 가지 Flip-Flop으로 사용 가능한 JK Flip-Flop에 대해 알아본다.

(실험 3) **2진 카운터(Binary counter)**

JK Flip-Flop을 이용한 카운터의 동작원리를 이해한다.

(실험 4) **시프트 레지스터(Shift Register)**

D 플립 플롭을 이용한 시프트 레지스터의 동작원리를 이해한다.

(14) 조합형 논리회로

(실험 1) **복호기**

2× 4 복호기를 이용한 다중 액세스에 대해 알아본다.

(실험 2) **부호기**

4× 2 부호기를 이용한 다중 액세스에 대해 알아본다.

(실험 3) **멀티플렉스 / 디멀티플렉스**

교환기 및 다중 액세스에 사용되는 Mux와 DeMux에 대해 알아보고 그 원리를 이해한다.

(실험 4) **가감산기**

CPU의 기본이 되는 가감산기의 구성과 동작원리를 이해한다.

(15) 메모리

(실험 1) **SRAM**

(실험 2) **DRAM**

(실험 3) **EPROM**

레지스터(Register)의 집합체인 메모리에 대해 알아보고, 어드레스(Address)마다 데이터를 저장하고 읽는 방법을 익힌다.

(16) 신호 변환기

(실험 1) **아날로그 / 디지털 변환기**

(실험 2) **디지털 / 아날로그 변환기**

A-D, D-A 변환기(Converter)의 기본원리와 동작에 대해 알아본다.

(실험 3) **주파수 전압 변환회로**

주파수 검출기로 사용 가능한 F-V 변환기(Converter)의 동작원리를 이해한다.

(실험 4) **전압 주파수 변환회로**

주파수 가변회로로 사용 가능한 V-F 변환기(Converter)의 동작원리를 이해한다.

2-3 콘솔 창 사용방법

1. 콘솔 창의 종류

10100의 모든 실험에서는 그에 알맞은 콘솔을 제공한다.

콘솔의 종류에는 전류계, 전압계, 전원공급기, 저항계, LCR Meter, 함수발생기(Function Generator) 그리고 오실로스코프가 있다.

이들은 전기 전자공학을 공부함에 있어 반드시 필요한 장비라는 사실에 이견을 제시할 사람은 없을 것이다. 10100을 차근차근 실습하다 보면 자연스럽게 알게 될 사항이지만, 위에 제시한 여러 가지 장비 중에서 가장 많이 사용하는 장비가 있다면 단연 DMM(Digital Multi-Meter)과 오실로스코프일 것이다.

따라서 DMM과 오실로스코프에 대한 사용법은 확실하게 익혀놓아야 할 것이다.

이제 각각의 콘솔들의 사용법에 대해 알아보자.

2. 각 콘솔 사용 방법

(1) 전원공급기

직류전원을 공급하는 장치로서 공급 전압에 따른 결과 값을 관찰하는데 유용하게 쓰인다.

Knob를 클릭하면 활성화되며, 드래그(drag)하면서 공급 전압을 가변할 수 있다.

실험에 따라서 일정 공급 전압을 필요로 하는 실험이 있다(Ex. 실험 5-3 NPN, PNP 트랜지스터 실험). 이러한 실험에서는 전원공급기의 knob를 클릭해도 공급 전압이 가변하지 않는다.

프로브를 위치시키기 위해서 프로브를 클릭하면 그 프로브가 놓여져야 할 곳이 표시된다. 그러면 그곳으로 프로브를 드래그해서 위치시키면 전압이 공급된다.

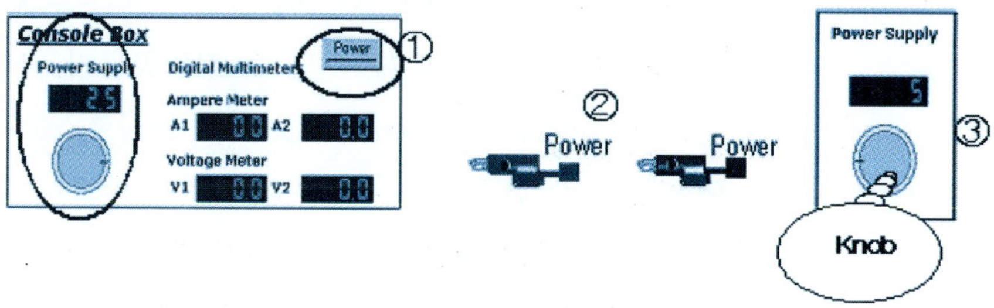

[그림 2-6]
전원공급기

● 전원공급기를 통해서 전원 공급하기

- 전원공급기의 전압 단자를 클릭한다. (①)
- 전원공급기를 드래그해서 회로에 위치시킨다. (②)
- Knob을 드래그하면 공급 전원을 조절한다. (③)

TIP

Knob를 조정해보자

미세조정이 힘들 것이다. 이럴 때 knob를 누른 상태에서 마우스 포인터를 knob로부터 멀리 가져가자. 그럼 한결 조정하기가 편할 것이다.

전원공급기뿐만 아니라 다른 모든 knob가 다 그러하다.

(2) 디지털 멀티미터

디지털 멀티미터는 전압, 전류 및 저항을 측정하는 장치이다.

전압계는 병렬, 전류계는 직렬로 연결하는 것은 기본으로 알고 있을 것이다.

그러나 실험실에서 실험할 때 가끔 실수하는 경우가 있을 것이다.

10100은 그러한 실수를 하지 않는다.

10100에서는 프로브를 설치하기 위해 클릭하는 순간 회로에 프로브가 위치되어야 할 곳을 알려준다. 우리가 할 일은 프로브를 그 위치에 가져다 놓고 결과를 관찰하는 일일 것이다.

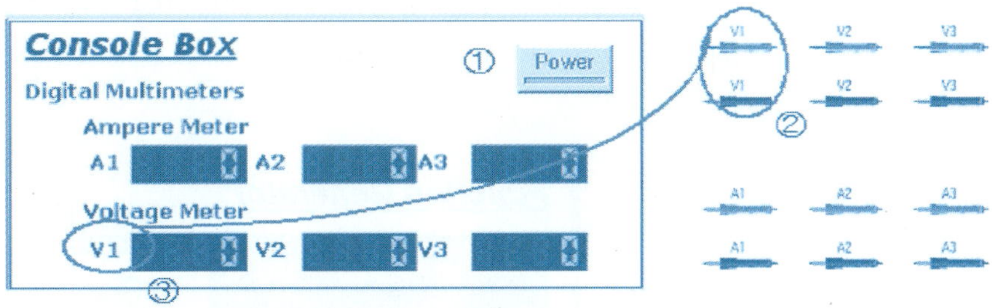

[그림 2-7]
디지털 멀티미터

● **디지털 멀티미터를 이용해서 전압, 전류 측정하기**

디지털 멀티미터(Digital Multi-Meter)에는 1쌍 이상의 프로브(Probe)를 공급한다.

프로브의 개수와 콘솔 박스에 디스플레이창의 개수는 동일하며, 각 프로브의 측정값은 프로브의 명칭과 동일한 콘솔 박스에 디스플레이된다.

- 디지털 멀티미터의 전원을 공급한다. (①)
- 각 프로브를 회로에 위치시킨다. (②)
- 콘솔 박스에 나타난 전압 전류값을 읽는다. (③)

(3) 함수발생기(Function Generator)

함수발생기는 정현파, 구형파, 삼각파를 출력하는 장치로 1Hz부터 1kHz까지 주파수가 출력 가능하다. 또한 0Vp-p부터 40Vp-p의 출력이 가능하며,(AMP) —5V에서 5V의 DC 오프셋전압 공급이 가능하다. (OFFSET).

함수발생기의 출력 파형을 관찰하기 위해서는 오실로스코프가 필요하다.

함수발생기의 사용법은 우선 프로브를 꽂고 전원을 연결한다. 디스플레이창에 1Hz 20Vp-p의 사인파가 출력되는 것을 볼 수 있을 것이다.

출력파형(정현파, 구형파, 삼각파)을 선택하고, 알맞은 주파수 영역을 선택한다. 주파수 영역은 10, 100, 1k, 10k, 100k (x10 x100 x1k x10k x100k)로 나누어져 있으며, 이들 표시값은 10% ~ 1000%까지의 출력이 가능하다. 즉 100의 영역(range)에서는 100Hz0.1=10Hz부터 100Hz 10=1000Hz까지의 출력이 가능하게 된다.

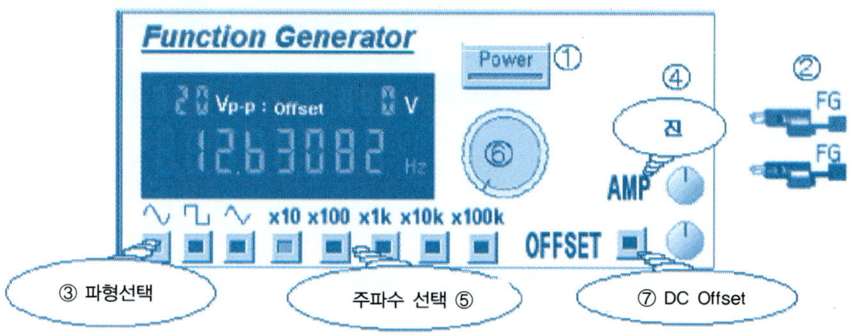

[그림 2-8] 함수발생기

함수발생기를 이용하여 교류 공급하기

함수발생기는 주기적인 정현파, 구형파, 삼각파를 공급하는 장치이다. 전원공급기(Power Supply)가 직류 전원을 공급한다면 이 함수발생기는 교류전원을 공급하는 역할을 한다.

그럼 다음 순서에 따라 교류전원을 공급해 보자.

- 함수발생기의 전원을 공급한다.(①)
- 프로브(Probe)를 회로에 위치시킨다.(②)
- 공급하고자 하는 교류전원의 파형을 선택한다.(③)
- 공급하고자 하는 교류전원의 진폭을 선택한다.(④)
- 주파수 선택버튼을 이용하여 가변 범위를 선택한다.(⑤)
- 손잡이(Knob)를 이용하여 주파수를 가변시키며 결과를 관찰한다.(⑥)
- 필요에 따라 DC 오프셋을 선택한다.(⑦)

(4) 오실로스코프

오실로스코프는 전압의 파형을 측정하는 기기로서 교류 및 직류의 파형을 관찰하는 데 유용하게 사용된다.

10100에서 오실로스코프는 2개의 채널을 가지고 있어, 입력과 출력파형을 동시에 관찰하는 데 유용하다. 채널1은 입력파형을, 채널2는 출력파형을 관찰하는 데 사용하고 있다.

오실로스코프의 사용법은 각 채널에 맞는 probe를 꽂고 전원을 인가한다. 전원을 인가하여도 스코프 상에는 아무것도 나타나지 않을 것이다. 왜냐하면, 채널을 선택해주지 않았기 때문이다. 채널1을 클릭하면 스코프(scope) 상에 파란색의 파형이 보일 것이다. 채널2를 클릭하면 붉은색의 파형이 보인다.

파형이 직선으로 보이는가? 파형이 직선으로 보일 때는 전압분할 손잡이(Voltage division knob)를 돌려 보자. 그러면 아래의 전압분할(Voltage division) 값이 틀려지는 것을 볼 수 있다. 이 값은 스코프 상의 가로 눈금 하나의 크기를 나타내는 값이다. 전압분할 손잡이(Voltage division knob)를 조절하다 보면 파형이 보일 것이다.

파형이 세로선으로만 보이는가? 내가 공급한 파형은 구형파를 인가했는데 스코프 상에서 보이는 파형의 세로선만 나타나게 된다면 적절하게 시분할 손잡이(Time division knob)를 돌려보자. 파형이 가로로 점점 늘어지는 것을 보게 될 것이다. 이 시분할(Time division)은 스코프 세로눈금 하나의 시간 값을 나타낸다.

이젠 원하는 파형을 제대로 볼 수 있을 것이다.

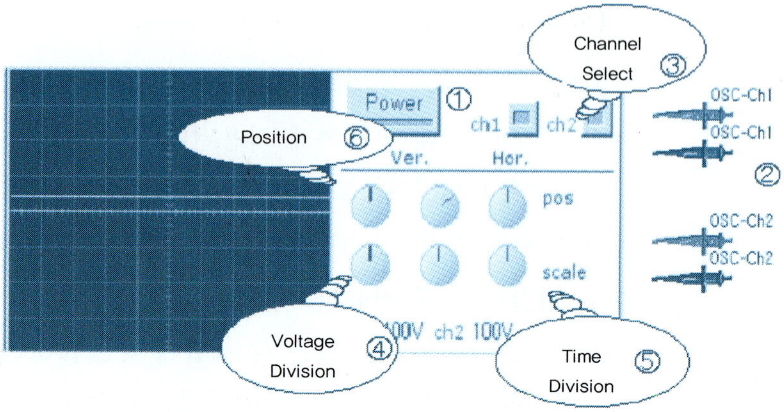

[그림 2-9]
오실로스코프

오실로스코프를 이용하여 파형 관찰하기

오실로스코프는 시간에 따른 연속적인 전압 변화를 관찰하는 장비이다. X축은 시간의 변화를 나타내고, Y축은 전압의 변화를 나타낸다.

이제 오실로스코프를 이용하여 각 실험의 입, 출력 파형을 관찰해 보자.

- 먼저 오실로스코프의 전원을 공급한다.(①)
- 각 프로브(Probe)를 회로에 위치시킨다.(②)
- 오실로스코프의 1,2 채널을 On시킨다.(③)

그러면 청색의 가로선이 나타난다(이는 채널1과 채널2의 파형이 겹쳐져 보이는 현상이다).

- 파형을 제대로 관찰하기 위하여 전압분할(Voltage Division)(④)과 시분할(Time Division)(⑤)을 조절한다(처음 값은 가로 1 눈금당 100V, 세로 1 눈금당 5Sec를 뜻한다). 사람마다 틀리겠지만 1주기의 파형이 6x4 눈금 정도가 파형을 판독하기 쉬울 것이다.
- 채널 1과 채널 2의 파형이 겹쳐져서 파형의 판독이 어렵다면 위치손잡이를 돌려보자. (⑥) 각 위치를 돌릴 때마다 파형 전체가 가로(horizon), 세로(Vertical)로 움직이는 것을 볼 수 있다.

TIP

채널1과 2를 다 켰는데 파형이 붉은 색으로 나타나는가?

그렇다면, 채널1과 채널2의 값이 동일한 값을 나타내는 것이다. 이를 더 정확하게 관찰하기 위해서는 Position knob을 돌려보자 Voltage position값을 돌리면 파형이 수직 이동하게 될 것이다. 그렇게 된다면 비록 채널1의 값과 채널2의 값이 동일하다 할지라도 position 값이 틀리므로 파란색 파형(Channel 1)과 붉은색(Channel 2)의 파형이 보일 것이다.

(5) LCR 미터

LCR 미터(Meter)는 커패시터, 인덕터, 레지스터값을 측정하는 기기이다.

저항값은 DMM(Digital Multi-Meter)로 측정이 가능하지만 커패시터(Capacitor)나 인덕터는 DMM으로 측정할 수 없다. 이유는 뒤에서 설명하겠지만 커패시터와 인덕터는 주파수에 따라 그 값이 틀려지므로 측정을 위해서는 교류를 공급해주어야 한다. 따라서 DMM과는 다른 특별한 측정장치가 필요한 것이다. 이 측정장치가 바로 LCR 미터이다.

10100에서 LCR 미터를 사용한 측정은 커패시터와 인덕터의 직, 병렬연결 실험에서 사용된다. LCR probe를 양단에 위치하고 LCR 미터의 전원을 공급하면 그에 따른 커패시턴스값과 인덕턴스(Inductance)값이 출력된다.

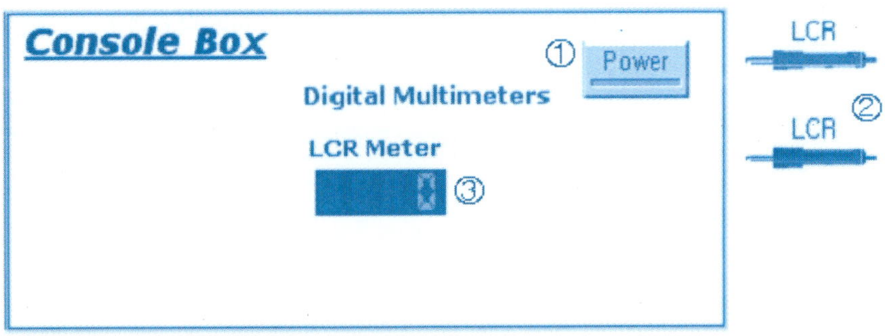

[그림 2-10]
LCR 미터

LCR 미터를 이용하여 L, C 값을 측정하기

L, C의 값은 주파수에 따라 달라진다. (이는 나중에 설명할 것이다.) 10100에서 LCR 미터(Meter)를 사용해서 알고자 하는 것은 L, C값의 주파수에 따른 변화가 아닌 L, C의 직, 병렬 연결시 L, C 값의 변화를 알고자 함이다. 따라서 10100의 LCR 미터(Meter)에는 주파수를 조정하는 부분이 없다.

그럼 LCR 미터를 이용하여 인덕턴스와 커패시턴스를 측정해 보자.

- LCR 미터(Meter)에 전원을 공급한다. (①)
- 프로브(Probe)를 회로에 연결한다. (②)

- 콘솔 박스의 인덕턴스값과 커패시턴스값을 읽는다.(③)

TIP

실험을 하다 보면 하나의 콘솔을 조정하면서 다른 콘솔을 통해서 결과를 관찰해야 하는 경우가 많이 생길 것이다. 결과를 DVM(Digital Voltage Meter)으로 관찰하는 경우에는 아래에 따로 DVM이 생성되어 있겠지만, 다른 경우 즉, Function Generator를 통해서 입력하고 오실로스코프로 출력을 관찰하는 경우에는 둘 다를 동시에 보기는 좀 힘들 것이다. 이때는 콘솔창 우측 하단의 (▼)를 클릭하면 그 실험에 사용되는 여러 개의 Console이 펼쳐질 것이다. 가변하는 입력값에 대한 출력값의 변화를 한눈에 알아볼 수 있을 것이다.

Chapter 3

직류회로

■ 목적

① 저항(R), 전류(I), 전압(E)의 특성과 이들의 상회관계를 설명하는 옴의 법칙을 이해한다.
② 2개 이상의 저항이 직렬 또는 병렬로 연결되었을 때 그 합성저항의 변화에 대하여 알아본다.
③ 키르히호프(Kirchhoff)의 법칙을 이용하여 전압원이 두 개 이상인 회로에서 전류의 브랜치(branch) 및 각 요소의 전위에 대하여 알아본다.
④ 저항측정은 물론 각종 신호의 감지회로에 응용되는 휘트스톤 브리지(Wheatstone bridge)의 평형(balance)회로에 대해 알아본다.

CHAPTER

3

직류회로

3-1 옴의 법칙(Ohm's law)

1. 이 론

옴의 법칙은 전압(E), 전류(I), 저항(R)의 상호관계를 정의한다. 즉 전압은 전류와 저항에 비례하며, 전류와 저항은 서로 반비례한다는 것을 보여준다. 전압은 두 점간의 전위차를 말하는 것으로 전기(전류)압을 의미하고, 기호는 "E"로 표시하며 단위는 V(Volt)로 나타낸다. 전류는 전하의 이동을 말하며 정전하가 이동하는 방향을 +방향으로 정한다. 단위 시간(Sec)내에 흐르는 전류를 표시할 때 기호로는 "I"로 나타내고, 단위는 A(Ampere)로 나타낸다. "R"로 표시되는 저항은 전류의 흐름을 방해하는 정도를 정의하며 단위는 Ω(Ohm)으로 나타낸다. 1V의 전압에서 1A의 전류가 흐른다면 이 회로의 저항은 1Ω인 것이다. 옴의 법칙을 수식적으로 표현하면 다음과 같다.

$$E = R \times I, \quad I = \frac{E}{R}, \quad R = \frac{E}{I}$$

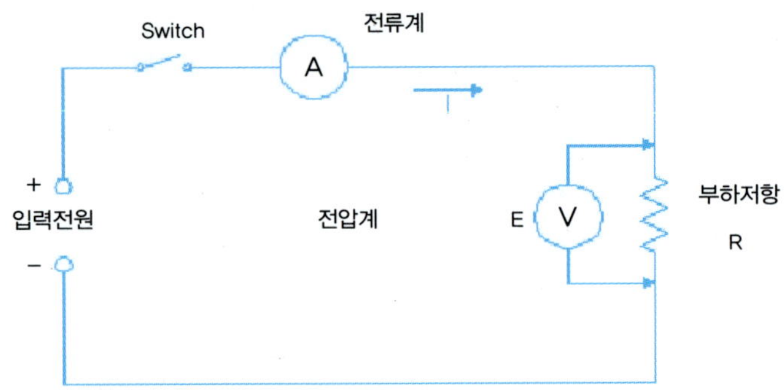

[그림 3-1]
전류와 전압의 측정방법

[그림 3-1]은 기본적인 전류 회로를 보여주고 있다. 여기서 전류계는 회로에 직렬로, 전압계는 측정하고자 하는 부하에 병렬로 연결한다. 저항이 거의 없다는 것은 단락(Short), 저항이 무한대와 같다는 것은 개방(Open)됨을 말한다. 또한, 전류가 흐르는 회로에 저항이 연결되면 일(Work)이 발생하며 이를 전력이라 부른다. 전력은 전류가 단위 시간에 하는 일의 양을 말하며 기호로는 "P"로 표시하고, 단위는 W(Watt)로 나타낸다. 만약 일정한 저항을 갖는 부하일 경우에는 그 부하 양단의 전위차(전압)의 제곱에 비례한다. 전력을 전압, 전류, 저항과의 관계로 수식적으로 표현하면 다음과 같다.

$$P = EI = I^2 R = \frac{E^2}{R} \quad \text{단위 : } W(\text{Watt})$$

2. 실험 과정

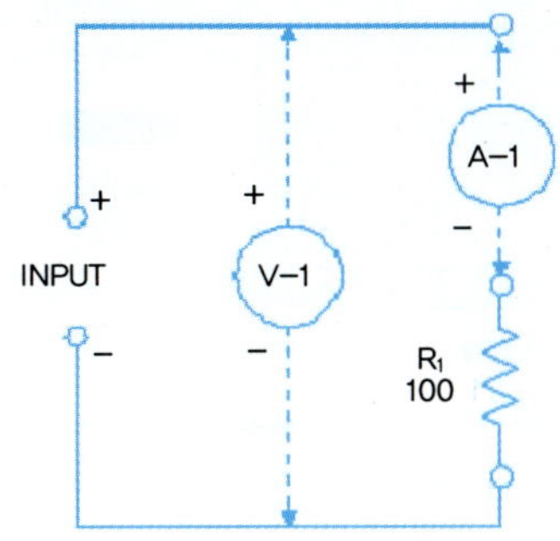

[그림 3-2]

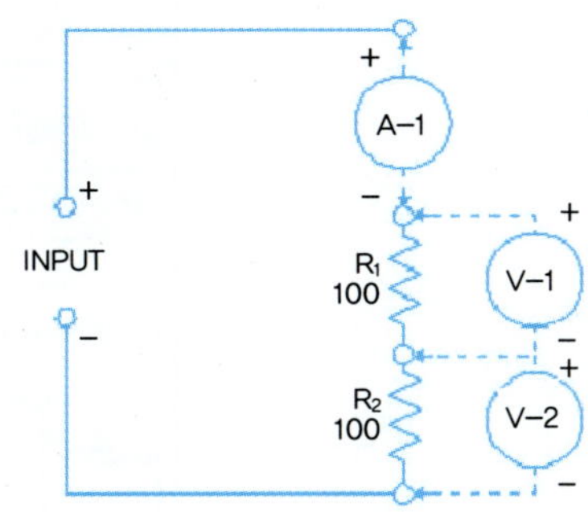

[그림 3-3]

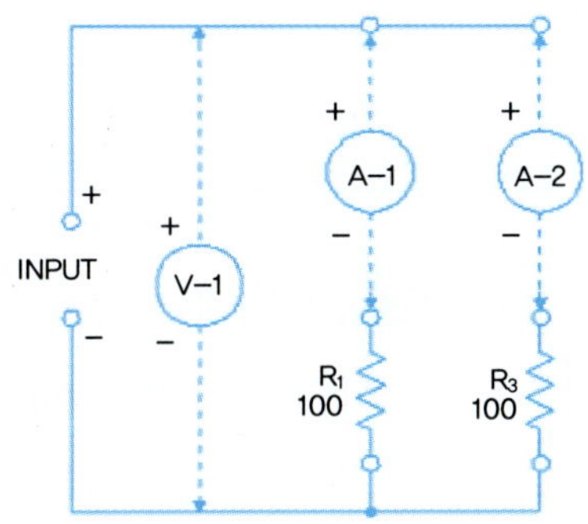

[그림 3-4]

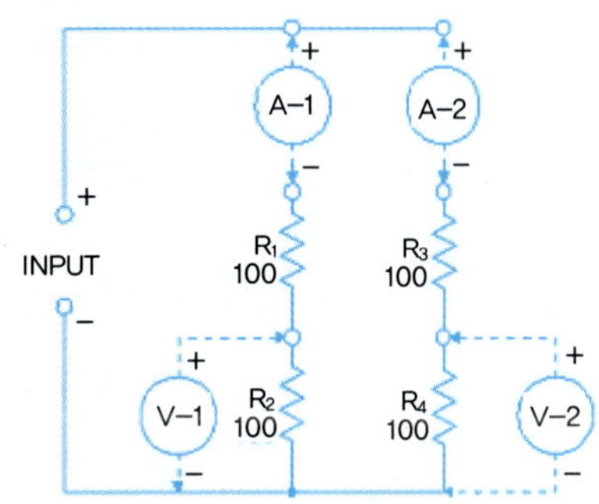

[그림 3-5]

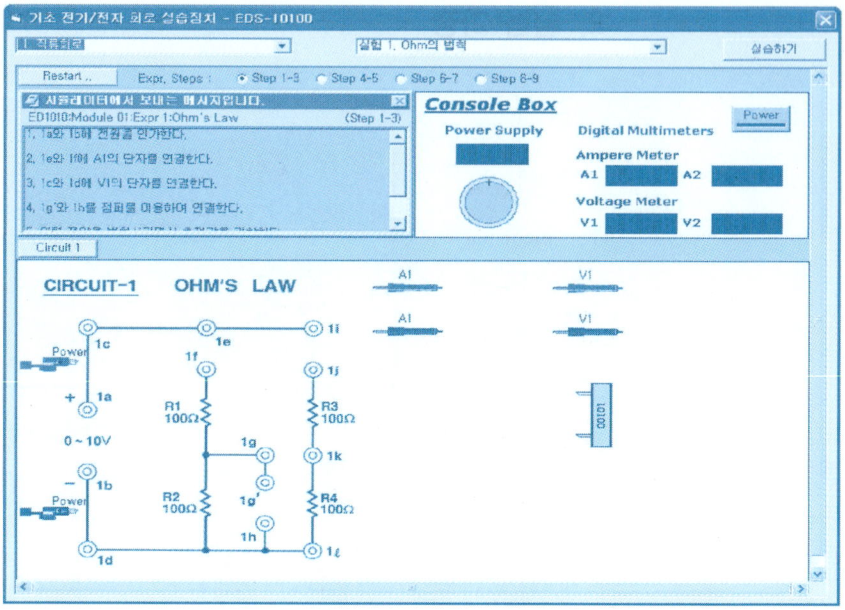

① 단계 1-3을 선택하고 (◉ Step 1-3) 회로에서 1a-1b 사이에 전원공급기(Power Supply), 1e-1f 사이에 DMM(Ampere Meter) A1 그리고 1c-1d사이에 DMM(Voltage Meter) V1을 연결한다([그림 3-2] 참조).

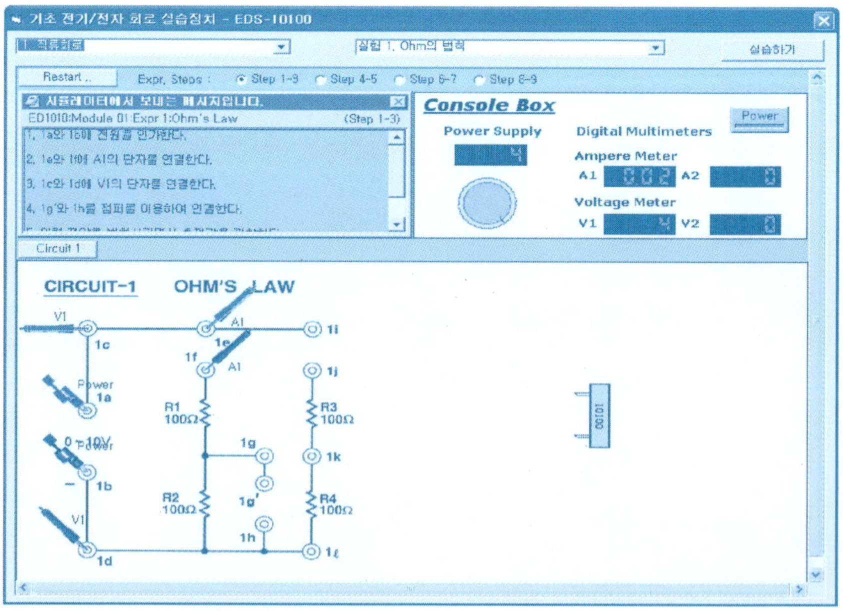

② 전원공급기의 공급 전원을 변화시켜 가면서 출력 전압을 관찰한다.

③ 1g' - 1h 사이에 점퍼를 이용하여 연결하고 전압 전류의 변화값을 관찰한다(동일한 공급전원에서 저항의 변화에 따른 전류의 변화를 관찰할 수 있다).

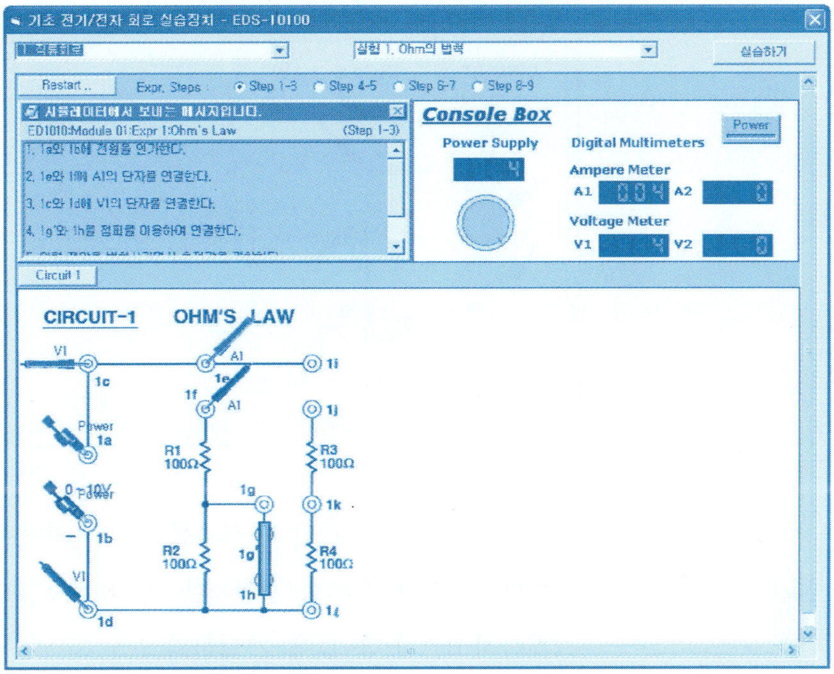

④ 전압계와 전류계로부터 전압과 전류를 측정하고, 〈표 3-1〉의 해당란에 기입한다. 그리고 옴의 법칙에 따라 저항값을 계산하여 기입한다.

⑤ 단계 4-5를 선택하고 (◉ Step 4-5) 회로에서 1a-1b 사이에 전원공급기, 1e-1f 사이에 DMM(Ampere Meter), 1f-1g 사이에 V1(Voltage Meter) 그리고 1g' - 1h 사이에 V2(Voltage Meter)를 연결한다([그림 3-3] 참조).

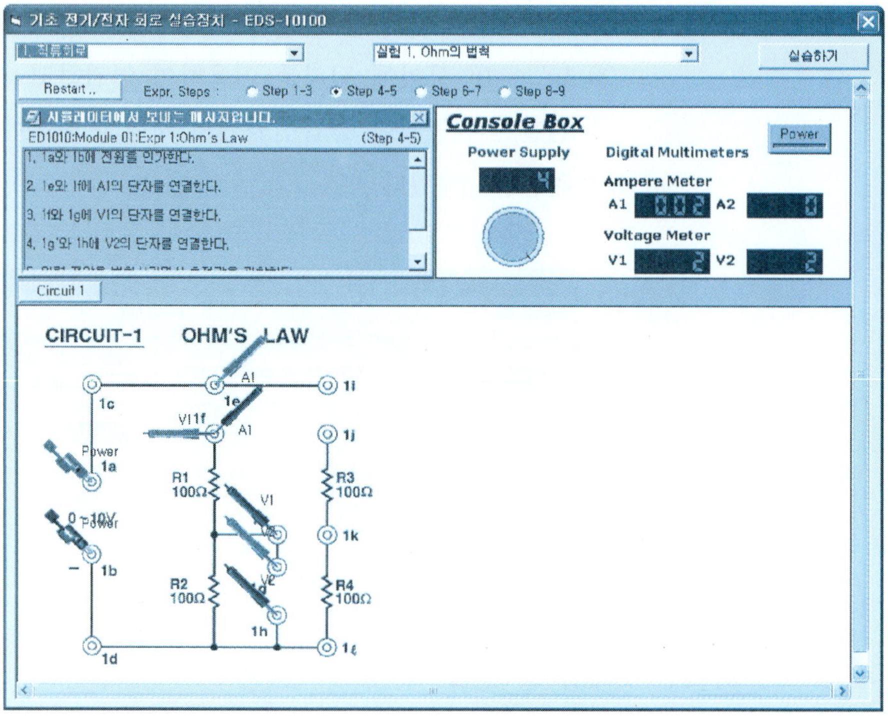

⑥ R_1, R_2양단의 전압과 전류를 측정하여 〈표 3-1〉의 해당란에 기입한다. 측정한 전류와 전압값을 가지고 오옴의 법칙에 따라 저항값을 계산하고 〈표 3-1〉에 기입한다.

⑦ 단계 6-7을 선택하고 (◉ Step 6-7) 회로에서 1a-1b 사이에 전원공급기, 1e-1f사이에 DMM(Ampere Meter) A1, 1i-1j 사이에 DMM(Ampere Meter) A2, 1c-1d 사이에 DMM(Voltage Meter)V1을 연결하고, 점퍼를 1g-1k, 1g'-1h 사이에 연결하여 [그림 3-5]와 같은 회로를 구성한다.

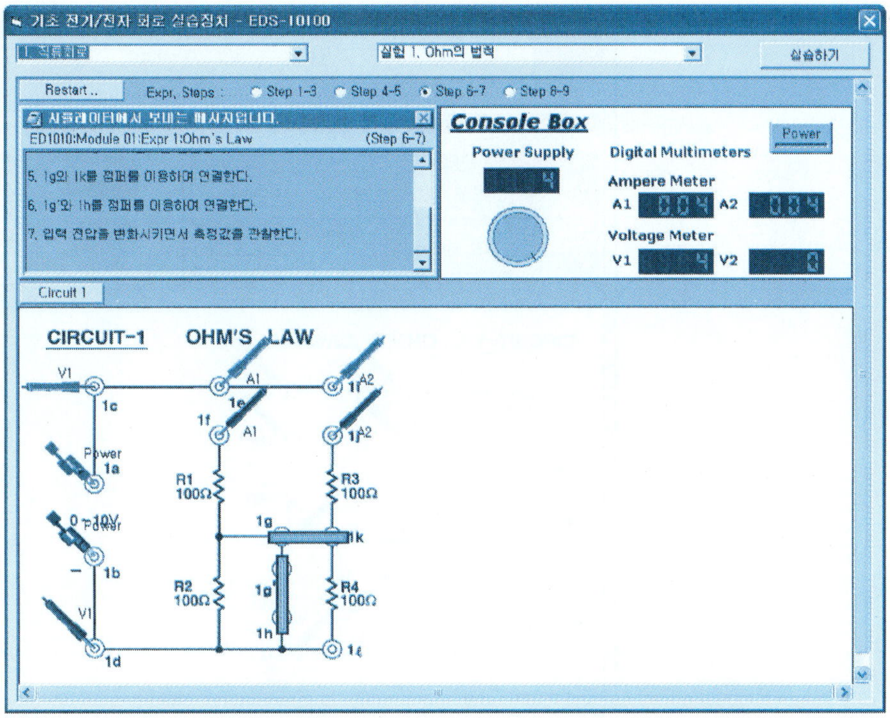

⑧ 전압과 전류값을 측정하여 〈표 3-1〉의 해당란에 기입한다. 측정한 전류, 전압값을 이용하여 저항값을 계산하고 〈표 3-1〉에 기입한다.

⑨ 단계 8-9를 선택하고 (Step 8-9) 회로에서 1a-1b 사이에 전원공급기, 1e-1f 사이에 DMM(Ampere Meter) A1, 1i-1j 사이에 DMM (Ampere Meter) A2, 1g-1h 사이에 DMM(Voltage Meter) V1, 그리고 1k-1l 사이에 DMM(Voltage Meter) V2를 연결하여 [그림 3-5]와 같이 연결하여 회로를 구성한다.

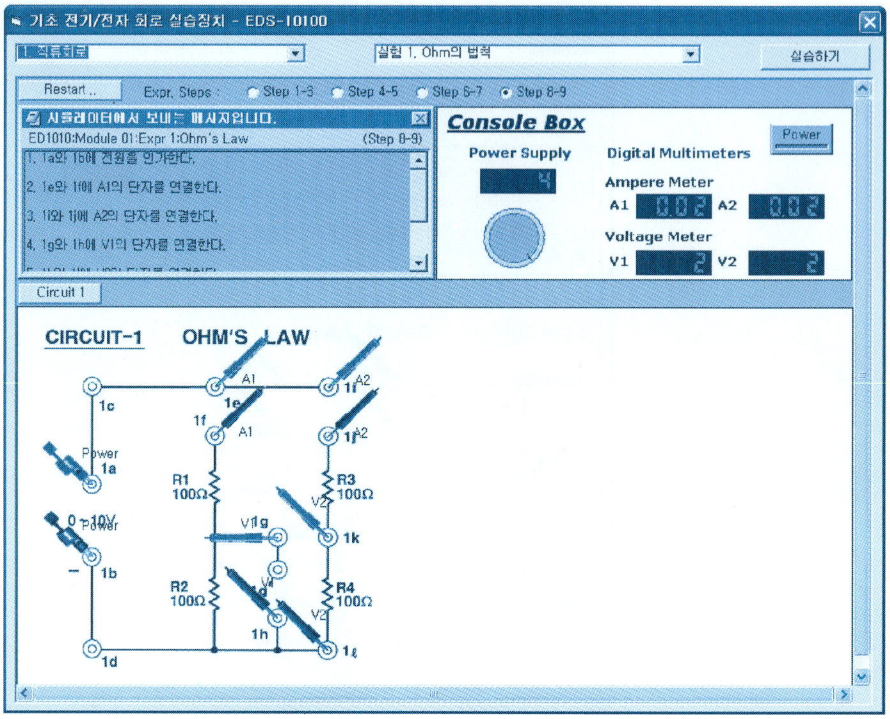

⑩ 전압과 전류값을 측정하여 〈표 3-1〉의 해당란에 기입한다. 측정한 전류, 전압값을 이용하여 저항값을 계산하고 〈표 3-1〉에 기입한다.

〈표 3-1〉

측정 / 회로	전압계		전류계		저항값	
	V-1	V-2	A-1	A-2	Ω-1	Ω-2
그림 3-2						
그림 3-3						
그림 3-4						
그림 3-5						

《비고》

결 론

실험 결과에 대해 토의하시오. 〈결론 3-1〉

3-2 저항의 직렬연결과 병렬연결 회로(series/parallel circuit)

1. 이 론

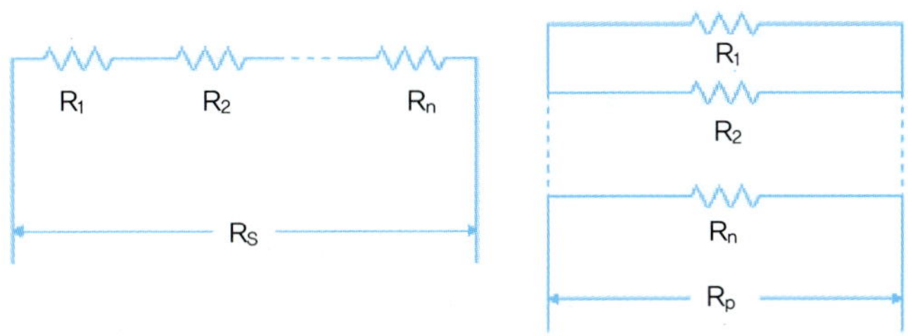

[그림 3-6]
저항의 직렬 및 병렬연결

[그림 3-6](a)와 같이 회로에서 두 개 이상의 저항이 직렬로 연결되어 있을 때 합성저항을 R_s라고 하면 저항의 합성저항은 다음과 같다.

$$R_3 = R_1 + R_2 + \cdots + R_n$$

[그림 3-6](b)와 같이 회로에서 두 개 이상의 저항이 병렬로 연결되어 있을 때 합성저항을 R_p라고 한다면 저항의 합성저항은 다음과 같다.

$$\frac{1}{R_p} = \frac{1}{R_1} + \frac{1}{R_2} + \cdots + \frac{1}{R_n} \quad \text{또는} \quad R_p = \frac{1}{\frac{1}{T_1} + \frac{1}{R_2} + \cdots + \frac{1}{R_n}}$$

위의 수식에서 볼 수 있듯이 저항이 직렬로 연결되어 있으면 그 합성저항은 증가하고, 병렬로 연결되어 있으면 합성저항은 감소한다.

2. 실험 과정

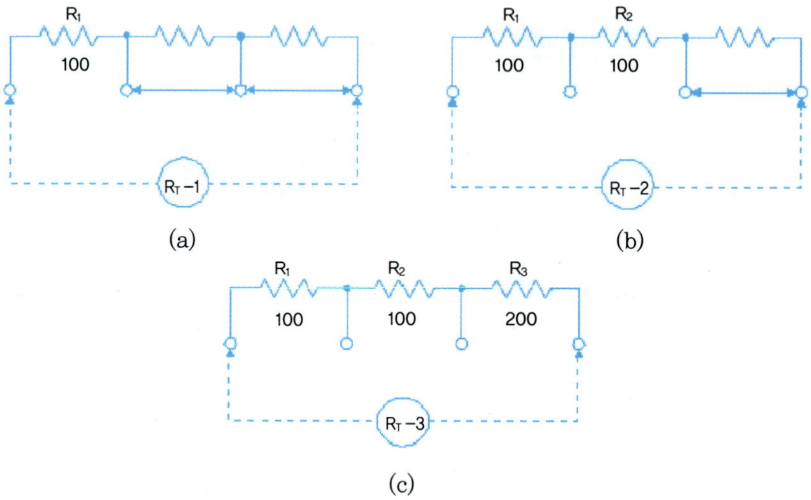

[그림 3-7]
직렬 저항 회로

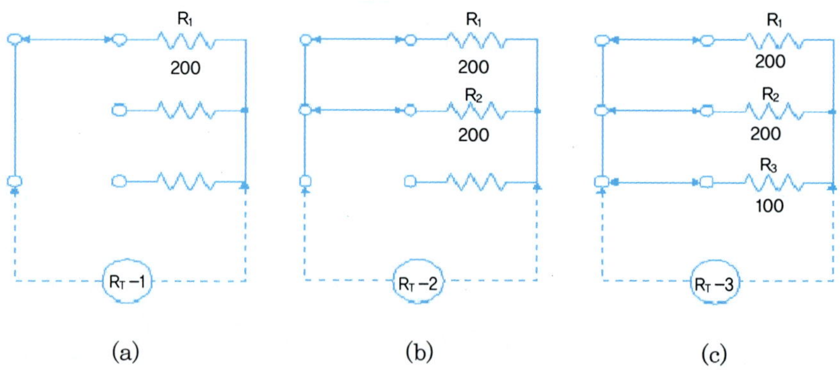

[그림 3-8]
병렬 저항 회로

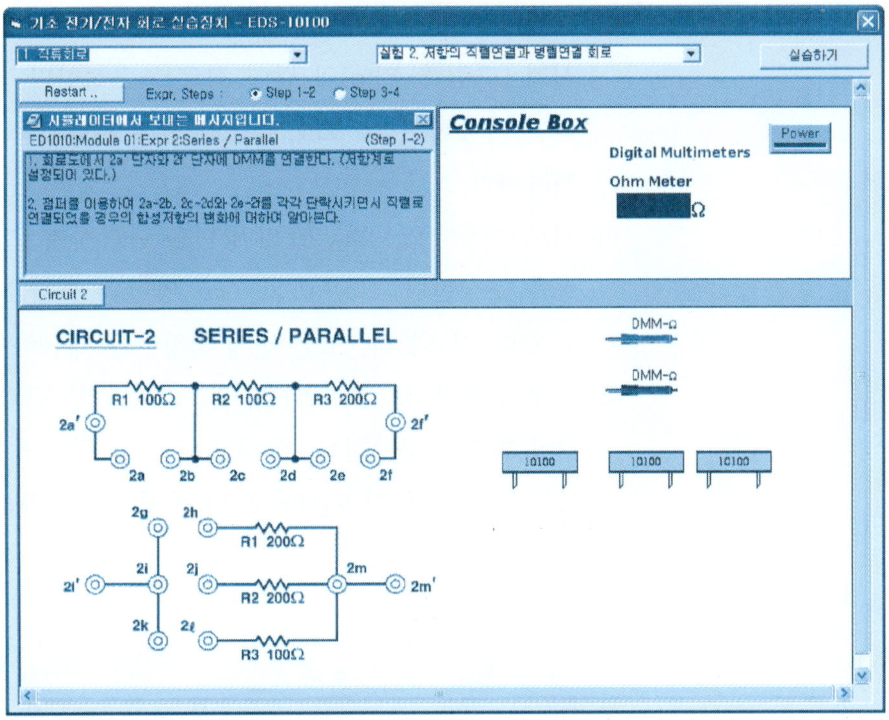

① 단계 1-2를 선택하고 (Step 1-2) 2c-2d, 2e-2f 양단을 단락시켜 [그림 3-7](a)와 같이 회로를 구성한다.

② 디지털 멀티미터를 이용하여 2a'-2f' 양단의 전체 저항값을 측정하여 〈표 3-2〉에 기록한다.

③ 점퍼(Jumper)를 이용하여 2e-2f 사이를 단락하고, [그림 3-7](b)와 같이 회로를 구성한다. 그리고 디지털 멀티미터를 이용하여 전체 저항값을 측정하여 〈표 3-2〉에 기록한다. 그리고 2a'-2f' 양단의 전체 저항값을 계산하여 해당란에 기입한다.

④ 점퍼(Jumper)를 제거해서 [그림 3-7](c)와 같이 회로를 구성한다. 그리고 전체 저항값을 측정하여 〈표 3-2〉에 기록하고 전체 저항값을 계산하여 해당란에 기입한다.

⑤ 단계 3-4를 선택하고 (Step 3-4) 회로-2에서 2g-2h 양단을 단락시켜 [그림 3-8](a)와 같이 회로를 구성한다. 그리고 디지털 멀티미터를 사용하여 2i'-2m' 양단의 전체 저항값을 측정하여 〈표 3-2〉에 기록한다.

⑥ 회로-2에서 2g-2h, 2i-2j 양단을 단락시켜 [그림 3-8](b)와 같이 회로를 구성한다. 그리고 2i'-2m' 양단의 전체 저항값을 측정하여 〈표 3-2〉에 기록한다. 또한 전체 저항값을 계산하여 해당란에 기입한다.

⑦ 회로-2에서 2g-2h, 2i-2j, 2k-2l 양단을 단락시켜 [그림 3-8](c)와 같이 회로를 구성한다. 그리고 2i'-2m' 양단의 전체 저항값을 측정하여 〈표 3-2〉에 기록한다. 또한 전체 저항값을 계산하여 해당란에 기입한다.

〈표 3-2〉

회로 \ 측정		저항계		
		R_{T1}	R_{T2}	R_{T3}
그림 3-7 (직렬 저항)	측정값			
	계산값			
그림 3-8 (병렬 저항)	측정값			
	계산값			

◀비고▶

결 론

• 실험 결과에 대해 토의하시오. 〈결론 3-2〉

3–3 키르히호프의 법칙(Kirchhoff's law)

1. 이 론

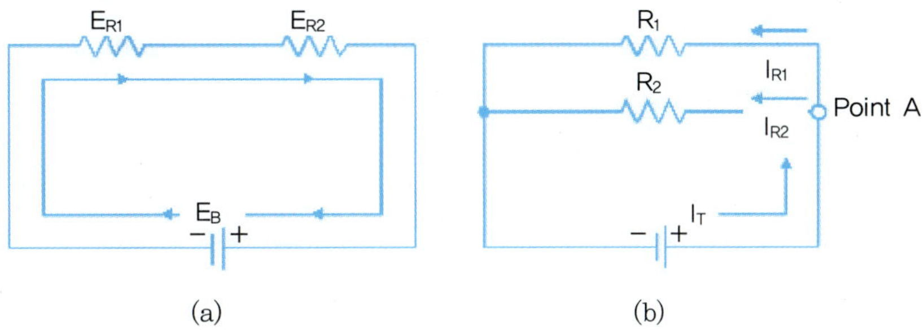

[그림 3-9]
키르히호프의 전압과 전류법칙

키르히호프의 법칙은 전압원이 둘 이상되는 복잡한 회로의 전류 전압 관계를 설명하는 방법으로 전압과 전류의 법칙으로 구분된다.

(1) 키르히호프의 전압법칙

복수의 전압원을 가진 회로에서 각각의 전압원에 대해 폐회로를 구성하면 폐회로의 상승전압과 하강전압의 합은 같다. 즉, 폐회로 내의 모든 전압의 합은 "0"이다.

[그림 3–9](a)에서 전류가 시계방향으로 흐른다고 볼 때 E_B는 상승 전압이고 E_{R1}, E_{R2}는 하강 전압이다. 따라서 $E_B = E_{R1} + E_{R2}$, 즉 $E_B - E_{R1} - E_{R2} = 0$이 된다.

(2) 키르히호프의 전류법칙

병렬회로의 각 node에서 들어오는 전류의 합은 나가는 전류의 합과 같다. [그림 3–9](b)에서 node A로 들어오는 전류는 I_T이고, 나가는 전류는 I_{R1}, I_{R2}가 된다. 따라서 $I_T = I_{R1} + I_{R2}$, 즉 $I_T = I_{R1} - I_{R2} = 0$이 된다.

2. 실험 과정

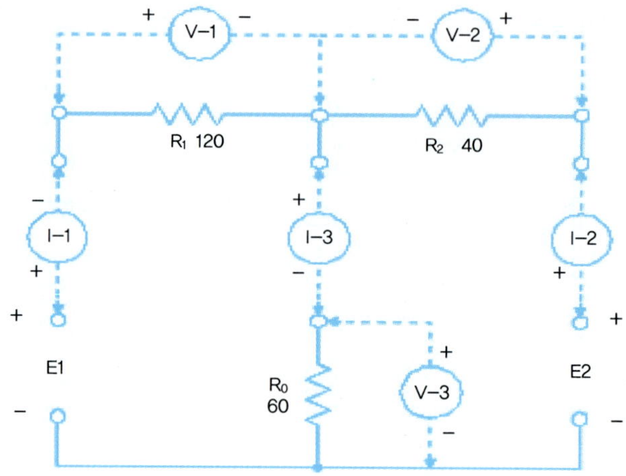
V-1
V-2
R1 120
R2 40
I-1
I-3
I-2
E1
E2
R0
60
V-3

[그림 3-10]

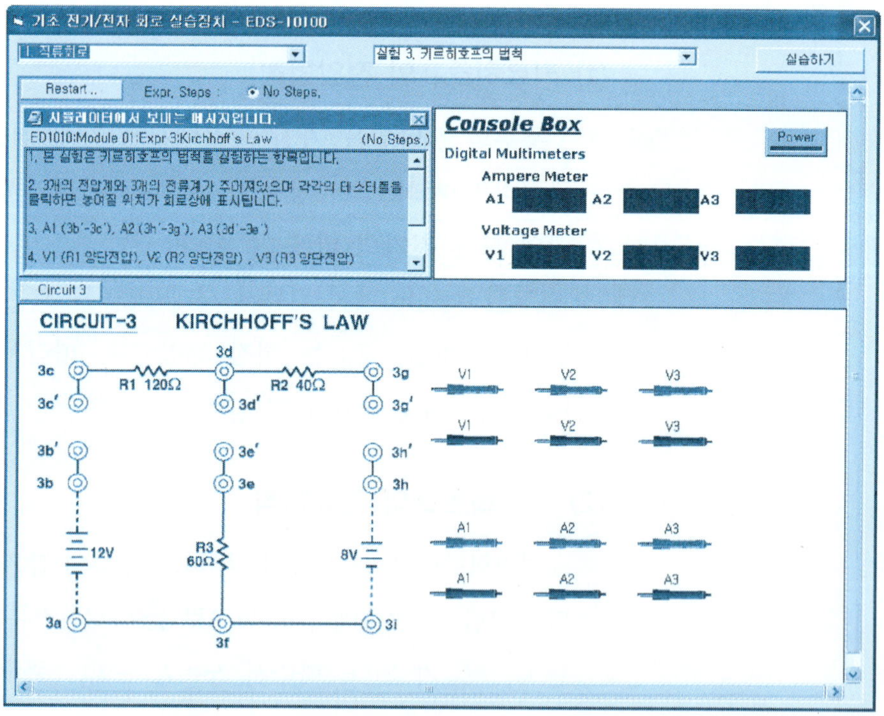
기초 전기/전자 회로 실습장치 - EDS-10100
1. 직류회로
실험 3. 키르히호프의 법칙
실습하기
Restart..
Expr. Steps :
No Steps.
시뮬레이터에서 보내는 메시지입니다.
ED1010:Module 01:Expr 3:Kirchhoff's Law
(No Steps.)
1. 본 실험은 키르히호프의 법칙를 실험하는 항목입니다.
2. 3개의 전압계와 3개의 전류계가 주어져있으며 각각의 테스터를을 클릭하면 놓여질 위치가 회로상에 표시됩니다.
3. A1 (3b'-3c'), A2 (3h'-3g'), A3 (3d'-3e')
4. V1 (R1 양단전압), V2 (R2 양단전압) , V3 (R3 양단전압)
Console Box
Power
Digital Multimeters
Ampere Meter
A1
A2
A3
Voltage Meter
V1
V2
V3
Circuit 3
CIRCUIT-3
KIRCHHOFF'S LAW
3c
3c'
3d
3d'
3g
3g'
R1 120Ω
R2 40Ω
3b'
3b
3e'
3e
3h'
3h
12V
R3
60Ω
8V
3a
3f
3i

① 회로-3에서 전압계를 3c-3d, 3d-3g, 3e-3f 양단에 연결하고 전류계를 3c'-3b', 3d'-3e', 3g'-3h' 양단에 연결하여 [그림 3-10]과 같이 회로를 구성한다.

② 각 전류계의 측정 전류값과 전류의 방향을 〈표 3-3〉에 기입한다. 그리고 주어진 식에 의해 전류값을 계산하여 해당란에 기입하여라.

$$-I_1(R_1+R_3)-I_2R_3=-E_1, \quad -I_2(R_2+R_3)-I_1R_3=-E_2$$

③ 각 전압계의 측정 전압을 〈표 3-4〉에 기입하라. 그리고 부하 저항의 저항값을 기록하라.

($R1=E_{R1}/I1$, $R2=E_{R2}/I2$, $R3=E_{R3}/I3$, $I1$, $I3$, E_{R1}, E_{R2}, E_{R3}는 측정값)

그리고 주어진 식에 의해 전압값을 계산하여 해당란에 기입하라.

$$E1=12\,V,\ E2=8\,V,\ V-1=E_{R1},\ V-2=E_{R2},\ V-3=E_{R3}$$

$$E1-E_{R1}-E_{R3}=0,\ E2-E_{R2}-E_{R3}=0$$

여기서 $E_{R1}=I1\cdot R1$, $E_{R2}=I2\cdot R2$, $E_{R3}=I3\cdot R3$이다.

단, $R1$, $R2$, $R3$, $I1$, $I2$, $I3$는 측정값($R1$, $R2$, $R3$측정은 회로 내의 전원과 전압 · 전류계를 제거하고 각 저항 양단을 직접 옴 미터로 측정한다.)

〈표 3-3〉

	I-1	I-2	I-3
측정값			
전류의 방향			
계산값			
◀비고▶			

〈표 3-4〉

	V-1	V-2	V-3
측정값			
회로의 R값			
계산값			
◀비고▶			

결 론

실험 결과에 대해 토의하시오. 〈결론 3-3〉

3-4 휘트스톤 브리지 회로(Wheatstone bridge circuit)

1. 이 론

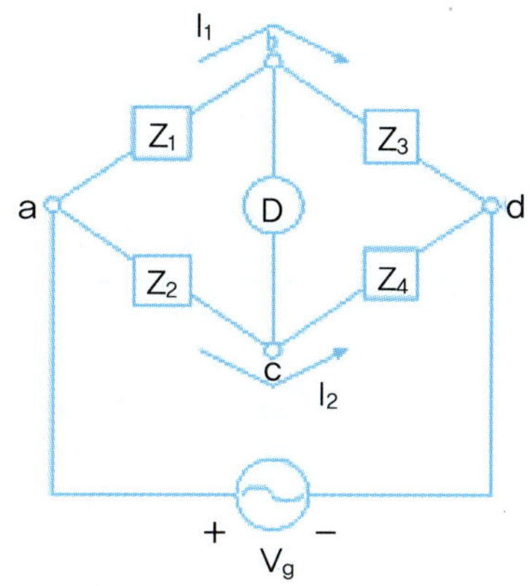

[그림 3-11]
브리지 회로

브리지 회로는 R, L, C 또는 주파수 등의 측정에 널리 사용된다. [그림 3-11]에서 브리지 회로를 보여주고 있다. 각 arm이 순저항인 직류 휘트스톤 브리지에서는 검출기로 검류계가 많이 쓰인다. D에 흐르는 전류가 "0"이 되었을 때 브리지는 평형(balance)되었다고 말한다. 평형 상태가 되었을 때에는 D양단의 전위차는 "0"이 되고 [그림 3-11]의 b점과 c점 사이에는 전류가 흐르지 않는다. 접속점 a에서 b까지의 전압강하는 a에서 c까지의 전압강하와 크기와 위상에 있어서 모두 같아야 한다. 즉, 다음 조건을 만족한다.

$$Z_1 I_1 = Z_2 I_2, \quad Z_3 I_1 = Z_4 I_2$$

이 두 식으로부터 각 임피던스 사이의 관계를 다음과 같이 얻을 수 있다.

$$\frac{Z_1}{Z_2} = \frac{Z_3}{Z_4} \text{ 또는 } Z_1 Z_4 = Z_2 Z_3$$

이것이 브리지의 평형조건(condition of balance)이다. 만약, D에서 전류가 검출된다면 비평형(Unbalancing), 이것은 외부의 힘(환경)이 회로에 가해졌음을 의미하며 이러한 기능은 감지회로에 응용된다.

2. 실험 과정

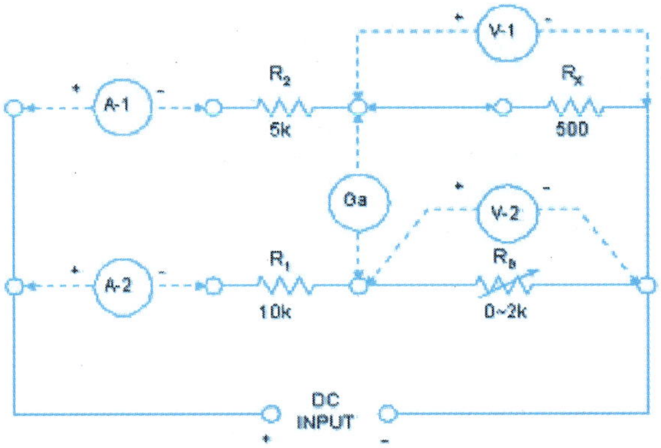

[그림 3-12]
평형브리지

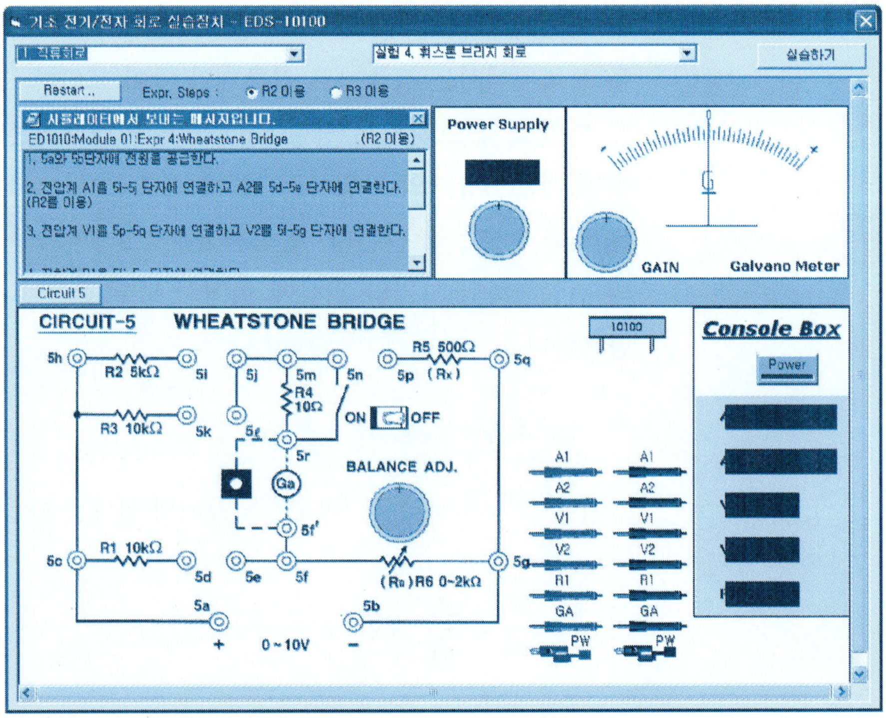

① R2를 이용한 단계를 선택하고 (◉ R2 이용) 회로-5에서 5n-5p를 단락시키고, 5i-5j, 5d-5e 양단에 전류계를 연결하고, 5p-5q, 5f-5g 양단에 전압계를 [그림 3-12]와 같이 연결한다.

② 검류계를 Ga 표시부분에 연결하고 스위치를 일단 OFF시켜 안전저항이 연결되게 한 후 DC 입력에 10V를 연결한다(검류계를 연결시키기 전에 먼저 미터(Meter)의 0점이 제대로 조정되었는가 확인한다).

③ 검류계의 지시가 "0"이 되도록 R_B값을 조정한 후 스위치를 ON한 상태에서 다시 정밀 조정한다. 즉 평형(balance)상태가 되도록 한다(이때, "GAIN"은 시계방향으로 최대가 되도록 한다). 그리고 전류와 전압을 측정하여 〈표 3-5〉 실험-1의 각 해당란에 기록한다.

④ 5a-5b에 연결된 전원과 5r-5f'에 연결된 갈바노 미터(Galvano Meter)를 제거하고, 5n-5p 양단을 개방한 후 저항계로 R_B(5f-5g)값을 측정하여 〈표 3-5〉 실험-1에 기록한다.

⑤ Rx값을 계산하여 〈표 3-5〉 실험-1에 기록한다.

⑥ 과정 4에서 제거한 전원과 갈바노 미터(Galvano Meter)를 다시 연결하고 5n-5p 양단을 단락한다.

⑦ R3을 이용한 단계를 선택하고 (◉ R3 이용) 전류계 A-1을 5k-5l 양단에 연결하여 과정 3~5를 반복하고, 〈표 3-5〉 실험-2의 각 해당란에 기록한다.

〈표 3-5〉

	전류계		전압계		R_B	R_x
	A-1	A-2	V-1	V-2	측정값	계산값
실험-1(R2 연결)						
실험-2(R2 연결)						

◀비고▶

〈표 3-6〉

	Va	Vb	Vc	Vd
실험-1(R2 연결)				
실험-2(R2 연결)				

◀비고▶

결 론

실험 결과에 대해 토의하시오. 〈결론 3-4〉

Chapter 4

전류, 전압, 저항측정기의 원리

- 4-1 전압계 및 전압 측정
- 4-2 전류계 및 전류 측정
- 4-3 저항계 및 저항 측정

■ 목적

전압계, 전류계 그리고 저항계 각각의 측정원리를 실험을 통해 이해하고 전류, 전압계의 설계 및 측정시 발생하는 오차에 대해 알아본다.

CHAPTER 4

전류, 전압, 저항측정기의 원리

4-1 전압계 및 전압 측정(DC volt-meter)

1. 이 론

(1) 배율기

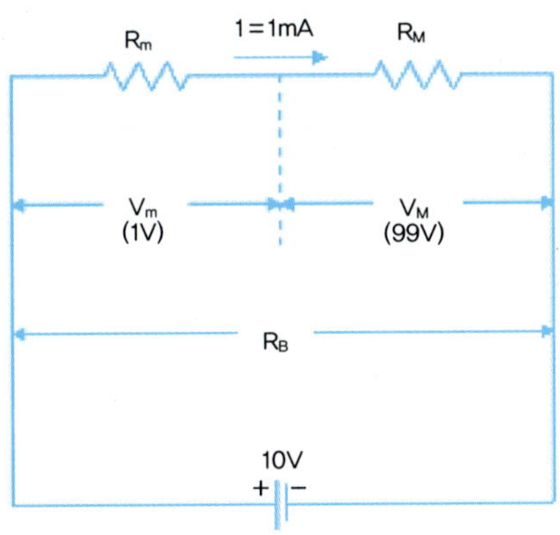

R_m : 전압계의 내부저항
R_M : 배율기의 저항값

[그림 4-1] 배율기

배율기(Multiplier)는 전압계에 직렬로 접속시켜서 전압의 측정범위를 넓히기 위해 사용하는 일종의 저항기를 말한다. 예를 들어, 1V의 전압을 측정할 수 있는 전압계로 100V를 측정하려고 할 때 99V의 전압을 흡수하여 전압계에는 1V의 전압강하만 발생하도록 만들어주는 분압기가 있으면 100V의 측정이 가능해진다. [그림 4-1]에서 R_M을 배율기의 저항 R_M을 전압계의 내부저항, 전압계 FS(FullScale : 최대눈금, 즉 최대 측정한계)를 E_1이라 할 때, 측정하고자 하는 전압이 FS 입력전압의 N배일 경우, 이를 측정하기 위해 필요한 배율기 저항 R_M의 계산법은 다음과 같다. 우선 R_M과 R_M에 걸리는 전압 R_M, V_M은 각각 $R_M = IR_M$, $V_M = IR_M$으로 표현할 수 있다. 따라서 R_M을 직렬로 연결하여 측정할 수 있는 회로의 전압은 전압계만 연결했을 경우의 N배가 된다. 따라서,

$$N = \frac{V_m + V_M}{V_m} = \frac{IR_m + IR_M}{IR_m} = \frac{R_m + R_M}{R_m}$$

위 식에서 측정하고자 하는 전압값이 V_M의 N배인 경우 배율기의 저항 R_M은 R_M=(N−1) R_M된다. 이와 같이 측정기의 최대 측정범위(혹은 FS 감도)와 내부저항을 알게 되면 측정전압의 범위에 따라 배율기를 설계할 수 있다.

예제 4-1 내부저항(RM)이 1kΩ 이고 FS가 1mA인 전압계로 10V를 측정하고자 한다면, 회로의 배율기 R_M은 얼마인가?

(2) 전압계

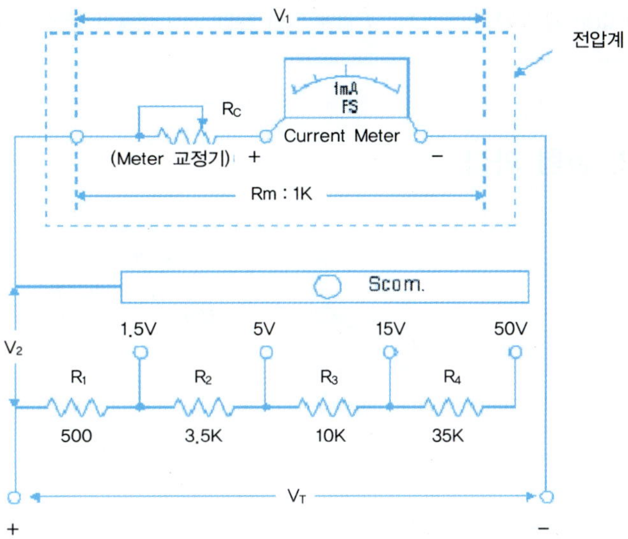

[그림 4-2]
전압계의 회로도

대개의 전압계는 [그림 4-2]에서처럼 전류계(Current Meter)와 이에 직렬로 연결된 배율저항으로 구성되어 있다. 일반적으로 DC전압계의 경우 전류계 자체의 FS(Full Scale) 감도는 50μA로부터 1mA의 것이 많이 사용되며 이들의 내부저항은 대개 100Ω ~ 1KΩ이다. 입력전압 V_T, 전압계의 전압을 V_1, 배율기 양단 전압을 V_2라 할 때 $V_T = V_1 + V_2$이다. 그리고, 전압계의 내부저항을 R_m, 배율기의 저항값을 R_M라 하면 V_1 및 V_2는 다음과 같은 관계식을 갖게 된다.

$$V_T = \frac{R_m}{R_m + R_M} V_T, \quad V_2 = \frac{R_M}{R_m + R_M} V_T$$

그러므로 전압계가 V_1값을 지시하면 실제 측정전압은 측정범위의 배율을 곱함으로써 얻을 수 있다.

예제 4-2 영역을 5V로 설정하고 R_M은 4Ka일 경우 입력전압이 각각 5V와 2.5V일 때 V_1, V_2그리고 실제 전압 V_T의 값을 계산하시오(단 : V_1: 전압계 양단 전압 V_2 : 배율기 양단 전압).

2. 실험 과정

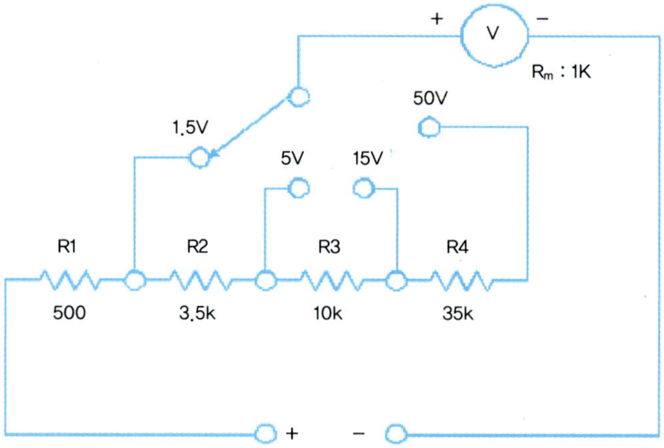

[그림 4-3]
멀티레인지 전압계

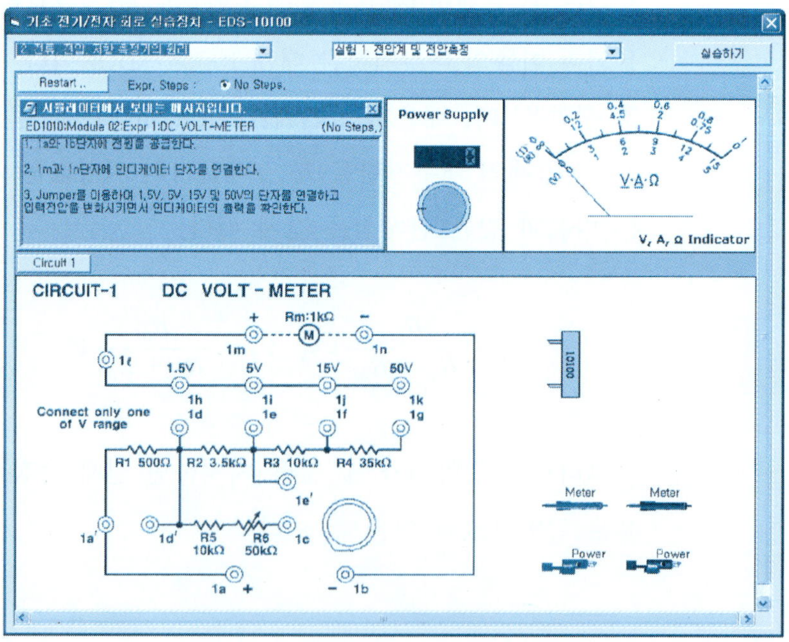

① 회로-1에서 미터를 위한 단자인 1m와 1n은 회로-2(Meter)의 2a와 2b에 각각 연결하고 각 레인지에 대하여 FS가 1mA를 가리킬 때의 배율기의 저항을 측정하여 〈표 4-1〉에 기록하라. 미터(Meter)의 FS는 1mA이다. (단, 회로-2의 2c-2d는 단락시킨다.)

② [그림 4-3]의 회로를 이용하여 〈표 4-2〉에 따라 각 레인지에 대하여 입력전압을 1V, 3V, 10V, 12V를 인가했을 때의 미터에 흐르는 전류를 측정하여 〈표 4-2〉에 기록하라.

〈표 4-1〉

	1.5V	5V	15V	50V
R1				
R1+R2				
R1+R2+R3				
R1+R2+R3+R4				

◀비고▶

〈표 4-2〉

Range / 입력전압	각 Range에서의 회로전류			
	1.5V	5V	15V	50V
1V				
3V				
10V				
12V				

◀비고▶

결 론

• 실험 결과에 대해 토의하시오. 〈결론 4-1〉

4-2 전류계 및 전류 측정(DC ampere meter)

1. 이 론

(1) 분류기

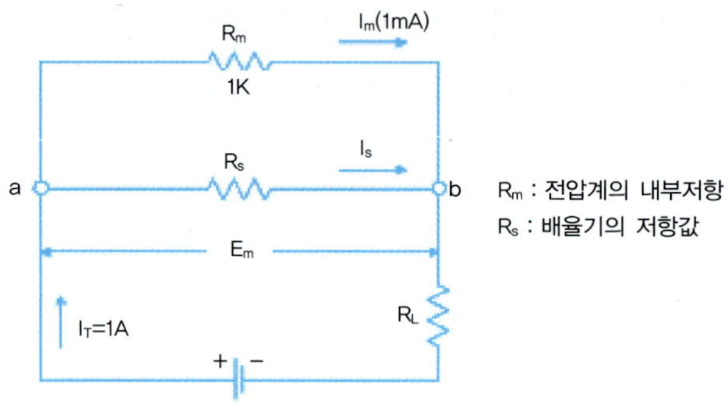

[그림 4-4]
분류기

분류기(Shunt)는 전류계에 병렬로 접속시켜서 전류의 측정범위를 넓히기 위해 사용하는 일종의 저항기를 말한다. 예를 들어, 1mA까지 측정할 수 있는 전류계를 이용하여 100mA까지 측정범위를 확대시키려고 할 때, 100mA의 전류 중 전류계로는 1mA의 전류가, 분류기로는 나머지 99mA의 전류가 흐르게 하면 된다. [그림 4-4]에서 분류기 R_s를 사용하여 전류의 측정범위를 확대시키려고 할 때 전류계의 내부 저항을 R_m이라 하고, R_m, R_s에 흐르는 전류를 각각 I_m, I_s라 하자. 측정하려는 전류가 전류계(측정기) 자체의 FS(Full Scale: 최대눈금) 전류의 N배일 경우 분류기 저항 R_s의 계산법은 다음과 같다. 우선 E_m을 Meter의 FS 입력전압이라 하면 R_m, R_s에 흐르는 전류 I_m, I_s는 각각 $I_m = E_m/R_m$, $I_s = E_m/R_s$으로 표현할 수 있다. 따라서 R_s를 병렬로 연결하여 측정할 수 있는 회로의 전류는 전류계만 연결했을 경우의 N배가 된다.

$$N = \frac{I_m + I_s}{I_m} = \frac{\dfrac{E_m}{R_m} + \dfrac{E_m}{R_s}}{\dfrac{E_m}{R_m}} = R_m\left(\frac{1}{R_m} + \frac{1}{R_s}\right) = 1 + \frac{R_m}{R_s}$$

위 식에서 측정하고자 하는 전류값이 I_m의 N배인 경우 분류기의 저항 R_S는 다음과 같다.

$$R_s = \frac{R_m}{N-1}$$

이와 같이 미터의 최대 측정범위(FS 감도)와 내부저항을 알게 되면 측정하고자 하는 전류의 범위(Range)에 따라 분류기(Shunt)를 설계할 수 있다.

예제 4-3 내부저항(Rm)이 1KΩ 이고 1mA의 측정범위를 갖는 전류계로 1A를 측정하려 한다면 이때 분류기의 저항값은 얼마인가?

(2) 전류계

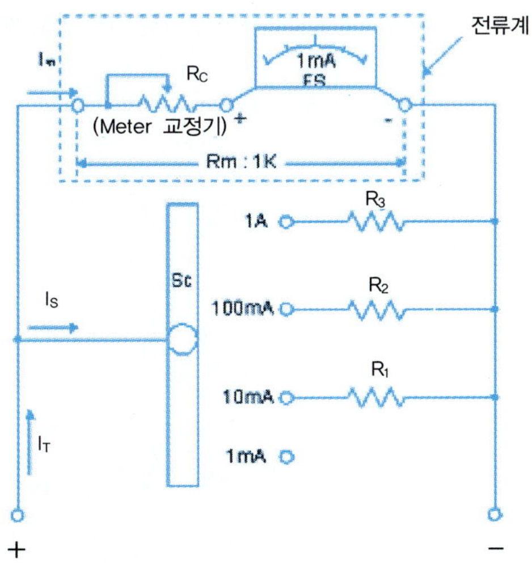

[그림 4-5]
전류계의 회로도

일반적으로 전류계는 미터와 그리고 미터에 병렬로 연결되는 분류기로 구성되어 있다. 이런 경우 보통 미터의 감도는 50μA ~1mA(FS)의 것으로 이들의 내부저항은 대개 100~1KΩ 정도이다(같은 전류 감도에서는 I_m이 적을수록 좋음). 또한 대전류(10A 이상)측정에 사용되는 분류기는 그 분류기의 용량(A)과 함께 미터의 연결을 위한 분류기의 출력전압을 표시하고 있다. [그림 4-5]를 보면서 전류계의 동작 원리를 알아보자. 입력전류를 I_T, 전류계를 흐르는 전류를 I_m, 분류기를 흐르는 전류를 I_s라 할 때 $I_T = I_m + I_s$이다. 그리고, 전류계의 내부저항을 R_m, 분류기의 저항값을 R_s라 하면 I_m및 I_s는 다음과 같은 관계식을 갖게 된다.

$$I_m = \frac{R_s}{R_m + R_s} I_T, \qquad I_s = \frac{R_m}{R_m + R_s} I_T$$

그러므로, 전류계는 I_m값을 지시하며 범위의 배율을 곱함으로써 실제 측정 전류를 얻을 수 있다.

예제 4-4 범위(Range)를 100mA로 설정하고 R_S는 10.1Ω 일 경우 입력전류가 각각 100mA와 50mA일 때 I_m, I_s 그리고 실제 흐르는 전류(I_T)의 값을 계산하시오. (단, I_m: 전류계로 흐르는 전류, I_s: 분류기로 흐르는 전류)

2. 실험 과정

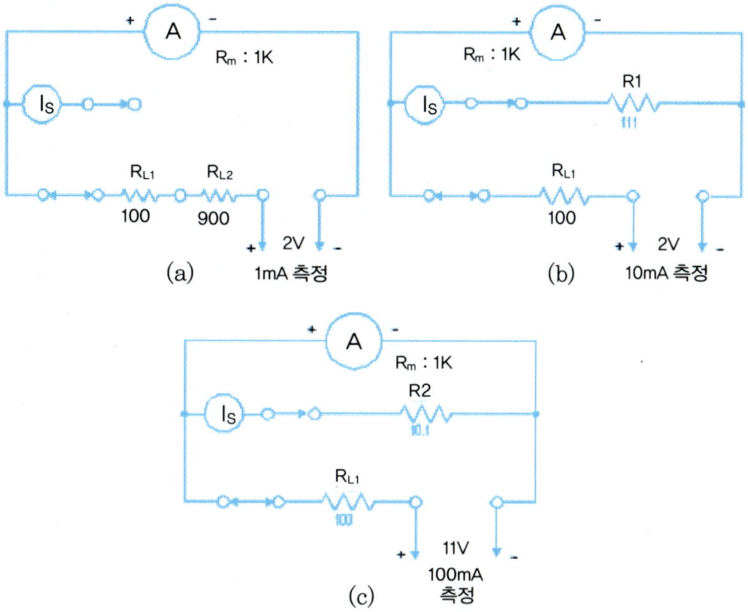

[그림 4-6]
범위별 FS 전류회로

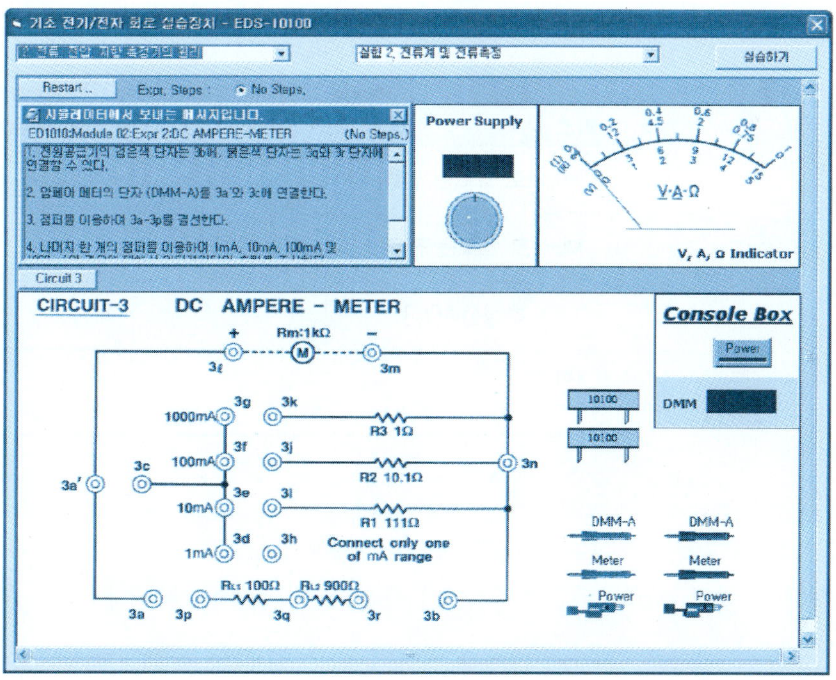

① 회로-3에 주어진 회로를 이용하여 먼저, 회로-3의 3l과 3m에 회로-2(Meter)의 2a와 2b를 각각 연결시킨 후 실험에 따라 [그림 4-6]의 (a)-(c)와 같이 회로를 연결한다. 회로 (a)는 3d-3h, 회로 (b)는 3e-3i, 회로 (c)는 3f-3j를 연결하고 3a'와 3c사이에 별도의 전류계를 연결한다(회로-2의 2c-2d를 단락하여 R_m을 1KΩ로 한다).

② [그림 4-6]의 각 회로에 대하여 분류기(shunt) 전류(I_s)와 미터 전류(A)를 측정하고, 이들로부터 회로에 흐르는 전류를 〈표 4-3〉의 해당란에 기록하라.

☞ 주의 : I_s측정시 외부 전류계의 측정 범위는 될 수 있는 한 최대로 한다. 즉, 낮은 범위일수록 내부저항은 커져 회로 임피던스를 변화시킨다. 따라서, 올바른 측정이 되지 못함)

③ 각 레인지에 대하여 FS가 1mA를 가리킬 때의 분류기 저항을 측정하여 〈표 4-4〉에 기록하라. 미터 FS는 1mA이다(단, 회로-2의 2c-2d는 단락시킨다).

〈표 4-3〉

Range / 회로	1mA	10mA (R1 = 111Ω)	100mA (R2 = 10.1Ω)
Shunt로 흐르는 전류[I_s]			
Meter로 흐르는 전류[I_m]			
측정전류[I_T]			

〈비고〉

〈표 4-4〉

Range	1mA	10mA	100mA
Shunt 저항값[Ω]			

◀비고▶

결 론

• 실험 결과에 대해 토의하시오. 〈결론 4–2〉

4-3 저항계(Ohm-meter) 및 저항 측정

1. 이 론

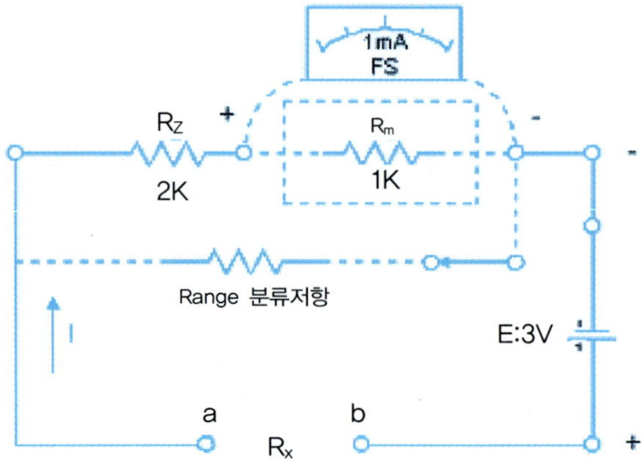

[그림 4-7]
저항계의 회로도

저항계(Ohm-Meter)는 [그림 4-7]과 같이 미터와 제로 옴 배율기, 범위 분류저항 및 DC 소스(Battery) 등으로 구성된다. 미터의 감도는 보통 50 μA~1mA(FS)의 것으로 그 내부저항은 대개 100Ω~1kΩ을 사용하고 있다. 저항계가 일반적인 전압계나 전류계와 크게 다른 점은 전류계나 전압계에서는 미터에 전혀 전류가 흐르지 않는 상태가 0V 또는 0A이다. 그러나 저항계에서는 미터 FS의 전류가 흐르는 상태가 바로 0Ω인 것이다. 따라서 어떤 피측정 저항으로 인해서 미터가 얼마나 FS에 못미치는가에 따라 저항값이 정해지도록 만든 것이 Ohm-미터이다. 또 한가지 저항계의 특징은 피측정 저항체에 저항계로부터 전류를 흘려줄 수 있는 DC 전원을 갖고 있어야 한다. 그러므로 보통 휴대용 저항계는 배터리(Battery)를 내장하고 있다. [그림 4-7]의 회로에서 미터의 감도는 1mA FS, 내부저항은 1kΩ이고 전원은 3V를 사용할 경우 R_x 단자가 0Ω(즉 a, b가 연결된)로 되기 위해서는 미터의 지시는 1mA FS를 지시해야 하므로 회로 전체의 저항은 다음과 같이 되어야 한다.

$$R_\chi + R_m = \frac{3V}{1\text{mA}} = 3\text{k}\Omega$$

따라서 미터의 내부저항 R_m은 1kΩ이므로 $R_z = 3\text{k}\Omega - 1\text{k}\Omega$이다. 여기서 R_z 저항을 저항계의 제로 옴 배율기(Zero Ohm Multiplier)라고 한다. 하지만 I를 회로에 흐르는 전류라 할 때 R_χ를 구하기 위한 식은 다음과 같다.

$$R_\chi = \frac{E}{I} - (R_\chi + R_m)$$

실제 회로에서는 영점 조정(Zero Adjusting) 회로 등 약간씩 변형되어 설계되는 일이 많다. 그리고 저항 측정기에서도 전류계와 마찬가지로 측정 범위를 갖게 되며 이러한 경우 측정 범위에 따라 범위 분류기(Shunt)를 갖게 된다.

2. 실험 과정

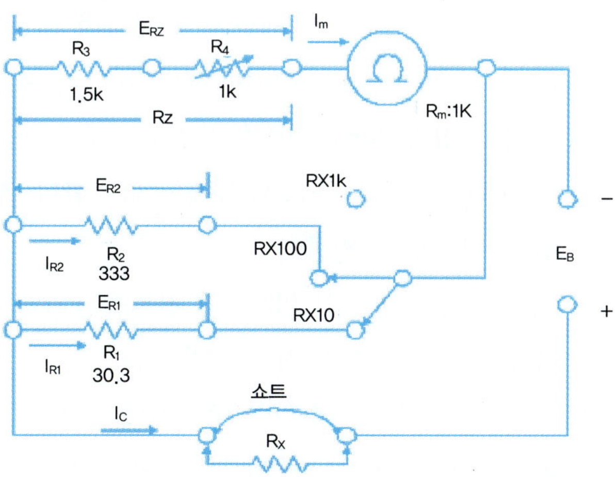

[그림 4-8]
저항계 회로 전원전압에 따른 영점 조정

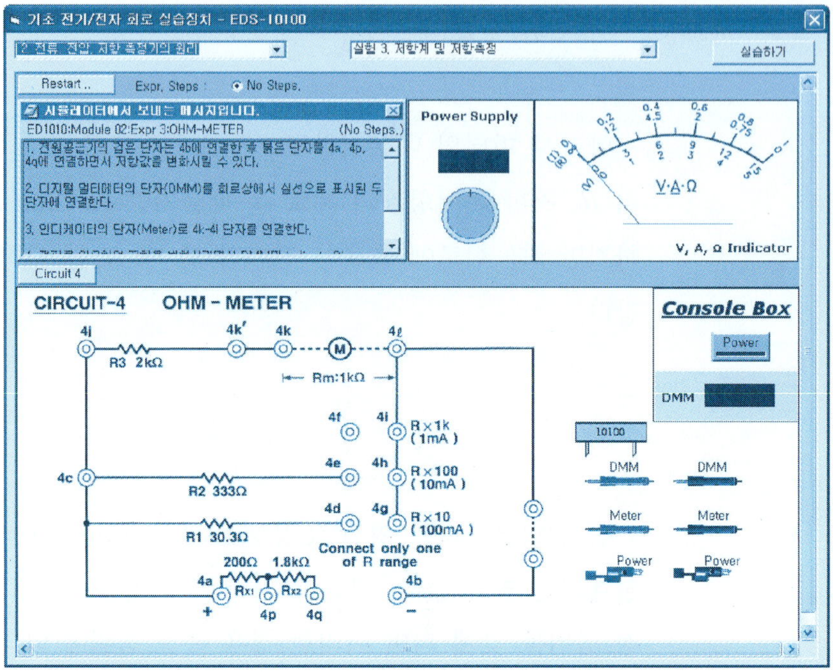

① 회로-4의 미터 단자(4K, 4l)와 전원전자(4m, 4n)에 회로-2에 있는 미터 단자 (2a, 2b)와 배터리 단자(2e, 2f)를 극성에 조심하여 연결시킨다(이때 회로-2의 2c-2d는 단락시킨다).

② 〈표 4-5〉와 같이 각 레인지에 대하여 피측정저항을 연결했을 때의 Meter의 전류를 측정하여 해당란에 기록하라(0Ω 시 4a-4b 단락). 영점 조정기(Zero Adj)를 가변하여 full scale이 되게 한 후 측정하고 또한 R_x 200Ω, 2kΩ 시에도 측정한다. 범위가 바뀌면 전과 동일한 방법으로 측정한다.

③ 회로-4에서 별도의 외부 DC 전원공급기를 사용하여 저항계의 전원을 2.5V로 한 후 영점 조정을 하라.

④ 각 저항에 걸리는 전압을 측정하여 주어진 식에 의해 전류를 계산하고 〈표 4-5〉의 해당란에 기록하라(범위 선택에 따라 E_{R1}은 4d-4g, E_{R2}는 4e-4h를 각각 단락한 후 측정한다).

⑤ 〈표 4-6〉처럼 나머지 전원에 대해서도 각각 0점 조정 후 전압을 측정하여 계산값을 해당란에 기록하라.

참고

1. R×10의(R_1 : 0Ω)

$$\frac{I_m}{I_{R1}}=\frac{1}{99},\ I_m=\frac{E_{R1}}{(R_\chi+R_m)} \Rightarrow E_{R1}=I_m(R_\chi+R_m),\ I_{R1}=\frac{E_{R1}}{R1}\Rightarrow R1\frac{E_{R1}}{I_{R1}}$$

$$\therefore R1=\frac{E_{R1}}{I_{R1}}=\frac{I_m(R_\chi+R_m)}{I_{R1}}=\frac{R_\chi+R_m}{99}$$

2. R×100의 (R_2) 설계식(R_χ : 0Ω)

$$\frac{I_m}{I_{R2}}=\frac{1}{9},\ I_m=\frac{E_{R2}}{(R_\chi+R_m)}\Rightarrow E_{R2}=I_m(R_\chi+R_m),\ I_{R2}=\frac{E_{R2}}{R2}\Rightarrow R2=\frac{E_{R2}}{I_{R2}}$$

$$\therefore R2=\frac{E_{R2}}{I_{R2}}=\frac{I_m(R_\chi+R_m)}{I_{R12}}=\frac{R_\chi+R_m}{9}$$

3. R×10에서 측정단자 쇼트시의 회로전류(I_c) 설계식

$$I_C=I_m+I_{R1}=\frac{E_B}{R_\chi+R_m}+\frac{E_B}{R1}=\frac{E_BR1+E_B(R\chi+R_m)}{R1(R_2+R_m)}=\frac{E_B(R1+R\chi+R_m}{R1(R_\chi+R_m)}$$

4. R×100에서 측정단자 쇼트시의 회로전류(I_c) 설계식

$$I_c=I_m+I_{R2}=\frac{E_B}{R_\chi+R_m}+\frac{E_B}{R_2}=\frac{E_BR_2+E_B(R_\chi+R_m)}{R2(R_\chi+R_m)}=\frac{E_B(R2+R_\chi+R_m)}{R2(R_\chi+R_m)}$$

〈표 4-5〉

	R×10	R×100	R×1000
0Ω 을 통해 흐르는 전류			
200Ω 을 통해 흐르는 전류			
2KΩ 을 통해 흐르는 전류			

◀비고▶

〈표 4-6〉

측정 DC(EB)	$I_m = \frac{E_{R2}}{R_Z}$	$I_{R1} = \frac{E_{R1}}{R1}$	$I_{R2} = \frac{E_{R2}}{R2}$
2.5V			
3V			
3.5V			

〈비고〉

결 론

• 실험 결과에 대해 토의하시오. 〈결론 4-3〉

Chapter 5

교류회로

- 5-1 커패시턴스 회로
- 5-2 인덕턴스 회로
- 5-3 RC & RL 회로
- 5-4 LC 공진회로
- 5-5 필터 회로

■ 목적

① 커패시터와 인덕터를 직렬 또는 병렬 연결시켰을 때 그 값이 어떻게 변하는지를 살펴본다.

② 교류가 흐르는 전자회로에서는 흔히 초크(choke)나 코일(coil)이라고 부르는 인덕터와 용량 또는 콘덴서라고 하는 커패시터(capacitor)를 많이 사용하고 있다. 실험을 통해 인덕터와 커패시터가 교류회에서 어떤 특징을 갖게 되는지를 학습한다.

③ 상호보완 관계에 있는 인덕터와 커패시터로 구성된 회로가 주파수에 대하여 어떠한 특성을 갖게 되는가를 알아본다.

④ 인덕터와 커패시터를 이용한 필터를 구현해보고 각 소자에서 주파수에 다른 전류의 변화를 알아본다.

CHAPTER 5

교류회로

5-1 커패시턴스 회로(capacitance circuit)

1. 이 론

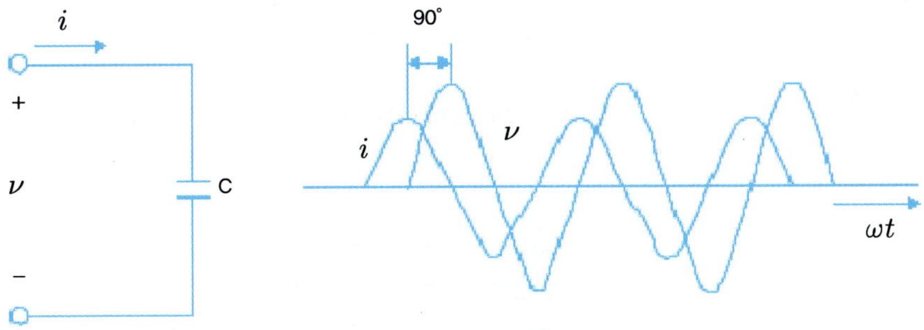

[그림 5-1]
커패시턴스회로의 전압과 전류

커패시턴스(C)만을 가지는 이상적 용량기에 $i = \mathrm{I_m} \sin \omega t$로 표시되는 정현파 전류가 흐를 때 전류의 방향으로의 전압강하 v는 다음과 같이 표현된다.

$$v = \frac{1}{C}\int idt = \frac{1}{C}\int I_m \sin\omega t dt = -\frac{1}{\omega C}I_m \cos\omega t$$

$$= \frac{1}{\omega C}I_m \sin(\omega t - 90^\circ)$$

여기서 전압, 전류의 최대치의 관계는 $V_m = \left(\frac{1}{\omega C}\right)I_m$ 이며, 실효치로는 $V = \left(\frac{1}{\omega C}\right)I$ 또는 $I = \omega CV$와 같다. [그림 5-1]은 커패시턴스회로의 전압과 전류의 위상관계를 보여주고 있다. 따라서 커패시턴스만을 가지는 교류회로에서 전압과 전류는 동일 주파수의 정현파이고 전압은 전류보다 위상이 90° 늦다. 그리고 전압과 전류의 실효치의 비는 $X_c = \frac{1}{(\omega C)}$와 같다. 또한 X_c는 커패시턴스회로의 전류를 제한하는 일종의 교류저항기 역할을 하는데 이 X_c를 용량성 리액턴스라 하며 다음과 같이 정의한다.

$$X_c = -\frac{1}{\omega C} = -\frac{1}{2\pi f C}[\Omega]$$

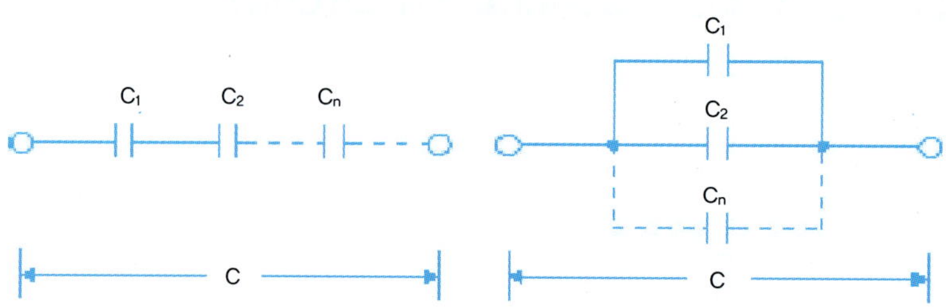

(a) 커패시터의 직렬연결 (b) 커패시터의 병렬연결

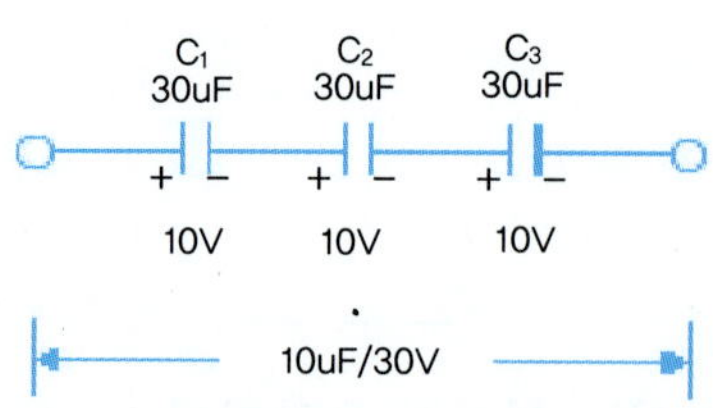

[그림 5-2]
커패시터의 직/병렬연결

(c) 커패시터의 직렬연결시 내압

여기서 C를 커패시턴스(단위 : Farad), f는 교류의 주파수(단위 : Hz)를 표시하며, X_c의 단위는 저항과 같이 Ω를 사용한다.

커패시터는 직렬로 연결되면 용량은 직렬로 연결된 것 중 제일 적은 용량보다도 더 적게 되고 병렬로 연결시키면 반대로 합한 용량값으로 증가한다. [그림 5-2]의 (a)와 (b)는 각각 커패시터를 직렬연결과 병렬연결한 회로를 보여주고 있으며 각각의 경우에 대한 합성 커패시턴스를 구하는 식은 다음과 같다.

- 커패시터의 직렬연결시 합성 커패시턴스

$$\frac{1}{C} = \frac{1}{C_1} + \frac{1}{C_2} + \cdots + \frac{1}{C_n}$$

- 커패시터의 병렬연결시 합성 커패시턴스

$$C = C_1 + C_2 + \cdots \ C_n$$

여기서 한가지 알아야 할 것은 커패시터에서는 반드시 사용 전압, 즉 커패시터의 내압을 표시하고 있으므로 이 표시 전압 이하에서만 사용하여야 한다. 만약 같은 용량, 같은 내압의 커패시터를 직렬 연결하는 경우에는 그 직렬수만큼 양단의 내압도 증가하게 된다. [그림 5-2](c)는 $30\mu F/10\,V$ 커패시턴스 3개를 직렬연결하면 합성용량이 $10\mu F/30\,V$가 됨을 보이고 있다.

2. 실험 과정

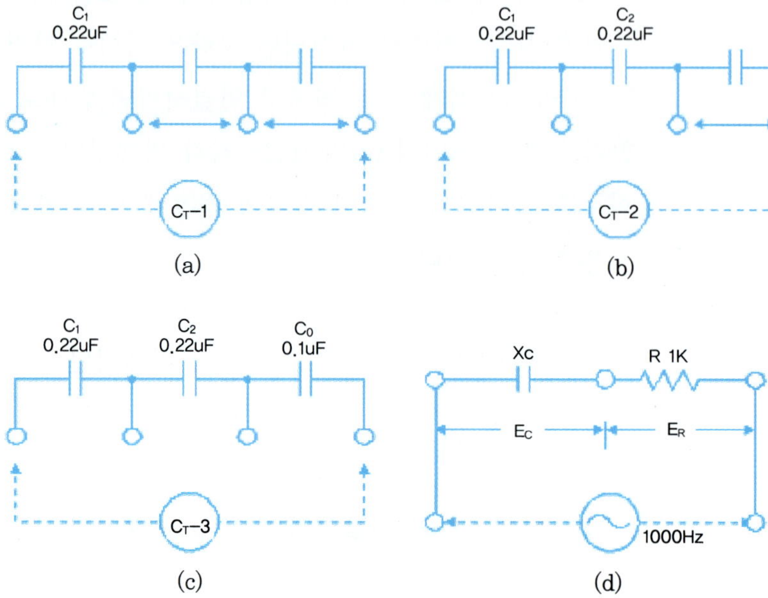

[그림 5-3]
직렬 커패시턴스 실습회로

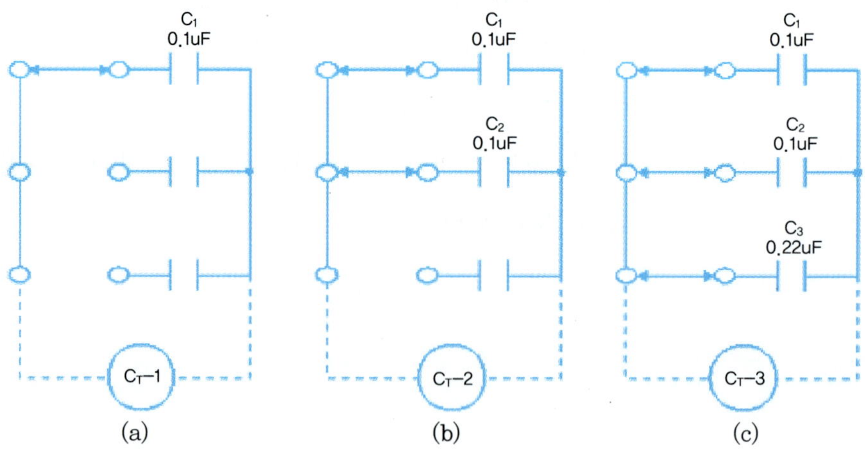

[그림 5-4]
병렬 커패시턴스 실습회로

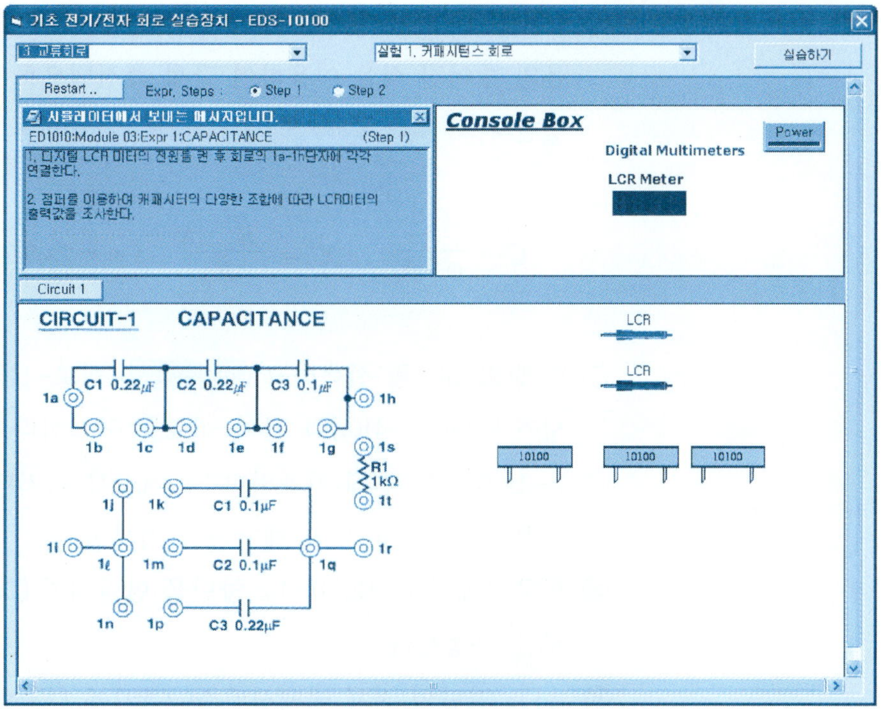

① 단계(step) 1을 선택하고 (◉ Step 1) 회로-1에서 1d-1e, 1f-1g 양단을 단락시켜 [그림 5-3](a)와 같이 회로를 구성한다.

② 1a-1h 양단의 전체 커패시턴스($C\tau1$)를 디지털 LCR 미터(용량계)로 측정하여 〈표 5-1〉의 해당란에 기록한다.

③ 회로-1에서 1f-1g 양단만을 단락시킨 후 [그림 3-3](b)와 같이 회로를 구성한다.

④ 1a-1h양단의 전체 커패시턴스($C\tau2$)를 디지털 LCR 미터(용량계)로 측정하여 〈표 5-1〉의 해당란에 기록한다. 그리고 전체 커패시턴스($C\tau2$)를 계산하여 기록한다.

⑤ 회로-1은 [그림 5-3](c)와 같다. 여기서 1a-1h 양단의 전체 커패시턴스($C\tau3$)를 디지털 LCR 미터(용량계)로 측정하여 〈표 5-1〉의 해당란에 기록한다. 그리고 전체 커패시턴스($C\tau3$)를 계산하여 기록한다.

⑥ 디지털 LCR 미터(용량계)가 없는 경우 [그림 5-3](d)를 참조하여 다음의 주어진 식을 이용하여 간접 측정법으로 전체 커패시턴스를 측정한다.

$$C=\frac{1}{\omega \cdot X_c},\quad X_c=\frac{E_c \cdot R}{E_R},\ (\omega=2\pi f)$$

⑦ 단계(Step) 2를 선택하고 (Step 2) 회로-1에서 1j-1k 양단을 단락시켜 [그림 5-4](a)와 같이 회로를 구성한다.

⑧ 1i-1r 양단의 전체 커패시턴스($C\tau 1$)를 디지털 LCR 미터(용량계)로 측정하여 〈표 5-1〉의 해당란에 기록한다.

⑨ 회로-1에서 1j-1k, 1l-1m 양단을 단락시켜 [그림 5-4](b)와 같이 회로를 구성한다.

⑩ 1i-1r 양단의 전체 커패시턴스($C\tau 2$)를 디지털 LCR 미터(용량계)로 측정하여 〈표 5-1〉의 해당란에 기록한다. 그리고 전체 커패시턴스를 계산하여 기록한다.

⑪ 회로-1에서 1j-1k, 1l-1m, 1n-1p 양단을 단락시켜 [그림 5-4](c)와 같이 회로를 구성한다.

⑫ 1i-1r 양단의 전체 커패시턴스($C\tau 3$)를 디지털 LCR 미터(용량계)로 측정하여 〈표 5-1〉의 해당란에 기록한다. 그리고 전체 커패시턴스를 계산하여 기록한다.

〈표 5-1〉

회로 \ 측정		용량계		
		C_{T1}	C_{T2}	C_{T3}
그림 5–3 (직렬 커패시턴스)	측정값			
	계산값	–		
그림 5–4 (병렬 커패시턴스)	측정값			
	계산값	–		

◀비고▶

결 론

- 실험 결과에 대해 토의하시오. 〈결론 5–1〉

5-2 인덕턴스 회로(inductance circuit)

1. 이 론

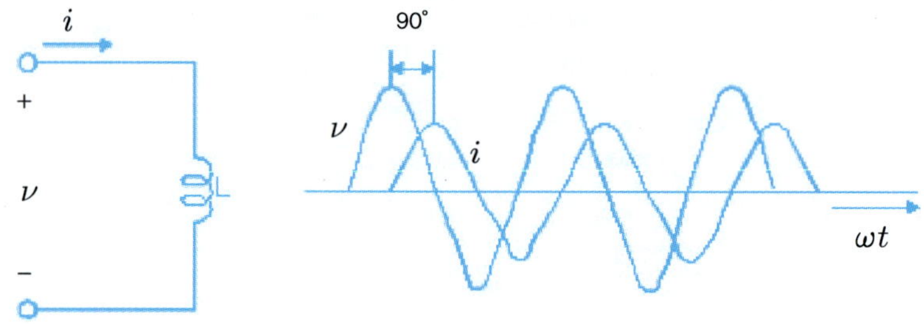

[그림 5-5]
인덕턴스 회로의 전압과 전류

인덕턴스 L을 갖는 이상적 유도기에 $i = I_m \sin\omega t$로 표시되는 정현파 전류가 흐를 때 전류의 방향으로 생기는 전압강하 v는 다음과 같이 표현될 수 있다.

$$v = L\frac{di}{dt} = L\frac{d}{dt}(I_m \sin\omega t) = \omega L I_m \cos\omega t = \omega L I_m \sin(\omega t + 90^\circ)$$

여기서 전압, 전류의 최대치의 관계는 $V_m = \omega L I_m$이 된다. 또 실효치로는 $V = \omega LI$ 또는 $I - V/(\omega L)$로 표시할 수 있다. [그림 5-5]는 인덕턴스(inductance) 회로에서 전압과 전류의 관계를 보여주고 있다. 여기서 알 수 있듯이 인덕턴스만의 교류회로에서는 전압과 전류는 동일 주파수의 정현파이며 전압은 전류보다 위상이 90° 앞선다. 전압과 전류의 실효치(또는 최대치)의 비는 $X_L = \omega L$과 같다. 인덕터(Inductor)는 교류에서만 나타내는 일종의 교류저항기이다. X_L을 유도성 리액턴스(inductive reactance)라 하며 다음과 같이 정의한다.

$$X_L = \omega L = 2\pi f L[\Omega]$$

여기서 f는 교류의 주파수(단위 : Hz)를, L은 코일의 인덕턴스(단위 : Henry)를 표시한다. 그리고 단위는 저항과 동일한 단위 Ω을 사용한다.

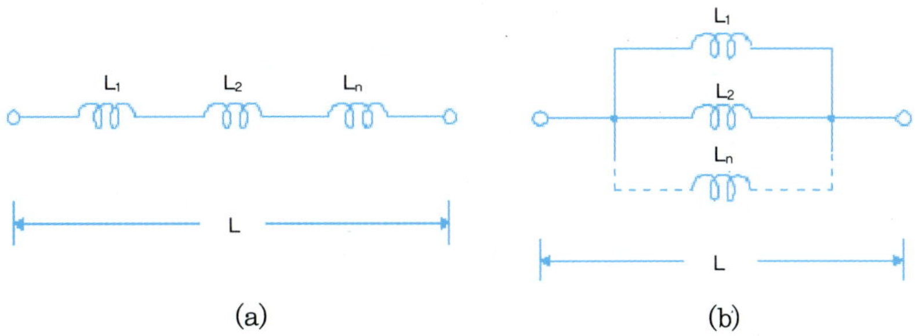

[그림 5-6]
인덕터의 직·병렬연결

인덕터는 저항과 마찬가지로 직렬로 연결되면 연결된만큼 증가되고 병렬로 연결시키면 감소한다. [그림 5-6](a)와 (b)는 각각 인덕터의 직렬연결과 병렬연결 회로를 보여주고 있으며 각각의 경우의 합성 인덕턴스를 구하는 식은 다음과 같다.

- 인덕터의 직렬연결시 합성 인덕턴스

$$L = L_1 + L_2 + \cdots + L_n$$

- 인덕터의 병렬연결시 합성 인덕턴스

$$\frac{1}{L} = \frac{1}{L_1} + \frac{1}{L_2} + \cdots + \frac{1}{L_n}$$

2. 실험 과정

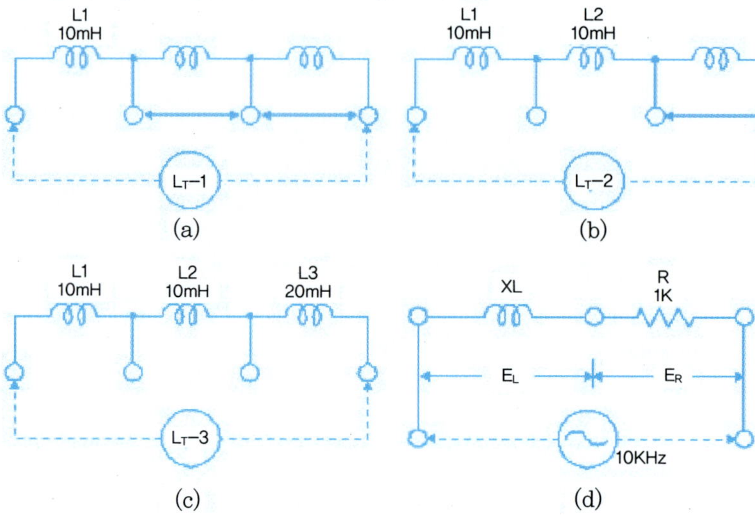

[그림 5-7]
직렬 인덕턴스 실습회로

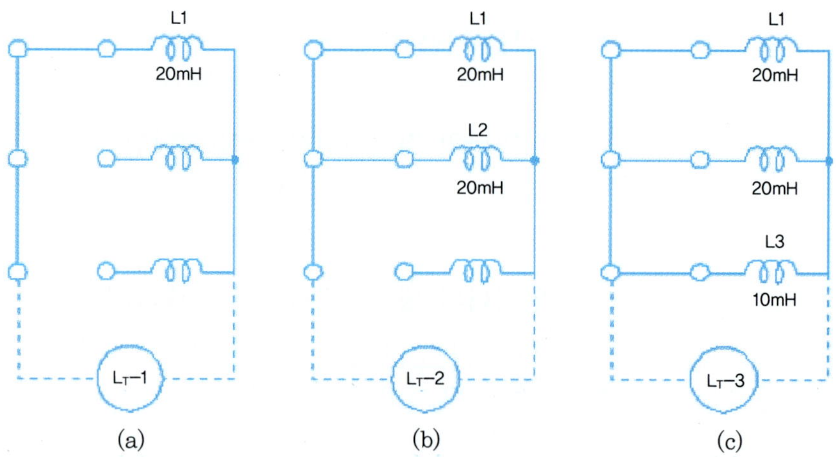

[그림 5-8]
병렬 인덕턴스 실습회로

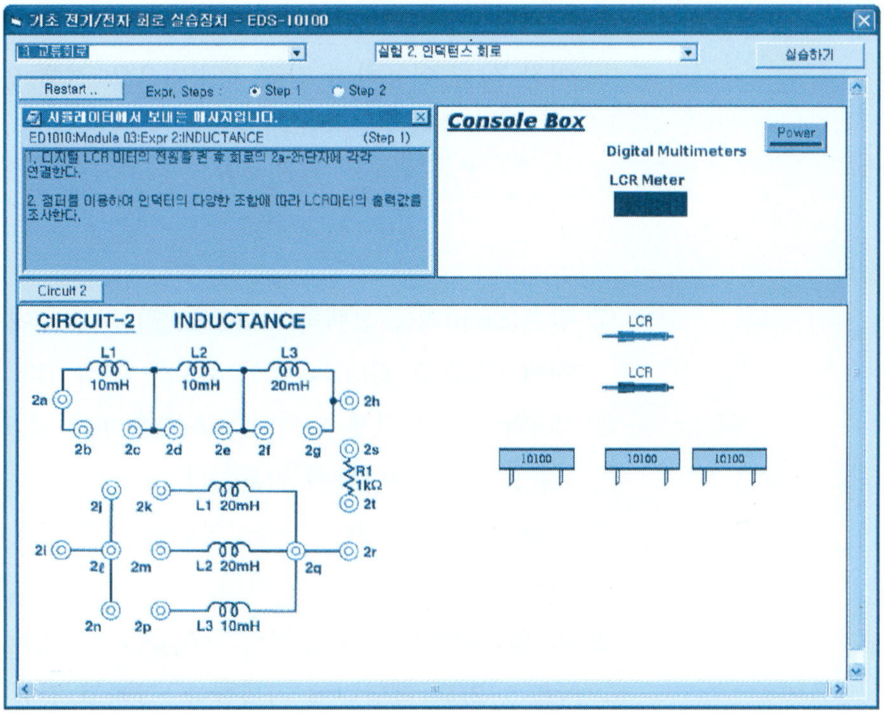

① 단계(Step) 1을 선택하고 (◉ Step 1) 회로-2에서 2d-2e, 2f-2g 양단을 단락시켜 [그림 5-7](a)와 같이 회로를 구성한다.

② 2a-2h 양단의 전체 인덕턴스(L_{T1})를 디지털 LCR 미터로 측정하여 〈표 5-2〉의 해당란에 기록한다.

③ 회로-2에서 2f-2g 양단을 단락시킨 후 [그림 5-7](b)와 같이 회로를 구성한다.

④ 2a-2h 양단의 전체 인덕턴스(L_{T2})를 디지털 LCR 미터로 측정하여 〈표 5-2〉의 해당란에 기록한다. 그리고 전체 인덕턴스(L_{T2})를 계산하여 기록한다.

⑤ 회로-2에서 [그림 5-7](c)와 같이 2a-2h 양단의 전체 인덕턴스(L_{T3})를 디지털 LCR 미터로 측정하여 〈표 5-2〉의 해당란에 기록한다. 그리고 전체 인덕턴스(L_{T3})를 계산하여 기록한다.

⑥ 디지털 LCR 미터가 없는 경우 [그림 5-7](d)를 참조하여 다음의 주어진 식을 이용하여 간접 측정법으로 전체 인덕턴스를 측정한다.

$$L = \frac{X_L}{\omega}, \qquad X_L = \frac{E_L \cdot R}{E_R}, \qquad (\omega = 2\pi f)$$

⑦ 단계(Step) 2를 선택하고 (Step 2) 회로-2에서 2j-2k 양단을 단락시켜 [그림 5-8](a)와 같이 회로를 구성한다.

⑧ 2i-2r양단의 전체 인덕턴스(L_{T1})를 디지털 LCR 미터로 측정하여 〈표 5-2〉의 해당란에 기록한다.

⑨ 회로-2에서 2j-2k, 2l-2m 양단을 단락시켜 [그림 5-8](b)와 같이 회로를 구성한다.

⑩ 2i-2r 양단의 전체 인덕턴스(L_{T2})를 디지털 LCR 미터로 측정하여 〈표 5-2〉의 해당란에 기록한다. 그리고 전체 인덕턴스를 계산하여 기록한다.

⑪ 회로-2에서 2j-2k, 2l-2m, 2n-2p 양단을 단락시켜 [그림 5-8](c)와 같이 회로를 구성한다.

⑫ 2i-2r 양단의 전체 인덕턴스(L_{T3})를 디지털 LCR 미터로 측정하여 〈표 5-2〉의 해당란에 기록한다. 그리고 전체 인덕턴스를 계산하여 기록한다.

〈표 5-2〉

회로 \ 측정		인덕턴스계 L_{T1}	인덕턴스계 L_{T2}	인덕턴스계 L_{T3}
그림 5–7 (직렬 커패시턴스)	측정값			
	계산값	–		
그림 5–8 (병렬 커패시턴스)	측정값			
	계산값	–		

◀비고▶

결 론

• 실험 결과에 대해 토의하시오. 〈결론 5–2〉

5-3 RC & RL 회로

1. 이 론

☞ 커패시터의 교류저항은 $X_c =- 1(2\pi f C)$이며, X_c는 커패시터를 흐르는 교류전류의 주파수가 높을수록 낮아진다. 이러한 특성의 모든 콘덴서들은 교류적 성분의 저항뿐만 아니라 에너지 충전을 지연시키는 DC 저항성분 및 충전된 에너지를 방전시키는 손실 저항성분을 함께 갖고 있다. 따라서 커패시터의 교류저항 성분을 X_c, 그리고 직류저항 성분을 R이라 하면 이의 합성저항을 임피던스라 하고 Z로 표시한다. 전류와 전압과의 관계는 옴의 법칙을 따르며, 임피던스 Z와 위상(Phase)은 다음과 같이 표현한다.

$$Z = R - jX_c, \qquad Z = \frac{E}{I}, \qquad \phi = \tan^{-1}\frac{-X_c}{R}$$

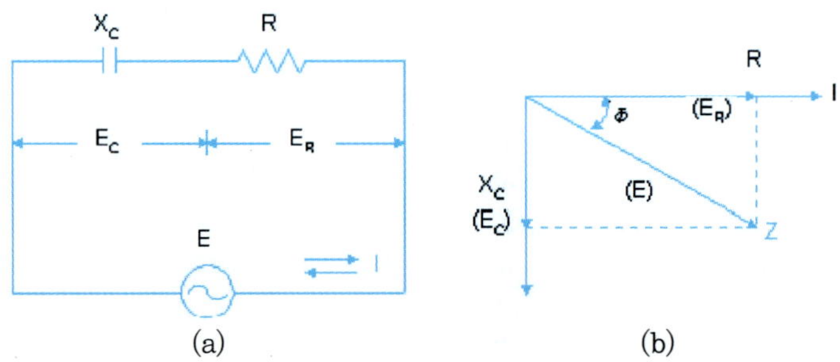

[그림 5-9]
$R-C$회로와 위상관계

[그림 5-9]는 $R-C$ 직렬회로를 보여주고 있다. $R-C$회로의 합성저항(임피던스)은 $Z = \sqrt{R^2 + Xc^2}$ 가 된다. 그리고 전류에 대한 전압의 위상차도 90° 가 아닌 [그림 5-9](b)와 같이 된다.

☞ 인덕터의 교류저항 X_L의 특징은 회로에 흐르는 전류와 전압의 위상이 90° 차이를 갖는다. 그러나 코일에 DC 저항성분인 R이 직렬로 들어 있다고 하면 이의 합성저항(임피던스) Z는 다음 식으로 나타내고 전압과 전류의 관계도 옴의 법칙을 따른다.

$$Z = R + jX_L, \qquad Z = \frac{E}{I}, \quad \phi = \tan^{-1}\frac{X_L}{R}$$

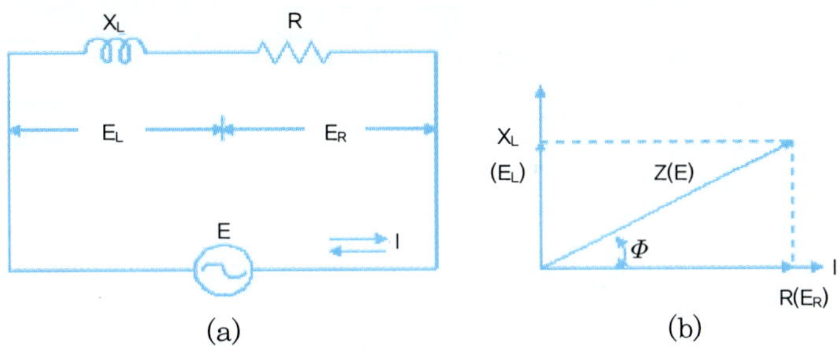

[그림 5-10]
R-L 회로와 위상관계

[그림 5-10]은 $R-L$직렬회로를 나타내며 합성저항(임피던스)은 $Z = \sqrt{R^2 + X_L^2}$ 가 된다. 그리고 회로에 DC 저항성분 R이 있게 되면 전류에 대한 전압의 위상차도 90° 가 아닌 [그림 5-10](b)와 같이 된다. 교류저항(Reactance)이 없는 회로에서의 부하전력의 계산은 $P = IE$ 의 값으로 계산된다. 그러나 교류회로에서는 전류전압의 위상각에 의해서 단순한 직류저항만 있는 부하의 경우와는 다르다.

임피던스 Z와 R성분의 비를 역률(Power Factor)이라 하고 $PF = R/Z = \cos\phi$로 나타낸다. 여기서 R성분 부하에 대한 전력을 유효전력(Effective Power)이라 하고, Z에 대한 전력을 피상전력(Apparent Power)이라고 하며 다음과 같이 나타낸다.

$$PF = \frac{\text{유효전력}}{\text{피상전력}} = \cos\phi$$

2. 실험 과정

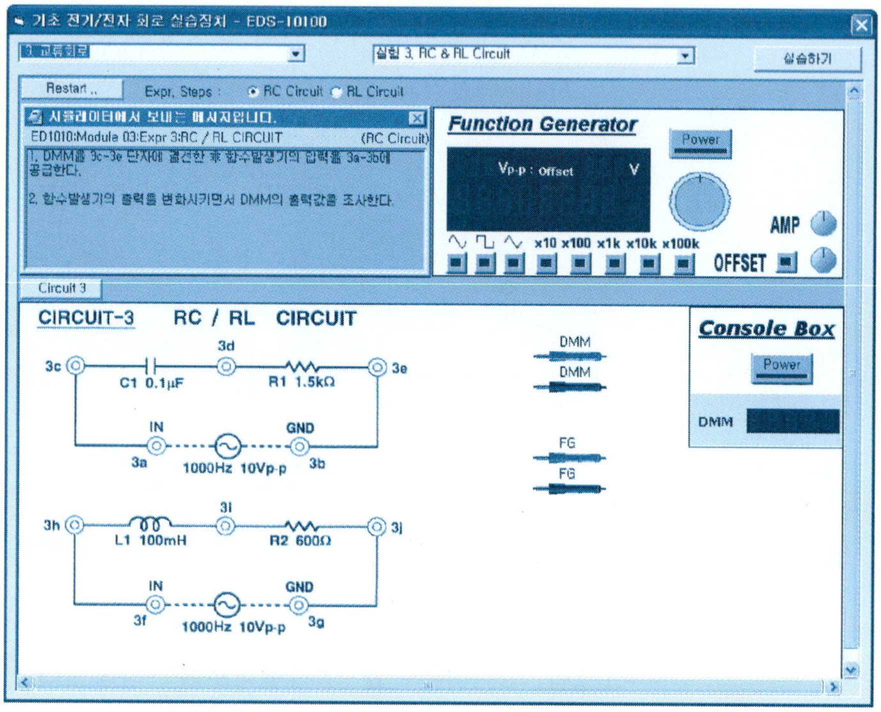

(1) RC 회로

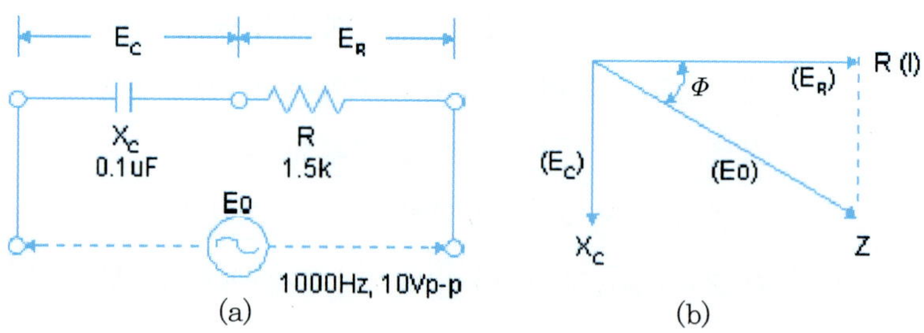

[그림 5-11]
$C-R$회로와 임피던스(Z)

① RC 회로 단계(Step)를 선택하고, (◉ RC Circuit) 회로-3의 3a-3b 양단에 교류전원을 [그림 5-11](a)와 같이 연결하고 〈표 5-3〉에 따

라 주파수를 변화시키면서 E_O, E_C, E_R을 측정하여 해당란에 기입한다. 그리고 임피던스 Z를 주어진 식을 이용해 계산하고 결과를 기록하라.

(2) RL 회로

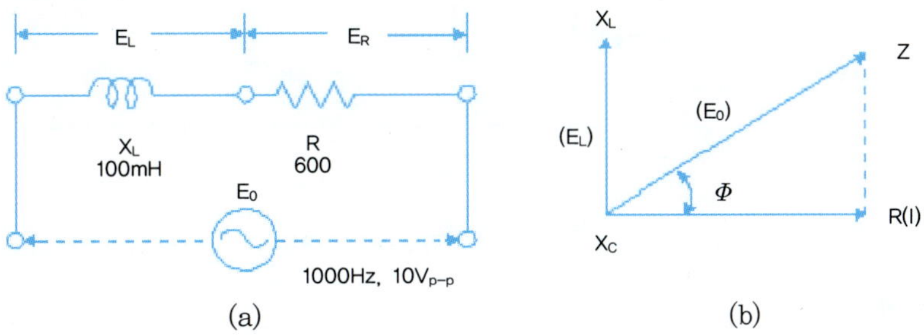

[그림 5-12]
$L-R$회로와 임피던스(Z)

② RL 회로 단계(Step)을 선택하고, (RL Circuit) 회로-3의 3f-3g 양단에 [그림 5-12](a)와 같이 교류전원을 연결하고 〈표 5-4〉에 따라 주파수를 변화시키면서 E_O, E_L, E_R을 측정하여 해당란에 기입한다. 그리고 임피던스 Z를 주어진 식을 이용해 계산하고 결과를 기록하라.

〈표 5-3〉

주파수	E_O	E_C	E_R	$Z=\sqrt{R^2+X_C^2}$
500Hz				
1000Hz				
1500Hz				
2000Hz				

◀비고▶

〈표 5-4〉

주파수	E_O	E_C	E_R	$Z=\sqrt{R^2+X_L^2}$
500Hz				
1000Hz				
1500Hz				
2000Hz				

◀비고▶

결 론

실험 결과에 대해 토의하시오. 〈결론 5-3〉

5-4 LC 공진회로(LC resonance circuit)

1. 이 론

$R-L-C$로 구성된 회로에 교류전압을 가할 때 전압과 전류의 위상이 동위상이 되는 경우를 공진(Resonance)이라 하며, 이때의 주파수를 공진 주파수(Resonance Frequency)라 한다. 공진시에는 리액턴스 성분은 서로 상쇄되므로 임피던스는 순 저항성분만 남게 된다. 따라서, 어떤 회로의 합성 임피던스를 구하고, 이의 허수부가 "0"이 되는 조건을 찾으면 이 조건이 공진조건이 된다. 또한 공진시에는 리액턴스 성분이 "0"이 되므로 무효전력은 존재할 수 없고, 순 저항성분에서 소모되는 유효전력만 존재하게 되므로 역률(Power Factor)은 "1"이 된다.

(1) R-L-C 직렬공진회로

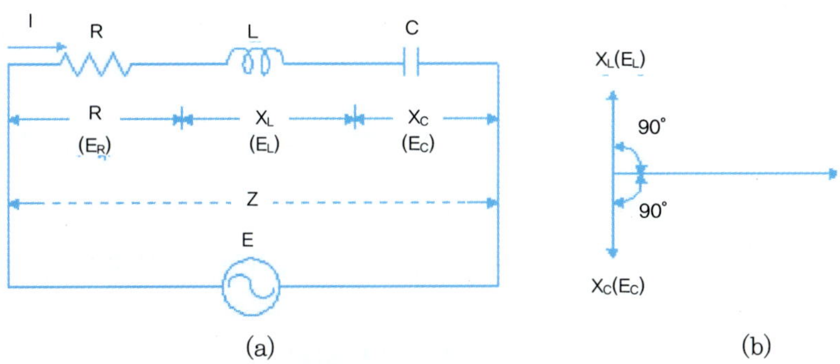

[그림 5-13]
R-L-C 직렬회로

[그림 5-13](a)와 같이 R, L, C소자가 직렬로 연결되었을 때 이들의 교류적 합성저항, 즉 임피던스 Z와 Z의 크기와 위상은 다음과 같이 된다.

임피던스 : $Z=R+j\left(\omega L-\frac{1}{\omega C}\right)$

크기 : $|Z|=\sqrt{R^2+\left(\omega L-\frac{1}{\omega C}\right)^2}$

$$위상 : \theta = \tan^{-1}\frac{\left(\omega L - \frac{1}{\omega C}\right)}{R}$$

$L-C$ 직렬회로에서 $\omega_0 L = 1/(\omega_0 C)$가 되는 주파수에서 회로의 Z는 순저항성분만 가지며 이때의 주파수가 공진주파수가 된다. 이 조건을 만족하는 각주파수 $\omega_0 = 1/\sqrt{LC}$이 되며, 이 ω_0를 공진 각주파수라 하고, 공진주파수 f_0는 다음과 같다.

$$f_0 = \frac{1}{2\pi\sqrt{LC}}$$

공진주파수와 전류의 관계는 [그림 5-13](b)와 같다. 이때 공진주파수 f_0에서 흐르는 전류를 “1”이라고 할 때 $\pm(1/\sqrt{2})$이 되는 주파수를 각각 f_1, f_2라 놓으면 곡선의 첨예도를 나타내는 Q(quality factor)는 다음과 같이 정의된다.

$$Q = \frac{f_0}{f_2 - f_1} = \frac{\omega_0 L}{R} = \frac{1}{\omega_0 CR}$$

Q가 클수록 대역폭이 좁아지고, 작을수록 넓어진다.

(2) R-L-C 병렬공진회로

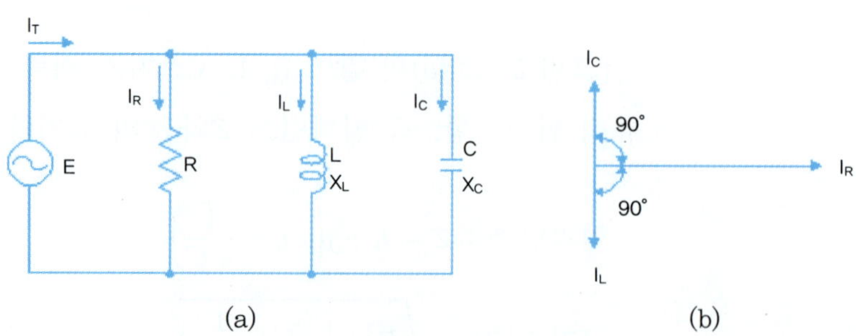

[그림 5-14]
R-L-C 병렬연결 회로

[그림 5-14](a)와 같이 R, L, C소자가 병렬로 연결되었을 때 이들의 교류적 합성저항, 즉 임피던스 Z와 Z의 크기와 위상은 다음과 같이 된다.

임피던스 : $\dfrac{1}{Z}=\dfrac{1}{R}+j\left(\omega C-\dfrac{1}{\omega L}\right)$

크기 : $|Z|=\dfrac{1}{\sqrt{\dfrac{1}{R^2}+\left(\omega C-\dfrac{1}{\omega L}\right)^2}}$

위상 : $\theta=\tan^{-1}R\left(\omega C-\dfrac{1}{\omega L}\right)$

$L-C$ 병렬회로에서 $\omega_0 C=1/\omega_0 L$가 되는 주파수에서 임피던스 Z가 순저항성분만 가지며 이때의 주파수가 공진주파수가 된다. 이 조건을 만족하는 각주파수 $\omega_0=1/\sqrt{LC}$이 되며, 이 ω_0를 공진 각주파수라 하고, 공진주파수는 $f_0=1/(2\pi\sqrt{LC})$이다. 병렬 공진회로에서의 Q(quality factor)는 직렬공진회로와 마찬가지로 $Q=f_0/(f_2-f_1)$로 정의되고 $Q=\omega_0 CR=R_1/(\omega_0 L)$로 표현된다. 즉 Q는 R에 비례한다. [그림 5-14](b)는 병렬공진회로에의 공진주파수와 전류의 관계를 나타내는 그래프를 보여주고 있다.

2. 실험 과정

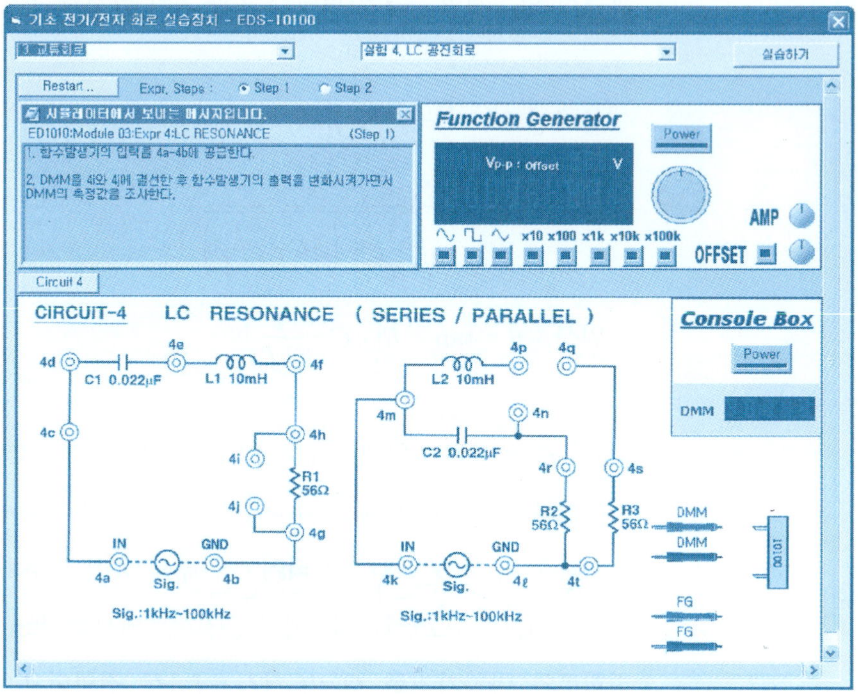

(1) R-L-C 직렬회로

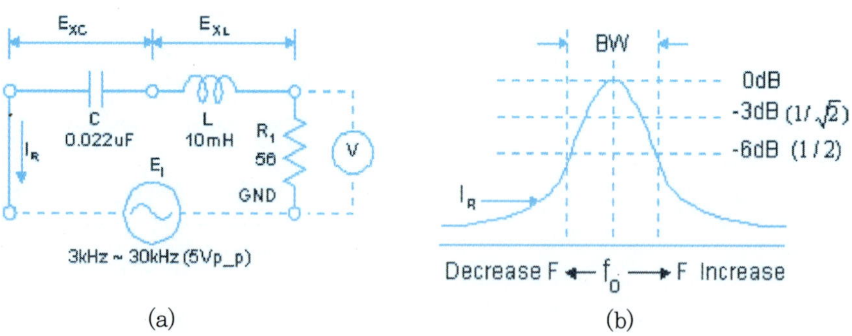

[그림 5-15] LC 직렬공진회로와 공진특성

① 단계(Step) 1을 선택하고 (◉ Step 1) 회로-4에서 4a-4b사이에 Function Generator를, 그리고 4i-4j 사이에 오실로스코프나 교류 전압계를 [그림 5-15](a)와 같이 연결하라.

② Functian Generator의 출력을 $5\,V_{p-p}$로 하여 주파수를 변화시키면서 0dB이 되는 주파수(공진주파수)를 찾아서 〈표 5-5〉에 기록하라. 그리고 -3dB, -6dB가 되는 주파수를 찾아서 해당란에 기록하라.

(2) R-L-C 병렬회로

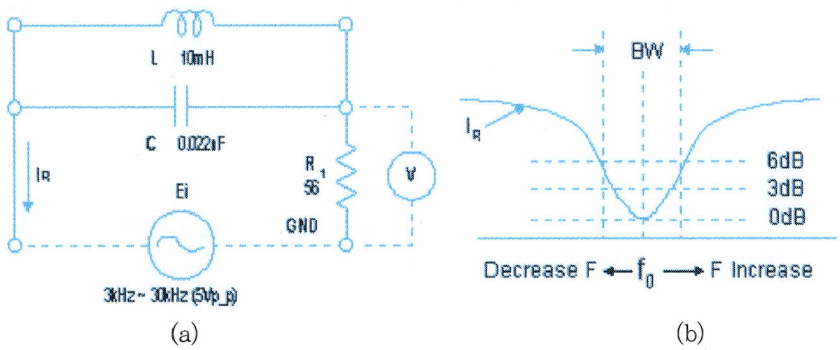

[그림 5-16]
LC 병렬공진회로와 공진특성

① 단계(Step) 2를 선택하고, (◉ Step 2) 회로-4에서 4k-4l 사이에 Function generator를, 그리고 4p-4n을 연결하여 [그림 5-16](a)와 같이 회로를 구성하라.

② Function Generator의 출력을 $5\,V_{p-p}$로 하여 주파수를 변화시키면서 0dB이 되는 주파수(공진주파수)를 찾아서 〈표 5-6〉에 기록하라. 그리고 -3dB, -6dB이 되는 주파수를 찾아서 해당란에 기록하라.

〈표 5-5〉

Level	$-f \leftarrow +f$					BW (3dB)
	−6dB	−3dB	0dB	−3dB	−6dB	
주파수						

◀비고▶

〈표 5-6〉

Level	$-f \leftarrow +f$					BW (3dB)
	−6dB	−3dB	0dB	−3dB	−6dB	
주파수						

◀비고▶

결 론

실험 결과에 대해 토의하시오. 〈결론 5-4〉

5-5 필터 회로(filter circuit)

1. 이 론

인덕터(L)와 커패시터(C)는 정상상태에서 직류와 교류에 대하여 다음과 같은 특성이 있다. DC에서 L은 short되고 C는 open된다. AC에서는 반대로 L은 open, C는 short된다. 이상은 극단적인 예이지만 이러한 특성을 이용하여 필터회로를 구현할 수 있다. 다음은 커패시터와 인덕터를 이용한 LPF(Low Pass Filter), HPF(High Pass Filter), BPF(Band Pass Filter)의 회로와 주파수에 따른 전압변화를 보여준다.

(1) 저역통과필터(LPF : Low Pass Filter)

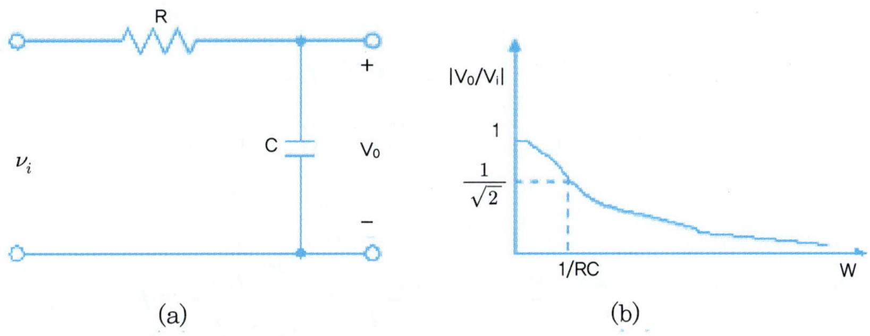

[그림 5-17]
저역통과필터(LPF)

[그림 5-17](a)에서 v_i와 v_o의 관계는 다음과 같다.

$$\frac{v_o}{v_i} = \frac{\frac{1}{j\omega C}}{R + \frac{1}{j\omega_0 C}} = \frac{1}{1 + j\omega CR} = K_L$$

위 식에서 ω, 즉 f가 증가하여 일정한 값 f_c보다 크게 되면 v_i/v_0는 점차로 작아져서 "0"에 가깝게 되는 것을 [그림 5-17](b)를 보면 알 수 있다.

따라서 $v_o = kv_i$의 관계로부터 v_i의 주파수가 f_c보다 커질수록 v_0는 "0"에 가까워지고 v_i에서 낮은 주파수 성분만이 v_0에 나타나는 것을 알 수 있다. 이와 같이 [그림 5-17](a)의 회로는 저주파 성분만을 통과시키는 저역통과필터(LPF)의 역할을 한다.

(2) 고역통과필터(HPF : High Pass Filter)

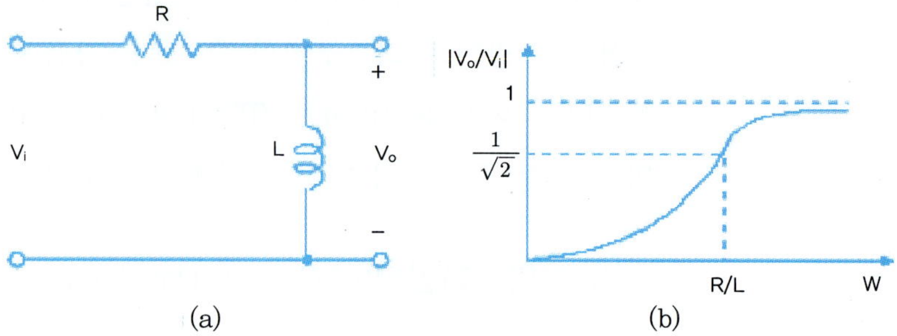

[그림 5-18]
고역통과필터(HPF)

[그림 5-18](a)는 R과 L을 사용한 고역통과필터(HPF) 회로인데 여기서 v_i와 v_o의 관계는 다음과 같다.

$$\frac{v_o}{v_i} = \frac{j\omega L}{R + j\omega L} = \frac{j\omega \frac{L}{R}}{1 + j\omega \frac{L}{R}} = K_H$$

위 식에서 ω, 즉 f가 감소하여 일정한 값 f_c보다 작게 되면 v_o/v_i는 점차로 작아져서 "0"에 가깝게 되는 것을 [그림 5-18](b)에서 알 수 있다. 따라서 $v_o = kv_i$의 관계로부터 v_i의 주파수가 f_c보다 작아질수록 v_o는 "0"에 가까워지고 v_i에서 높은 주파수 성분만이 v_o에 나타날 수 있게 된다. 이러한 특성을 이용하여 [그림 5-18](a)의 회로는 고역통과필터(HPF)로 사용할 수 있다.

(3) 대역통과필터(BPF : Band Pass Filter)

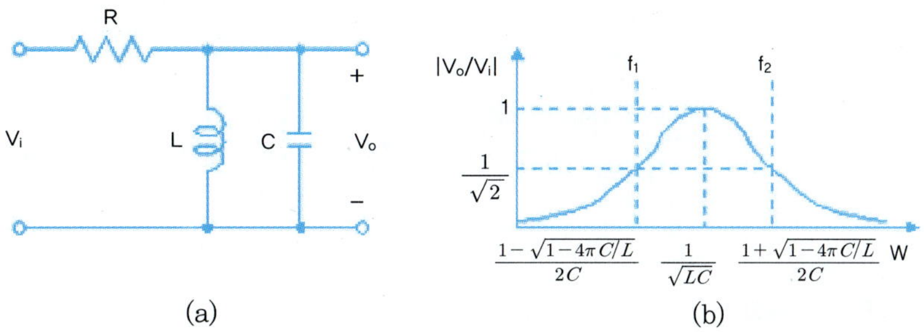

[그림 5-19]
대역통과필터(BPF)

[그림 5-19](a)는 대역통과필터(BPF) 회로이며 여기서 v_i와 v_o는 다음과 같은 관계를 갖는다.

$$\frac{v_o}{v_i} = \frac{\dfrac{j\omega L\dfrac{1}{j\omega C}}{j\omega L+\dfrac{1}{j\omega C}}}{R+\dfrac{j\omega L\dfrac{1}{j\omega C}}{j\omega L+\dfrac{1}{j\omega C}}} = \frac{\dfrac{j\omega L}{1-\omega^2 LC}}{R+\dfrac{j\omega L}{1-\omega^2 LC}} = \frac{j\omega L}{R(1-\omega^2 LC)+j\omega L}$$

$$= K_B$$

위 식에서 ω, 즉 f가 증가하여 일정한 값 f_1보다 크게 되면 v_o/v_i는 점차로 커지고 f_2보다 크게 되면 v_o/v_i는 다시 작아져서 "0"에 가깝게 되는 것을 [그림 5-19](b)에서 알 수 있다. 따라서 v_i의 주파수가 f_1보다 크고 f_2보다 작은 범위의 주파수 성분만이 v_o에 나타날 수 있게 된다.

이러한 특성을 이용하여 [그림 5-19](a)의 회로는 대역통과필터(BPF)로 사용할 수 있다.

2. 실험 과정

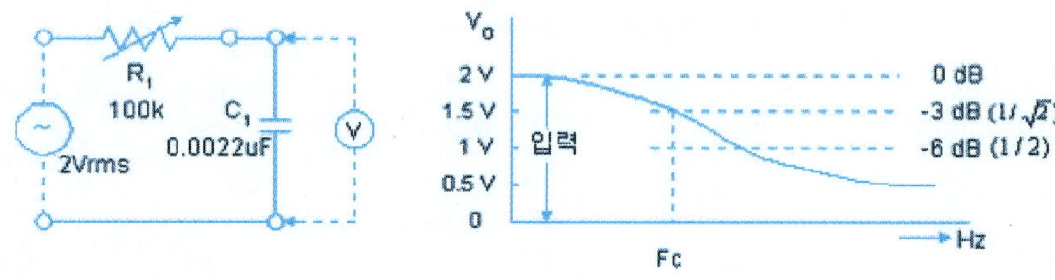

(a) (b)

[그림 5-20]
LPF(CR)특성

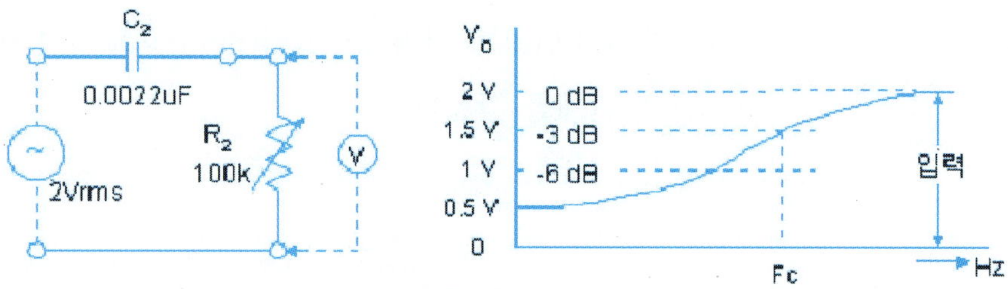

(a) (b)

[그림 5-21]
HPF(CR) 특성

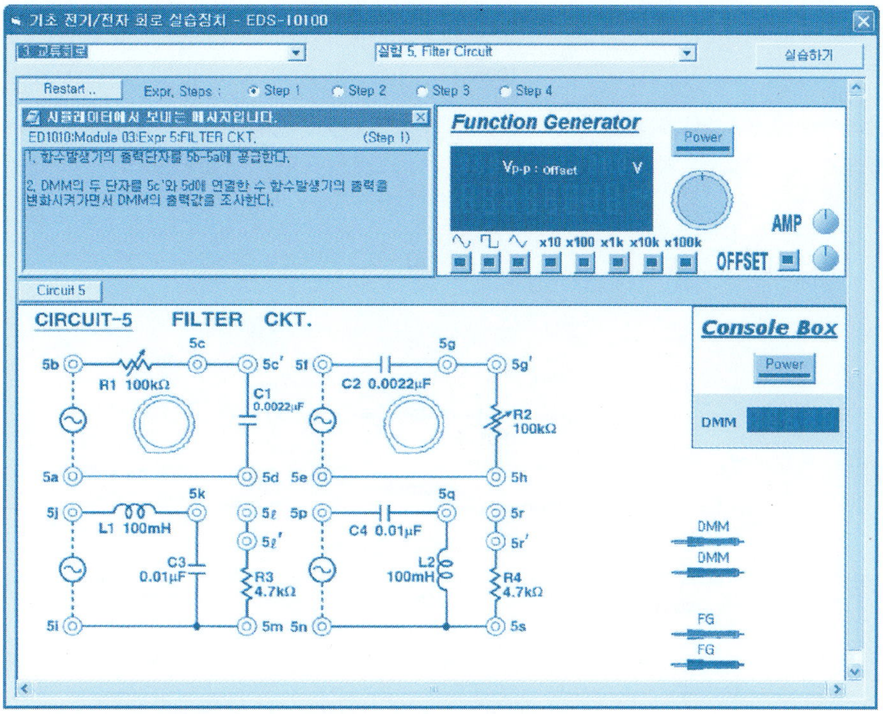

① 단계(Step) 1을 선택하고 (Step 1) 회로-5를 [그림 5-20]과 같이 실험회로를 구성한 후 입력 전압의 크기를 2V(rms)로 하고 주파수를 변화시키면서 −3dB, −6dB가 되는 주파수를 찾아서 〈표 5-7〉의 해당란에 기록하라. 그리고 각 주파수를 계산에 의한 값을 표에 기록하여라.

② 단계(Step) 2를 선택하고 (Step 2) [그림 5-21](a)의 회로에서 입력 전압의 크기를 2V(rms)로 하고 주파수를 변화시키면서 −3dB, −6dB이 되는 주파수를 찾아서 〈표 5-7〉의 해당란에 기록하여라. 그리고 각 주파수를 계산에 의한 값을 표에 기록하여라.

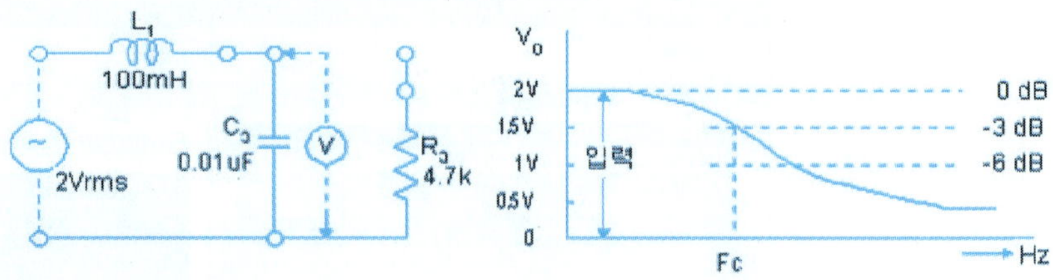

[그림 5-22]
LPF(LC) 특성

(a) (b)

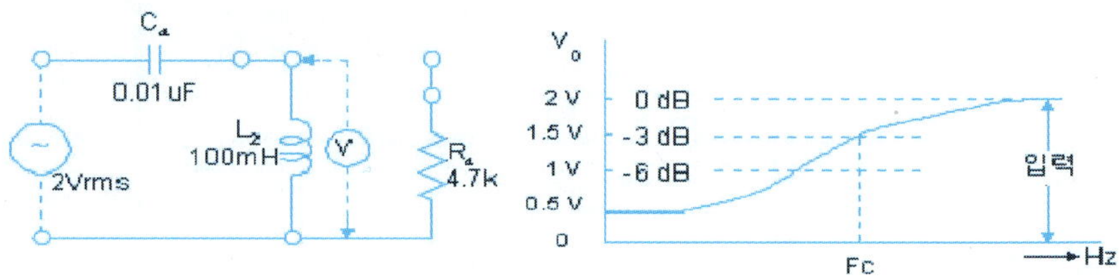

[그림 5-23]
HPF(LC)

(a) (b)

③ 단계(Step) 3을 선택하고 (Step 3) [그림 5-22](a)의 회로에서 입력전압의 크기를 2V(rms)로 하고 주파수를 변화시키면서 −3dB, −6dB이 되는 주파수를 찾아서 〈표 5-8〉의 해당란에 기록하여라. 5k−51 이를 단락하여 부하를 연결 후 −3dB, −6dB이 되는 주파수를 찾아 기록하여라. 그리고 각 주파수를 계산에 의한 값을 표에 기록하여라.

④ 단계(Step) 4를 선택하고 (Step 4) [그림 5-23](a)의 회로에서 입력전압의 크기를 2V(rms)로 하고 주파수를 변화시키면서 −3dB, −6dB이 되는 주파수를 찾아서 〈표 5-8〉의 해당란에 기록하여라. 5q−5r를 단락하여 부하를 연결 후 −3dB, −6dB이 되는 주파수를 찾아 기록하여라. 그리고 각 주파수를 계산에 의한 값을 표에 기록하여라.

〈표 5-7〉
RC에 의한 LPF, HPF 특성 실험

회로 \ 측정		입력 Level	주파수[Hz]		감쇠비(dB/oct)
			(−3dB)	(−6dB)	
그림 5–20 (LPF)	측정값	2Vrms			
	계산값	----			
그림 5–21 (HPF)	측정값	2Vrms			
	계산값	----			

〈비고〉

〈표 5-8〉
LC에 의한 LPF, HPF 특성 실험

회로 \ 측정		입력 Level	주파수[Hz]		감쇠비(dB/oct)
			(−3dB)	(−6dB)	
그림 5–22 (LPF)	측정값	2Vrms			
	부하	----			
	계산값	----			
그림 5–23 (HPF)	무부하	2Vrms			
	부하	----			
	계산값	----			

〈비고〉

결 론

실험 결과에 대해 토의하시오. 〈결론 5–5〉

Chapter 6

변압기

■ 목적

① 유도작용에 의한 역기전력의 발생원리를 실험을 통해 알아본다.

② 교류전압을 올리거나 내릴 때 사용되는 변압기의 원리를 실험을 통하여 알아본다.

③ 변압기에서 1차 코일과 2차 코일의 비에 따라 2차 유도되는 전압이 어떻게 변하는가를 살펴본다.

④ 변압기에 부하가 있을 때와 없을 때 전류의 변화를 관찰한다.

⑤ 자동변압기(auto transformer)의 구조와 기능을 실험을 통하여 알아본다.

CHAPTER

6

변 압 기

6-1 상호 인덕턴스(mutual inductance)

1. 이 론

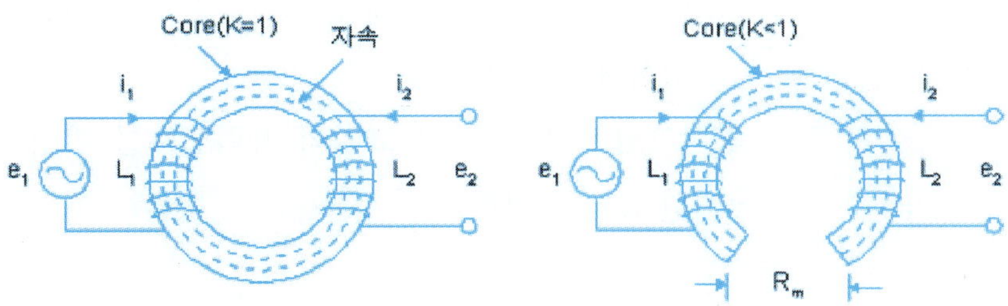

[그림 6-1] (a) 자기저항 없음 (b) 자기저항 있음

변압기에는 [그림 6-1]에서처럼 코어(core)라 부르는 강체에 서로 절연된 2개 이상의 코일을 감아 만들고 있는데 여기에서 전류를 가해주는 코

일을 1차측 코일이라 하며 반대쪽에 감긴 것을 2차측 코일이라 한다. 변압기의 1차측 코일과 2차측 코일은 도체적으로 연결시켜 주는 것은 아무것도 없으나 1차측 코일에 전류가 흐르게 되면 2차측 코일에도 가해진 전류에 비례한 2차 전류가 흐르게 되고 따라서 전압이 나타난다. 이것은 1차측과 2차측을 결합시켜 주는 상호 유도작용이 있기 때문인데, 이러한 작용을 상호 인덕턴스(Mutual Inductance)라고 한다. $L1$을 1차측에 가한 전류 $i1$에 의해 코일에서 발생하는 Inductance라 하고 $L2$를 2차측 코일에 의해 발생한 인덕턴스, 그리고 K를 이들 사이의 결합계수라 하면, 상호 인덕턴스 M은 다음과 같이 정의된다.

$$M = K\sqrt{L1 + L2} = \frac{N^2\phi}{i_1}$$

결합손실이 없을 때 K=1이 되고, $i1$은 1차측 코일 전류, N은 2차측 코일의 회전수(Turn), $N^2\phi$는 상호코일을 관통하는 자속이다. 일반적으로 결합계수 K는 다음과 같은 성질이 있다.

① 2개의 코일이 접근되어 있을수록 K는 커진다. 즉 1개의 틀(Bobbin)에 2개의 코일을 함께 감으면, 분리하여 감은 후 접근시키는 것보다 결합계수는 커진다.
② [그림 6-1]과 같이 코일의 자력선로를 형성해 주는 Core가 있게 되면 K는 증가한다.

변압기의 상호 인덕턴스를 알고 있으면 2차측에 유도되는 전압, 유도기전력(e_2)을 다음과 같이 얻을 수 있다.

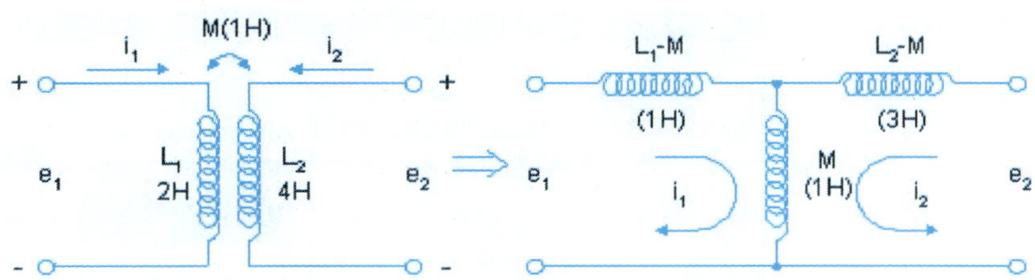

[그림 6-2]
변압기 등가회로

$$e_1 = (L1 - M)\frac{di_1}{dt} + M\frac{d}{dt}(i_1 + i_2)$$

$$= L1\frac{di_1}{dt} - M\frac{di_1}{dt} + M\frac{di_1}{dt} + M\frac{di_2}{dt} = L1\frac{di_1}{dt} + M\frac{di_2}{dt}$$

$$e_2 = (L2 - M)\frac{di_2}{dt} + M\frac{d}{dt}(i_2 + i_1)$$

$$= L2\frac{di_2}{dt} - M\frac{di_2}{dt} + M\frac{di_2}{dt} + M\frac{di_1}{dt} = L2\frac{di_2}{dt} + M\frac{di_1}{dt}$$

위 식에서 (e_2)의 값은 M이 클수록, 그리고 1차의 코일의 전류가 클수록 또는 변화시간이 짧을수록 증가한다.

2. 실험 과정

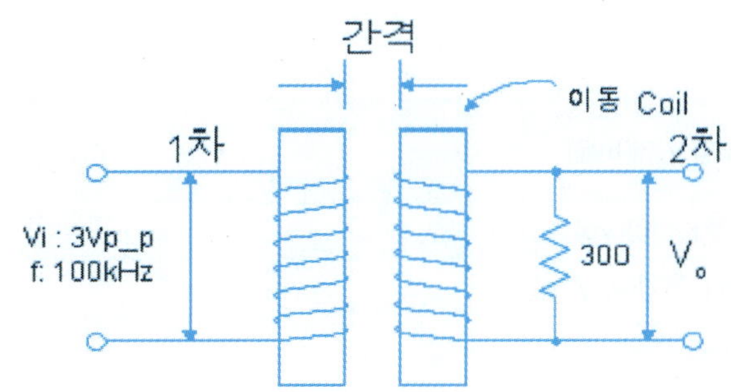

[그림 6-3]
상호인덕턴스 실습

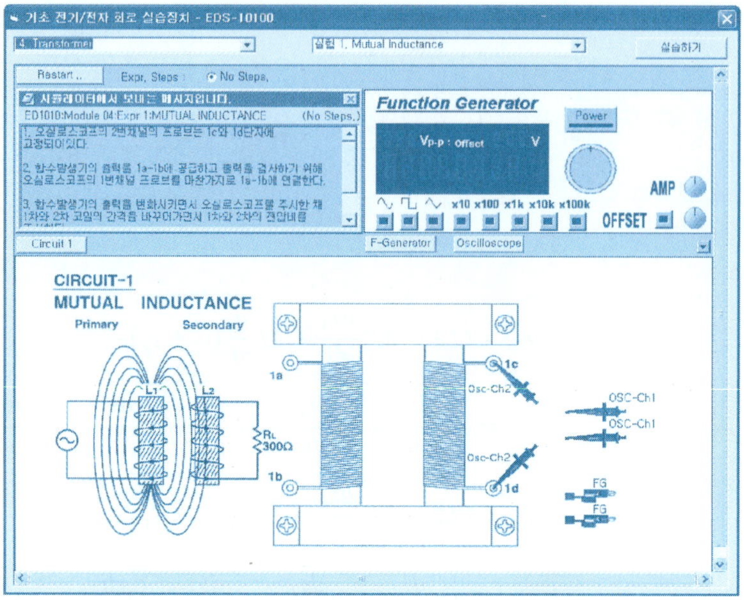

① 회로-1에서 1a-1b 사이에 교류전원을 20Vp-p, 100kHz로 하여 인가하고 1c-1d prov를 연결하여 [그림 6-3]과 같이 연결되어 있으므로 출력단자로 사용한다.

② 〈표 6-1〉에 주어진 것과 같이 1차와 2차 코일의 간격을 바꾸어가면서 2차 전압과 1차와 2차의 전압비를 해당란에 기입하여라.

〈표 6-1〉

코일 간격[비율]	0	1	4	6	8	10	12
2차 전압(Vo)							
1, 2차 전압(V_o / V_i)							

◀비고▶

결 론

실험 결과에 대해 토의하시오. 〈결론 6-1〉

6-2 변환 비율(transformer turn ratio)

1. 이 론

교류의 특징은 변압기(Transformer)에 의해 간단히 전압을 변환시킬 수 있다는 이점이 있다. 그런 반면에 직류는 복잡한 과정을 거쳐야 한다. 그러나 직류는 충전시킬 수 있는 장점을 가지고 있다. 여기서 교류라 함은 50cycle 또는 60cycle의 전력선 교류뿐만 아니라 음성 주파수 또는 전파까지도 포함된 일반 범위의 주파수를 갖는 전류를 의미한다. 이러한 교류 전압을 승압 또는 강압하는 데에는 교류 주파수의 범위에 따라 변압기(트랜스)의 재질이나 제작형태 등이 아주 다양해진다. 이를 크게 분류하면 다음과 같다.

- **RF 변압기** : 수십 kHz - 수백 MHz에 사용
- **펄스 변압기(Pulse Transformer)** : 수십 kHz - 수백 kHz에 사용
- **AF 변압기** : 수십 Hz - 수십 kHz에 사용
- **전력 변압기(Power Transformer)** : 60Hz에 사용

여기서는 수십Hz-수십kHz 범위의 AF 및 전력 변압기(Power Transformer)에 대하여 설명한다. 일반적으로 이러한 AF 주파수의 변압기들은 대개 철심을 사용하며 철심은 [그림 6-4]에서 보는 바와 같이 1차측의 교류전류에 의하여 발생된 자력선이 2차측의 코일에 같은 주파수의 교류전류를 발생시키도록 자력선의 자로를 만들어 준다. 이는 철심의 종류에 따라 그 효율과 부피에 차이를 갖게 된다.

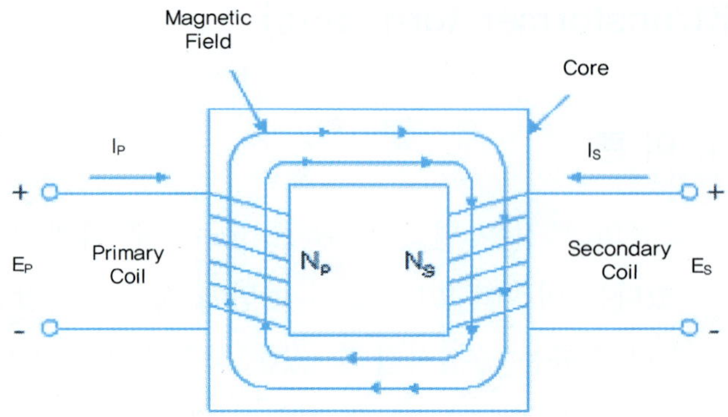

[그림 6-4]
일반적인 변압기 회로

변압기의 1차 코일과 2차 코일 사이에는 다음과 같은 식이 성립된다.

$$\frac{E_3}{E_p}$$

여기서 E_p는 1차 코일에 가해진 전압, N_p는 1차 코일에 감은 회전수, E_s는 2차 코일에 나타나는 전압, N_s는 2차 코일에 감은 회전수를 나타낸다. 또한 변압기는 2차에서 사용하는 출력전력(P_o)과 이를 위한 1차의 입력전력(P_i)이 같다고 할 때 이 변압기의 효율은 100%라고 하며 다음과 같은 식이 성립된다.

$$E_p \cdot I_p = E_3 \cdot I_s$$

여기서 1차 코일에 흐르는 전류를 I_p, 2차 코일에 흐르는 전류를 I_s로 표현한다. 실제의 변압기의 효율은 대개 85-95%이며 효율은 다음 식으로 나타낸다.

$$\eta = \frac{E_s \cdot I_s}{E_p \cdot I_p} \times 100 = \frac{P_o}{P_i} \times 100\%$$

예를 들어 변압기의 1차 코일의 회전수가 500회이고, 2차 코일 회전수(Turn)는 600인 변압기의 1차에 정격 입력전압이 100V이었다면 2차 전압 E_3은 다음과 같다.

$$E_s = \frac{N_s \cdot E_p}{N_p} = \frac{600 \times 100\,V}{500} = 120\,V$$

이때 1차 코일에 흐르는 전류가 1A이고 2차 코일에 흐른 전류가 0.8A이었다면 이 변압기의 효율은 다음과 같다.

$$\frac{120\,V \cdot 0.8A}{100\,V \cdot 1A} \times 100 = 96\%$$

변압기의 입력전압이 같을 경우 코일의 감은 회전수는 철심의 단면적과 입력전압의 주파수에 반비례하고 출력전압에는 비례하며 다음 식에 의해 1차의 회전수 N_p를 구할 수 있다.

$$N_p = \frac{E_p \times 10^4}{4.4 B_m A_c f}$$

여기서 E_p는 입력전압(V)을, B_m은 자속밀도(tesla)를, A_c는 코어(core) 단면적(cm^2)을, f는 입력전압의 주파수(Hz)를 나타낸다.

2. 실험 과정

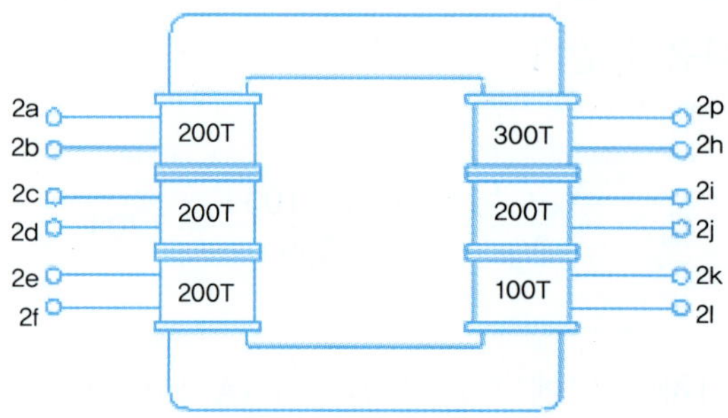

(a) 변압기 구성도

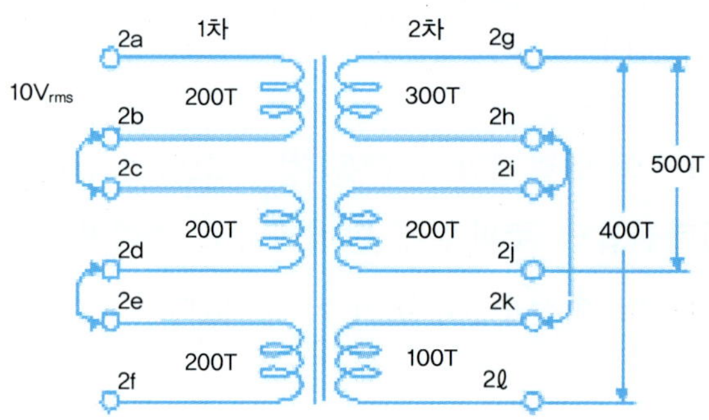

(b) 코일의 직렬연결에 의한 회전수 증가

[그림 6-5]
변압기의 회전수 비율 실습회로

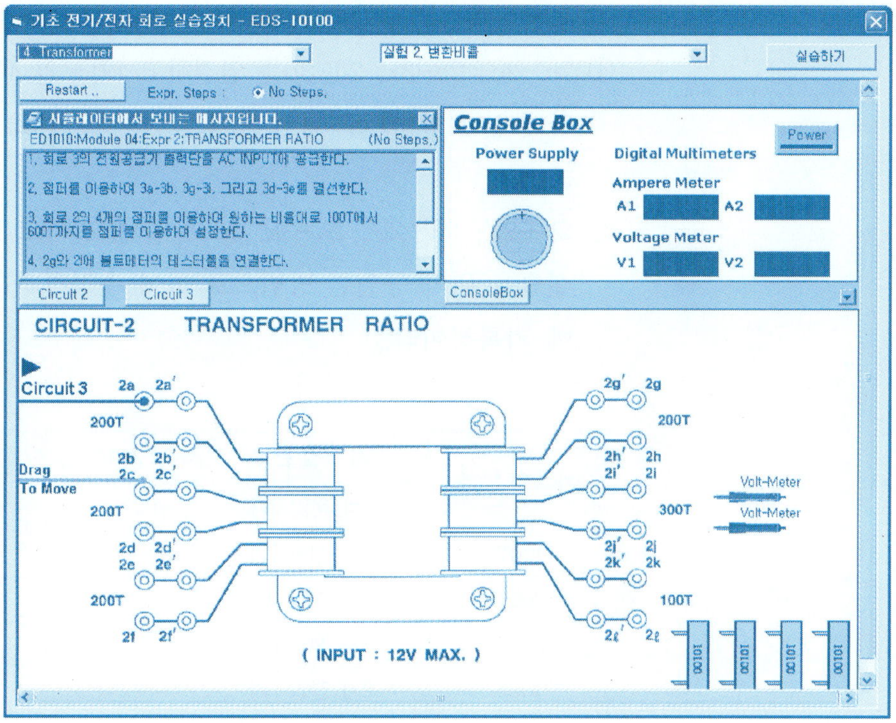

① 회로-3을 선택하여 3a-3b, 3d-3e, 3g-3i를 점퍼로 연결하고 AC INPUT에 220V를 인가한 후 3k-3p양단의 출력을 회로-2의 2a-2b 간의 입력전압(Ep)으로 사용한다.

② 2a-3k, 2b-3p를 연결한 후 1차코일 200T에 대한 1차측 전압(2a'-2b' 양단 전압)과 2차코일 100T, 200T, 300T에 대한 2차측 전압(2g-2h, 2i-2j, 2k-2l 양단전압)을 측정하여 〈표 6-2〉의 해당란에 기록하여라.

③ 회로-2는 [그림 6-5](b)에서 보여주듯이 2차코일 400T에 대한 2차측 전압은 2h'-2k'를 연결한 후 2g-2l 양단의 전압을 측정하고 이어서 500T에 대한 2차측 전압은 2h'-2i'를 연결한 후 2g-2j 양단의 전압을 측정한다. 그리고 600T에 대한 2차측 전압은 2h'-2i', 2j'-2k'를 연결한 후 2g-2l 단의 전압을 측정하여 〈표 6-2〉의 해당란에 기

록하여라.

④ 2b'-2c', 2a-3k, 2d-3p를 연결하고 1차코일 400T에 대한 실습을 위와 동일한 방법으로 하여 측정결과를 〈표 6-2〉의 해당란에 기록하여라.

⑤ 2b'-2c', 2d'-2e', 2a-3k, 2f-3p를 연결하고 1차코일 600T에 대한 실습을 위와 동일한 방법으로 하여 측정결과를 〈표 6-2〉의 해당란에 기록하여라.

〈표 6-2〉

2차 코일 턴 수	1차 코일 턴 수	200T	400T	600T
	1차 전압 [V]			
100T	2차 전압 [V]			
200T	2차 전압 [V]			
300T	2차 전압 [V]			
400T	2차 전압 [V]			
500T	2차 전압 [V]			
600T	2차 전압 [V]			

◀비고▶

결 론

실험 결과에 대해 토의하시오. 〈결론 6-2〉

6-3 변압기 부하(transformer load)

1. 이 론

변압기의 1차 및 2차 코일에는 코일의 굵기에 따라 비례하는 DC 저항성분을 갖고 있다. 따라서 부하전류가 흐르게 되면 코일 저항 (R_c)에는 $R_c \times I$라는 전압강하가 생기므로 출력전압은 그만큼 낮아지게 된다. 그러므로 부하에 의한 출력전압의 변동이 적으려면 코일의 DC저항이 적은 코일이나 가능하면 굵은 코일을 사용해야 한다. 변압기의 1차를 100V 및 200V의 겸용으로 하기 위해서는 [그림 6-6](a)와 같은 결선 방법이 있다.

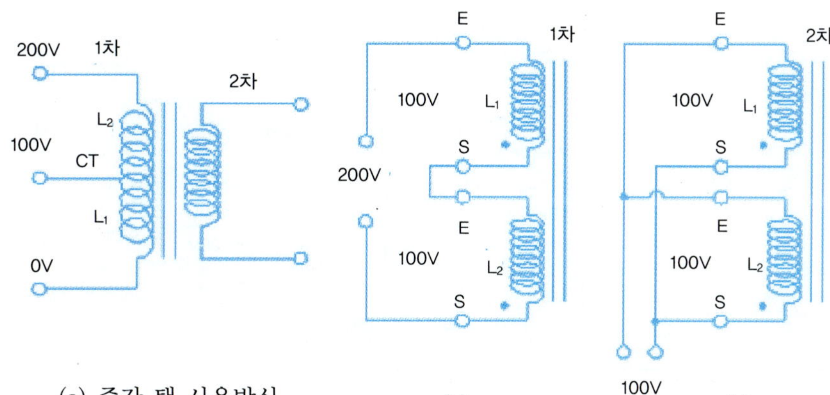

[그림 6-6] 변압기의 결선방법

(a) 중간 탭 사용방식 (b) (c)

또한 [그림 6-6](b)와 (c)는 2개의 100V 코일($L1$, $L2$)을 절연되게 감은 다음 $L1$과 $L2$를 [그림 6-6](b)와 같이 직렬로 연결 사용하면 200V 용으로 사용할 수 있고, [그림 6-6](c)와 같이 병렬로 연결하면 100V용으로 사용할 수 있게 된다. 이 경우 중요한 것은 $L1$과 $L2$의 코일의 회전수 및 DC 저항이 같아야 한다. 그리고 또한 코일의 감는 시작과 끝이 분명히 구분되어 출력되어야 한다.

변압기의 1차 전류는 2차에 부하가 없을 때 거의 흐르지 않는다. 이는 2차의 무부하로 인해서 코일의 교류저항이 증가되었기 때문이다.

2. 실험 과정

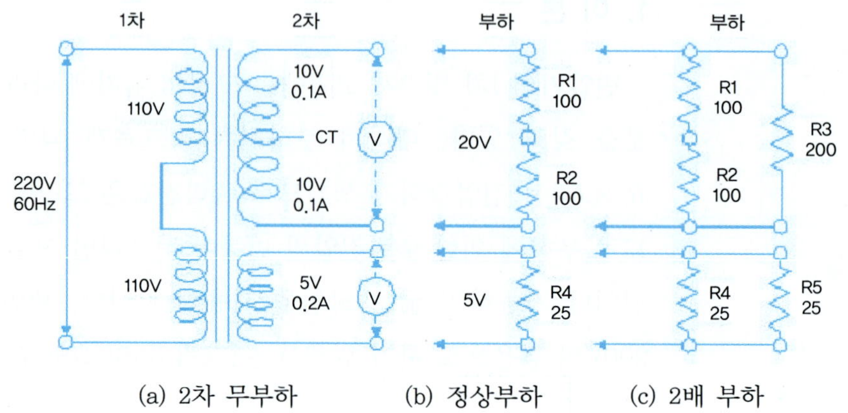

[그림 6-7]
변압기와 부하실습

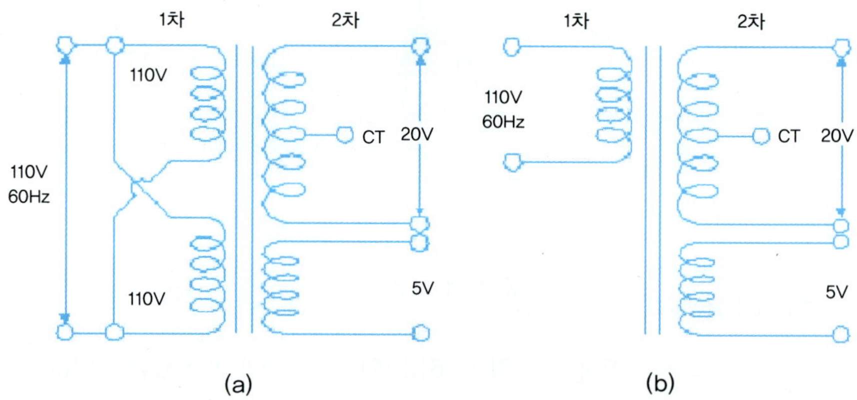

[그림 6-8]
변압기 1차 110V 연결법

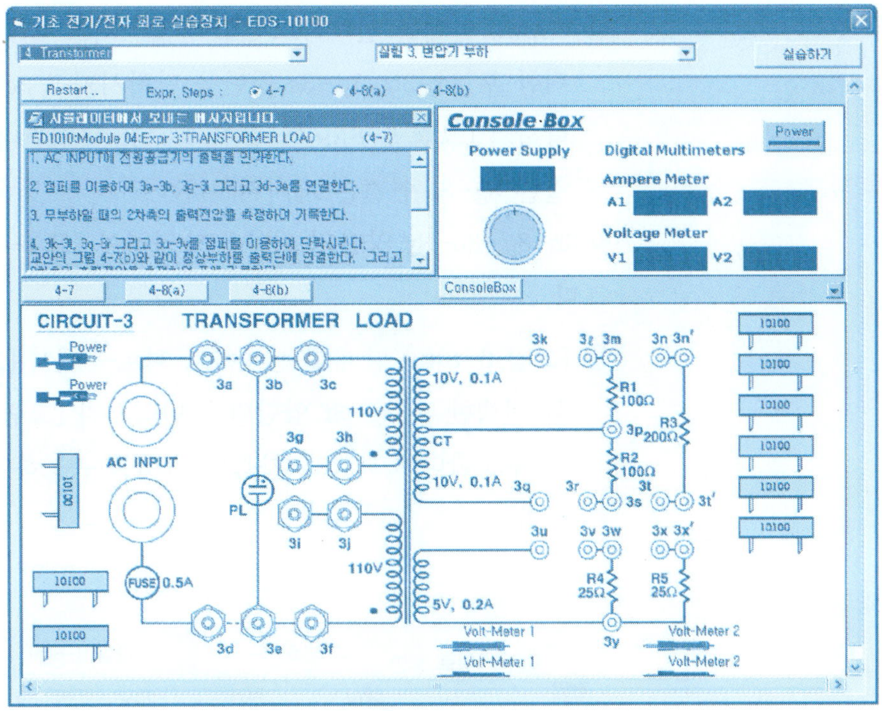

① 6-7 단계를 선택하고 (◉ 6-7) 회로-3에서 3a-3b, 3d-3e, 3g-3i 양단을 연결하고, 입력전압을 220V 60Hz로 하여 AC 입력단자에 연결하여 [그림 6-7](a)과 같이 회로를 구성한다.

② 무부하일 때의 2차측의 출력전압을 측정하여 〈표 6-3〉에 기록한다.

③ 3k-3l, 3q-3r 양단과 3u-3v 양단을 단락시킨다. 즉, [그림 6-7](b)과 같이 정상부하를 출력단에 연결한다. 그리고 2차측의 출력전압을 측정하여 〈표 6-3〉의 해당란에 기록하여라.

④ 이번에는 위의 결선 상태에서 3m-3n, 3s-3t, 3w-3x 양단을 단락시켜 [그림 6-7](c)과 같이 과부하 회로를 구성하여 출력단에 연결한다. 그리고 이때의 2차측의 출력전압을 측정하여 〈표 6-3〉의 해당란에 기록하여라.

⑤ 6-8(a) 단계를 선택하고 (Step 1) 회로-3에서 [그림 6-8](a)를 선택한 후 3a-3b, 3d-3e 양단을 단락시키고 3c-3i, 3g-3f 양단을 단락시켜 [그림 6-8](a)와 같이 회로를 구성한다(주의 : 실험1에서 연결한 3g-3i 연결은 제거시킨다).

⑥ 3k-3g, 3u-3y 양단의 전압을 측정하여 〈표 6-3〉의 해당란에 기록한다.

⑦ [그림 6-8](b) 단계를 선택하고 회로-3에서 [그림 6-8](b) Step 2 를 선택한 후 3g-3f 양단만을 단락시켜 [그림 6-8](b)와 같이 회로를 구성한다. 그리고 2차측의 출력을 측정하여 〈표 6-3〉에 기록하여라.

〈표 6-3〉

회로 / 전압	그림 6-7		그림 6-8(a)		그림 6-8(b)	
	20V	5V	20V	5V	20V	5V
무부하						
정상 부하						
과부하(2배 부하)						

〈비고〉

결 론

• 실험 결과에 대해 토의하시오. 〈결론 6-3〉

6-4 단권 변압기(step up/down transformer)

1. 이 론

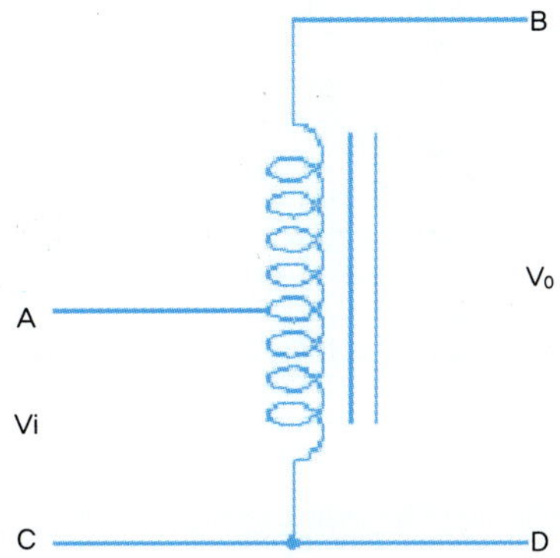

[그림 6-9]
단권 변압기

단권 변압기를 [그림 6-9]에 나타내었다. 철심에 코일이 감겨 있으며, 코일 중간에 하나의 탭을 설치하였다. 만일 교류전압이 단자 A-C에 인가되면, 전체 권선이 감겨진 철심주위에서 자계가 변화하도록 전류가 흐른다. 그리고 이때 단자 B-D의 출력전압은 B-D간의 권선수를 A-C간의 권선수로 나눈 값에 비례한다. 그러므로 B-D가 2000회, A-C가 100회라고 하면 [그림 6-9]에서 A-C간에 12V가 인가되었을 때 출력은 240V가 될 것이다.

만일 리드선 B가 습동접점에 연결되었다면, 습동접점이 변하는 경우 B-D간 출력전압은 변하기 쉽다. 이러한 변압기는 가변 교류전압이 필요한 실험실 등에 적용시키기에 적합하다. 상업적으로 이용할 수 있는 가변 단권 변압기를 배리액(variac)이라고 한다.

2. 실험 과정

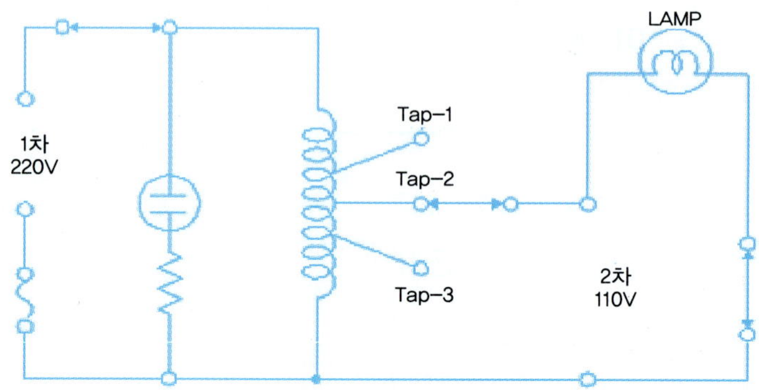

[그림 6-10]
단권 변압기

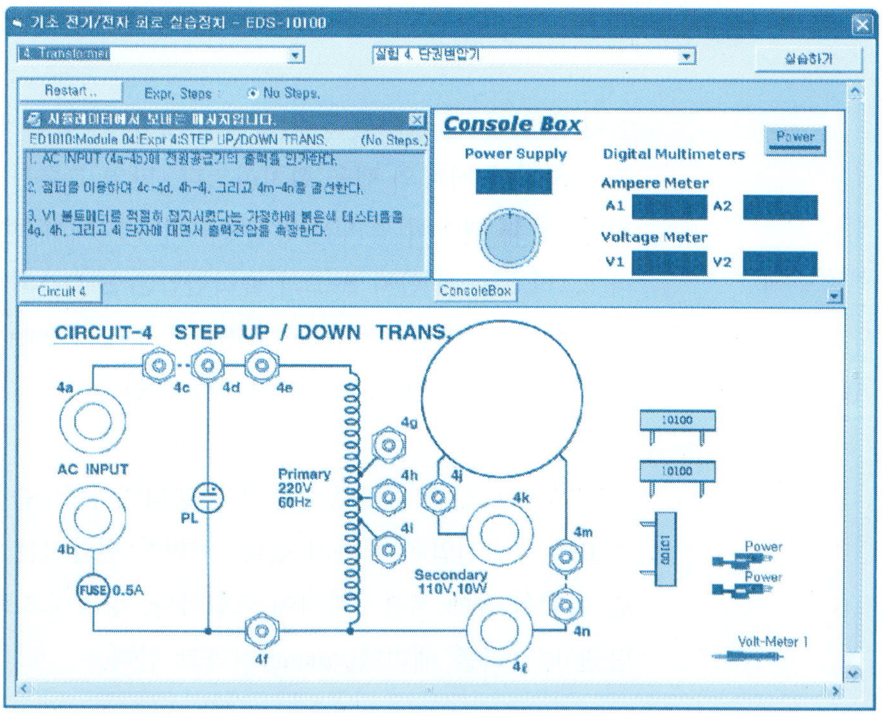

① 회로−4에서 1차 4c−4d와 2차 4h−4j, 4m−4n 양단을 단락시켜 [그림 6−10]과 같이 회로를 구성한다.

② 2차 출력을 Tap–1, Tap–2, Tap–3에 각각 연결시켜 출력전압을 〈표 6–4〉의 해당란에 기록하여라.

〈표 6-4〉

	2차 출력 전압		
	Tap–1	Tap–2	Tap–3
220V	–		

◀비고▶

결 론

• 실험 결과에 대해 토의하시오. 〈결론 6–4〉

Chapter 7

반도체

■ 목적

① 게르마늄(Germanium)과 실리콘(Silicon) 다이오드의 특성에 대하여 알아본다.
② 제너 다이오드의 특성에 대하여 관찰하고 또한 제너 다이오드를 전압 안정기로 응용하는 방법을 학습한다.
③ SCR의 특성을 실험을 통하여 알아본다.
④ PNP 트랜지스터와 NPN 트랜지스터의 특성을 실험을 통하여 알아본다.
⑤ J-FET와 MOS-FET의 특성을 실험을 통하여 알아본다.

CHAPTER 7

반 도 체

7-1 다이오드 특성(diode characteristics)

1. 이 론

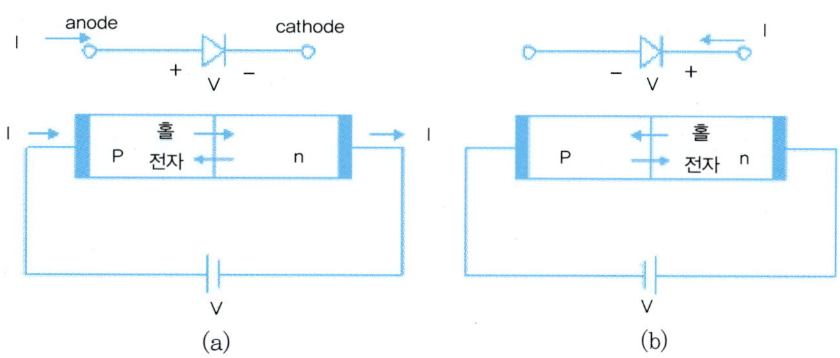

[그림 7-1]
순방향과 역방향전압이 인가된 접합다이오드

반도체 다이오드는 한쪽 방향으로는 전류를 잘 통과시키지만 반대 방향으로는 거의 전류를 통과시키지 않는다. 이것은 순방향 저항은 낮은 반면에 역방향 저항은 매우 높기 때문이다. 모든 반도체 다이오드는 대체적으로 단방향적 특성을 가지고 있다.

(1) 순방향 전류

[그림 7-1](a)와 같이 전원을 pn접합 다이오드의 p형쪽에 +극을 n형쪽에 대하여 −극을 연결할 때 순방향 전압(forward voltage) 또는 순방향 바이어스(bias)가 걸려있다고 말한다. 이때 다이오드를 통하여 큰 전류, 즉 순방향 전류(forward current)가 흐른다. 이는 p영역의 hole이 n영역으로, n영역의 전자가 p영역으로 활발히 흐름으로 인해 p영역에서 n영역으로 큰 전류 I가 흐르게 된다.

(2) 역방향 전류

[그림 7-1](b)와 같이 pn접합 다이오드에 외부전압이 n형쪽에 +, p형쪽에 −가 되도록 가해질 때 역방향 전압(reverse voltage) 또는 역방향 바이어스(bias)가 걸렸다고 말한다. 이때 다이오드를 통해 극히 미약한 전류, 즉 역포화전류(reverse saturation current)가 n영역에서 p영역으로 흐른다. 이 전류는 낮은 역방향 전압에서 쉽게 최대치에 도달하며 역방향 전압을 높여도 그 이상 더 커지지 않으므로 역포화전류(I_3)라고 한다.

(3) 다이오드의 전류식

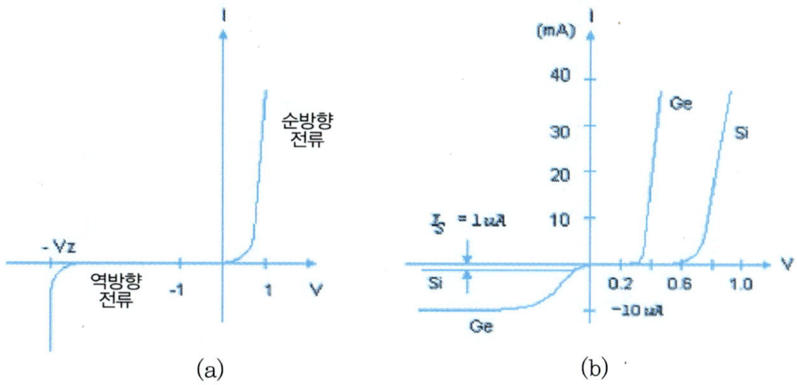

[그림 7-2]
상용접합다이오드의 순방향 v-i 특성

이상적인 다이오드에 흐르는 전류는 다음과 같이 표시된다.

$$I = I_s(e^{V/nVT}V_T - 1)$$

위 식에서 $V_T = T/11,600$(상온에서 26mV), T는 절대온도, I_s는 역포화전류이고 n는 Ge에 대해서는 1, Si에 대해서는 2의 값을 가지는 정수이다. 위 식에서 보면 V=0이면 I=0이 되고 V 〉 0.1V인 경우 $I \cong I_s \varepsilon^{40V}$에 의해 I는 지수적으로 증가하고 V 〈 −0.1V인 경우 $I \cong I_s$로 포화상태가 된다. [그림 7-2]는 접합 다이오드의 v-i특성을 나타내며, [그림 7-2](b)는 게르마늄 다이오드와 실리콘 다이오드의 v-i 특성을 나타낸 것이다. 이 [그림 7-2](b)에서 Si 다이오드는 약 0.7V, Ge 다이오드에서는 약 0.2V 이상에서 전류가 급격히 증가함을 볼 수 있다. 이 전압을 다이오드의 cut in 전압 또는 문턱전압(threshold voltage)이라고 한다.

2. 실험 과정

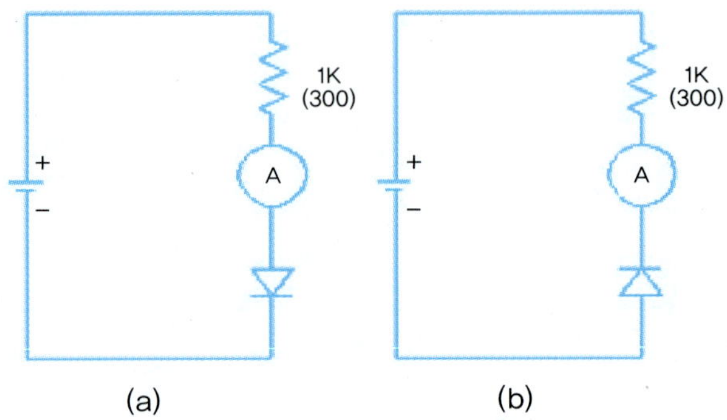

[그림 7-3]

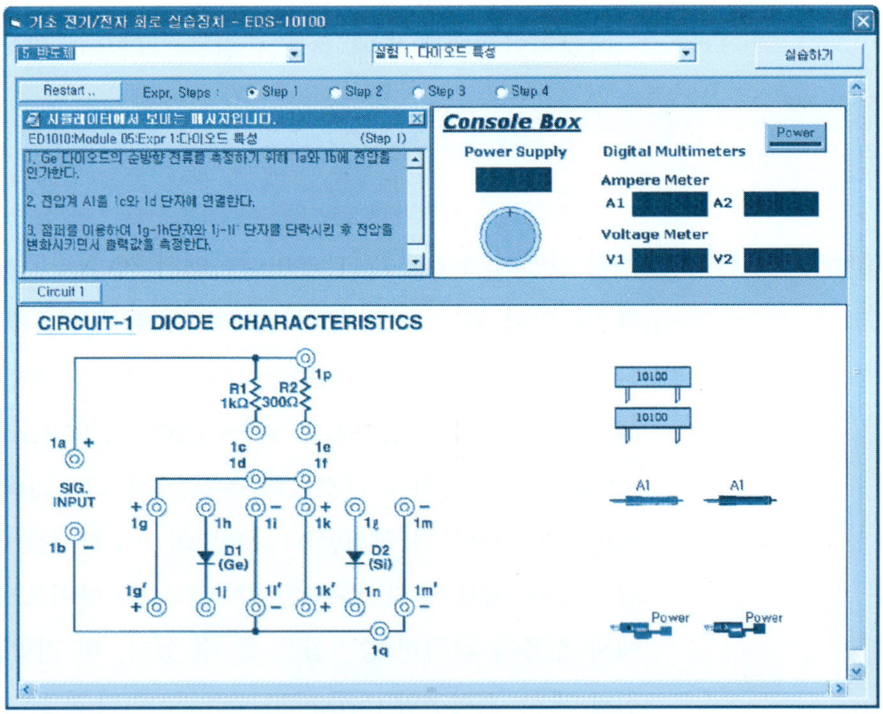

① 다이오드의 순방향 전류와 역방향 전류의 특성을 실험하기 위해 회로-1을 사용한다.

② 게르마늄(Ge) 다이오드의 순방향 전류를 측정하기 위해 Step 1을 (Step 1) 선택하고 1c-1d 단자에 전류계를 연결하고, 1g-1h, 1i'-1j 양단을 단락시켜 [그림 7-3](a)와 같은 회로를 구성한다. 입력전압을 〈표 7-1〉과 같이 변화시키며 순방향 전류(I_F)를 측정하여 기록한다.

③ 게르마늄(Ge) 다이오드의 역방향 전류를 측정하기 위해 Step 2를 (Step 2) 선택하고, 1c-1d 단자에 전류계를 연결하고 1g'-1j, 1h-1i를 단락시켜 [그림 7-3](b)와 같이 회로를 구성한다. 입력전압을 〈표 7-1〉과 같이 변화시키며 역방향 전류(I_R)를 측정하여 기록한다.

④ 실리콘(Si) 다이오드의 순방향 전류를 측정하기 위해 단계 3을 (Step 3) 선택하고 1e-1f 단자에 전류계를 연결하고, 1k-1l, 1n-1m' 양단을 단락시켜 [그림 7-3](a)와 같은 회로를 구성한다. 입력전압을 〈표 7-1〉과 같이 변화시키며 순방향 전류(I_F)를 측정하여 기록한다.

〈표 7-1〉

측정 / 회로	Ge Diode		Si Diode	
	순방향[I_F]	역방향[I_R]	순방향[I_F]	역방향[I_R]
1V				
2V				
3V				
4V				
5V				
6V				
7V				
8V				

〈비고〉

⑤ 실리콘(Si) 다이오드의 역방향 전류를 측정하기 위해 Step 4를 (Step 4) 선택하고 1e−1f 단자에 전류계를 연결하고 1k'−1n, 1l−1m를 단락시켜 [그림 7-3](b)와 같이 회로를 구성한다. 입력전압을 〈표 7-1〉과 같이 변화시키며 역방향 전류(I_R)를 측정하여 기록한다.

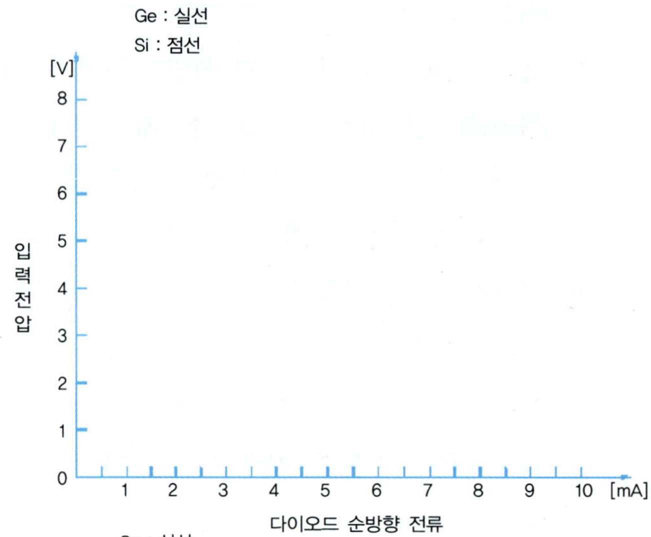

〈그래프 7-1〉
다이오드 순방향 전류

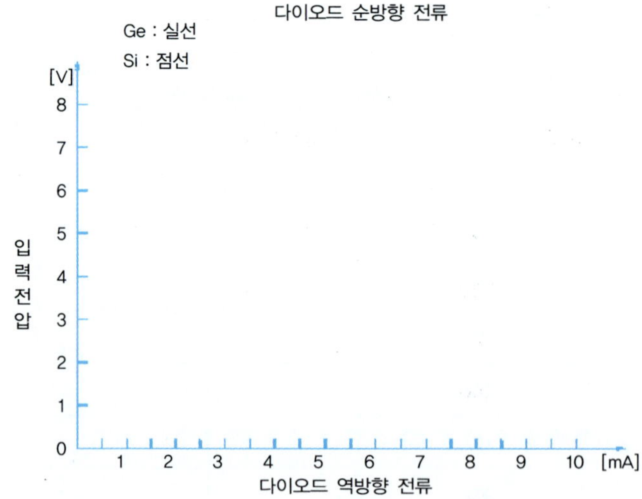

〈그래프 7-2〉
다이오드 역방향 전류

결 론

- 실험 결과에 대해 토의하시오. 〈결론 7-1〉

7-2 제너 다이오드(Zener diode)의 특성

1. 이 론

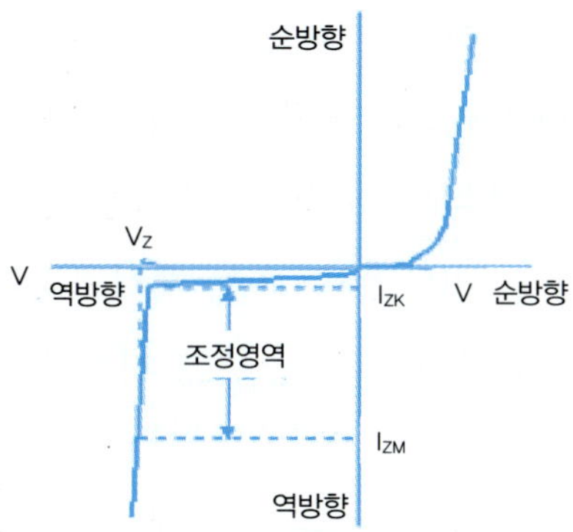

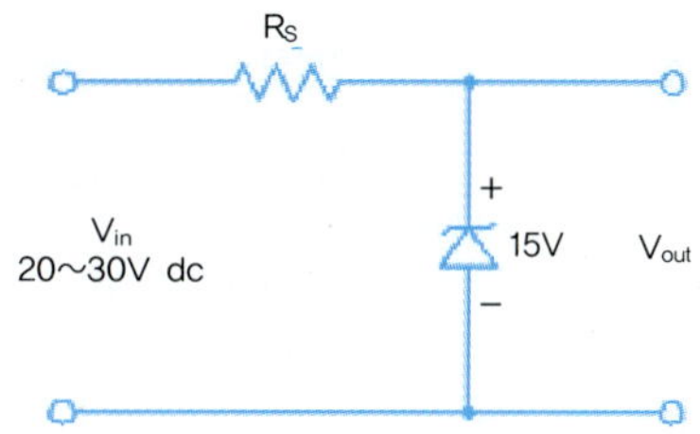

[그림 7-4]
제너 다이오드의 특성곡선

(a) 제너 다이오드의 특성곡선 (a) 제너 다이오드를 이용한 회로

제너 다이오드는 역방향 항복점을 이용하는 것을 제외하고는 보통의 다이오드와 비슷하다. 따라서 역방향 항복점은 제조과정에서 조심스럽게 조절되어지며, 이러한 제너전압은 2~3V로부터 200V 이상까지 어떤 값이나 얻을 수 있다. [그림 7-4](a)는 적절한 전류와 전압에 대한 제너 다이오드의 특성곡선을 나타낸 것이다. I_{ZK}는 다이오드가 항복영역 내에서 동작할 때의 최소 역방향 전류이며, I_{ZM}은 다이오드가 전력정격을 초과하지 않고 견딜 수 있는 최대 역방향 전류이다. I_{ZK}와 I_{ZM} 사이에서 곡선의 기울기는 제너임피던스 Z_Z로 알려져 있다. 곡선의 기울기는 수평축에 따른 변화량을 수직축에 따른 변화량으로 나누어 줌으로써 구할 수 있다. 전압, 전류 또는 다른 변수들의 변화는 그리스 문자 Δ(델타)로서 나타낸다. 그러므로 [그림 7-4]에 나타낸 곡선의 기울기는 $\Delta V/\Delta I$로 주어진다.

제너 다이오드를 I_{ZK}와 I_{ZM}사이에서 동작시킬 경우 다이오드 양단의 전압은 비교적 일정하게 된다. 이러한 원리가 [그림 7-4](b)에 보인 회로에서 실제로 적용되었다. 안정화되지 않은 20~30V의 직류전압원이 회로에 인가되어 제너 다이오드는 역방향 바이어스가 걸리게 되며, I_{ZM}를 넘어서 다이오드가 [그림 7-4](a)에 보인 조정영역에 놓이도록 충분한 역방향 전류가 공급된다고 가정한다. 그러면 출력전압은 비록 입력이 20V에서 30V까지 변한다고 하여도 비교적 일정하게 유지될 것이다.

그러므로 제너 다이오드는 출력전압을 조정하게 되며, 출력회로에 대하여 병렬로 놓여 있으므로 병렬조정기라고 부르기도 한다. $V_{\text{out}} = V_Z$임을 유의하라. [그림 7-4](b)에서 R_s는 제너조정기를 유지하고, 필요한 부하전류를 공급하기 위하여 항상 충분한 전류가 흐를 수 있도록 정확하게 선택하여야 한다.

만약 회로의 역방향 제너전류를 I_{ZK}에서 동작시킬 때, 부하는 보통 어떤 특정한 범위 이내에서 변화하게 된다. 만일 부하가 0에서 100mA까지 변화하고, 제너 다이오드에서 I_{ZK}가 10mA라면, R_s양단의 전압이 최소일 때 R_s를 통하여 흐르는 전류는 최소가 될 것이다. 그러므로 R_s는 모든 조건하에서 적당한 회로동작이 가능하도록 제너 다이오드의 I_{ZK}와 100mA의 최대 부하전류를 공급하기 위하여 충분히 작아야 한다. 그러므로 R_s는 다음과 같이 결정된다.

$$R_S = \frac{V_{Rs}\text{min}}{I_{in}\text{min} + I_{ZK}} = \frac{V_{I/V}\text{min} - V_Z}{I_L\text{max} + I_{ZK}} = \frac{20\,V - 15\,V}{10\text{mA} + 10\text{mA}}\,\Omega$$

$$= \frac{5\,V}{100\text{mA}} = 45.5\,\Omega$$

불안정한 입력의 최소값 $V_{RS}\text{min}$이 20V이고, 부하에 100mA의 최대전류(I_{IN}max)가 흐를 때, 만일 45.5Ω보다 큰 R_s를 사용하였다면 제너는 충분한 역방향 전류를 갖지 못하게 된다. 따라서, 안전요소(safety factor)를 고려하여 정확한 계산값보다 조금 작게 R_s를 선택하는 것이 바람직하다.

일단 제너 다이오드 병렬조정기에 대한 적절한 값을 선택하였다면, R_s가 최소 입력전압, 또는 최대 부하전류 조건보다 더 큰 전류가 흐를 때 제너 다이오드의 정격전력을 초과하지 않도록 안전하게 할 필요가 있다(제너 다이오드 전류는 부하전류가 감소하면 반대로 증가하게 된다). 만일 입력전압이 20V의 최소값으로부터 증가한다면, 제너전압은 비교적 일정하게 유지되므로 R_s 양단의 전압은 증가하게 된다. 비슷하게 만일 부하가 100mA보다 작게 전류가 흐르도록 변화한다면, 부하전류의 감소가 제너 다이오드를 통하여 나타난다. 그러므로 병렬조정기의 제너 다이오드에서 최대 전력소모는 입력전압이 변화 범위에서 최대일 때, 그리고 부하전류가 최소값일 때 나타난다는 것을 알 수 있다. 그러므로 [그림 7-4](b)의 회로에서 45.5Ω의 R_s에 대하여 최대 제너전류는 다음과 같이 계산된다.

$$I_{Z\max} = \frac{V_{Rs\max}}{R_s} - I_{L\min}$$

여기서, $I_L\min$: 최소 부하전류

$I_Z\max$: 최대 제너전류

$V_{Rs}\max$는 30V에서 15V까지, $I_L\min$은 0으로 주어졌으므로

$$I_{Z\max} = \frac{30\,V - 15\,V}{45.5\,V} - 0\text{mA} = 330\text{mA}$$

제너 다이오드에서 소모되는 최대 전력은 제너전압과 전류의 곱과 같다.

$$P_2 = V_Z \cdot I_Z$$

제너 다이오드에서 소모되는 최대 전력은 I_Z가 최대일 때 나타난다.

그러므로 P_Z = 15V330mA = 4.95W가 된다.

2. 실험 과정

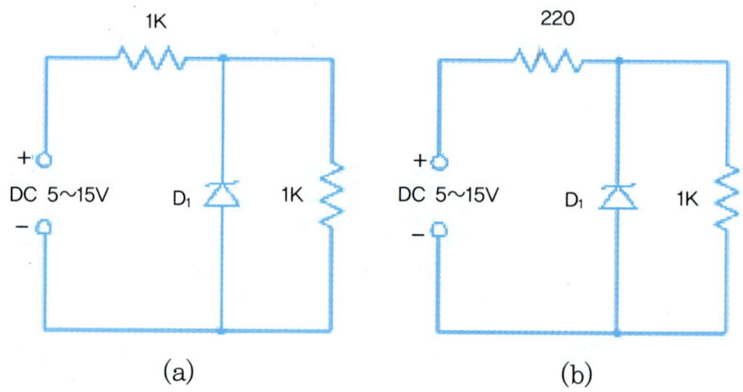

[그림 7-5]

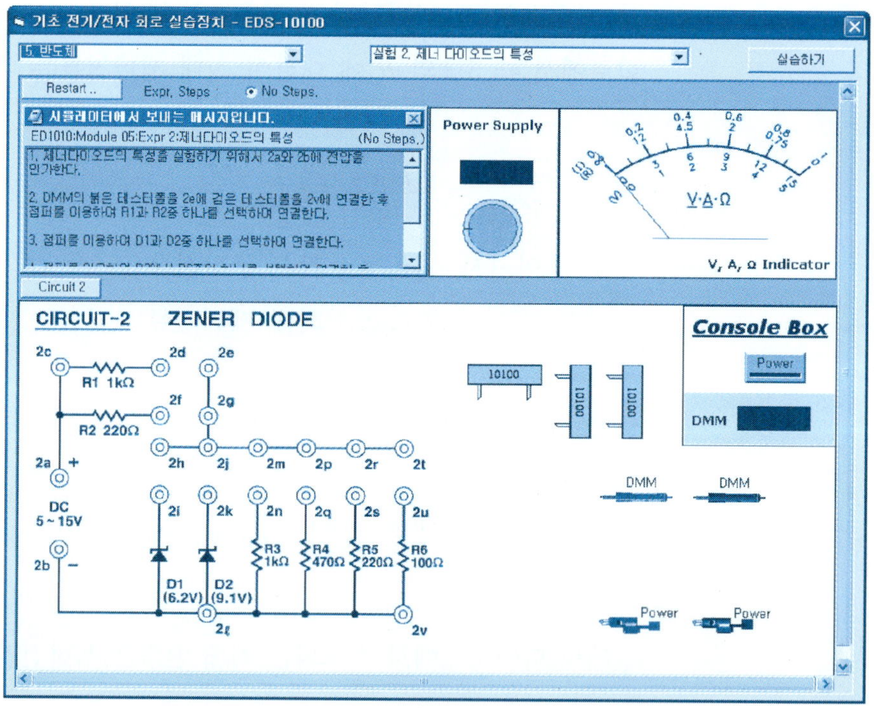

① 회로-2에서 2h-2i, 2d-2e, 2m-2n을 단락시켜서 [그림 7-5](a)와 같이 회로를 구성한다.

② 입력전압을 6V로 조정 후 부하저항을 〈표 7-2〉와 같이 변화시키며

2g-2v에 걸리는 전압을 측정하여 기록한다(점퍼를 사용하여 2m-2n, 2p-2q, 2r-2s, 2t-2u를 차례대로 단락시켜 부하저항을 교체한다).

③ 2d-2e를 개방하고 2f-2g를 단락하여 [그림 7-5](b)와 같이 회로를 구성한다.

④ 입력전압을 6V로 그대로 두고 부하저항을 〈표 7-2〉와 같이 변화시키며 2e-2v에 걸리는 전압을 측정하여 기록한다.

⑤ 입력전압을 8V로 조정 후 [그림 7-5](a)와 [그림 7-5](b) 회로를 1항과 3항을 참고하여 결선하고 부하저항을 변화시켜 가며 전압을 측정한다.

⑥ 입력전압을 10V, 12V, 14V, 15V로 조정하여 나머지 실험을 진행한다.

⑦ 1~6항을 참고하여 제너 다이오드를 9.1V(D2)로 교체 후 〈표 7-3〉에 측정값을 기록한다.

⑧ 실험이 끝나면 〈그래프 7-3〉 및 〈그래프 7-4〉에 특성 곡선을 그린다.

〈표 7-2〉

입력 부하 / 입력전압	부하 1kΩ				부하 220Ω			
	1kΩ	470Ω	220Ω	100Ω	1kΩ	470Ω	220Ω	100Ω
6V								
8V								
10V								
12V								
14V								
16V								

◀비고▶

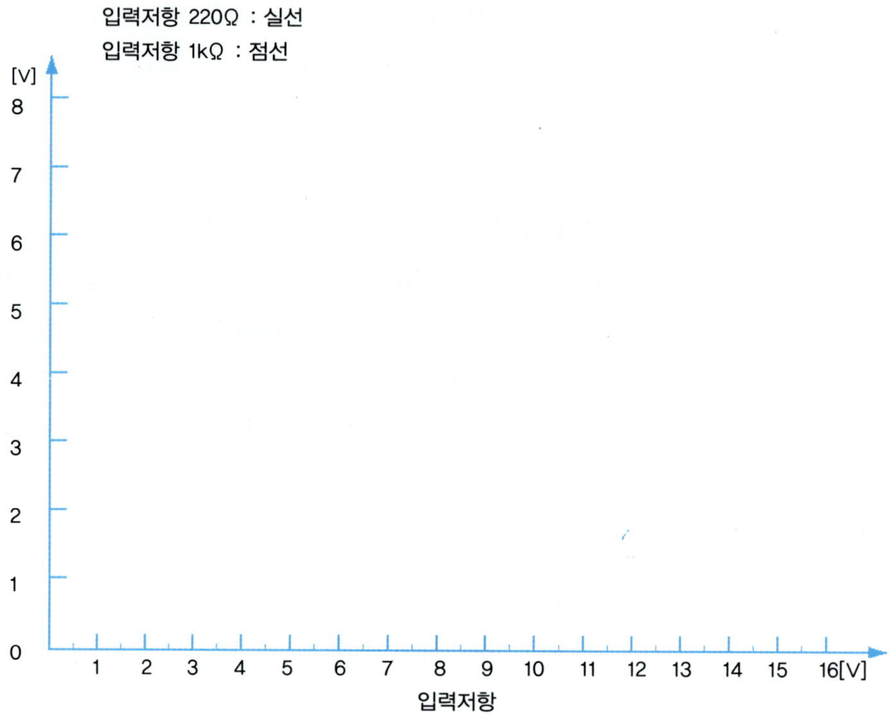

〈그래프 7-3〉
6.2V 제너 다이오드에 의한 실습

〈표 7-3〉

입력 부하 / 입력전압	부하 1kΩ				부하 220Ω			
	1kΩ	470Ω	220Ω	100Ω	1kΩ	470Ω	220Ω	100Ω
6V								
8V								
10V								
12V								
14V								
16V								

◀비고▶

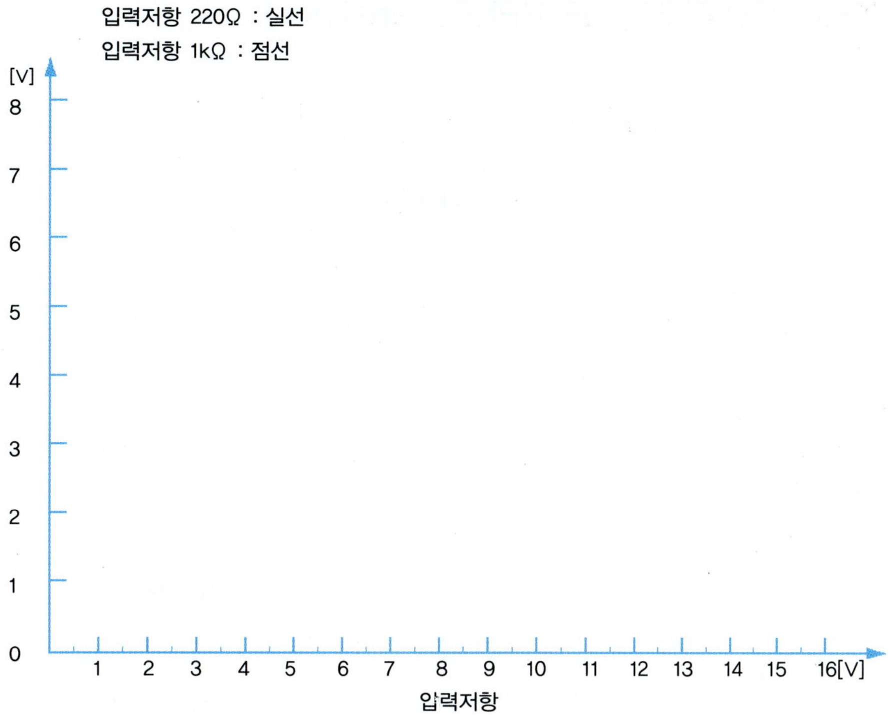

〈그래프 7-4〉
9.1V 제너 다이오드에 의한 실습

결 론

실험 결과에 대해 토의하시오. 〈결론 7–2〉

7-3 트랜지스터(NPN/PNP transistor)

1. 이 론

(1) NPN 트랜지스터

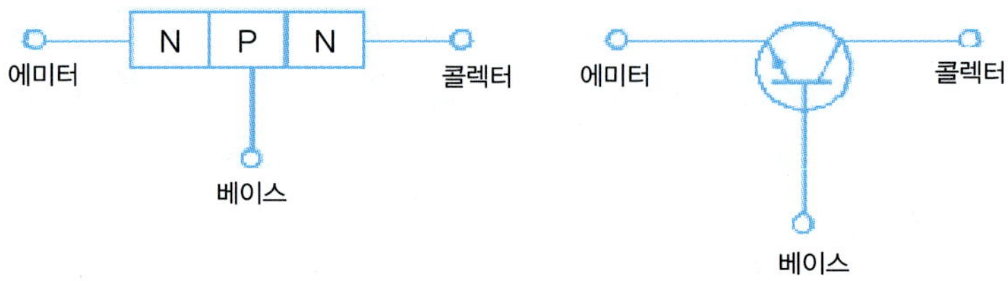

(a) NPN 구조 (b) NPN 기호

[그림 7-6]
NPN 트랜지스터의 구조와 기호

트랜지스터는 두 개의 반도체 접합부를 서로 아주 근접하도록 형성시켜서 만든다. npn트랜지스터는 [그림 7-6](a)과 같은 두 개의 n형 물질과 p형 물질로서 구성되어 있다. n형 물질의 한 영역을 콜렉터(collector), 그리고 또 다른 n영역은 에미터(emitter), 중앙에 있는 p형 영역은 베이스(base)라고 부른다. [그림 7-6](b)에서 에미터 단자의 화살표는 트랜지스터가 npn형 또는 pnp형인가에 따라 방향이 바뀐다. 다이오드에서와 마찬가지로 화살표의 앞부분은 에미터와 베이스 사이의 전류의 방향을 나타낸다.

트랜지스터의 에미터가 입력과 출력사이에 공통 단자로 되었을 때를 공통 에미터(common emitter ; CE)구조라고 하며, 콜렉터는 출력 단자이고, 베이스는 입력단자가 된다. CE 순방향 전류이득은 가장 중요한 트랜지스터 특성이며, β 또는 h_{FE}로 표시한다. 여기서는 직류 CE순방향 전류이득은 h_{FE}로 표시하며 다음과 같이 정의한다.

$$h_{FE} = \beta = \frac{L_C}{I_B}$$

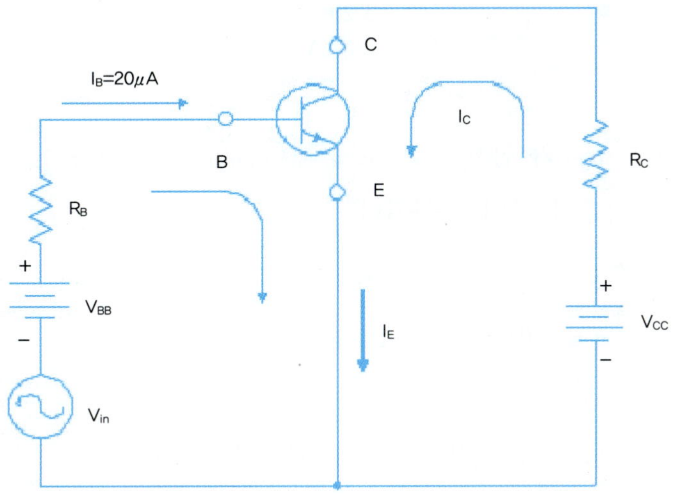

[그림 7-7]
교류 입력신호에 대한 공통 에미터 회로

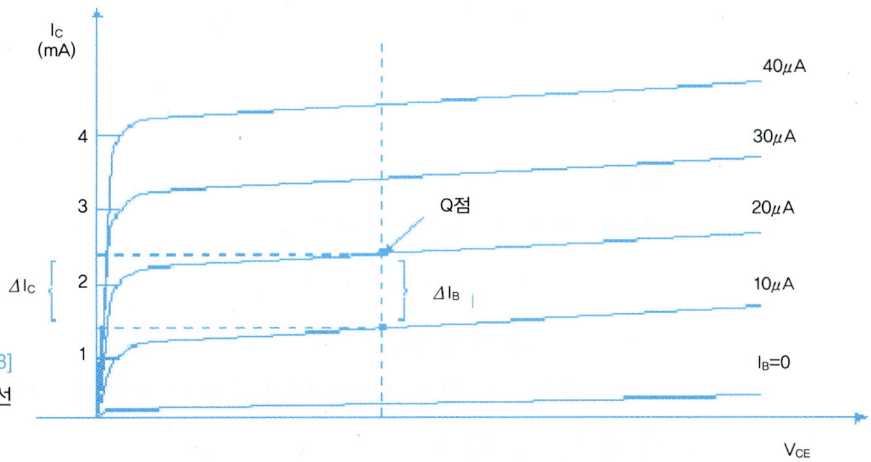

[그림 7-8]
공통 에미터 특성곡선

[그림 7-7]은 CE구조에서 베이스-에미터접합이 순방향 바이어스, 베이스-콜렉터접합이 역방향 바이어스된 회로를 보인 것이다. [그림 7-7]의 CE 회로의 대표적인 특성곡선을 [그림 7-8]에 나타내었다.

$I_B = 20\mu A$ 및 $I_C = 2.2mA$의 Q점 조건에 대한 h_{FE}의 계산은 다음과 같이 된다.

$$h_{FE} = \frac{I_C}{I_B} = \frac{2.2\text{mA}}{20\mu\text{A}} = 110$$

h_{FE}와 함께 CE회로에 대한 교류 전류이득이 자주 사용되는데 이것은 다음과 같이 정의된다.

$$h_{fe} = \frac{\Delta I_C}{\Delta I_B}\Big|_{V_{CE}=\text{일정}}$$

[그림 7-8]에 나타낸 트랜지스터에서 Q점과 A점 사이에서의 교류전류이득은 다음과 같이 계산된다.

$$h_{fe} = \frac{\Delta I_C}{\Delta I_B}\Big|_{V_{CE}=\text{일정}} = \frac{2.2\text{mA} - 1.5\text{mA}}{20\mu\text{A} - 10\mu\text{A}} = \frac{0.7\text{mA}}{10\mu\text{A}} = 70$$

교류 전류이득 h_{fe}는 직류 전류이득 h_{FE}와 중요한 차이를 나타낸다. 이 점에서 CE회로는 교류신호에 대하여 전류이득 h_{fe}가 보다 큰 값으로 규정된다는 것을 알 수 있다. 또한 보는 바와 같이 이는 중요한 전압이득을 나타낸다. 작은 신호를 받아서 같은 형태의 큰 신호로 변환할 수 있는 능력은 트랜지스터의 가장 유용한 특성이다. 이러한 과정을 증폭이라고 한다.

키르히호프의 전류법칙에 의하여 트랜지스터의 전류는 다음과 같이 쉽게 나타낼 수 있다.

$$I_B = I_E - I_C$$

베이스전류는 에미터와 콜렉터전류에 비하여 매우 작으며, 두 전류값의 차와 같다. 대부분의 계산에서 에미터와 콜렉터전류는 서로 같다고 가정하여도 무방하다.

(2) PNP 트랜지스터

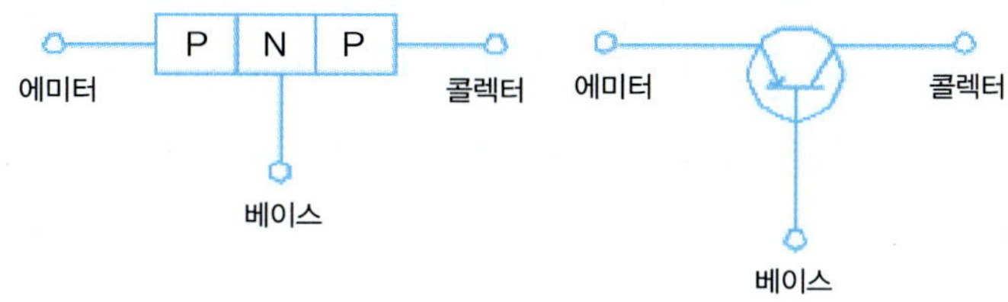

[그림 7-9]
pnp 트랜지스터의 구조와 기호

(a) pnp 구조 (b) pnp 기호

PNP 트랜지스터는 [그림 7-9](a)와 같이 두 개의 p형 물질과 n형 물질로서 구성되어 있다. p형 물질의 한 영역을 콜렉터(collector), 그리고 또 다른 p영역은 에미터(emitter), 중앙에 있는 n형 영역은 베이스(base)라고 한다. [그림 7-9](b)는 그 기호를 나타낸 것이다.

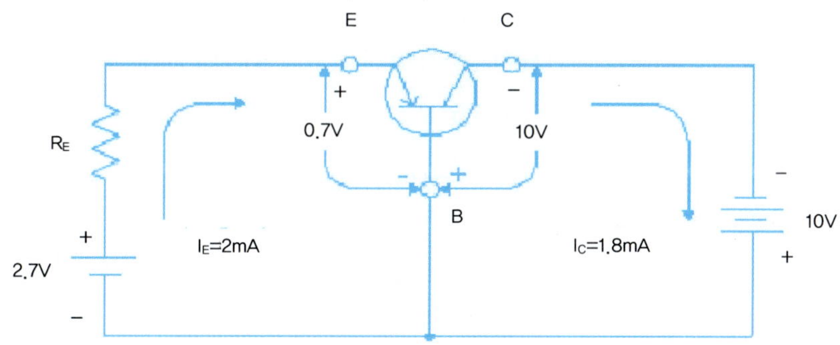

[그림 7-10]
공통 베이스(common base) 트랜지스터 결선

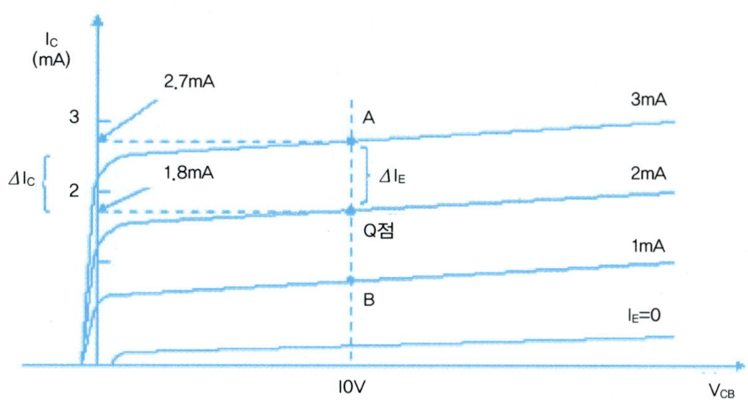

[그림 7-11]
공통 베이스 특성곡선

[그림 7-10]은 베이스-에미터 접합이 순방향 바이어스되고, 베이스-콜렉터접합이 역방향 바이어스된 pnp트랜지스터 회로를 보여주고 있다. 저항은 회로에서 전류의 흐름을 제한하기 위한 것이다. 직류에미터전류 I_E는 2.7V에서 0.7(실리콘의 경우)의 V_{EB}를 빼고, 이것을 R_E로 나눔으로써 2V/1kΩ=2mA가 된다. [그림 7-10]과 같이 결선된 트랜지스터를 공통베이스(common base ; CB)형이라고 하며, 이는 베이스가 회로의 양측에 모두 공통으로 되어 있기 때문이다. CB회로에 대한 특성곡선을 [그림 7-11]에 나타내었다. 곡선은 인가된 V_{CB}와 콜렉터전류와의 관계를 입력 에미터전류의 여러 값에 대하여 나타낸 것이다. 이들 곡선에서 2mA의 에미터전류와 10V의 베이스-콜렉터접합 역바이어스 전압으로부터 1.8mA의 콜렉터전류가 결정된다.

CB회로에서 콜렉터와 에미터전류 사이에는 중요한 관계가 존재한다. 콜렉터전류는 출력전류이고, 에미터전류는 입력전류이므로 I_C/I_E를 직류 CB순방향 전류이득이라고 하며, 기호는 α 또는 h_{FB}로 나타낸다. 여기에서는 순방향 전류이득을 h_{FB}로 표시할 것이다.

$$h_{FB} = \alpha = \frac{I_C}{I_B}$$

[그림 7-10]의 회로에서 h_{FB}는 1.8mA/2.0mA, 즉 0.9가 된다. h_{FB}의 대표적인 값은 0.9로부터 0.99정도의 범위를 가지며, 항상 1미만이 된다.

h_{fb}는 중요한 의미를 갖는다(교류에 대해서는 h_{fb}와 같이 소문자첨자로 표시함을 유의하라). 전류이득은 다음과 같이 정의된다.

$$h_{fb} = \left.\frac{\Delta I_C}{\Delta I_E}\right|_{V_{CB}=\text{일정}}$$

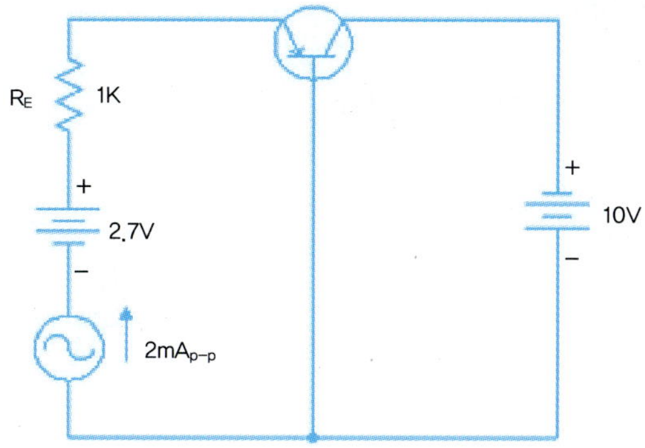

[그림 7-12]
교류입력신호에 대한 공통 베이스 회로

[그림 7-12]는 $2mA_{p-p}$의 교류입력전류에 대한 [그림 7-10]의 CB회로를 보인 것이다. $2mA_{p-p}$전류는 특정한 직류바이어스 레벨 근처에서 변하는 에미터전류에 기인한 것이다. 이러한 바이어스레벨(이 경우 2mA)을 정 동작전류 (quiescent current)라고 하며, 보통 줄여서 Q점(Q–point)이라고 한다. [그림 7–11]에 이것을 나타냈으며, 여기서 에미터전류는 2mA의 정 동작전류 근처인 3mA와 1mA([그림 7–11]의 A 및 B점)에서 변한다. 교류전류이득 (h_{fb})은 [그림 7–11]의 곡선으로부터 다음과 같이 계산된다.

$$h_{fb} = \frac{\Delta I_C}{\Delta I_E}\bigg|_{V_{CB}=\text{밀접}} \cong \frac{2.7mA - 1.8mA}{3mA - 2mA}\bigg|_{V_{CE}=\text{밀접}} = 0.9$$

이 경우 h_{fb}는 [그림 7–11]의 A점과 Q점 사이에서 계산되지만, B점과 Q점 사이에서 계산된 값과 같게 된다. 이 경우에 직류와 교류전류이득은 같음에 유의하라. 실제의 문제에 있어서 보통 두 값은 정확하게 같지는 않다. CB회로에서는 전류이득이 1보다 조금 작은 값으로 주어지나, 상당히 큰 전압이득을 얻을 수 있다.

2. 실험 과정

(1) NPN 트랜지스터 실험

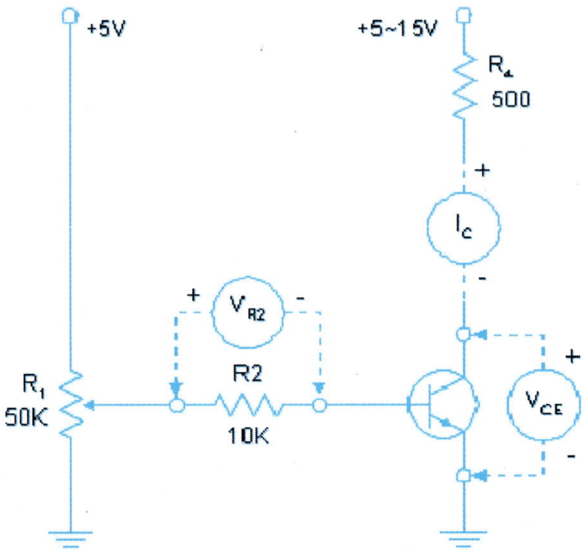

[그림 7-13]
NPN 트랜지스터 특성 측정회로

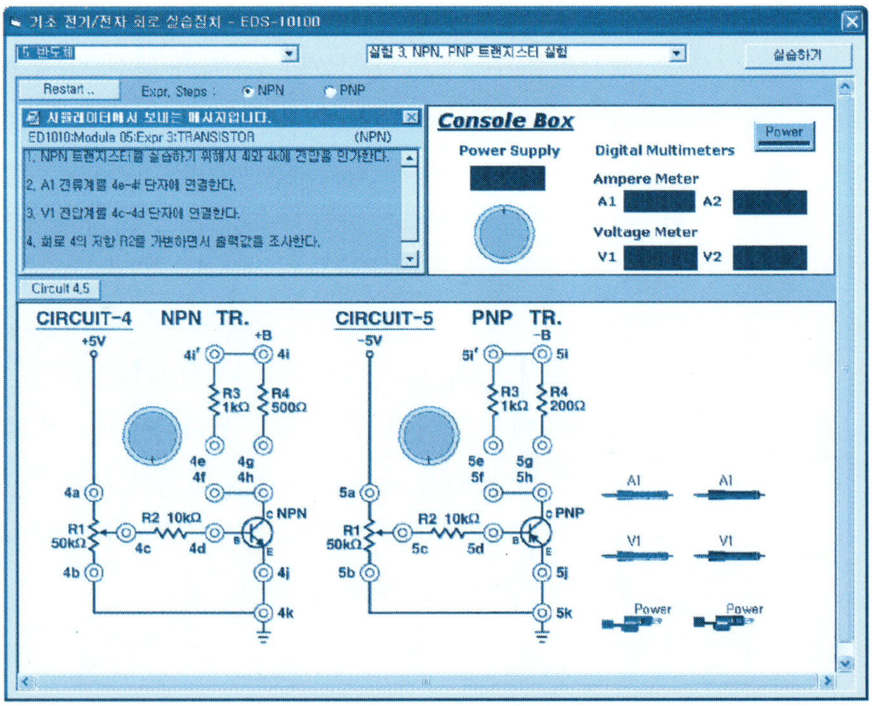

① npn 트랜지스터의 특성을 실험하기 위해 NPN Step의 (⊙ NPN) 회로-4를 사용한다. 이 회로에서 4g-4h 양단에 전류계를, 4c-4d 양단에 전압계를 연결하여 [그림 7-13]과 같이 회로를 구성한다.

② 4a단자에는 5V가 인가되어 있으며, I_B가 10μA가 되도록 $R1$을 조정한다. I_B와 V_{R2}의 관계는 아래 식과 같다. 그리고 4i단자에는 V_{CE}의 전압이 10V가 되도록 전압을 인가한다(0~20V 출력의 +를 4i에 GND를 4k에 연결). 그리고 전류계로부터 콜렉터전류 I_C를 측정하여 〈표 7-4〉에 기록한다($R4$).

$$I_B = \frac{V_{R2}}{R_2}, \ I_C = \frac{V_{R4}}{R_4}$$

③ 베이스전류 I_B를 〈표 7-4〉에서와 같이 $R1$을 이용하여 변화시키면서 베이스전류(I_B)에 따른 콜렉터전류 I_C를 측정하여 해당란에 기록하여라(R_4).

④ 베이스전류 I_B를 20μA로 조정한 후, V_{CE}를 〈표 7-4〉와 같이 변화시키면서 콜렉터전류 I_C를 측정하여 기록하여라(R_4).

⑤ 베이스전류 I_B를 40, 60, 80μA로 변화시키면서 각각의 V_{CE}에 대하여 콜렉터전류를 측정하여 〈표 7-4〉의 해당란에 기록하여라(R_4).

⑥ 4g-4h를 개방하고 4e-4f 양단에 전류계를 연결한 후 전과 동일한 방법으로 I_C를 측정하여 〈표 7-4〉의 란에 기록한다.

〈표 7-4〉

V_{CE}[V]			4	6	8	10	12	14	16
I_C [mA]	I_B 20 μA	R4							
		R3							
	I_B 40 μA	R4							
		R3						—	—
	I_B 60 μA	R4							—
		R3				—	—	—	—
	I_B 80 μA	R4						—	—
		R3			—	—	—	—	—

◀비고▶

(2) PNP 트랜지스터 실험

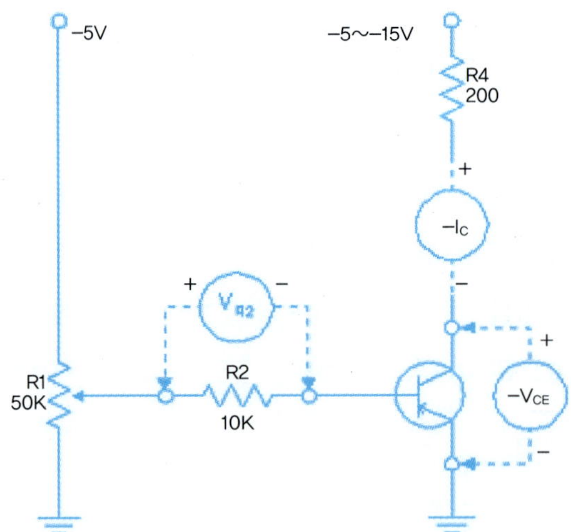

[그림 7-14]
PNP 트랜지스터 특성 측정회로

① PNP 트랜지스터의 특성을 실험하기 위해 PNP Setp를 선택하고, (◉ PNP) 회로−5를 사용한다. 이 회로에서 5g−5h 양단에 전류계

를, 5c-5d 양단에 전압계를 연결하여 [그림 7-14]와 같이 회로를 구성한다.

② 5a 단자에는 −5V가 인가되어 있으며, I_B가 −10μA가 되도록 $R1$을 조정한다. I_B와 V_{R2}의 관계는 다음과 같다. 그리고 5i 단자에는 V_{CE}의 전압이 −10V가 되도록 −5V ~ −15V 사이의 전압을 인가한다(0~20V 출력의 +를 5k에 GND를 5i에 연결). 그리고 전류계로부터 콜렉터전류 I_C를 측정하여 〈표 7-5〉에 기록한다($R4$).

③ 베이스전류 I_B를 〈표 7-5〉에서와 같이 $R1$을 이용하여 변화시키면서 베이스전류(I_B)에 따른 콜렉터전류 I_C를 측정하여 해당란에 기록하여라($R4$).

④ 베이스전류 I_B를 20μA로 조정한 후, V_{CE}를 〈표 7-6〉과 같이 변화시키면서 콜렉터전류 I_C를 측정하여 기록하여라($R4$).

⑤ 베이스전류 I_B를 40, 60, 80μA로 변화시키면서 각각의 V_{CE}에 대하여 콜렉터전류를 측정하여 〈표 7-6〉의 해당란에 기록하여라($R4$).

⑥ 5g-5h를 개방하고 5e-5f 양단에 전류계를 연결한 후 전과 동일한 방법으로 I_C를 측정하여 〈표 7-6〉의 란에 기록한다.

〈표 7-5〉

I_B[μV]		−10	−20	−30	−40	−50	−60	−70	−80
I_C[mA]	R4								
	R3						—	—	—

◀비고▶

〈표 7-6〉

V_{CE}[V]			−4	−6	−8	−10	−12	−14	−16
I_C [mA]	I_B 20μA	R4							
		R3							
	I_B 40μA	R4							
		R3						—	—
	I_B 60μA	R4							
		R3					—	—	—
	I_B 80μA	R4							
		R3				—	—	—	—

◀비고▶

결 론

실험 결과에 대해 토의하시오. 〈결론 7-3〉

7-4 FET(J-FET/MOS-FET)

1. 이 론

(1) J-FET

J-FET는 n형 또는 p형 채널과 게이트(gate)라고 하는 채널과 반대되는 물질로서 이루어져 있다. 물리적인 구조를 [그림 7-15](a)에 나타내었다. 또한 FET의 3개 단자의 명칭을 나타내었다. 드레인(drain)과 소스(source) 단자는 흔히 서로 교환될 수 있으며, 이들 단자와 전원전압의 극성이 어떻게 연결되었는가에 따라 결정된다. n채널 소자에게 드레인은 전지의 정(+)측과 연결된 단자이며, p채널 소자에서서는 부(-)측과 연결된다.

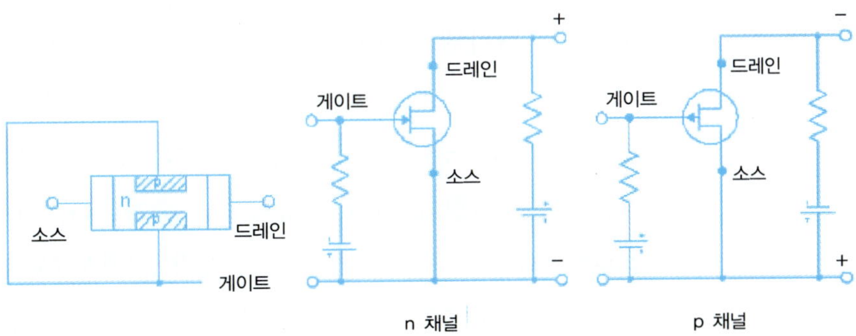

[그림 7-15]
J-FET의 구조와 전압극성

(a) n채널 JFET 구조　　(b) JFET의 기호 및 필요한 전압극성

J-FET와 쌍극성 트랜지스터에서 게이트와 베이스, 드레인과 콜렉터, 그리고 소스와 에미터 사이에는 개략적인 유사성이 나타난다. 그러나 J-FET에서의 전기전도는 게이트-소스접합에 대한 역방향 바이어스 전압에 의하여 제어되며, 이에 따라 전계가 발생한다.

쌍극성 트랜지스터의 전도제어는 순방향 바이어스된 베이스-에미터접합에서의 베이스 전류에 의하여 이루어진다. 이러한 것은 J-FET의 입력

(게이트)이 역방향 바이어스된 접합이므로, J-FET의 높은 입력임피던스에 대한 설명이 되는 것이다.

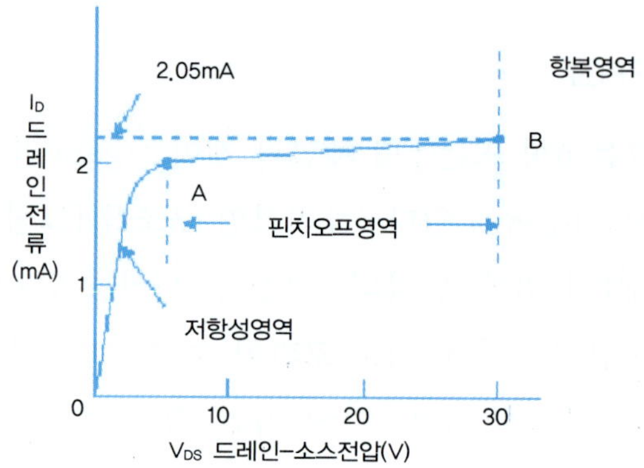

[그림 7-16]
$V_{GS}=0$에서 I_D 대 V_{DS}의 곡선

[그림 7-16]은 드레인 전류 I_D대 드레인-소스 사이의 전압 V_{DS}의 특성곡선을 나타낸 것이다. 바이어스 전압, 즉 게이트-소스 사이의 전압 V_{GS}는 이 경우 "0"이 된다. "0"에서 A까지의 첫번째 영역, 즉 저항성영역(ohmic region)에서 J-FET는 보통의 저항과 같이 동작한다. 전류는 인가전압이 증가함에 따라 선형적으로 증가한다. 이러한 동작은 핀치오프(pinch-off)영역이 시작될 때까지 대략 1V에서 3V 범위 내에서 발생한다. 이 범위에서(A에서 B까지) 게이트와 채널간의 pn접합에 대한 역방향 바이어스가 공핍영역(depletion region)의 원인이 된다. 핀치오프영역에 도달하기 위하여 역방향 바이어스가 충분히 커질 때까지 공핍층은 서로 맞닿을 수 있을 만큼 충분히 넓혀지지 않는다. 두 층이 서로 맞닿을 수 있게 충분히 바이어스가 가해졌을 때, 채널에서는 전하가 결핍되어 핀치오프가 된다. 핀치오프는 V_{DS}의 광범위한 변화에 대하여 전류의 흐름이 거의 일정한 영역을 말한다. [그림 7-16]에 따르면 A에서 B까지의 이 영역에서 곡선은 거의 수평을 이룬다. 채널의 폭이 0으로 감소됨에 따라 전류의 흐름이 감소되려는 경향이 있으며, 이는 채널을 따라서 전압의 기울기를 완

화시키는 원인이 된다. 이러한 것은 공핍영역의 폭을 감소시키며, 이는 전류가 증가하게 되는 원인이 된다. 이 마지막 결과는 전류의 안정된 값이 되며, 평형상태에 이르게 된다.

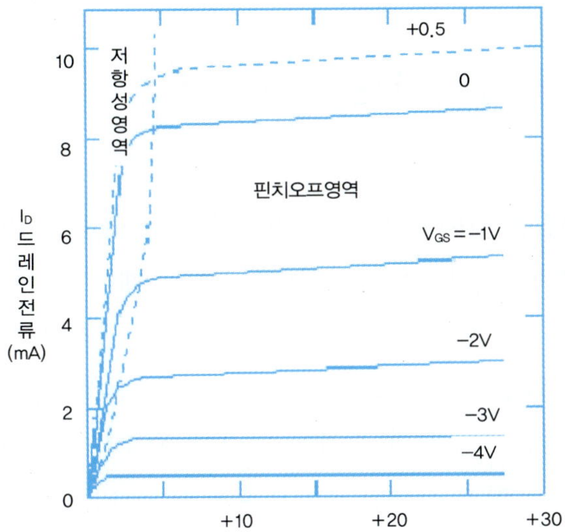

[그림 7-17]
n채널 J-FET의 드레인 특성곡선

(2) 동적 드레인 저항(dynamic drain resistance)

r_{ds}는 핀치오프영역에서 곡선의 기울기로서 정의된다.

$$r_{ds} \cong \left.\frac{\Delta V_{DS}}{\Delta I_D}\right|_{V_{DS=\text{일정}}}$$

이 값은 매우 높으며, [그림 7-16]의 A점과 B점 사이에서의 r_{ds}는 다음과 같다.

$$r_{ds} \cong \frac{30\,V - 5\,V}{2.05mA - 2mA} = \frac{25\,V}{0.05mA} = 500\text{k}\Omega$$

이는 V_{DS}로서 변화하는 저항이므로 채널의 교류저항이 된다. 한편, 주어진 V_{DS}에서 채널의 정적 또는 직류저항(R_{DS})은 낮은 저항값을 가지며, V_{DS}에 대한 I_D의 비에 의하여 간단하게 주어진다. 그러므로 [그림 7-16]에서 $V_{DS} = 20\,V$인 경우는 다음과 같다.

$$R_{DS} = \frac{V_{DS}}{I_D} \cong \frac{20\,V}{2mA} = 10\text{k}\Omega$$

B점을 넘어선 전압에 대한 항복(breakdown)영역을 역시 [그림 7-16]에 보였다. 항복은 역바이어스된 게이트-채널 pn접합에 사태항복(avalanceh breakdown)이 일어날 때 생긴다. 이는 제너 다이오드의 일정전압영역과 비슷하며, FET의 전력정격이 초과되지 않는 한 파괴되지 않는다. V_{DS}값의 증가에 따라 J-FET가 처음에는 저항(저항성영역), 다음에는 일정 전류원(핀치오프영역), 그리고 마지막으로 일정 전압원(항복영역)처럼 보이는 것은 흥미있는 일이다.

게이트와 소스는 같은 전위였다($V_{GS} = 0$). 만일 I_D 대 V_{DS}의 도표가 다른 V_{GS}값들에서 만들어졌다면 결과적으로 [그림 7-17]에 보인 것과 같은 드레인 특성곡선이 생길 것이다. 이들 곡선 상에는 관례적으로 항복(제너)영역을 나타내지 않으며, 이는 J-FET가 이 영역에서는 좀처럼 동작하지 않기 때문이다. 여러 가지 바이어스전위(V_{GS})는 결국 핀치오프영역 안에서 드레인 전류값의 감소로 끝남을 유의하라. 이러한 것이 J-FET의 증폭능력에 대한 근거가 되며, 여기서 전달 콘덕턴스(transcoductance) g_{fs}는 V_{GS}의 변화에 대한 드레인 전류의 변화로서 측정되어진다.

$$g_{fs} = \left.\frac{\Delta I_D}{\Delta V_{GS}}\right|_{V_{DS}=\text{일정}}$$

[그림 7-17]에서 바이어스전압에 의한 I-V 변화에 대하여 I_D의 간격이 같지 않음을 보인 것처럼, 전달콘덕턴스는 어떤 범위 안에서 변할 수 있다. 특정한 형의 FET에 있어서 소자마다 g_{fs}에 비례하므로, 이러한 가변성은 곤란한 문제가 될 수 있다.

-1V에서 -2V까지의 V_{GS}변화에 대한 [그림 7-17]의 특성에 의하여 표현된 전달콘덕턴스는 다음과 같이 된다.

$$g_{fs} = \frac{\Delta I_D}{\Delta V_{GS}} \cong \frac{5.5\text{mA} - 3\text{mA}}{1V} = 2500\mu\Omega$$

또한 [그림 7-17]로부터 게이트-채널접합이 전도상태에 있지 않는 동안은 작은 순방향 게이트-소스바이어스에 의한 동작이 허용됨을 유의하라. FET는 보통 실리콘 재료로 만들기 때문에 양전압이 대략 0.5V를 넘지 않음을 의미한다. 물론 전도는 중요한 전류의 흐름을 의미하며, 아마도 pn접합에서 가열효과 때문에 소자가 파괴되는 원인이 될 것이다.

J-FET는 n채널이든 p채널이든 상관없으나, 보통 n채널이 사용된다. p채널소자가 정공의 전도에 의하여 동작하는데 반하여 n채널에서는 전자에 의한 전도로 나타낸다. 다른 인자들은 모두 같으나 전자가 정공보다 이동도가 더 크므로, 더 높은 주파수에서 동작이 가능하다. 또한 p채널과 비교하여 회로에 더욱 작은 잡음이 전달된다. [그림 7-17]의 n채널 특성곡선은 p채널소자에 대하여 동일하게 적용시킬 수 있다. 그러나 모든 전압극성은 반대로 되어야 한다.

(3) MOS - FET

MOS-FET의 게이트는 매우 작고 뛰어난 특성을 갖는 커패시터이며, 채널을 통한 전도는 게이트와 소스 사이에 인가된 전압에 의하여 제어된다. 그러므로 MOS-FET의 입력전류는 J-FET에 비한다면 입력전류와 대립이 되는 커패시터의 누설전류로서, 이는 역방향 바이어스된 pn접합의 누설 전류이다. 따라서 MOS-FET의 입력임피던스는 J-FET에 비하여 수십배 또는 그 이상의 큰 값을 갖는다.

MOS-FET의 Gate는 절연 물질의 SiO_2층을 채널전면에 걸쳐서 침착시키는데 이러한 얇은 SiO_2층 위에 금속물질이 놓이게 된다. [그림 7-18]은 대표적인 MOS-FET의 구조형태를 보인 것이다.

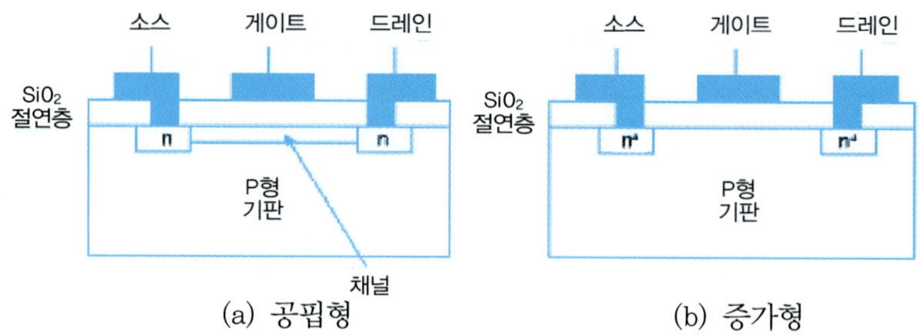

[그림 7-18]
MOS-FET의 구조

MOS-FET의 동작 특성으로는 세부적인 구조에 따라 구분되는 공핍형(depletion-mode)이나 증가형(enhancement-mode)이 있다. [그림 7-19](a)는 n채널 MOS-FET의 특성을 나타낸 것이다. 공핍형에서 채널은 정상적으로 도체이며, 이 때문에 J-FET에서와 같이 전류의 흐름이 감소될 수도 있고, 충분한 게이트전압이 인가됨에 의하여 차단까지도 가능하다. 증가형에서는 채널이 정상적으로 차단상태이며, 게이트전압을 인가함에 따라 줄이거나 또는 늘릴(증가) 수 있으며, 제어할 수가 있게 된다. 공핍형 MOS-FET는 [그림 7-19](d)에 나타낸 것처럼 증가형에서도 동작할 수 있다.

게이트의 정전용량은 매우 작으며, 따라서 입력임피던스는 매우 높다. 그래서 게이트는 어떤 전압레벨 이상에서 매우 쉽게 하전될 수 있으므로, 커패시터의 좁은 SiO_2유전체가 파괴될 수 있다. 대략 50V 정도의 전압으로 파괴되며, 이는 정상적인 취급에 따라 발생하는 정전하들에 의하여 쉽게 유도될 수 있음을 의미한다. 이러한 이유 때문에 이들 소자들은 리드들을 서로 단락시켜서 흔히 패키지화한다.

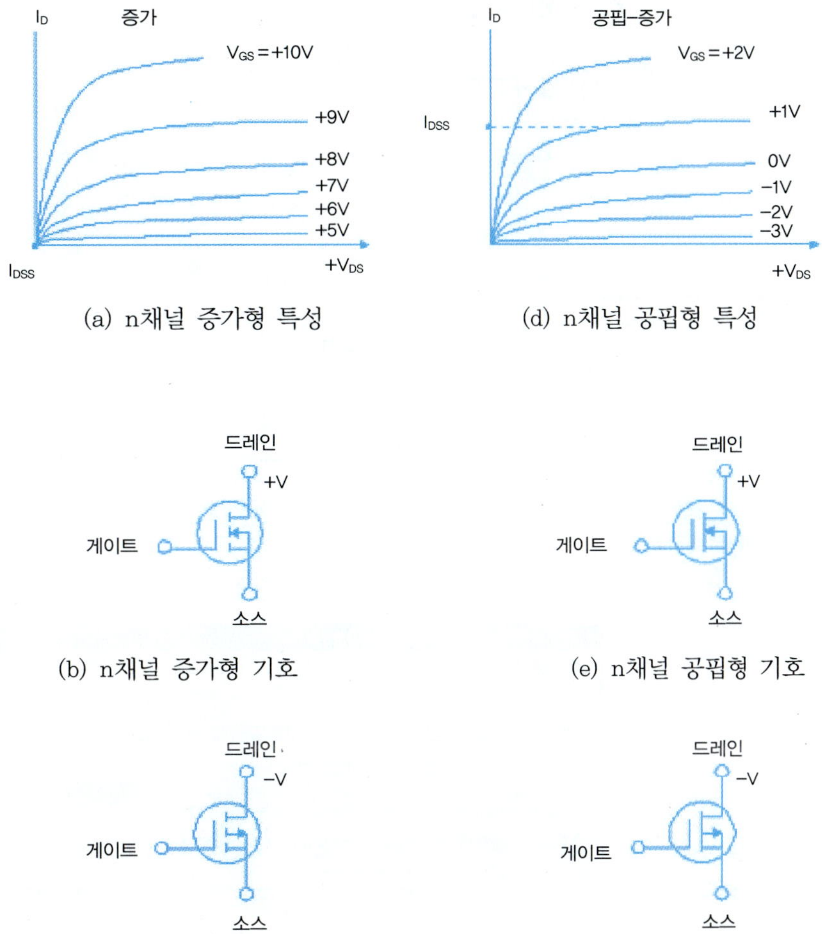

(a) n채널 증가형 특성 (d) n채널 공핍형 특성

(b) n채널 증가형 기호 (e) n채널 공핍형 기호

(c) p채널 증가형 기호 (f) p채널 공핍형 기호

[그림 7-19] MOS-FET의 특성 및 기호

게이트와 드레인 사이 및 게이트와 소스 사이의 고유의 정전용량(고주파응답을 제한)은 대체로 MOS-FET에서 더 낮으므로, 일반적으로 고주파응답이 J-FET에 비하여 더욱 좋다. J-FET가 온도에 따라 지수적으로 증가하는 입력누설전류를 갖는데 반하여, MOS-FET에서는 온도의 영향이 최소가 된다. MOS-FET는 오늘날 보편적으로 이용할 수 있는 온도의 영향을 적게 받는 반도체소자이다.

2. 실험 과정

(1) J-FET

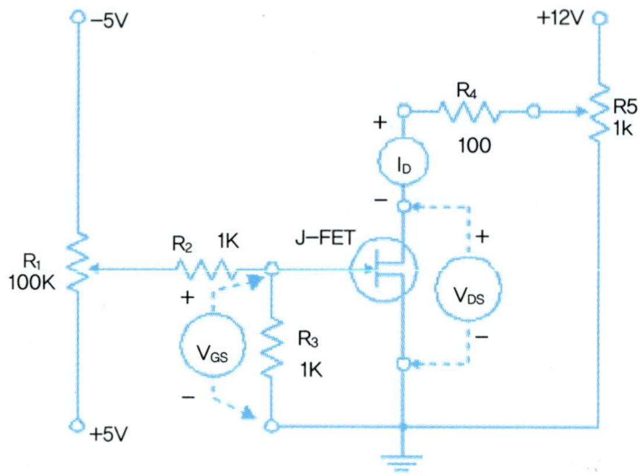

[그림 7-20]
J-FET 특성 측정회로

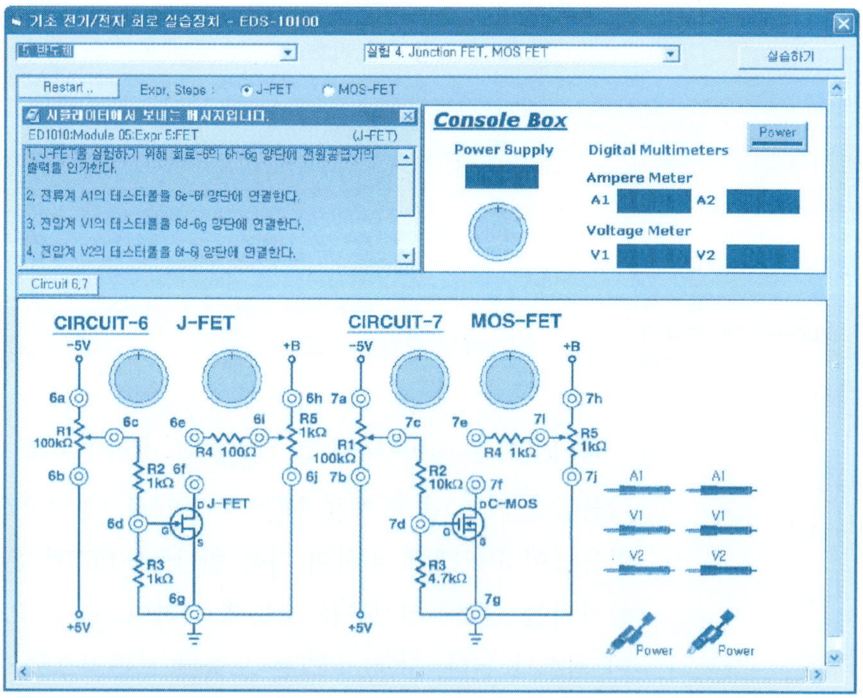

① J-FET의 특성을 실험하기 위해 J-FET Step의 (J-FET) 회로-6을 사용한다. 6e-6f 양단에전류계를, 6d-6g, 6f-6j 단자에 전압계를 연결하여 [그림 7-20]과 같이 회로를 구성한다.

② 6a단자에는 -5V, 6b 단자에는 +5V가 인가되어 있으며, 6h 단자에는 +12V를 인가하고 6g단자에는 그라운드를 연결한다.

③ 가변저항 $R5$를 조정하여 V_{DS}가 10V가 되게 한다. 그리고 가변저항 $R1$을 조정하여 〈표 7-7〉에 주어진 것과 같이 V_{GS}를 변화시키면서 I_D를 측정하여 〈표 7-7〉에 기록한다.

④ 다음에는 V_{GS}를 -0.2V로 고정시키고, V_{DS}를 〈표 7-8〉과 같이 변화시키면서 드레인 전류 I_D를 측정하여 〈표 7-8〉에 기록하여라.

⑤ 〈표 7-8〉에서 각각의 V_{GS}에 대하여 V_{DS}를 변화시키면서 드레인 전류 I_D를 측정하여 〈표 7-8〉에 기록하여라.

〈표 7-7〉

V_{GS}[V]	-0.3	-0.2	-0.1	0	+0.1	+0.2	+0.3	+0.4
I_D[mA]								

◀비고▶

〈표 7-8〉

V_{DS}[V]		2	4	6	8	10	12
I_D[mA]	V_{GS} : -0.2V						
	V_{GS} : -0.1V						
	V_{GS} : 0						
	V_{GS} : +0.1V						
	V_{GS} : +0.2V						

◀비고▶

(2) MOS - FET

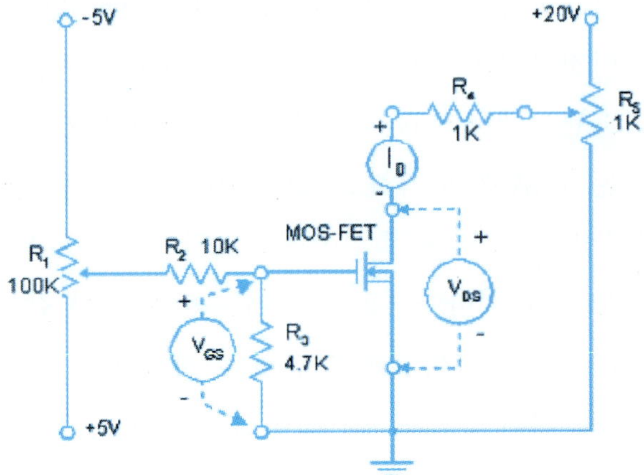

[그림 7-21]
MOS-FET 특성 측정회로

① MOS-FET의 특성을 실험하기 위해 MOS-FET Step의 (MOS-FET) 회로-7을 사용한다. 7e-7f 양단에 전류계를, 7d-7g, 7f-7j 단자에 전압계를 연결하여 [그림 7-21]과 같이 회로를 구성한다.

② 7a 단자에는 -5V, 7b 단자에는 +5V가 인가되어 있으며, 7h 단자에는 +20V를 인가하고 7g 단자에는 그라운드를 연결한다.

③ 가변저항 $R5$를 조정하여 V_{DS}가 10V가 되게 한다. 그리고 가변저항 $R1$을 조정하여 〈표 7-9〉에 주어진 것과 같이 V_{GS}를 변화시키면서 I_D를 측정하여 〈표 7-9〉에 기록한다.

④ 다음에는 V_{GS}를 -0.3V로 고정시키고, V_{DS}를 〈표 7-10〉과 같이 변화시키면서 드레인 전류 I_D를 측정하여 〈표 7-10〉에 기록하여라.

⑤ 〈표 7-10〉에서 각각의 V_{GS}에 대하여 V_{DS}를 변화시키면서 드레인 전류 I_D를 측정하여 〈표 7-10〉에 기록하여라.

〈표 7-9〉

V_{GS}[V]	−0.5	−0.4	−0.3	−0.2	−0.1	0	+0.1	+0.2
I_D[mA]								

◀비고▶

〈표 7-10〉

V_{DS}[V]		2	4	6	8	10	12
I_D[mA]	V_{GS} : −0.3V						
	V_{GS} : −0.2V						
	V_{GS} : −0.1V						
	V_{GS} : 0						
	V_{GS} : +0.1V						

◀비고▶

결 론

실험 결과에 대해 토의하시오. 〈결론 7–6〉

3. SCR 특성(SCR characteristic)

(1) 이 론

보통의 스위칭 TR에서 ON상태의 내부저항을 낮게 하기 위해서는 콜렉터의 불순물 농도를 높여야 하는데 그러면 콜렉터의 역전압이 낮아진다. 이를 극복하기 위해 고역전압, 대전력용 스위칭 소자로 개발된 것이 [그림 7-22](a)와 같이 4층 구조와 3개 단자를 갖는 SCR(silicon controlled rectifier)이다. 이것을 사이리스터(thyristor)라고도 한다. 이러한 SCR은 게이트에 어느 정도 이상의 펄스전류를 흘려주어야만 애노드에서 캐소드로 순방향 전류를 흘릴 수 있다(스위치 ON).

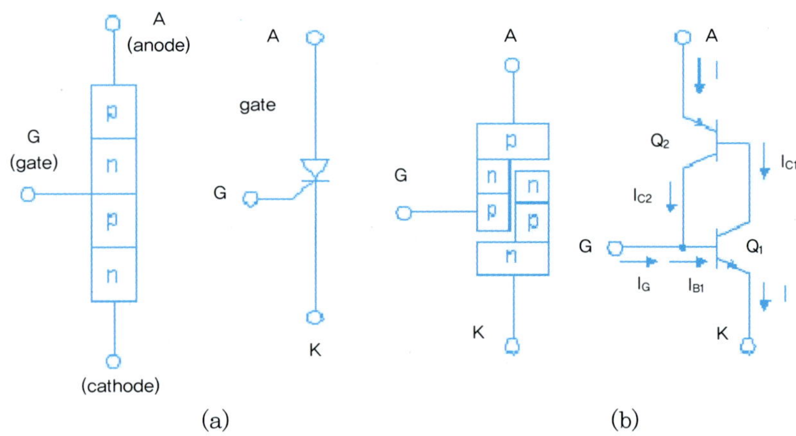

[그림 7-22]
SCR의 구조 및 등가회로

1) 동작원리

SCR의 동작을 해석하기 위하여 [그림 7-22](b)와 같이 중간의 두 층을 반으로 쪼개어 pnp TR과 npn TR가 접속된 것으로 생각하자.

게이트가 접지되면 $Q1$이 차단, 이때 $I_{CI}= I_{B2} = I_{CO1}$은 $Q2$를 turn ON 시키기에는 너무 작다. 즉 V_{GK}=0에서 SCR은 OFF.

게이트에 충분히 큰 +전압(보통 펄스)을 인가하면 $Q1$이 turn ON, $I_{C1} = I_{B2}$가 $Q2$를 turn ON, $I_{C2} = I_{B1}$은 $Q1$을 더욱 turn ON시킨다. 즉, $Q1$, $Q2$루프 내에서 정궤환(regeneration)이 일어나서 이 두 TR가 turn ON된다. 게이트에 전압이 인가되는 순간부터 SCR이 ON될 때까지의 시간을 SCR의 turn ON 시간이라 하며 보통 0.1~1μA이다.

일단 SCR이 turn ON되면 게이트전압을 제거해도 ON상태가 유지된다. SCR을 turn OFF시키려면 애노드전압을 0 또는 −로 구동해야 한다. turn OFF시간은 1～30μA이다.

해석적으로 생각하면(전류의 극성에 관해서는 [그림 7-22](b) 참조)

$$I_{C1} = \alpha_1 I + I_{CO1}, \quad I_{C2} = \alpha_2 I + I_{CO2}$$

$Q2$에 유입하는 전류, 즉 애노드전류 1는

$$I = I_{C1} + I_{C2} = \alpha_1 I + I_{CO1} + \alpha_2 I + I_{CO2}$$

$$\therefore I = \frac{I_{CO1} + I_{CO2}}{1 - (\alpha_1 + \alpha_2)}$$

게이트전류가 흐르면 α값이 증가하여 $\alpha_1 + \alpha_2$가 1에 이르면 애노드전류 1가 매우 크게 된다. 즉 SCR이 ON된다. 이와 같은 상태에서 게이트전류를 제거해도 SCR은 계속 ON 상태를 유지한다.

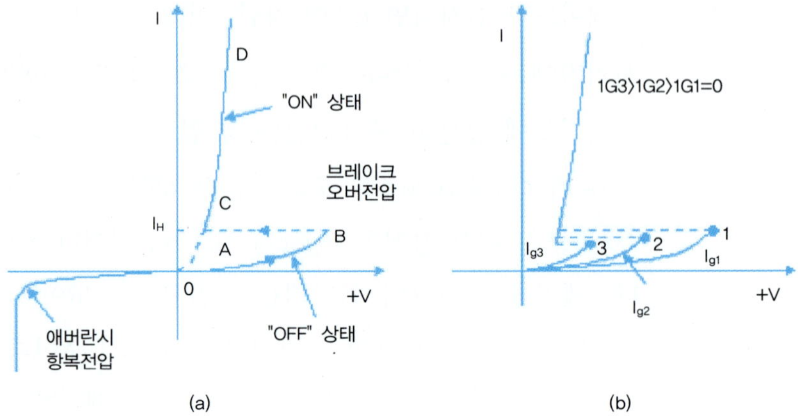

[그림 7-23]
SCR v-i관계

2) 특 성

[그림 7-23](a)는 게이트전류를 0로 유지하고 애노드전압을 변화시킬 때의 애노드전류의 변화를 그렸다. 애노드전압을 −방향으로 증가시키면 SCR의 애버란시항복이 일어난다. +방향으로 증가시키면 OA영역에서는 $\alpha_1+\alpha_2$가 작고 SCR은 역바이어스된 접합과 마찬가지로 동작한다. AB영역에서는 α값이 증가하여 breakover전압에서 $\alpha_1+\alpha_2=1$에 이른다. 전류가 더 증가하면 SCR은 순방향으로 바이어스된 접합과 마찬가지로 동작한다. 즉 애노드전압이 급격히 떨어진 CD영역에서 동작한다. 이제 전류를 점 C에 대응하는 홀드전류(hold current)를 I_H 이하로 감소시키면 동작점은 C에서 원점으로 이동하여 SCR은 OFF된다.

게이트에 전류 I_G를 흘리면 α값이 증가되고 브레이크오버 전압이 낮아진다(그림 7-23(b)). 보통 애노드전압을 $I_G=0$일 때 브레이크오버 전압보다 낮게 걸고 게이트에 트리거신호를 걸어서 ON시킨다. 트리거 신호로서는 피크 전압 수 V, 피크 전류 수 mA ~ 수 10mA의 짧은 펄스를 쓴다.

(2) 실험 과정

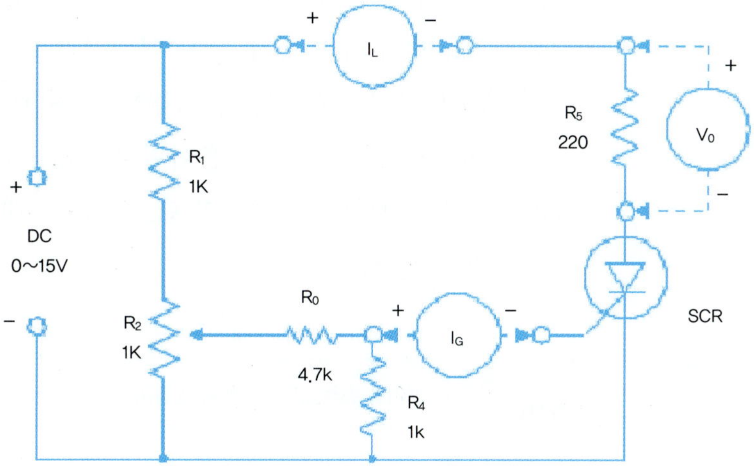

[그림 7-24]
SCR 특성 측정회로

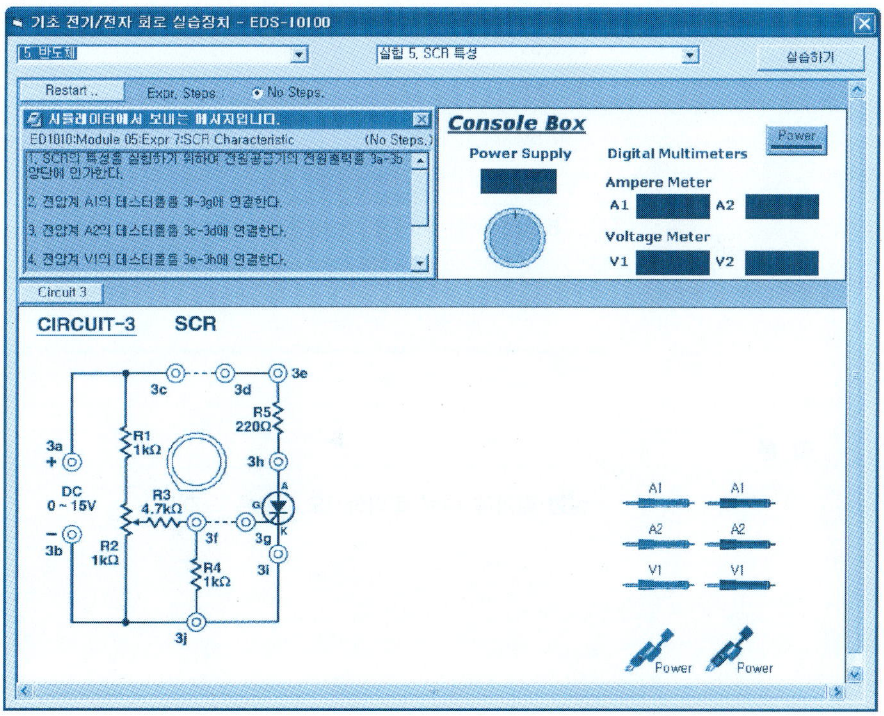

① 회로-3에서 3f-3g, 3c-3d 양단에 전류계를 연결하고 3e-3h 양단에 병렬로 전압계를 연결하여 [그림 7-24]와 같이 회로를 구성한다.

② 〈표 7-11〉에 주어진 것과 같이 입력전압을 변화시키면서 전압계와 전류계로부터 I_G, I_L, V_O를 측정하여 해당란에 기록하라. 그리고, 다시 입력전압을 서서히 줄이면서 Turn-OFF되는 지점의 전류(Turn-OFF 전류)를 기록하라(단, R_2는 최대가 되도록 시계방향으로 최대로 한다).

〈표 7-11〉

측정 / 입력전압	게이트 전류[I_G]	부하 전류[I_L]	부하 전압[V_O]	Turn-OFF 전류
5V				
5.5V				
6V				
6.5V				
7V				
7.5V				
8V				
8.5V				

◀비고▶

결 론

실험 결과에 대해 토의하시오. 〈결론 7-7〉

Chapter 8

트랜지스터 증폭기

■ 목적

① 트랜지스터 소자의 바이어싱과 그 안정원리에 대하여 실습을 통해 알아본다.

② 트랜지스터 증폭기의 입출력 임피던스와 그 측정법에 대한 실험을 해본다.

③ 트랜지스터 증폭기의 종류를 알아보고 각 증폭기의 특성을 실험을 통해 알아본다.

CHAPTER 8

트랜지스터 증폭기

8-1 증폭 바이어싱(amplifier biasing)

1. 이 론

에미터 공통(common emitter)구성에서 트랜지스터의 전류이득은 β로 나타내며 다음과 같이 정의한다.

$$\beta = \frac{\Delta I_C}{\Delta I_B} \quad (V_{CE} = const)$$

여기서 얻은 β의 바이어스 조건은 다음과 같다.

- 에미터-베이스 접합은 순방향 바이어스이다.
- 콜렉터-베이스 접합은 역방향 바이어스이다.

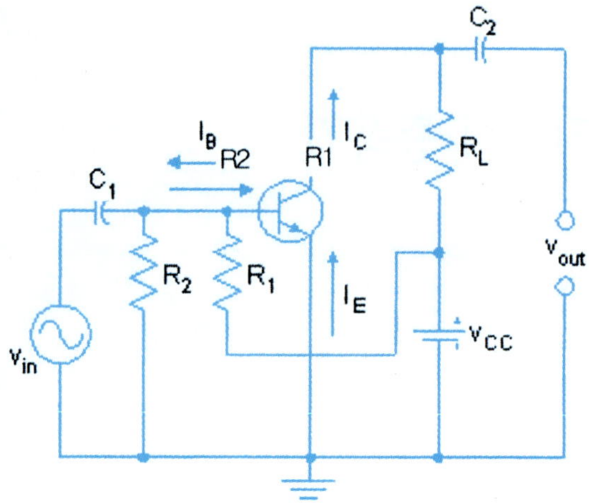

[그림 8-1]
NPN 트랜지스터의
에미터접지 증폭기

트랜지스터 증폭기는 DC 혹은 AC 전류나 전압을 증폭하는 데 사용된다. [그림 8-1]은 에미터가 접지된 AC 증폭기로 연결된 NPN 트랜지스터의 회로이다. R1과 R2는 베이스-에미터 회로를 순방향 바이어스하는데 사용된다. V_{CC}는 콜렉터전류와 베이스 바이어스 전압 분배기 R1과 R2를 위한 전원 전압을 공급한다. 입력신호 V_{IN}은 C1을 통해 베이스와 연결된다. 트랜지스터 특성에 관한 실험에서 베이스전류의 작은 증가가 상대적으로 큰 콜렉터전류의 증가를 가져온다는 사실을 알았다. 또한 베이스전류의 작은 감소로 상대적으로 큰 콜렉터전류의 감소를 야기시킨다. 그러므로 베이스와 콜렉터회로의 전류는 동위상이다. 에미터공통 회로에서 콜렉터전류의 조절 정도는 트랜지스터의 β에 의존한다.

(1) 바이어스 방법과 안정화

왜곡없는 증폭을 하기 위해서 입력신호를 트랜지스터 특성의 선형 영역에서 동작하도록 베이스는 적절하게 바이어스되어야 한다. 그렇지 않으면 출력은 차단 혹은 포화영역에서 구동되어 왜곡된 출력이 된다. 즉, 트랜지스터를 바이어스하는 방법에 따라 주어진 입력신호에 따른 출력신호의 충실도가 결정된다.

2. 실험과정

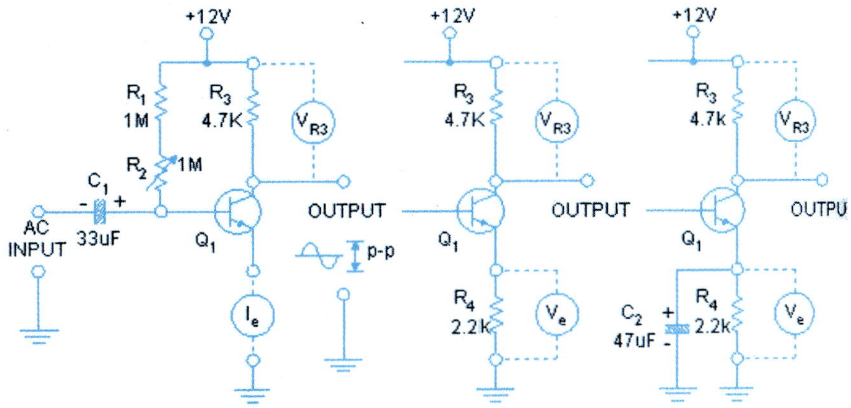

[그림 8-2]
증폭기 바이어싱 회로

① M-6의 회로-1을 이용하여 [그림 8-2](a)와 같이 회로를 구성한다. 단 AC Input은 가하지 않는다.

② R2을 조절하여 $I_C = V_{R3}/R3$식에 의하여 I_C 값이 1mA가 되도록 조절한다. 그리고 [그림 8-2(a)]에서 I_e를 측정하여 $I_B = I_e - I_C$식을 이용하여 I_B값을 〈표 8-1〉에 기록하여라.

③ 1000HZ 정현파를 가한 후 정현파 전압의 크기를 변화시키며 왜곡되지 않는 최대 출력전압 (V_{P-P})과 왜곡되지 않는 최대 입력전압 (V_{P-P})을 〈표 8-1〉의 해당란에 기록하여라.
단, 전압계는 제거한 후 오실로스코프로 측정한다.

④ I_C가 1.25, 1.5, 1.75mA의 각각의 경우에 대하여 과정 2, 3을 반복하여라.

⑤ M-6의 회로-1을 이용하여 [그림 8-2(b)]와 같이 회로를 구성한다. 단, AC Input은 가하지 않는다.

⑥ R2을 조정하여 $I_C = V_{R3}/R3$ 식에 의하여 I_C값이 1mA가 되도록 조절한다. 그리고 [그림 8-2(b)]에서 V_e의 측정값을 가지고 $I_e = V_e/R4$, $I_B = I_e - I_C$ 식을 이용하여 I_B값을 계산하여 〈표 8-2〉의 해당란에

기록하여라.

⑦ 1000Hz 정현파를 가한 후 정현파 전압의 크기를 변화시키며 왜곡되지 않는 최대 출력전압(V_{P-P})과 왜곡되지 않는 최대 입력전압(V_{P-P})를 〈표 8-2〉에 기록하여라. 단, 전압계는 제거한 후 오실로스코프로 측정한다.

⑧ I_C가 1.1, 1.2, 1.3mA의 각각의 경우에 대하여 과정 6,7을 반복하여라.

⑨ M-6의 회로-1을 이용하여 [그림 8-2(c)]와 같이 회로를 구성한다. 단, AC Input는 가하지 않는다.

⑩ R2를 조절하여 $I_C = V_{R3}/R3$ 식에 의하여 I_C값이 1mA가 되도록 조절한다. 그리고 [그림 8-2(c)]에서 V_e의 측정값을 가지고 $I_e = V_e/R4$, $I_B = I_e - I_C$ 식을 이용하여 I_B값을 계산하여 〈표 8-3〉의 해당란에 기록하여라.

⑪ 1000Hz 정현파를 가한 후 정현파 전압의 크기를 변화시키며 왜곡되지 않는 최대 출력전압 (V_{P-P})과 왜곡되지 않는 최대 입력전압(V_{P-P})을 〈표 8-3〉에 기록하여라. 단, 전압계는 제거한 후 오실로스코프로 측정한다.

⑫ I_C가 1.1, 1.2, 1.3mA의 각각의 경우에 대하여 과정 10, 11을 반복하여라.

〈표 8-1〉

DC	IC[mA]	1	1.25	1.5	1.75
	IB[μA]				
AC	무의 최대 출력 [VP-P]				
	무의 최대 입력 [VP-P]				

◀비고▶

〈표 8-2〉

DC	IC [mA]	1	1.1	1.2	1.3
	IB [μA]				
AC	무의 최대 출력 [VP-P]				
	무의 최대 입력 [VP-P]				

◀비고▶

〈표 8-3〉

DC	IC [mA]	1	1.1	1.2	1.3
	IB [μA]				
AC	무의 최대 출력 [VP-P]				
	무의 최대 입력 [VP-P]				

◀비고▶

결 론

1. 실험 결과에 대해 토의하시오. 〈결론 8-1〉
2. [그림 8-2](a)~(c) 회로의 특성을 비교하시오. 단, 다음에 중점을 두어 토의하시오.
   - (a) 회로 : AC 및 DC에 대한 증폭도는 높으나 노이즈에 약하다.
   - (b) 회로 : AC 및 DC에 대한 증폭도는 낮아지나 노이즈에 강하다.
   - (c) 회로 : DC에 대한 증폭도는 낮으나 AC에 대한 증폭도는 높으며 노이즈에 강하다.

8-2 공통 에미터 증폭(common emitter AMP)

1. 이 론

(1) 입력 임피던스

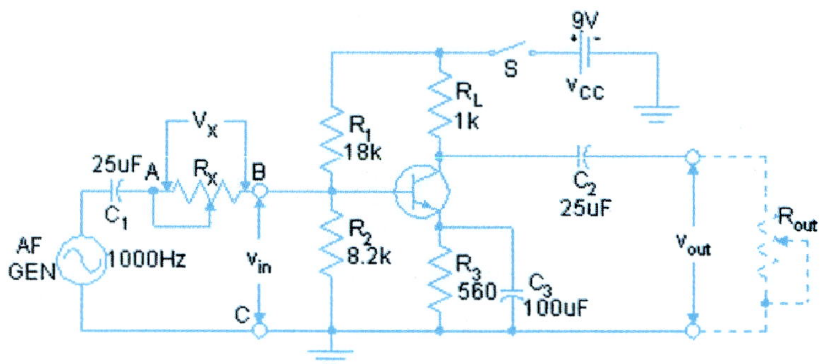

[그림 8-3]
입력과 출력 임피던스의 측정을 위한 에미터 공통회로

증폭기의 입력 임피던스 Z_{in} 혹은 R_{in}은 출력 왜곡이 없는 입력신호 전압 V_{in}과 입력신호 전류 i_{in}의 비로 결정된다.

$$R_{in} = \frac{V_{in}}{i_{in}}$$

그러므로 R_{in}은 실험에서 V_{in}과 i_{in}을 측정하여 위 식에 대입하면 얻을 수 있다.

교류 마이크로 암미터나 밀리 암미터로 증폭기의 입력(베이스)전류를 측정할 수도 있고 전압계-저항계 방법으로 i_{in}을 결정하기 위해 [그림 8-3]을 변형할 수도 있다. 전위차계 R_X가 [그림 8-3]에서처럼 점 A와 B 사이에 연결되어 있다. R_X는 R_X양단의 전압 V_X가 B와 C 사이에서 측정된 신호전압 V_{in}과 같아질 때까지 변화시킨다. R_X를 회로에서 분리하여 측정한 값은 R_{in}과 같다. 에미터공통 증폭기의 입력 임피던스는 입력회로에 축퇴 귀환을 시킴으로써 증가될 수 있다. 같은 V_{in}값에서 베이스 대 에미터의 입력신호 전류는 R3로 인해서 줄어든다. 그러나 회로에서와 같이 C3이 있으면 AC적으로는 바이패스가 가능해진다. 그런 까닭에 에미터 회로에서 축퇴가 있을 때 R_{IN}의 값은 더욱 커진다.

즉, $\dfrac{V_X}{R_X} = \dfrac{V_{in}}{R_{in}}$ $\qquad \therefore V_X = V_{in}$ 이면 $R_X = R_{in}$

(2) 출력 임피던스

증폭기의 출력 임피던스 Z_{out}은 회로의 출력에 가변저항기 R_{out}을 첨가함으로써 실험적으로 얻을 수 있으며, 그 과정은 다음과 같다. 먼저 부하를 걸지 않고 출력신호 V_{out}을 측정한다. 다음에 부하를 연결하고 새로운 출력신호 V_{out}이 앞에서 측정된 값 V_{out}의 반이 될 때까지 부하(R_{out})를 조정한 다음 R_{out}을 회로 Z_{out}에서 분리하여 그 값을 측정한다. 측정된 저항값이 출력 임피던스 Z_{out}이다. 입·출력 임피던스 측정시 입·출력신호에 왜곡이 없도록 해야 한다는 점을 주의하라.

(3) 전압이득

에미터 접지 증폭기는 전류, 전압 및 전력 증폭기이다. 실험적으로 입력에 측정된 신호전압을 넣어 증폭기의 전압이득을 결정할 수 있다. 출력 -신호전압은 측정되어지며(오실로스코프 혹은 교류 전압계) 입력신호 대 출력신호의 비는 전압이득이 된다.

$$\text{Voltage Gain} = \frac{V_{\text{out}}}{V_{\text{in}}}$$

중요한 것은 이 과정동안 증폭기는 선형 영역에서 동작되어야 한다는 것이다. 실험적으로 이 증폭기의 선형 동작범위를 결정할 수 있다. 오디오 신호의 100Hz 정현파를 입력에 넣고 오실로스코프로 콜렉터에서 출력을 살펴본다. 신호발생기의 출력을 초기에는 최소치에 둔다. 이때 발생기의 출력이 점점 증가되어지면 그 파형을 오실로스코프로 관측한다. 그리고 오실로스코프의 화면에 이 측정값이 왜곡이 일어나지 않는 점까지 입력하였다면 이것이 바로 신호입력의 범위이다.

2. 실험 과정

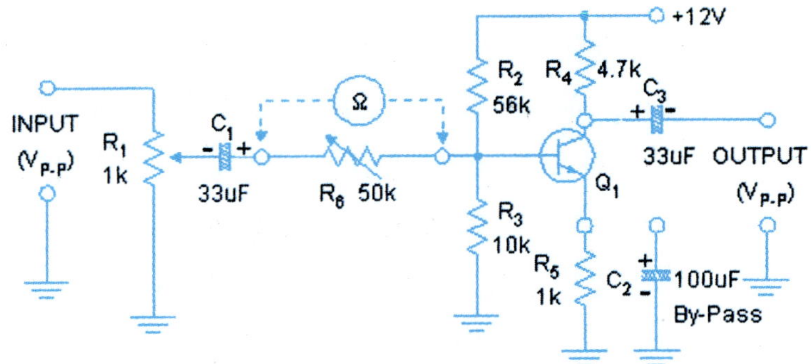

[그림 8-4]
Tr-AMP의 입력저항 측정을 위한 회로

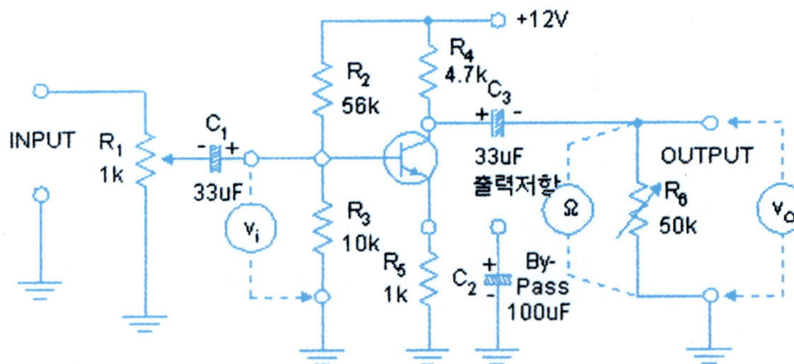

[그림 8-5]
Tr-AMP의 출력저항 측정을 위한 회로

① M-6의 회로-2를 이용하여 [그림 8-4]와 같이 회로를 구성한다. 그리고 주파수는 1000Hz 정현파로 한다.

② R1은 최대, R6는 최소(0 Ω)가 되게 조정한 후 입력주파수의 전압을 가변하여 출력전압이 $8V_{P-P}$가 되도록 한다. 단, 출력파형은 왜곡

이 없어야 한다.

③ R6를 가변하여 출력전압이 $4V_{P-P}$가 되도록 한 후 입력전압 V_{R6}, V_{R3}을 측정하여 〈표 8-4〉에 기록하라.

④ R6를 회로에서 분리한 후 저항값을 측정하여 〈표 8-4〉의 입력저항란에 기록하여라. 단, R6를 회로에서 분리시 저항값이 변하지 않도록 조심한다.

⑤ C2를 연결(2f-2g 단락)한 후 과정 2~4를 반복하여 측정값은 〈표 8-4〉의 바이패스(By Pass)란에 기록하라.

⑥ M-6의 회로-2를 이용하여 [그림 8-5]와 같이 회로를 구성한다. 그리고, 입력주파수는 1000Hz 정현파로 하고 R6는 연결하지 않는다(여기서는 C2를 연결치 말 것).

⑦ R1과 입력신호의 전압을 가변하여 출력전압이 왜곡이 없는 최대값이 되도록 하고 무부하시 V_O를 측정하여 〈표 8-5〉에 기록하라.

⑧ R6를 회로에 연결한 후 가변하여 무부하시 V_O의 1/2이 되도록 정화기 조정하고 이때의 V_i와 1/2부하시 V_O를 측정하여 〈표 8-5〉에 기록하여라.

⑨ R6를 회로에서 분리한 후 저항값을 측정하여 〈표 8-5〉의 출력저항란에 기록하라. 단, R6를 회로에서 분리시 저항값이 변하지 않도록 조심한다.

⑩ C2를 연결(2f-2g)한 후 과정 7～9를 반복하여 측정값은 〈표 8-5〉의 By-Pass란에 기록하라.

⑪ [그림 8-5]에서 C2를 연결하고 입력신호를〈표 8-6〉과 같이 무부하, 정격부하시 무의 최대 출력, 무의 최대 입력을 측정한 후 〈표 8-6〉에 기록하여라. 단, 정격부하는 〈표 8-5〉의 바이패스(By Pass)시의 출력 저항값을 사용한다.

⑫ 각각에 대하여 증폭도($\frac{V_O}{V_i}$)를 계산하여 〈표 8-6〉에 기록하여라.

〈표 8-4〉
입력 임피던스 측정

측정 / 회로	입력			
	입력전압 [V_{P-P}]	VR6[V_{P-P}]	VR3[V_{P-P}]	입력저항[Ω]
Non By Pass				
By Pass				

〈비고〉

〈표 8-5〉
출력 임피던스 측정

측정 / 회로	출력			
	Vi [V_{P-P}]	VO(무부하)[V_{P-P}]	VO(1/2부하)[V_{P-P}]	출력저항[Ω]
Non By Pass				
By Pass				

〈비고〉

〈표 8-6〉
증폭기의 주파수 특성 측정

VO / Vi	무의 최대 입력[V_{P-P}]	무의 최대 출력 [V_{P-P}]		증폭도 [VO/Vi]
		무부하	정격 부하	
100Hz				
300Hz				
1kHz				
3kHz				
10kHz				

〈비고〉

결 론

실험 결과에 대해 토의하시오. 〈결론 8-2〉

8-3 달링톤 증폭기(Darlington AMP)

1. 이 론

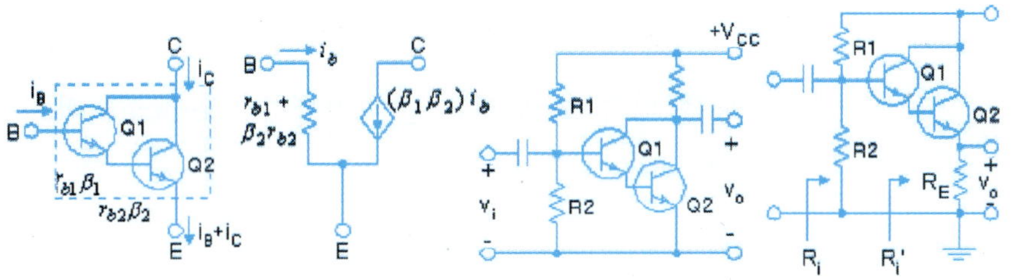

[그림 8-6]
달링톤 쌍(D-P) 및 그 응용

(a) D-P　(b) D-P의 근사적 소신호모델　(c) D-P를 이용한 CE 증폭기　(d) D-P를 이용한 CC 증폭기

2개의 npn TR을 [그림 8-6](a)와 같이 연결한 것을 달링톤-쌍(D-P)이라 부르며 B, C, E 3개의 단자를 갖는 하나의 TR로 생각할 수 있다. 이는 매우 큰 β가 필요할 때 흔히 쓰인다($\beta \cong \beta_1\beta_2$). 첨자 1, 2를 붙여서 두 TR $Q1$, $Q2$에 관한 양을 구별하면.

$$
\begin{aligned}
i_c &= i_{c1} + i_{c2} = \beta_1 i_{b1} + \beta_2 i_{b2} \\
&= \beta_1 ib_1 + \beta_2(1+\beta_1)i_{b1} = (\beta_1 + \beta_2 + \beta_1\beta_2)i_b
\end{aligned}
$$

그러므로

$$D-P\text{의 } \beta = \beta_1 + \beta_2 + \beta_1\beta_2 \cong \beta_1\beta_2$$

또

$$D-P\text{의 } \tau_b = \tau_{b1} + (1+\beta_2)\tau_{b2}$$

(I_{B1}이 작으므로 τ_{b2}을 무시할 수 없다)

이상으로 D-P의 근사적 소신호모델은 [그림 8-6](b)와 같이 된다.

[그림 8-6](c), (d)는 각각 D-P를 이용한 CE, CC증폭기이며 그 해석은 앞의 두 식을 관련된 제식에 대입하면 된다. $Q1$의 베이스 전류는 매우 작으므로($\cong I_C/\beta_1\beta_2$) $R1$, $R2$를 크게 할 수 있고 따라서 [그림 8-6](c)에서는 $R1//R2$의 shunt 효과를 무시할 수 있다.

[그림 8-6](d)에서 전원에서 본 입력 임피던스 R_i는 매우 크게 된다. R_i를 더욱 크게 하려면 여기에다 bootstrap 바이어스를 이용하면 된다.

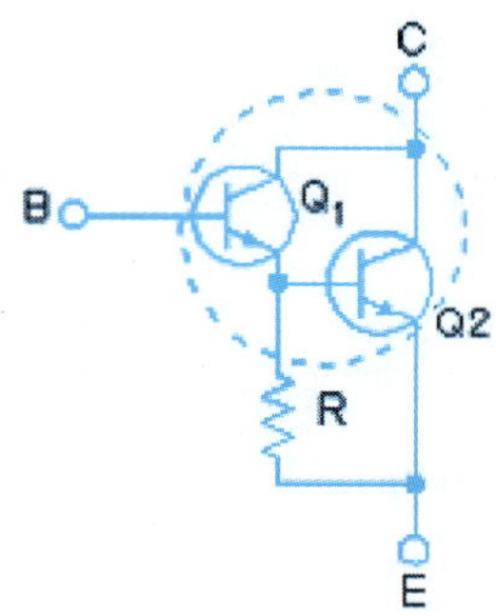

[그림 8-7]
D-P에 R 추가

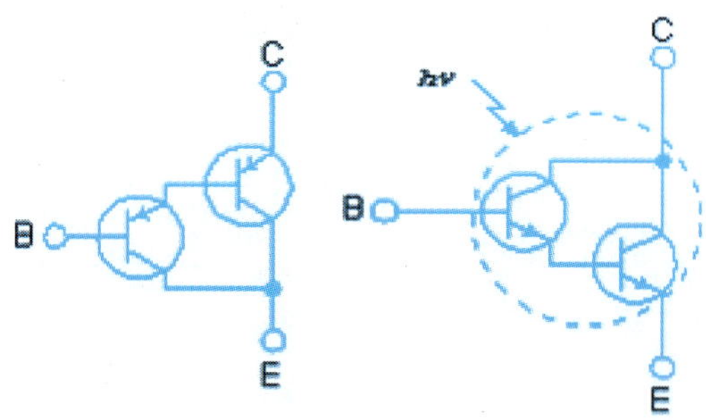

(a) pnp D-P (b) Photo-Darlington

[그림 8-8]

[그림 8-6](a)의 D-P에서는 $Q2$의 베이스가 떠 있기 때문에 ON시 $Q2$의 베이스영역에 축적된 전하가 OFF될 때 빨리 밖으로(베이스단자를 통하여) 빠져 나갈 수 없어 고속동작을 하지 못한다. 이 문제를 해결하기 위하여 [그림 8-7]과 같이 저항 R을 연결한다. 이 R은 또 $Q1$의 에미터전

류에 포함되는 역포화 전류성분 $I_{CBO}(1+\beta_1)$이 $Q2$의 베이스에 유입하는 것을 방지하는 역할도 한다. R의 값은 소신호용 D-P에서는 수kΩ, 전력용에서는 수 100Ω(너무 적으면 필요한 I_{B2}를 얻을 수 없다)이다. 또한 pnp의 D-P도 있으며 포토트랜지스터보다 훨씬 더 민감한(β배만큼) 포토-달링톤도 있다(그림 8-8). 이것들은 하나의 칩(chip) 위에 만들어져 있다.

(1) 상보적 달링톤 쌍(complementary D-P)

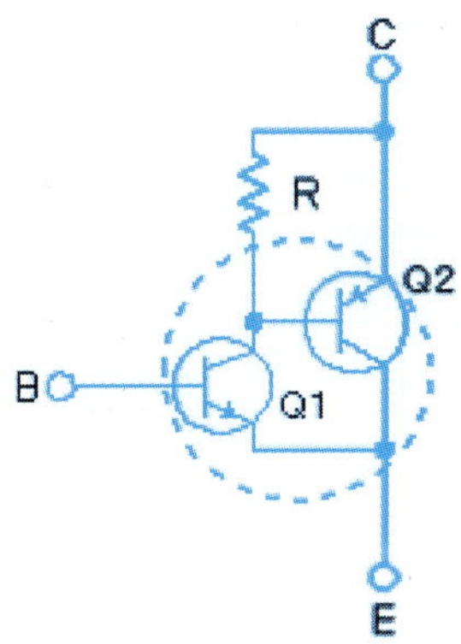

[그림 8-9]
상보적 D-P

이것은 [그림 8-9]와 같이 pnp TR과 npn TR의 연결로 된 것으로서 전체의 β가 역시 $\beta_1\beta_2$인 하나의 npn TR로서 동작한다. $B-E$간의 전압이 먼저와 달리 0.7V이고, $Q2$의 포화전압은 먼저와 마찬가지로 (0.7+0.2)V 이하로 떨어질 수 없다. $Q2$의 $B-E$간에 저항 R을 연결한 칩도 있다.

2. 실험 과정

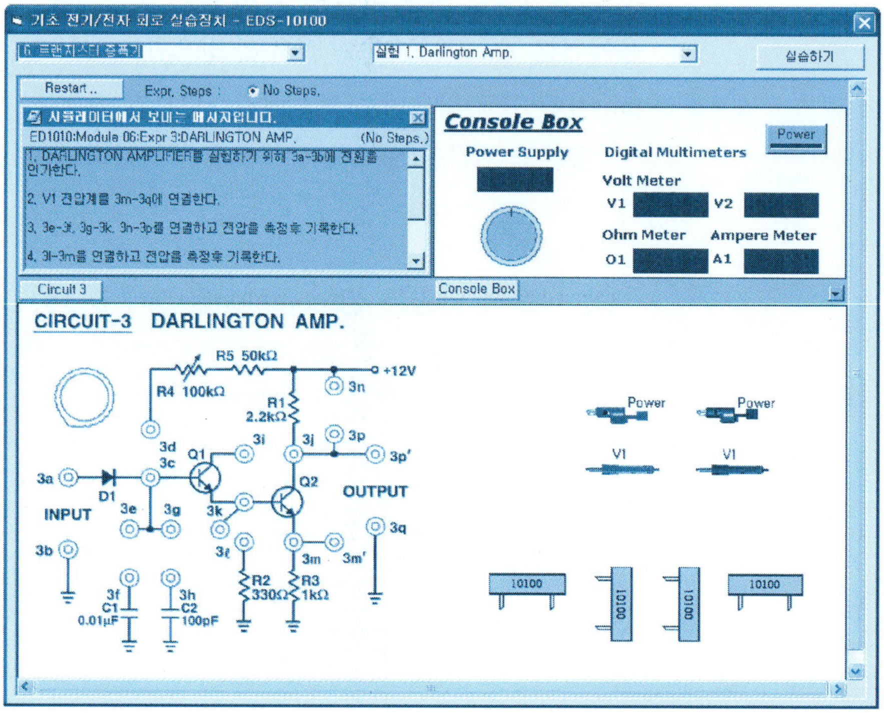

① 회로-3에서 3e-3f, 3g-3k, 3n-3p를 연결하고 3a-3b에 DC0.5V를 인가한다.

② 3m'-3g에 DC 전압계를 연결하여 출력전압을 측정한 후 〈표 8-7〉의 Single Transistor(R_e : 1kΩ)란에 기록하여라.

③ 3I-3m을 연결하고 출력전압을 측정하여 〈표 8-7〉의 Single Transistor(R_e : 1kΩ//330Ω)란에 기록하여라.

④ 입력전압 1.0V, 1.5V, 2.0V에 대해 과정 2~3과 동일한 방법으로 측정하여 〈표 8-7〉에 기록하여라.

⑤ 회로-3에서 3g-3h, 3i-3j, 3n-3p를 연결하고 3a-3b에 DC 0.5V를 인가한다.

⑥ 측정방법은 과정 2~4와 동일하며 측정결과는 〈표 8-7〉의 달링톤란에 기록한다.

〈표 8-7〉

측정 / 입력전압	Single Transistor		Darlington	
	Re : 1kΩ	Re : 1kΩ //330Ω	Re : 1kΩ	Re : 1kΩ //330Ω
DC 0.5V				
DC 1.0V				
DC 1.5V				
DC 2.0V				

◀비고▶

결 론

실험 결과에 대해 토의하시오. 〈결론 8-3〉

8-4 상보대칭 증폭기(complementary AMP)

1. 이 론

(1) 상보대칭(2대의 전원 공급기)

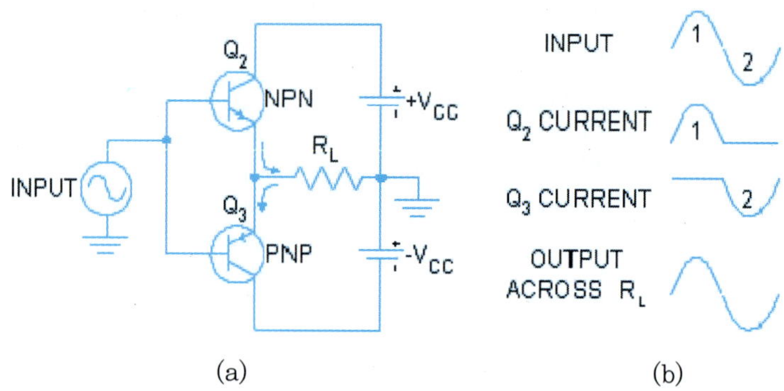

[그림 8-10]
(a) 이상적인 상보대칭 푸시-풀 증폭기
(b) 전류파형

상보대칭 회로는 같은 특징을 가진 트랜지스터를 2개 사용한다. 그러나 하나는 PNP이고 다른 하나는 NPN이다. [그림 8-10]은 이상적인 상보 대칭 푸시-풀 증폭기이다. $Q2$는 NPN이고 $Q3$은 PNP 트랜지스터이며, 각각은 에미터가 서로 연결된 에미터폴로워이다. 에미터회로의 부하 R_L은 $Q2$와 $Q3$에 공통이며 $Q2$의 콜렉터는 정극성전원 $+V_{cc}$로 가고 $Q3$의 콜렉터는 부극성 전원 $-V_{cc}$로부터 직류 전압을 받는다.

$Q2$와 $Q3$은 차단상태가 되도록 직류 바이어스된다고 가정한다. 정극성 변화 (1)동안 $Q2$의 베이스는 에미터에 비해 양으로 구동되고, NPN 트랜지스터 $Q2$는 턴온된다. 이 정극성 변화 (1)동안 $Q2$는 ON이 되며 $Q2$의 전류파형은 [그림 8-10](b)와 같다. 양의 변화 동안 PNP트랜지스터 $Q3$은 역방향 바이어스이고 차단상태이며, 음의 변화 동안 (2)에는 $Q2$가 차단일 때 $Q3$은 순방향 바이어스가 되어 턴온된다. [그림 8-10](b)는 $Q3$의 전류방향이 $Q2$전류의 반대임을 보여준다. 이것은 $Q2$는 NPN, $Q3$은

PNP 트랜지스터이기 때문이다. [그림 8-10](a)의 화살표는 $Q2$, $Q3$ 및 부하 R_L 의 전자 전류방향을 나타낸다. 결국 R_L 양단의 전압은 입력과 같이 정현파이다. $Q2$와 $Q3$의 동작은 각각 수행되고 대칭이기 때문에 [그림 8-10](a)는 상보대칭이라 한다. 상보대칭 회로는 콜렉터공통과 마찬가지로 에미터공통으로 할 수도 있다.

상보대칭 증폭기는 열폭주나 전력 트랜지스터의 파괴를 방지하기 위해 주의해서 설계되어야 한다. 전력 트랜지스터의 불균형이나 누설은 오차를 배가시킬 수도 있다. 대개는 다이오드에 의한 안정화 열보상법을 이용한다. 이러한 조건은 주로 구동단과 출력단을 연결하여 사용한다.

(2) 상보 대칭(1대의 전원 공급기)

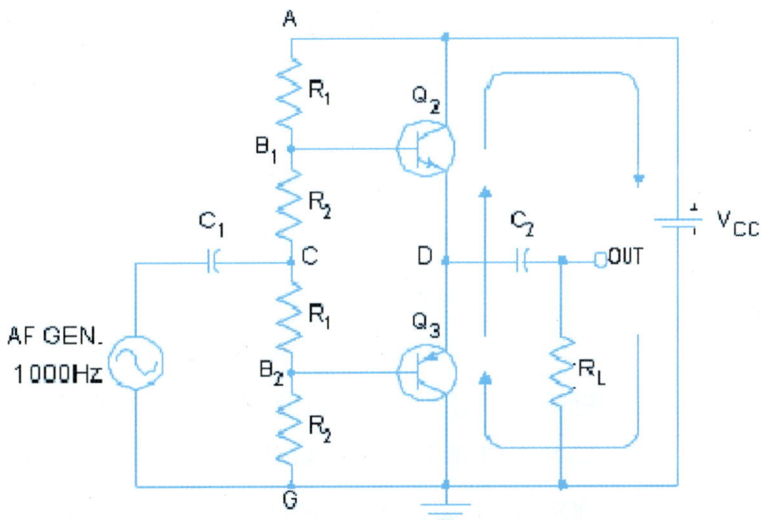

[그림 8-11]
1대의 전원 공급기를 사용한 상보대칭 푸시-풀 증폭기

[그림 8-11]의 푸시-풀 상보대칭 증폭기에서는 1대의 전원만 사용한다. 회로의 대칭은 2개의 같은 전압 분배기 $R1$과 $R2$에 의해 유지된다. 위쪽 구동단은 $Q2$에 순방향 바이어스를 아래쪽 구동단은 $Q3$에 순방향 바이어스를 제공하며, 각 트랜지스터의 크로스오버 왜곡을 제거하기 위해 낮

은 유휴전류가 흐르게 한다.

[그림 8-11]의 화살표는 $Q2$와 $Q3$의 외부회로에서 이러한 유휴전류의 경로를 나타낸 것이다. 유휴전류의 경로는 $Q3$, $Q2$ 및 전원 공급기까지 포함된다.

$Q2$와 $Q3$이 동일한 특성을 가진 것으로 가정하기 때문에 D점은 회로의 직류전압 중간점, 즉 $V_{AD} = V_{DG} = V_{cc}/2$이다. 마찬가지로 R_1들의 저항값은 같고 R_2의 저항값도 같으며 $Q2$와 $Q3$이 동일한 특성을 가진다면 C점은 점 A와 G 사이의 전압분배기 중간점이 될 것이다. 그러므로 점 C와 D에 연결된 직류전압계는 C와 D가 접지에 대해 같은 직류 전위에 있기 때문에 0V가 될 것이다. 위쪽 R_1 및 R_2의 전압 분배작용에 의해 점 B_1은 점 C와 점 D보다 양의 값이다. 그렇기 때문에 $Q2$의 베이스(B_1)는 에미터(D)에 비해 양이고 $Q2$(NPN)에 낮은 유휴전류가 흐르도록 순방향 바이어스를 제공한다.

R_1과 R_2의 비는 $Q2$와 $Q3$에 낮은 유효전류가 흐르도록 순방향 바이어스를 설정하는 데 중요한 요소이다. 입력신호는 $Q2$와 $Q3$의 베이스에 $C1$로 연결되고 각 베이스에 같은 신호를 제공한다. 커패시터 $C2$는 R_L에 출력신호를 연결하며 R_L에 직류전류가 흐르는 것을 막아준다. $Q2$는 신호의 정극성 변화에 의해 순방향 바이어스되며 이때 전류 흐름은 R_L양단에 정극성으로 나타난다. $Q3$는 신호의 부극성에 의해 순방향 바이어스되며 양단에 부극성이 나타난다. [그림 8-11]에서 다른 부품의 동작은 두 개의 전원 공급기를 사용하는 경우와 같다.

상보대칭 푸시-풀 증폭기는 고출력 오디오 증폭기의 출력단에 사용된다. 이러한 시스템에서 스피커 음성코일은 부하로 작용하며 R_L의 위치에 둔다. 회로에서 커패시터 $Q2$를 제거하고 부하가 바로 에미터와 접지 사이에 연결되도록 설계할 수도 있다. 이것은 에미터 폴로워 설계의 출력 임피던스가 낮기 때문에 가능하다.

2. 실험 과정

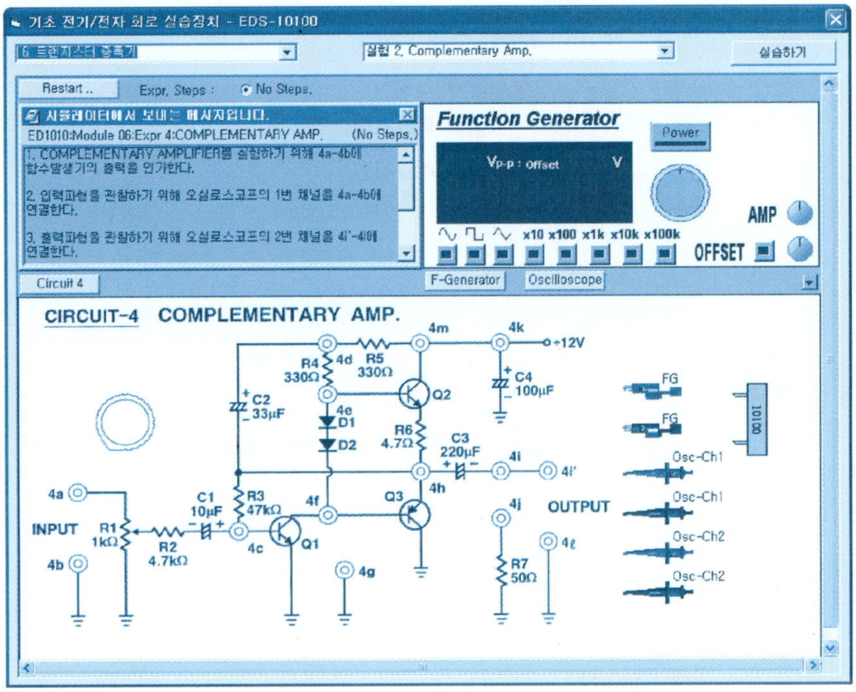

① 회로-4에서 입력은 1000Hz의 주파수에서 출력이 왜곡되지 않는 최대 입력전압을 인가한다.

② 위의 입력 전압에서 주파수를 100Hz로 하여 무부하일 때의 출력 (V_{p-p})을 측정하여 〈표 8-8〉에 기록하여라. 그리고 부하가 50Ω ($R7$)일 때 출력을 측정하여 〈표 8-8〉에 기록하여라.

③ 출력이 찌그러질 경우 〈표 8-8〉의 해당란에 표시하여라.

④ 입력 주파수를 300, 1000, 3000, 10000Hz로 하여 과정 2, 3을 반복하여 〈표 8-8〉에 기록하여라.

⑤ DC 전압계를 사용하여 C-E 전압 밸런스(4h-4k, 4h-4g간 전압)와 B-E Bias 밸런스(4e-4h, 4h-4f간 전압)를 측정하여 해당란에 기록하여라.

〈표 8-8〉

회로 \ 측정		100	300	1000	3000	10000
무부하 출력[V_{p-p}]						
부하출력[V_{p-p}]						
파형	상부 찌그러짐					
	하부 찌그러짐					

◀비고▶

결 론

실험 결과에 대해 토의하시오. 〈결론 8-4〉

8–5 차동증폭기(differential AMP)

1. 이 론

(1) 간단한 차동증폭기

차동증폭기는 연산증폭기(OP amp)와 같은 직접결합(DC Coupling) 선형 집적회로(IC)에 대단히 많이 응용된다.

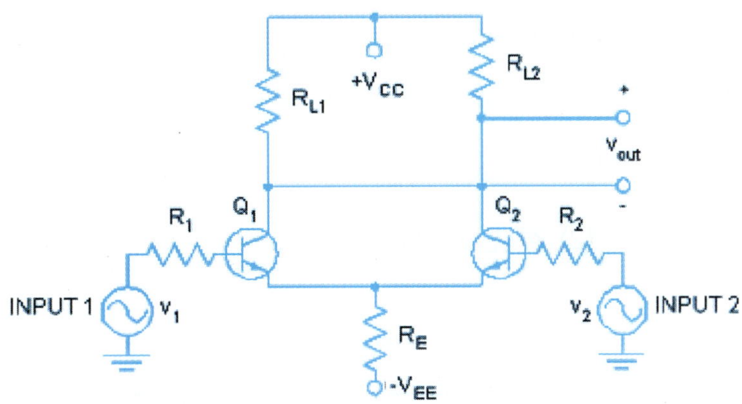

[그림 8-12]
차동증폭기

[그림 8–12]는 기본적인 차동증폭기의 개략도를 보여준다. 그것은 두 입력과 하나의 출력을 가진 두 개의 트랜지스터로 구성되어 있으며 그 회로는 대칭적이다. 즉, 두 트랜지스터 $Q1$과 $Q2$는 동일한 특성을 갖는다. 에미터 저항 R_E는 두 트랜지스터에 공통이며 콜렉터저항은 서로 같다. 즉 $R_{L1} = R_{L2}$이며 두 개의 입력회로 역시 동일하다. 즉 $V1 = V2$이고 $R1 = R2$이다.

출력신호는 두 신호입력의 차에 비례하며 V_{out}에 대한 식은 다음과 같다.

$$V_{out} = A(A1 - A2)$$

여기서 A는 각 트랜지스터의 이득이고 $V1$과 $V2$는 접지에 대한 각 베이스의 신호전압이다. 두 개의 신호의 위상이 같을 때 공통모드 동작조건은 $V1 - V2 = 0$과 $V_{out} = A(0) = 0$이다. 즉 공통모드에서 DA증폭기는 공통모드 신호를 제거하므로 공통모드에 대한 출력은 이상적일 경우 “0”이다. 실제적으로 DA증폭기는 완전히 평형을 이루기 힘들므로 공통모드호에 대한 매우 작은 출력이 존재할 수 있다.

두 개의 신호가 크기는 같고 위상이 180° 차이가 날 경우 차동모드에 대한 조건은 $V1 = -V2$ or $V2 = -V1$, $V_{out} = A[V_1 - (-V_1)] = A(2V_1)$이 된다. 따라서 차동 혹은 공통모드가 아닌 경우의 동작에서 DA는 입력신호만을 증폭하게 되고, 출력은 입력신호의 두 배의 이득을 곱해준 크기가 된다.

(2) 한 단자입력

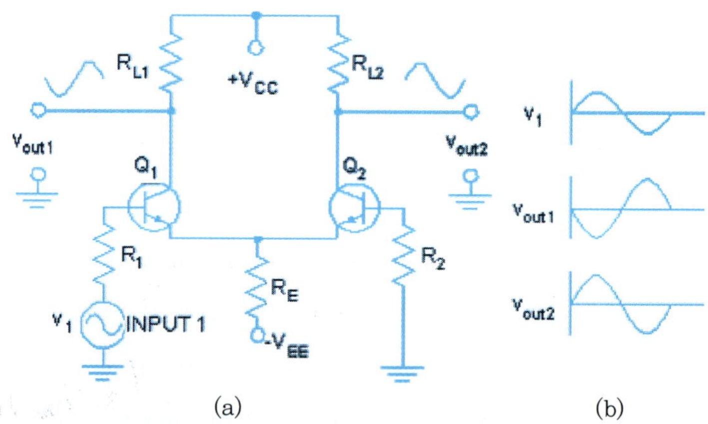

[그림 8-13]
(a) 한 단자입력과 이중 출력을 가진 DA
(b) 입력과 출력파형의 위상

DA는 보통 [그림 8-12]에서 보여주는 것처럼 두 단자 입력으로 동작한다. 그러나 그것은 [그림 8-13]에서 보여주는 것처럼 한 단자 입력만으로도 작동이 가능하며 출력은 [그림 8-12]에서 보여주는 것처럼 두 개의 콜렉터 사이에서 취하든지 [그림 8-13]에서 보여주는 것처럼 각 콜렉터에서 접지사이의 두 개의 분리된 출력 V_{out1}과 V_{out2}를 취할 수 있다. 만일 한 단자 입력을 먼저 고려하여 본다면 두 단자 입력 DA를 이해하기가 쉬워진다.

[그림 8-13](b)에서 보여주는 것과 같은 극성을 갖는 정현파 입력 V_1이 Input-1에 인가된다고 가정해 보자. $Q1$의 콜렉터와 접지 사이에 나타나는 증폭된 신호 V_{out1}은 입력신호에 대해 180°의 위상차를 갖는다. 더욱이 에미터저항 R_E가 바이패스되지 않았기 때문에 입력 $V1$과 위상이 같은 정현파가 R_E 양단에 나타나게 된다. $Q2$의 베이스는 접지되어 있기 때문에 $Q2$의 베이스와 접지 사이에 아무런 신호가 걸리지 않지만, 베이스 2에서 에미터에 연결된 오실로스코프는 입력과 위상이 180° 차이가 나는 정현파 $V2$를 보여줄 것이다. 이는 R_E저항때문으로 $V2$의 크기는 $V1$의 크기와 같다. 다시 말하면 $Q2$의 베이스와 에미터 사이의 정현파 $V2$는 실제적으로 베이스공통으로 동작하는 $Q2$의 입력이 된다. 그리고 출력은 $Q2$의 콜렉터와 접지 사이의 양방향으로 가는 정현파 V_{out2}로 나타난다(그림 8-13(b) 참조). $V1$과 $V2$의 크기가 같으므로 출력파형의 크기는 같고 위상이 180°다르게 나타난다. 만일 [그림 8-13]의 DA로부터 한 개의 출력이 $Q1$의 콜렉터를 기준으로 하여 $Q2$의 콜렉터로부터 취해진다면 출력파형 V_{out2}는 입력 $V1$과 같은 위상이 된다. 따라서 $Q1$에 Input-1은 V_{out2}에 대해 비반전 입력이라고 한다.

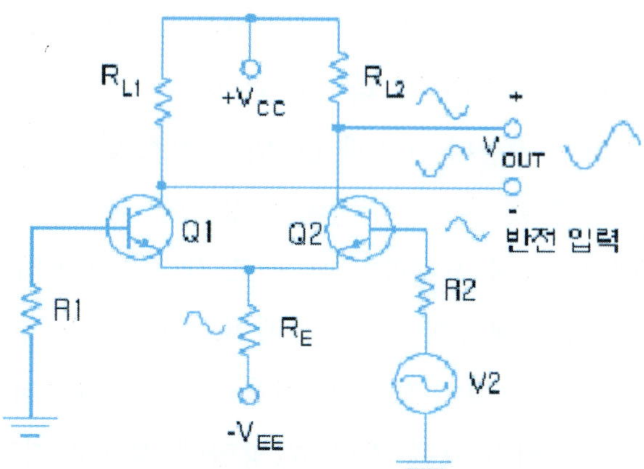

[그림 8-14]
Q2의 한 단자입력과 Q1과 Q2의 콜렉터에서 측정된 출력

[그림 8-14]에서 보여주는 것처럼 만일 $Q1$의 베이스저항이 접지되고 입력신호가 $Q2$의 베이스에 인가되고 한개의 출력파형이 $Q1$의 콜렉터를 기준으로 하여 $Q2$의 콜렉터로부터 취해진다면 출력파형 V_{out}은 입력과 180°의 위상차가 생긴다. 입력 2($Q2$)에는 반전입력이라 한다.

(3) 차동모드 입력(비공통모드 동작)

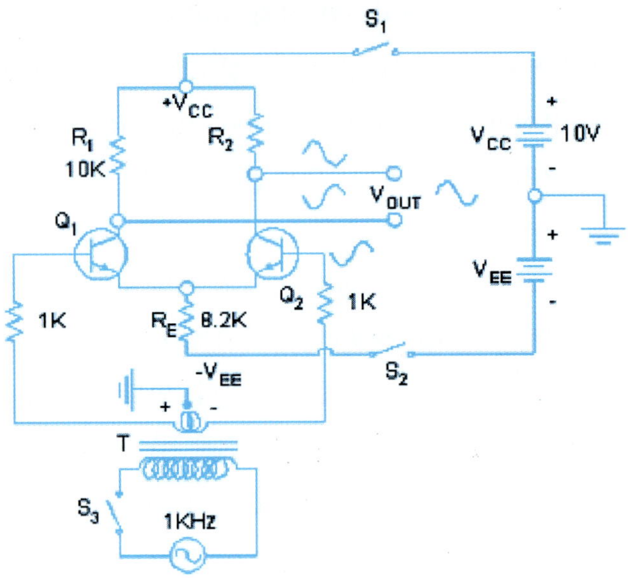

[그림 8-15]
차동모드 입력을 가진 증폭기

차동모드 입력을 가진 DA의 동작은 [그림 8-15]에서 보여준다. 차동증폭기로 연결된 트랜지스터 $Q1$과 $Q2$는 변압기 T의 2차측 끝에서의 입력 정현파를 받는다. $Q1$과 $Q2$의 베이스 입력신호는 차동모드 동작조건인 크기는 같고 180°의 위상차를 갖는다. 베이스 1에 정현파가 정(+)으로 가고 베이스 2에 정현파가 부(−)로 간다고 가정하자. $Q2$가 없다고 하고 $Q1$의 동작을 생각해 보면 $Q1$베이스의 신호가 정으로 갈 때 콜렉터 1에는 부로 가는 파형이 생긴다. 아울러 $Q1$의 에미터 폴로워 동작으로 인하여 바이패스되지 않은 저항 R_E양단에 정으로 가는 정현파가 생긴다.

이제 반대로 회로에 $Q1$이 없고 $Q2$가 있을 때를 고려해 보자. $Q2$베이스에 부로 가는 신호는 콜렉터에 증폭되어 정으로 가는 신호를 나타낸다. 더욱이 $Q2$의 에미터 폴로워 동작으로 인해 $Q2$양단에 부로 가는 신호가 생긴다. $Q1$과 $Q2$의 반대작용으로 인해 $Q2$양단에 생기는 신호전압은 크기는 같고 위상이 180° 다르게 된다. 따라서 $Q1$과 $Q2$가 같이 동작하는 것을 고려하여 볼 때 에미터 저항 사이의 전압은 서로 상쇄되고 에미터 저항 양단에는 아무런 신호가 나타나지 않는다.

결과적으로 에미터 저항에 아무런 전류도 흐르지 않게 되고 마치 AC에 대해서 바이패스되어 있는 것과 같이 동작한다. 이상적으로 $Q1$과 $Q2$ 사이에 아무런 결합이 되지 않으면 각 콜렉터에서의 출력은 베이스 사이의 입력에 대해 180°의 위상차를 가진 증폭된 신호가 출력된다. 여기서 V_{out}이 $Q1$과 $Q2$콜렉터 사이의 신호라면 V_{out}은 콜렉터로부터 접지 사이의 신호전압에 두 배의 크기를 갖는 정으로 가는 신호이다.

DA로부터 두 개의 출력(접지에 대한 $Q1$의 콜렉터와 $Q2$의 콜렉터)을 측정하는 것이 가능하다. 이 신호 전압들은 크기가 같고 위상이 180° 차이가 난다.

(4) 공통모드 입력(공통모드 동작)

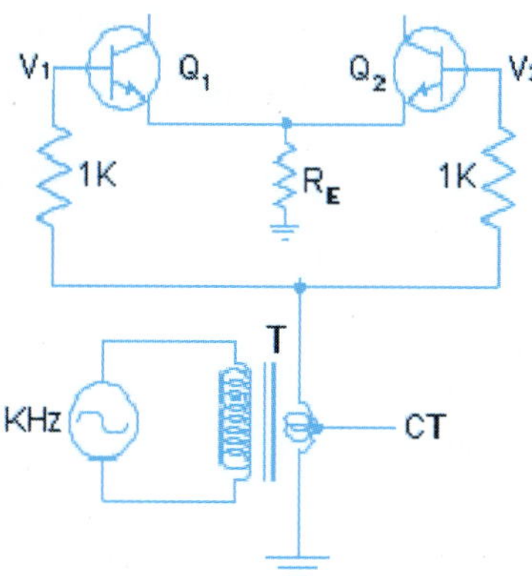

[그림 8-16]
공통모드를 가진 실험적 증폭기

[그림 8-16]의 회로는 공통모드 입력을 위한 DA증폭기를 보여준다. 변압기 T의 2차측은 $Q1$과 $Q2$의 베이스에 크기와 위상이 같은 전압 $V1$과 $V2$를 공급한다. $Q1$과 $Q2$의 베이스에 서로 위상이 같은 신호는 서로 더해지는 동위상의 전압을 야기한다. 더욱이 R_E양단의 합해진 신호의 위상은 $Q1$과 $Q2$의 베이스 신호와 서로 같은 위상이다.

R_E는 각 증폭기에 부궤환을 제공하게 되며 R_E는 $Q1$과 $Q2$에 공통이므로 그것의 축퇴효과는 각 트랜지스터가 홀로 작동할 때보다 두 배의 효과를 낸다. 따라서 각 증폭기가 느끼는 유효신호(베이스에서 에미터)는 무시할 수 있을 정도로 작다. 그리고 각 콜렉터의 출력도 무시할 수 있을 만큼 작다. 이상적이라면 출력은 0이 되고 실제적으로 이것은 이루어질 수 없다.

[그림 8-12]의 기본적인 DA회로는 차동모드와 공통모드 둘 다에서 동작 가능하다. 공통모드 동작은 $Q1$과 $Q2$의 베이스에 위상이 같고 크기가 같은 신호가 나타날 때 생긴다. $Q1$과 $Q2$의 베이스에 두 개의 신호가 동시에 존재할 때 DA는 공통모드 신호를 차단하고 반면 차동모드 신호는 증폭하게 된다.

(5) 공통모드 제거비(Common Mode Rejection Ratio : CMRR)

차동증폭기는 차동모드 신호에 대해서는 매우 높은 이득을 가져야 하고 공통모드 신호에 대해서는 매우 낮은 이득을 가져야 한다. 차동모드 신호의 증폭기 이득은 A_{DM}이라 하고 공통모드 신호의 이득을 A_{CM}이라고 하자. 그 비율 A_{DM}/A_{CM}은 공통모드 제거비(CMRR)로 정의한다. 즉

$$\mathrm{CMRR} = \frac{A_{DM}}{A_{CM}}$$

이다. 따라서 CMRR의 값은 DA증폭기의 효율을 나타내는 지표이다. 즉 그 비율이 크면 클수록 더 좋은 DA가 된다.

(6) DA 동작에 바이패스되지 않은 에미터저항 R_E의 효과

공통모드 신호에 대해서 바이패스되지 않은 에미터저항 R_E의 효과는 축퇴 혹은 부궤환을 제공한다. 따라서 R_E의 저항값이 크면 클수록 공통모드에서 큰 부궤환 전압이 걸리고 DA는 더 효과적으로 공통모드 신호를 제거하게 된다. 차동모드에서 R_E는 마치 그것이 바이패스된 것처럼 동작하고 차동모드 신호에 대해서 증폭기의 이득을 줄이지 않는다. 따라서 DA를 위해서는 큰 R_E값이 바람직하다. 왜냐하면 그것은 차동모드 이득(A_{DM})에 영향을 주지 않으면서 공통모드이득(A_{CM})을 줄여주기 때문이다. 즉 R_E가 클수록 더 높은 CMRR값을 갖는다.

실제적으로 R_E의 값은 제한을 받는다. 왜냐하면 R_E는 에미터전류 I_E를 결정한다. I_E에 대한 대략적인 식은 아래와 같다.

$$I_E = \frac{V_{EE}}{R_E}$$

더욱이 에미터는 DA의 두개의 콜렉터에 같은 전류를 공급한다. 그러므로 R_E를 증가시키면 에미터와 콜렉터전류를 감소시킨다.

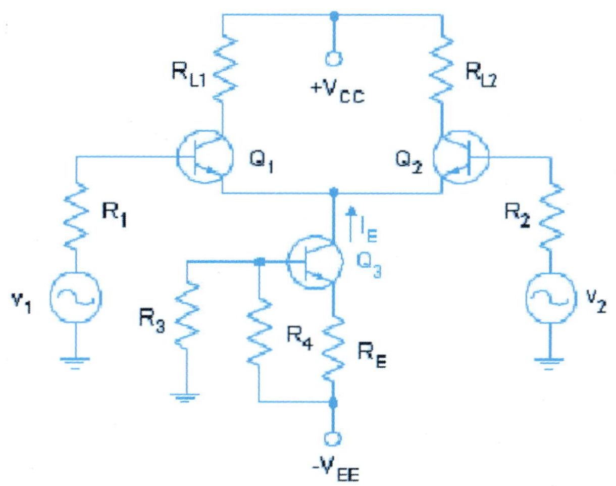

[그림 8-17]
[그림 8-12]의 에미터저항 R_E를 대치하기 위한 정전류 트랜지스터를 가진 개선된 DA

[그림 8-17]에서 보여주는 것처럼 R_E를 정전류 트랜지스터 $Q3$로 대치시킬 수 있다. $Q3$의 콜렉터 -에미터저항은 $Q3$의 콜렉터전류 I_E를 심하게 제한하지 않으면서도 크다. 따라서 $Q1$과 $Q2$의 콜렉터전류를 공급하는 I_E를 제한하지 않게 된다. [그림 8-17]에서 에미터저항 R_E는 비교적 작은 값이 될 수 있다. $Q3$의 DC 바이어스는 전압분배기 $R3$과 $R4$에 의해서 결정된다. 따라서 회로에 $Q3$의 첨가는 $Q1$과 $Q2$의 콜렉터전류를 제한하지 않으면서 높은 에미터저항 R_E를 보장한다.

(7) DA 회로 기호

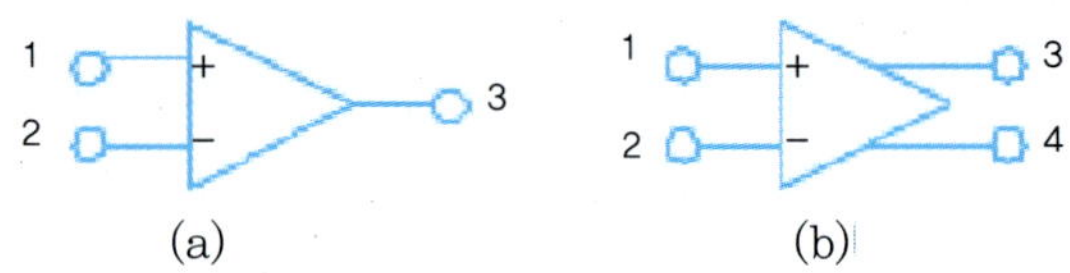

[그림 8-18]
DA회로 기호

실제 DA 회로는 [그림 8-18]에서 보여주는 회로보다 복잡하다. 따라서 일반적인 회로기호를 사용하여 DA를 표현하는 것보다 블록으로 DA를 표현하는 것이 간편하다([그림 8-18] 참조). [그림 8-18](a)는 두 개의 입력과 한 개의 출력을 갖는 DA이며, [그림 8-18](b)는 두 개의 분리된 출력을 갖는 두 개의 입력 DA의 블록기호를 보여주고 있다. 마이너스와 플러스(−와 +) 기호는 출력 3에 대한 반전입력과 비반전입력을 나타낸다.

2. 실험 과정

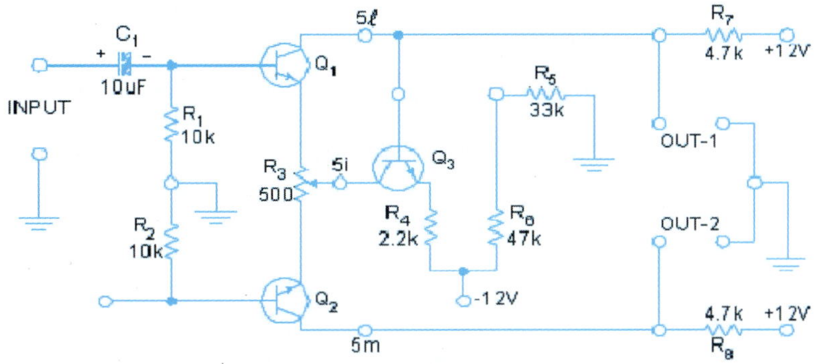

[그림 8-19]
커패시터 커플링 입력회로

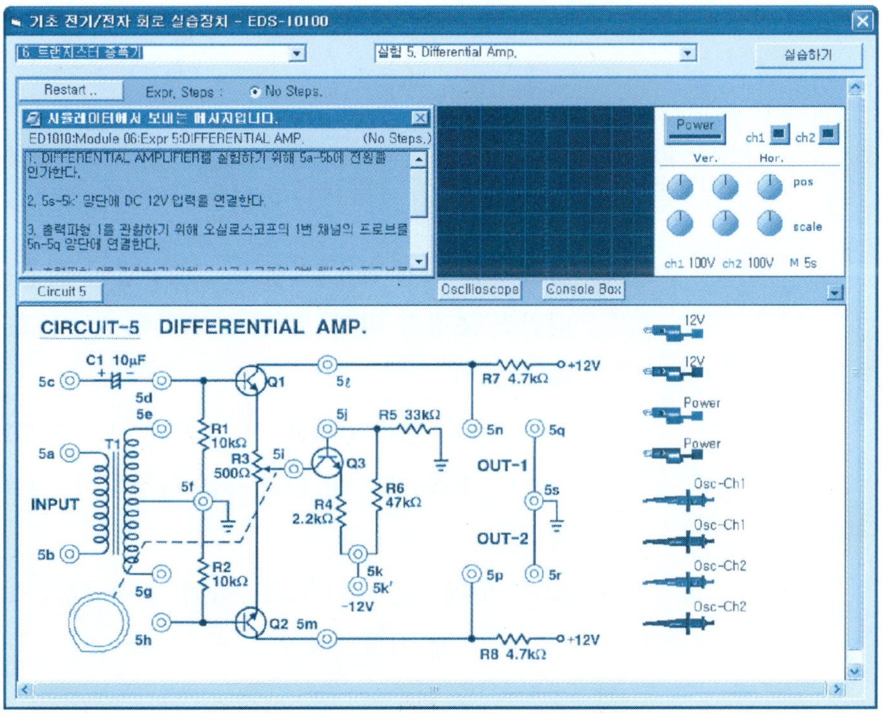

① 회로-5를 이용하여 [그림 8-19]와 같이 회로를 구성한다. 회로의 −12V 연결은 0~20V 전원 출력을 이용한다. 바이어스 밸런스 조정을 위해 $R3$를 조절하여 5i−5l, 5i−5m 전압을 같게 한다.

② 입력 주파수를 300Hz로 하고 입력전압을 〈표 8-9〉와 같이 변화시키면서 출력 OUT-1, OUT-2를 측정하여 〈표 8-9〉의 해당란에 기록한다.

③ 입력 주파수를 3000Hz로 하고 출력 OUT-1, OUT-2를 측정하여 〈표 8-9〉에 기록하여라.

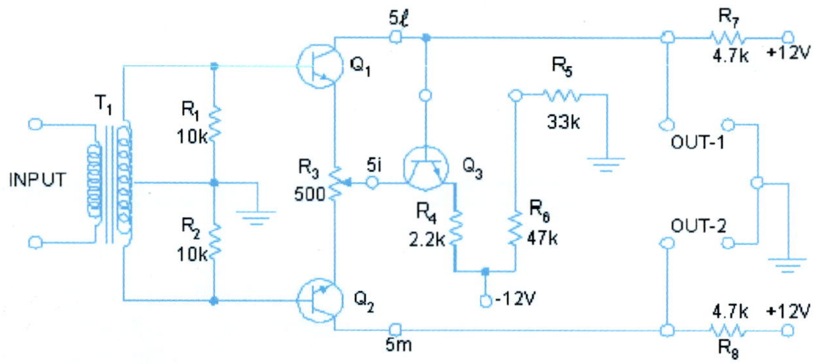

[그림 8-20] 변압기 결합 입력회로

④ 회로-5를 이용하여 [그림 8-20]과 같이 회로를 구성한다. 바이어스 밸런스 조정을 위해 $R3$를 조절하여 5i-5l, 5i-5m전압을 같게 되도록 만든다.

⑤ 입력 주파수를 300Hz로 하고 입력 전압을 〈표 8-9〉와 같이 변화시키면서 출력 OUT-1, OUT-2를 측정하여 〈표 8-9〉의 해당란에 기록한다.

⑥ 입력 주파수를 3000Hz로 하여 출력 OUT-1, OUT-2를 측정하여 〈표 8-9〉에 기록하여라.

〈표 8-9〉

출력 [VP–P] \ 입력 [VP–P]		300Hz				3000Hz			
		0.1	0.4	0.7	1.0	0.1	0.4	0.7	1.0
그림 8–19	OUT–1								
	OUT–2								
그림 8–20	OUT–1								
	OUT–2								

◀비고▶

결 론

실험 결과에 대해 토의하시오. 〈결론 8–5〉

Chapter 9

OP AMP 회로

■ 목적

① OP AMP의 오프셋(offset)전압과 그 영향에 대한 실험을 해본다.

② OP AMP의 동작원리와 반전, 비반전증폭기에 대하여 이해한다.

③ OP AMP를 이용한 여러 가지 증폭기의 설계 이론을 실습해 본다.

④ OP AMP를 이용한 응용회로에 대하여 알아보고 그 특성을 실험한다.

CHAPTER 9

OP AMP 회로

9-1 반전증폭기(inverting AMP)

1. 이 론

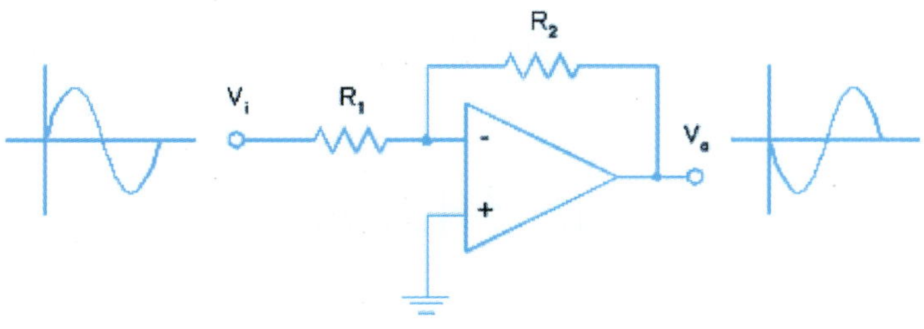

[그림 9-1]
반전증폭기

[그림 9-1]은 OP AMP를 반전증폭기로 결선한 것이다. 이것은 입력 신호를 $R1$을 통해서 반전입력(−) 단자에 가하기 때문이다. $R1$을 입력요소라 하고, $R2$를 궤환요소라 한다. 반전증폭기에 대한 출력전압은 다음 식으로 표현된다.

$$V_o = -\left[\frac{R2}{R1}\right] V_2$$

위 식에서 보면, 입력신호 전압에 대하여 출력전압은 위상이 반전이 되어 나타난다. 즉, 180°의 위상차가 난다. 폐루프이득(A_{CL})은 다음 식과 같이 정의된다.

$$A_{CL} = \frac{V_o}{V_i} = -\frac{R2}{R1}$$

결과적으로 반전증폭기의 전압이득은 1.0 이하, 1.0 이상 혹은 1.0과 같게 할 수가 있다. 이득의 크기는 저항 $R1$과 $R2$에 의해서 결정된다. 루프이득(A_L)은 다음 식과 같다.

$$A_L = \frac{A_{OL}}{A_{CL}} = A_{OL}\left[\frac{R1}{R2}\right]$$

여기서 A_{OL}은 개루프이득을 나타낸다. 반전증폭기의 입력임피던스는 입력요소 $R1$에 의해서 간단하게 되며, 비반전 증폭회로의 입력임피던스보다 훨씬 적게 될 수 있다. 회로의 출력 임피던스(Z_O)는 다음 식과 같이 OP AMP 고유의 출력임피던스와 회로의 루프이득에 의해서 결정된다.

$$Z_O = \frac{Z_{Oi}}{A_L} = Z_{Oi}\left[\frac{R2}{A_{OL}R1}\right]$$

여기서 Z_{Oi} : 제조회사 사양서에서 정해진 OP AMP 고유의 출력 임피던스 $R1$과 $R2$가 같은 특별한 경우에 대해서 이득이 1.0인 반전증폭기로 되며, 이것은 출력신호의 크기는 그대로 입력신호와 같고, 극성만 반전시킬 때 사용되고 있다.

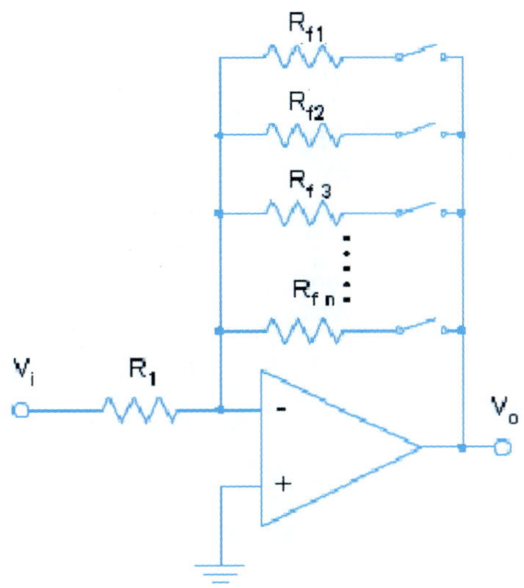

[그림 9-2]
반전증폭기의 폐루프 이득을 제어하기 위한 여러 개의 궤환저항의 이용예

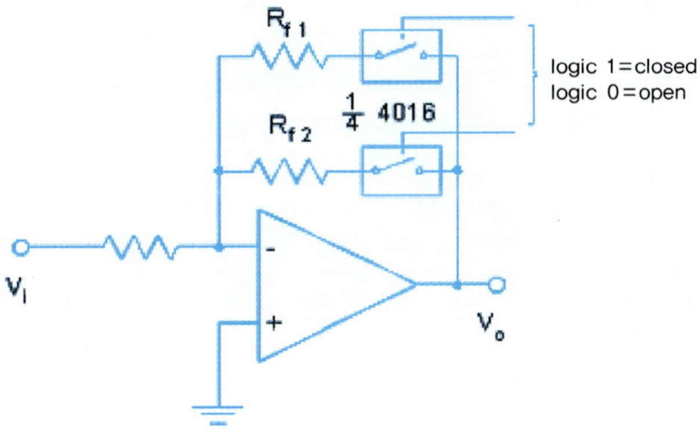

[그림 9-3]
디지털 스위치를 사용한 OP AMP

기본 반전증폭기의 폐루프이득은 [그림 9-2]와 같이 다른 궤환저항을 바꿈으로써 제어할 수 있다. 한편, 아날로그 스위치(예를 들면, 4016 CMOS)를 사용하면 [그림 9-3]과 같이 OP AMP의 전압이득을 디지털적으로 제어할 수 있게 된다.

4016 CMOS는 ON상태의 저항이 보통 300Ω이며, 따라서 이 스위치 제어시 각 폐루프에 대한 전압이득의 계산은 궤환저항의 저항값에 ON상태의 저항 300Ω을 감안하여 설계하면 된다. 아날로그 스위치는 디지털 회로에 의해 쉽게 제어될 수 있다.

2. 실험 과정

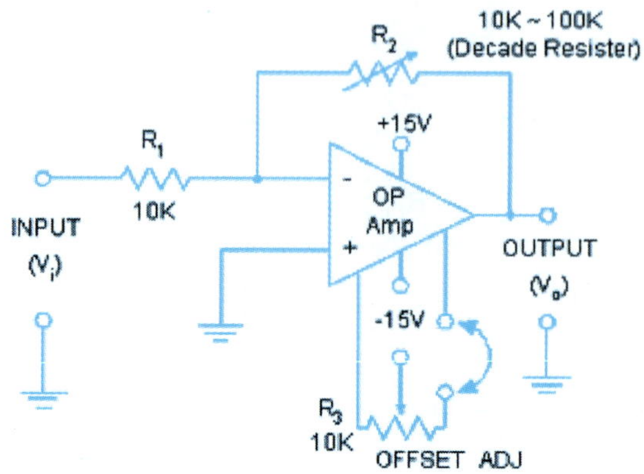

[그림 9-4]
반전증폭기 실습회로

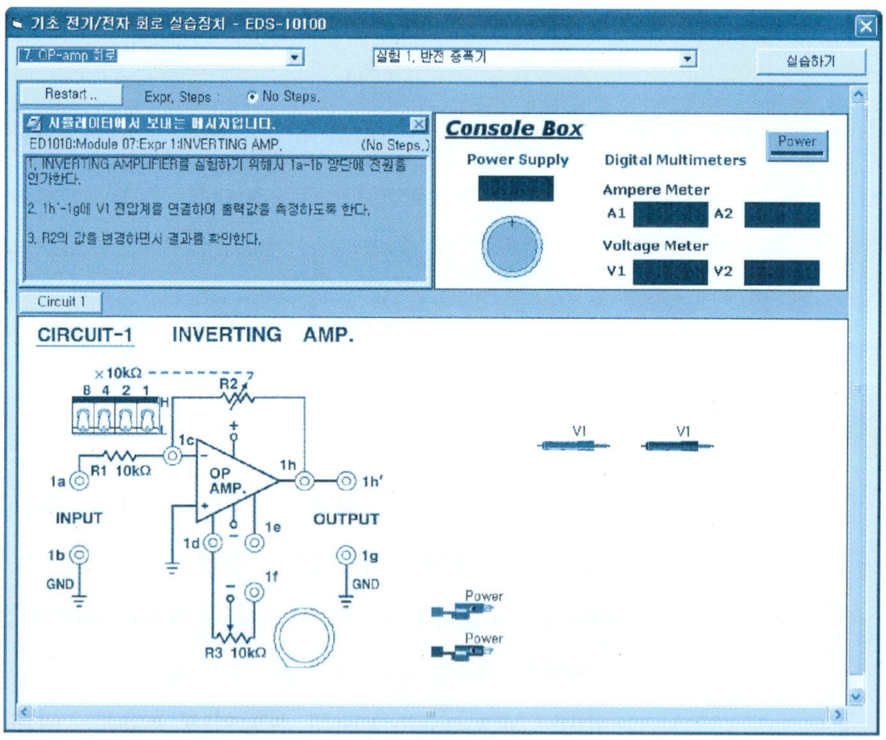

① 회로-1에서 1e-1f를 연결하여 [그림 9-1]과 같이 반전증폭기를 구성하여라.

② $R2$를 최대(SW를 모두 "H"상태로 전환)로 하고 1a-1b를 연결한 후 V_O가 0V가 되도록 $R3$를 가변하여 offset을 조정한다.

③ 입력전압을 DC 1V로 하여 1a-1b 단자에 인가하고, 궤환요소 $R2$의 값을 〈표 9-1〉에서와 같이 변화시키면서 1h'-1g 단자의 출력전압을 측정하여 해당란에 기록하여라. 측정한 출력전압을 가지고 전압이득을 계산하여 기록하여라.

〈표 9-1〉

$R2$[kΩ]	10	20	30	40	50	60	70	80	90	100
R2[kΩ]										
출력[V]										
전압이득										

◀비고▶

결 론

실험 결과에 대해 토의하시오. 〈결론 9-1〉

9-2 직류 오프셋(DC offset)

1. 이 론

이상적인 OP AMP라면 입력전압이 "0"일 때 출력전압이 "0"이다. 그러나 실제의 OP AMP는 약간의 출력값을 가지게 된다. 즉, 입력이 접지되어 있어도 완전히 출력이 "0"이 되지 않는다. 이 직류 출력전압을 출력 오프셋 전압이라고 한다. 직류 출력 오프셋 전압은 다음 세 항의 결과로 나타난다.

- 입력 오프셋 전류
- 입력 바이어스 전류
- 입력 오프셋 전압

입력 바이어스 전류는 OP AMP가 적당하게 동작하도록 OP AMP 두 입력(+, − 단자)에 가해져야 한다. [그림 9-3]의 반전증폭기에 대해서 설명하면, 입력 바이어스전류는 입력신호가 없어도 두 입력단자와 궤환저항을 통해서 흐르게 된다. 옴의 법칙에 의해서 알고 있는 저항을 통해서 전류가 흐를 때 두 저항 양단에 걸리게 된다(V=IR).

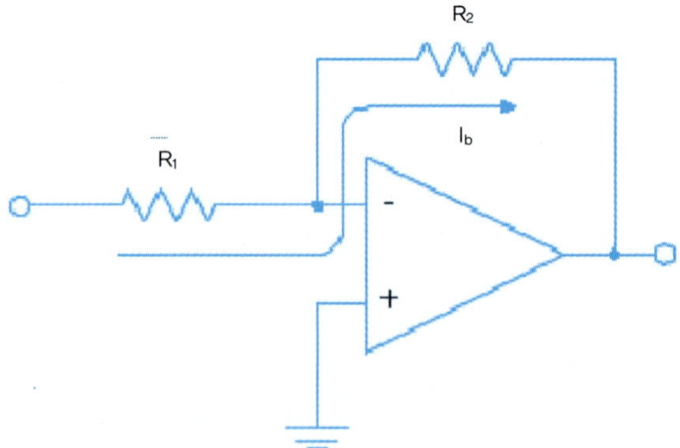

[그림 9-5]
반전증폭기에 대한
입력 바이어스 전류

여기서 OP AMP의 비반전입력은 접지되었으므로 전압은 이 저항양단에서 직류 입력전압으로 나타나고, 이것이 OP AMP에 의해서 증폭된다. [그림 9-5]의 반전증폭기 회로에 대한 출력전압(V_{OS})은 입력 바이어스전류(I_b)의 결과로 발생된다.

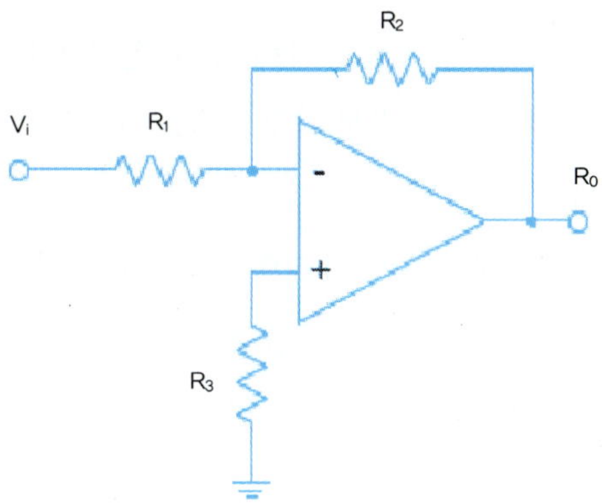

[그림 9-6]
입력 바이어스 전류에 기인되는 출력 오프셋 전압의 교정회로

입력 바이어스 전류에 기인되는 출력 오프셋 전압을 교정하는 일반적인 방법은 [그림 9-6]과 같이 비반전(+) 입력단자와 접지 사이에 저항 $R3$를 삽입하는 방법이다. 부가되는 이 저항값은 $R1$과 $R2$를 병렬 합성한 값과 같다.

$$R3 = \frac{R1R2}{R1 + R2}$$

그래서 $R3$의 양단전압은 $R1$과 $R2$의 병렬 합성저항 양단전압의 크기와 같고 극성이 반대가 된다. 두 전압이 크기가 같고 극성이 반대이므로 서로 상쇄된다. 그러나 위의 내용은 두 입력단자에 흐르는 바이어스 전류가 같다는 것을 뜻한다. 불행하게도 일반적인 OP AMP에서 두 바이어스 전류가 정확하게 같지 않고, I_b의 값은 두 입력 바이어스 전류의 평균치가 된다. 입력 오프셋 전류 I_{OS}라는 두 바이어스 전류의 차이가 존재하기 때문에 직류출력 오프셋 전압이 약간 존재하게 되며, 그것은 다음과 같이 된다.

$$V_{OS} = I_{OS}R2$$

출력 오프셋 전압의 또 하나의 원인은 OP AMP의 입력 오프셋 전압에 기인되는데, 이것은 내부회로와 OP AMP의 외부회로와의 부정합(mis-matches)에서 야기된다.

이상의 출력 offset은 입력이 없음에도 약간이나마 출력전압이 있게 되는 문제를 해결하려는 것이었다. 그러나, 어떤 경우에는 DC offset 출력을 필요로 하게 되는 경우도 있다.

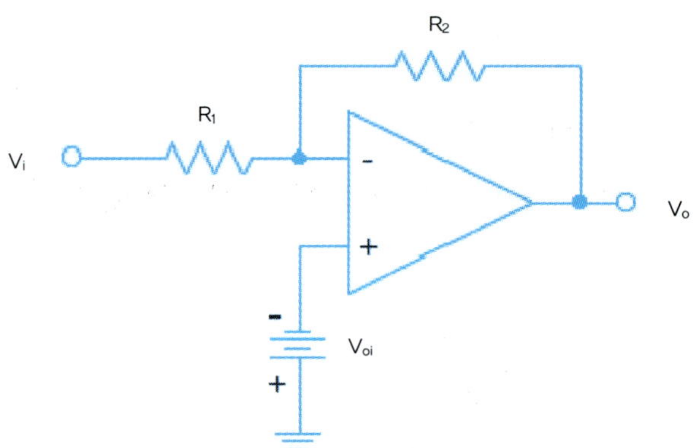

[그림 9-7]
입력 오프셋 전압

[그림 9-7]과 같이 비반전 증폭회로에 대하여 입력 오프셋 전압 V_{oi}는 이상적인 OP AMP의 비반전(+)입력에 직렬로 배터리를 연결한 것으로 표현될 수 있다. [그림 9-7]의 회로에서 직류 출력 오프셋 전압은 입력 오프셋 전압의 결과로서 계산된다.

$$V_{OS} = \left[1 + \frac{R2}{R1}\right] V_{oi}$$

2. 실험 과정

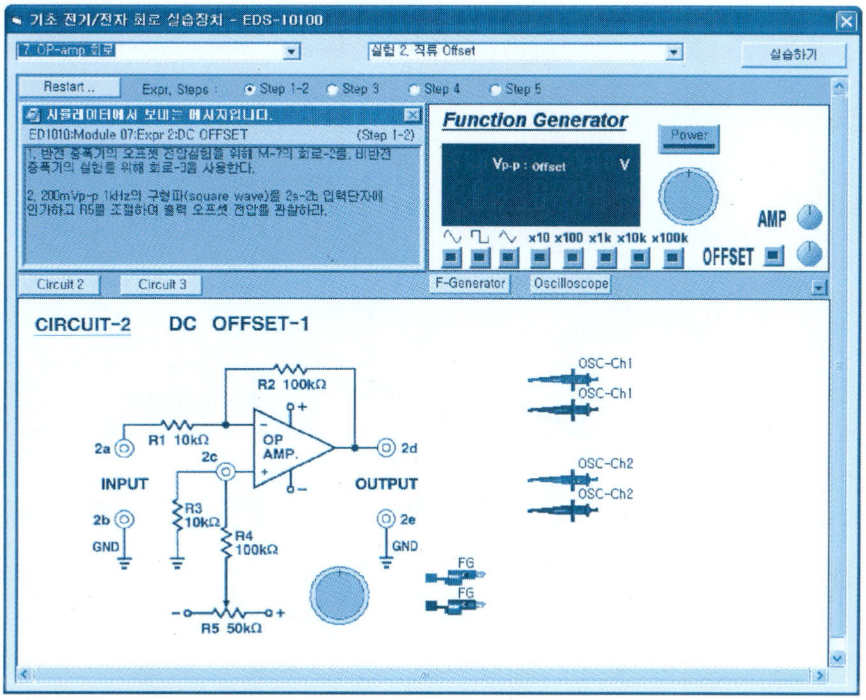

① 반전증폭기의 오프셋 전압 실험을 위해서는 단계 1-2와 (Step 1-2) 단계 4(Step 4) 그리고 회로-2를, 비반전증폭기의 실험을 위해서는 단계 3과 Step 5(Step 3 Step 5) 그리고 회로-3을 사용한다.

② 200mVp-p 1kHz의 구형파(square wave)를 2a-2b와 3a-3b 입력단자에 인가하고, 각각 $R5$를 조절하여 출력 오프셋 전압을 〈표 9-2〉의 값으로 만든 후 각각에 대해 출력 파형을 그려라.

③ 반전 증폭기의 오프셋 전압 실험을 위해서는 단계 3-1과 회로-2를, 비반전증폭기의 실험을 위해서는 단계 3-2와 회로-3을 사용한다.

④ 100mV(rms) 100Hz의 사인파(sine wave)를 2a-2b와 3a-3b 입력단자에 인가하고, 각각 $R5$를 조절하여 출력 오프셋 전압을 〈표 9-3〉의 값으로 만든 후 각각에 대해 출력파형을 그려라.

〈표 9-2〉

Offset \ 회로		Inverting AMP	Non-Inverting AMP
출력 오프셋 전압	−1V		
	+1V		
	−3V		
	+3V		

◀비고▶

〈표 9-3〉

Offset \ 회로		Inverting AMP	Non-Inverting AMP
출력 오프셋 전압	−1V		
	+1V		
	−3V		
	+3V		

◀비고▶

결 론

실험 결과에 대해 토의하시오. 〈결론 9-2〉

9–3 비반전증폭기(non–inverting AMP)

1. 이 론

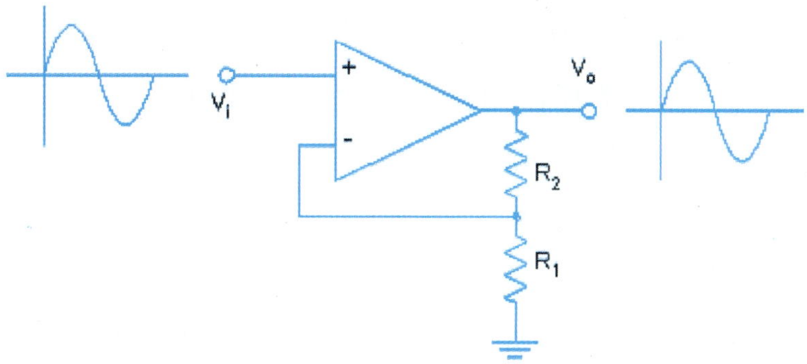

[그림 9-8]
비반전증폭기

[그림 9–8]에 나타낸 것과 같이 OP AMP를 비반전증폭기로 구성할 수가 있다. 이것은 입력신호가 비반전(+) 입력단자에 가해지기 때문이다.

저항 $R1$은 입력요소라 하고, $R2$는 궤환요소라 하는데 궤환요소라는 말은 OP Amp의 입력 중의 하나에 출력전압의 일부를 궤환시키기 때문에 붙인 말이다. 이 경우에 출력의 일부가 반전(–)입력으로 돌아오게 된다. 비반전증폭기에 대한 출력전압은 다음과 같이 주어진다.

$$V_O = \left[1 + \frac{R2}{R1}\right] V_i$$

전압이득 혹은 입력전압에 대한 출력전압의 비는 다음과 같다.

$$\text{Voltage Gain} = \frac{V_O}{V_i} = 1 + \frac{R2}{R1}$$

결과적으로 비반전증폭기의 전압이득은 $R1$의 값을 아무리 크게 하더라도 항상 1.0보다 커진다. 입력신호가 OP AMP의 비반전 입력단자에 가해지기 때문에 출력전압은 언제나 입력전압과 동위상이 된다. 더 쉽게 말한다면 입력전압이 정으로 될 때, 출력전압도 정으로 된다는 것이다. 입력과 출력전압의 차이는 단지 출력전압이 입력전압보다 $1+R2/R1$배만큼 크게 된다는 것이다. 개루프이득 A_{OL}은 OP AMP에 궤환을 걸지 않았을 때의 특성이다. 궤환이 있게 되면 폐루프이득 A_{CL}로 되어, 이 회로의 구성에 대한 전압이득은 아래와 같다.

$$A_{CL} = 1 + \frac{R2}{R1}$$

루프이득 A_L은 개루프이득을 폐루프이득으로 나눈, 즉 다음과 같이 나타낼 수 있다.

$$A_L = \frac{A_{OL}}{A_{CL}} = \frac{A_{OL}}{1 + \frac{R2}{R1}}$$

실제적인 목적에 관하여 비반전증폭기의 입력 임피던스는 OP AMP 자신의 고유 입력 임피던스이며, 그것은 입력 회로의 부하를 최소로 하는데 충분히 높은 값이 된다. 한편, [그림 9-8] 회로의 출력 임피던스는 다음 식에 의해 결정된다.

$$Z_O = \frac{Z_{oi}}{A_L} = Z_{oi}\left[\frac{1 + \frac{R2}{R1}}{A_{OL}}\right]$$

여기서 Z_{oi}는 제조회사의 사양서에서 정해진 OP AMP의 고유 출력 임피던스이다.

2. 실험 과정

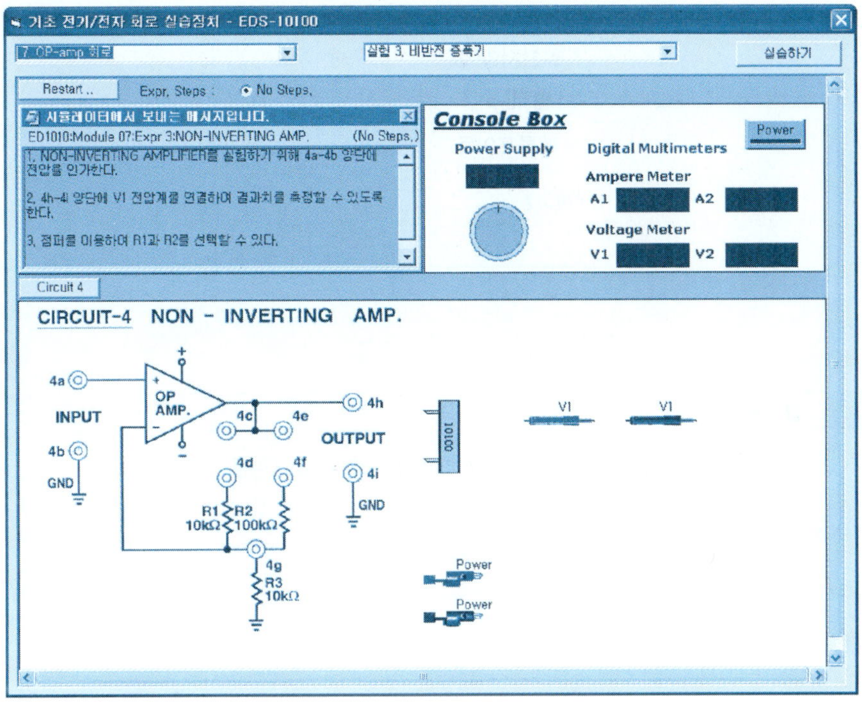

① 회로-4에서 〈표 9-4〉에 주어진 것과 같이 각각의 입력전압을 4a-4b 단자에 인가하여 다음 과정을 수행한다.

② 각 입력전압에 대하여 10k의 궤환저항을 사용할 경우는 4c-4d 단자를 단락시켜 출력전압을 측정하여 〈표 9-4〉의 해당란에 기록하여라. 그리고 전압이득을 계산하여 기록하여라.

③ 100k의 궤환저항을 사용할 경우는 4e-4f 단자를 단락시켜 출력전압을 측정하여 〈표 9-4〉의 해당란에 기록하여라. 그리고 전압이득을 계산하여 기록하여라.

〈표 9-4〉

입력[v_i]	DC+1V		1kHz $1V_{p-p}$		100kHz $1V_{p-p}$	
	10kΩ	100kΩ	10kΩ	100kΩ	10kΩ	100kΩ
궤환저항 값						
출력[v_o]						
페루프이득						

◀비고▶

결 론

실험 결과에 대해 토의하시오. 〈결론 9-3〉

9-4 차동증폭기(differential AMP)

1. 이 론

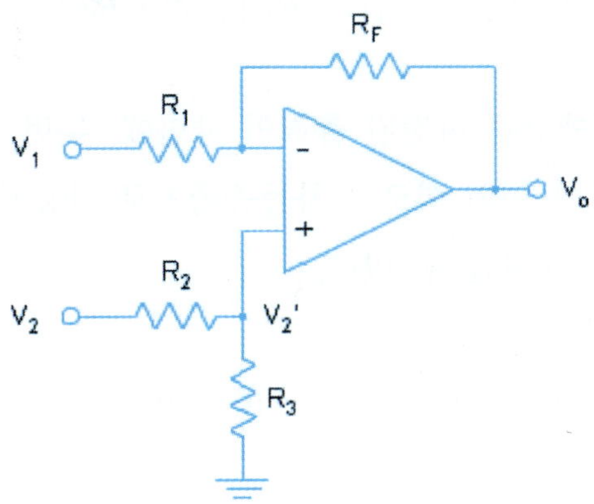

[그림 9-9]
차동증폭기

[그림 9-9]와 같이 OP AMP의 반전 입력(−)단자와 비반전 입력(+)단자에 동시에 입력전압이 가해질 때, 차동증폭기로 구성된다. $V2'$ 점이 접지되고 $V2$가 "0"라고 가정하면, [그림 9-1]과 유사한 모양이 되어 간단한 반전증폭기로 된다. 출력전압은 다음과 같다.

$$V_o = -\left[\frac{R_f}{R1}\right] V1$$

다음에 $V2'$에서 단락회로를 제거하고, 입력신호 $V1$을 접지시키면 비반전증폭기로 구성된다. OP AMP의 실제 입력전압은 $V2'$가 되는데, 이것은 입력전압 $V2$를 전압기에서 분할한 전압이다.

$$V_o = \left[1 + \frac{R_f}{R1}\right] V2' = \left[1 + \frac{R_f}{R1}\right]\left[\frac{R3}{R2 + R3}\right] V2$$

여기서, $V2' = \left(\dfrac{R3}{R2 + R3}\right) V2$

앞 식을 결합하면, 차동증폭기에 대한 출력전압이 입력전압 $V1$과 $V2$의 함수로 표현된다.

$$V_o = -\left[\frac{R_f}{R1}\right]V1 + \left[1 + \frac{R_f}{R1}\right]\left[\frac{R3}{R2 + R3}\right]V2$$

오른쪽의 첫째항은 반전된 출력인 반면에, 두번째 항은 비반전된 출력이 된다. [그림 9-9]의 회로가 차동증폭기로 사용될 때, 전압이득(G)은 4개의 저항으로 표현될 수 있다.

$$R_f = GR1, \quad R_f = R3, \quad R2 = R1$$

4개의 모든 저항이 같을 때, 출력전압은 다음과 같이 된다.

$$V_o = V2 - V1$$

그래서 출력전압은 $V2$와 $V1$의 차가 된다. 이러한 회로는 단위이득(이득이 1.0) 아날로그 감산기라고 한다.

2. 실험 과정

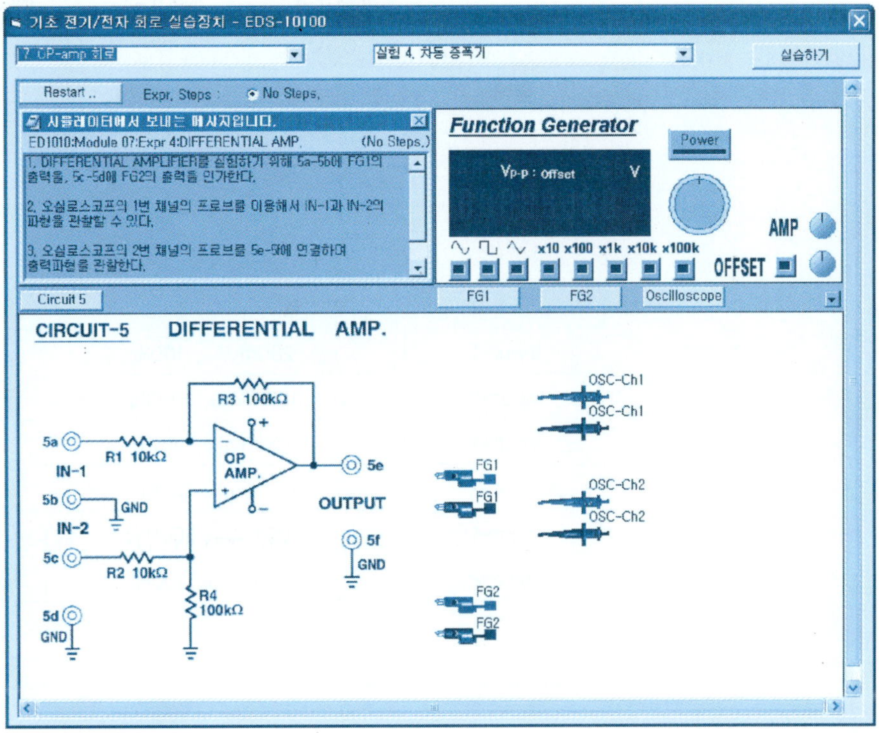

① 차동증폭기의 기능을 실험하기 위해 회로-5를 사용한다.

② 입력단자 5a-5b에는 0.5V, 5c-5d에는 1V를 인가하여 출력전압을 측정하고 〈표 9-5〉에 기록하여라.

③ 입력단자 5a-5b에는 1V, 5c-5d에는 0.5V를 인가하여 출력전압을 측정하고 〈표 9-5〉에 기록하여라.

④ 두 개의 입력단자에 〈표 9-6〉에 주어진 것과 같이 각각에 대해 교류 입력을 인가하고 각각에 대해 출력파형을 그려라.

〈표 9-5〉

	실험(1)		실험(2)	
입력(DC)	INPUT–1	INPUT–2	INPUT–1	INPUT–2
	0.5V	1V	1V	0.5V
출력				

◀비고▶

〈표 9-6〉

입 력		출력파형
Input–1	200mV$_{P-P}$, 100Hz	
Input–2	100mV$_{P-P}$, 1000Hz	
Input–1	100mV$_{P-P}$, 100Hz	
Input–2	100mV$_{P-P}$, 1000Hz	
Input–1	100mV$_{P-P}$, 1000Hz	
Input–2	200mV$_{P-P}$, 100Hz	

◀비고▶

결 론

실험 결과에 대해 토의하시오. 〈결론 9–4〉

9-5 가산증폭기(summing AMP)

1. 이 론

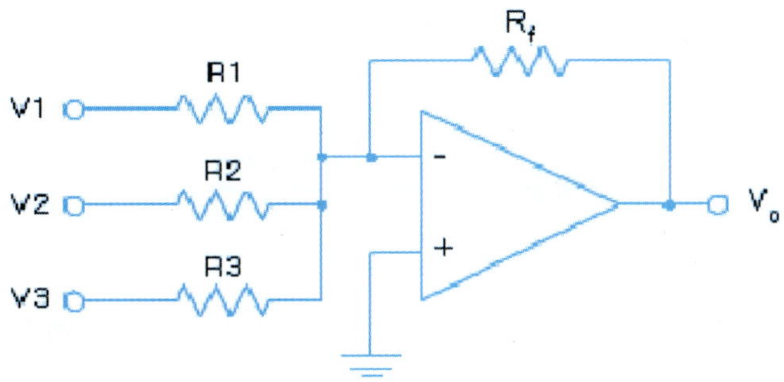

[그림 9-10]
가산증폭회로

[그림 9-10]과 같이 여러 개의 입력저항을 동시에 OP AMP의 반전입력(−)단자에 연결하면 가산기가 된다. 이 회로에 대해서 여러 개의 입력전압이 합해져서 출력전압은 다음 식과 같이 된다.

$$V_o = -\left[\frac{R_f}{R1}V1 + \frac{R_f}{R2}V2 + \frac{R_f}{R3}V3\right]$$
$$= -R_f\left[\frac{V1}{R1} + \frac{V2}{R2} + \frac{V3}{R3}\right]$$

이것은 입력이 여러 개라는 사실 외에는 반전증폭기와 같다. 만일 궤환저항 R_f와 입력저항 $R1$, $R2$, $R3$를 모두 같게 하면 다음 식과 같이 된다.

$$V_o = -(V1 + V2 + V3)$$

한편, 궤환저항 값의 크기를 3개의 같은 입력저항보다 크게 할 때, 이득을 가지는 회로로 구성된다. 각 입력에 대한 입력 임피던스는 대응되는 입력저항의 값으로 결정된다.

이 회로의 유용한 또 하나의 회로구성은 전압을 평균하는 평균기(Averager)이다. 같은 입력저항에 대한 궤환저항의 비를 적절하게 선택함으로써 전체 입력저항의 합을 평균하는 값으로 할 수 있다.

예를 들면, [그림 9-10]의 회로에서 세 입력의 평균은 다음과 같이 된다.

$$(V_o)\text{평균치} = \frac{V1 + V2 + V3}{3}$$

만일 $R1 = R2 = R3 = R_p/3$이면 이들 세 입력신호의 평균치를 구할 수 있다.

2. 실험 과정

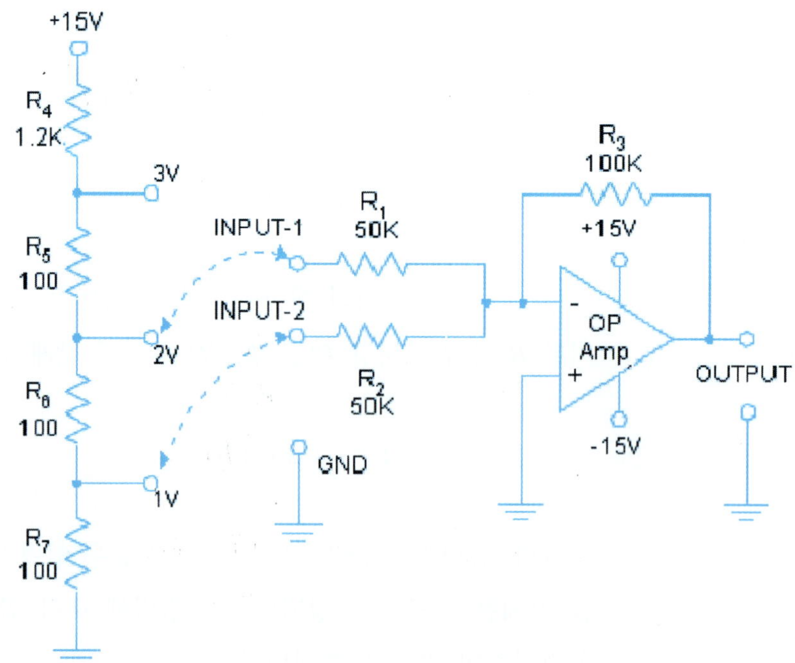

[그림 9-11]
가산증폭기 실험회로

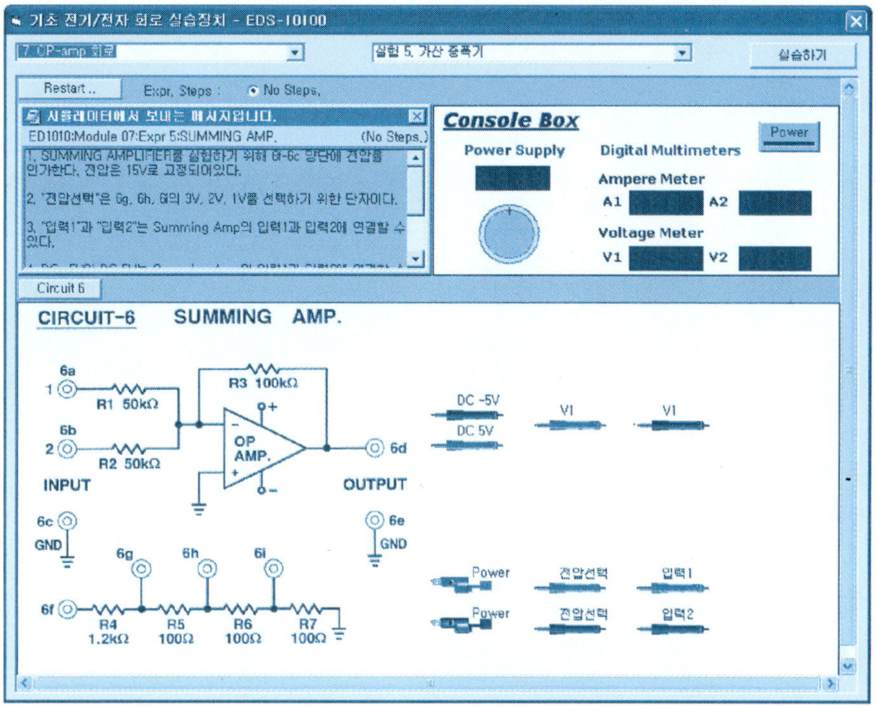

① 가산증폭기의 실험을 위해 회로-6을 사용한다. 회로 구성은 [그림 9-11]과 같다. 6f와 6c에 20V 가변 전압을 연결 후 15V로 조정한다.

② 〈표 9-7〉에 주어진 두 개의 입력에 대하여 출력을 측정하여 해당란에 기록한다.

〈표 9-7〉

입력-1	2V	3V	3V	-5V
입력-2	1V	1V	-5V	5V
출력				

〈비고〉

결 론

실험 결과에 대해 토의하시오. 〈결론 9-5〉

Chapter 10

능동 필터

■ 목적

① OP AMP를 이용하여 저역통과 필터, 고역통과 필터, 대역통과 필터의 동작원리를 이해하고 설계 방법을 실습한다.

② 저역통과 필터와 고역통과 필터를 사용한 대역통과 필터 및 Trap 회로의 구성을 실습하여 본다.

Chapter 10

CHAPTER 10

능동 필터

10-1 저역통과 필터(Low Pass Filter ; LPF)

1. 이 론

가장 간단한 2차 저역통과 필터는 VCVS(Voltage Controlled Voltage Source) 회로인데, 그 회로는 [그림 10-1]과 같으며, 이 회로에 대한 차단 주파수는 다음 설명과 같다.

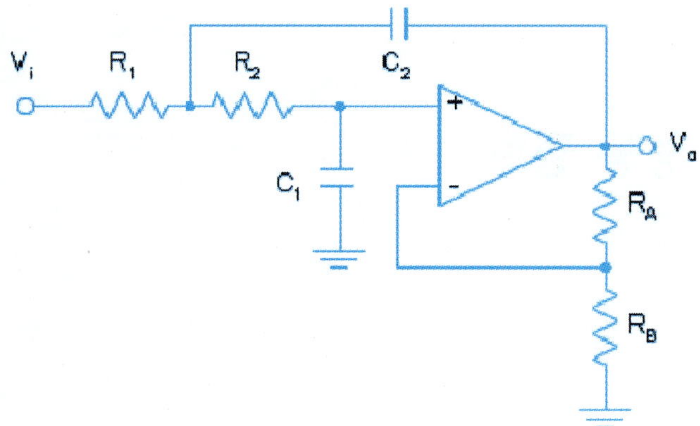

[그림 10-1]
2차 VCVS 필터

이 여파기의 설계시 고려해야 할 사항은 두 개의 저항과 두 개의 콘덴서에 대한 값의 결정이다. 가장 쉬운 방법은 $R1$과 $R2$를 같게 하고, $C1$과 $C2$를 같게 하는 것으로 이때 차단 주파수는 다음과 같다.

$$f_c = \frac{1}{2\pi RC}$$

이것은 동치소자(Equal Component) 저역통과 필터라고도 한다. 통과대역의 이득은 2차 버터워즈(Butter Worth) 응답인 경우, 1.586(4dB)으로 고정되고 이것은 이 회로에 적용되는 유일한 이득이다. 차단주파수는 여파기응답이 통과대역 응답보다 3dB로 떨어지는 응답이 된다. 차단주파수 이하에서 응답은 12dB/Octave 혹은 20dB/decade로 감소한다. 이 여파기는 비반전 입력단자에서 OP AMP를 사용하기 때문에 궤환저항 R_B는 전압이득이 1.586으로 되게 하기 위해서, 입력저항 R_A값의 0.586배가 되어야 한다. ±5%의 저항을 사용하면 [그림 10-2]와 같이 이들 저항에 대한 선택은 각각 27kΩ, 47kΩ으로 된다.

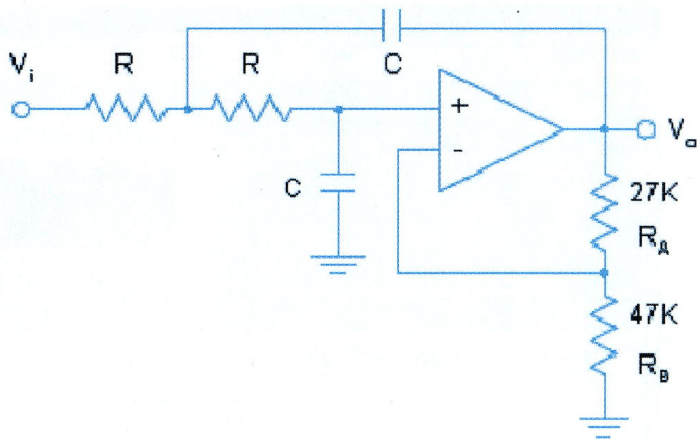

[그림 10-2]
동치 VCVS 저역통과 여과기

2. 실험 과정

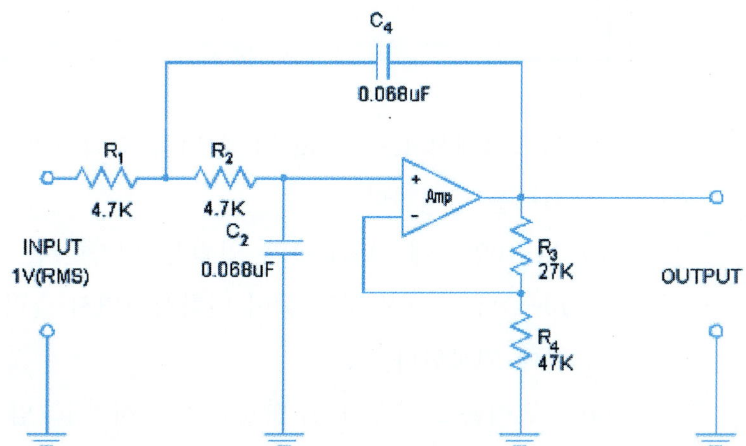

[그림 10-3]
LPF 회로

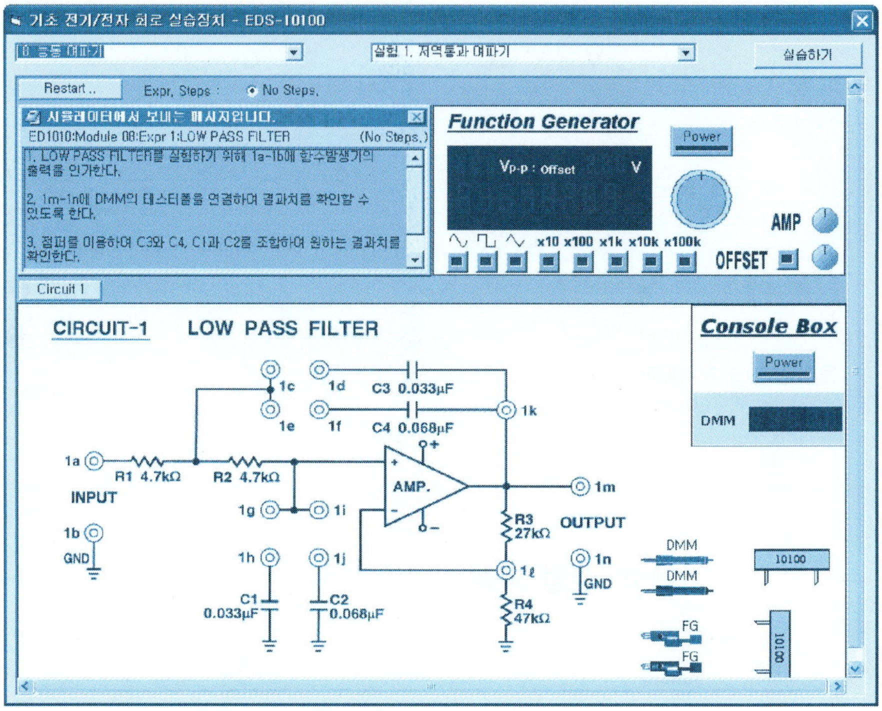

① 회로-1에서 1c-1d, 1g-1h 양단을 단락시켜 [그림 10-3](a)와 같이 회로를 구성한다.

② 1a-1b양단에 1V(rms)의 입력을 인가한다. 그리고 주파수는 〈표 10-1〉에 주어진 것과 같이 변화시키면서 출력전압을 측정하여 해당 란에 기록한다.

③ 이번에는 1e-1f, 1i-1j 단자를 단락시켜 [그림 10-3](b)와 같이 회로를 구성한다.

④ 1V(rms)의 입력에 대하여 〈표 10-1〉에 주어진 주파수를 사용하여 출력전압을 측정하여 기록하여라.

⑤ 측정한 결과를 이용하여 〈그래프 10-1〉에 나타내어라.

〈표 10-1〉

입력 주파수 [Hz]		200	400	600	800	1k	1.2k	1.4k	1.6k	1.8k	2k
출력	그림 10-3(a)										
	그림 10-3(b)										

〈비고〉

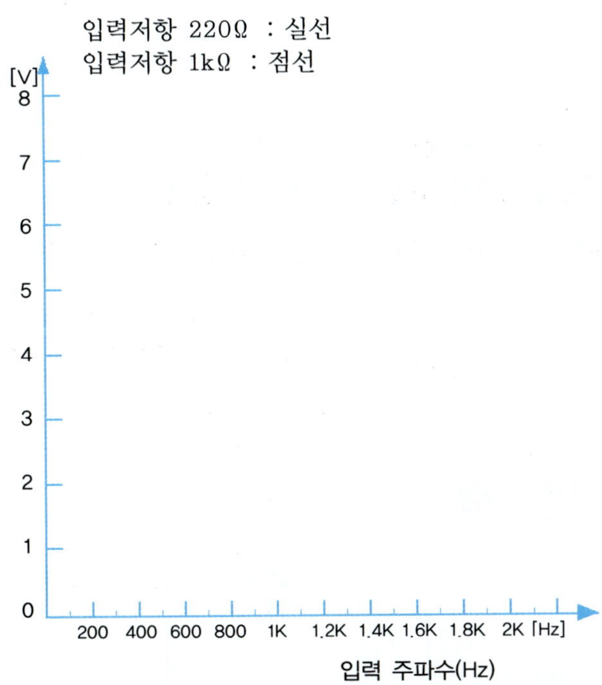

〈그래프 10-1〉
능동 필터(LPF) 특성

결 론

실험 결과에 대해 토의하시오. 〈결론 10-1〉

10-2 고역통과 필터(High Pass Filter ; HPF)

1. 이 론

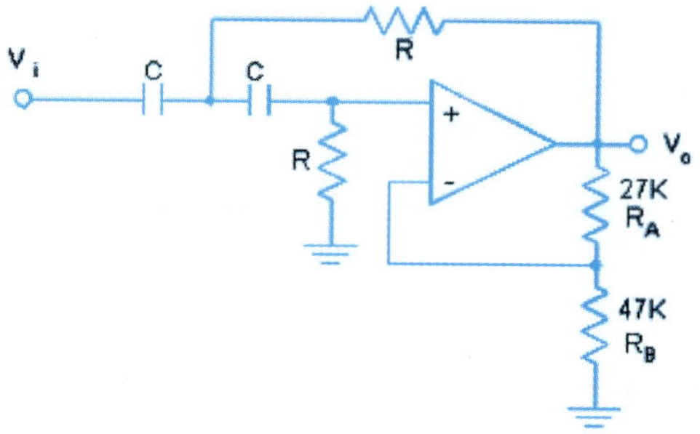

[그림 10-4]
동치버터워즈 고역통과 필터

[그림 10-4]에서 보여주듯이 VCVS 고역통과필터는 동치 VCVS 저역통과 여파기에서 저항과 콘덴서의 위치를 바꾸어 놓은 형태의 회로로서 통과대역의 이득이나 회로의 차단주파수는 저역통과 필터와 같다.

$f_c = \frac{1}{2\pi RC}$ 통과대역의 이득은 1.586 즉 +4dB이다.

2. 실험 과정

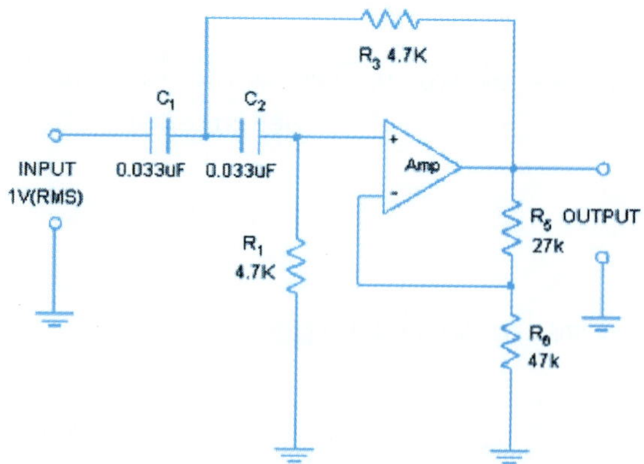

(a)

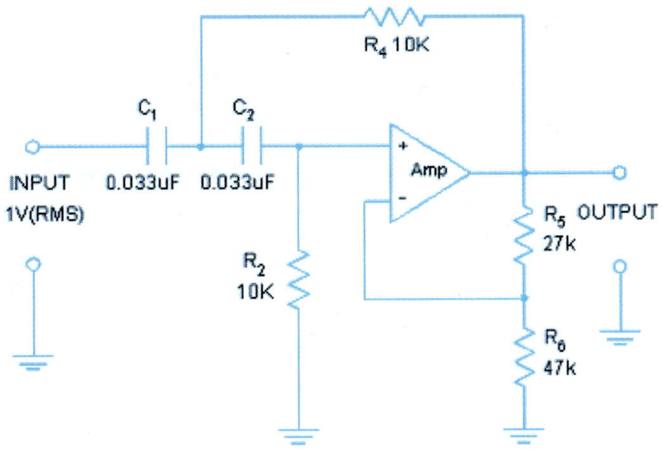

[그림 10-5]
HPF 회로

(b)

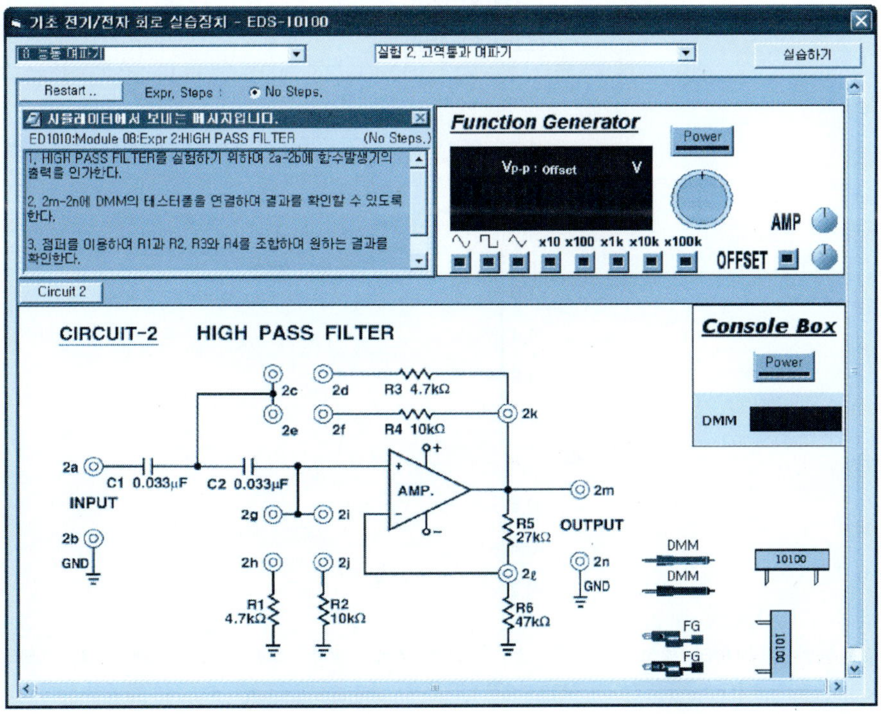

① 회로-2에서 2c-2d, 2g-2h 양단을 단락시켜 [그림 10-5](a)와 같이 회로를 구성한다.

② 2a-2b 양단에 1V(rms)의 입력을 인가한다. 그리고 주파수는 〈표 10-2〉에 주어진 것과 같이 변화시키면서 출력전압을 측정하여 해당란에 기록한다.

③ 이번에는 2e-2f, 2i-2j 단자를 단락시켜 [그림 10-5](b)와 같이 회로를 구성한다.

④ 1V(rms)의 입력에 대하여 〈표 10-2〉에 주어진 주파수를 사용하여 출력전압을 측정하여 기록하여라.

⑤ 측정한 결과를 이용하여 〈그래프 10-2〉에 나타내어라.

〈표 10-2〉

입력 주파수[Hz]		200	400	600	800	1k	1.2k	1.4k	1.6k	1.8k	2k
출력	그림 10-5(a)										
	그림 10-5(b)										

〈비고〉

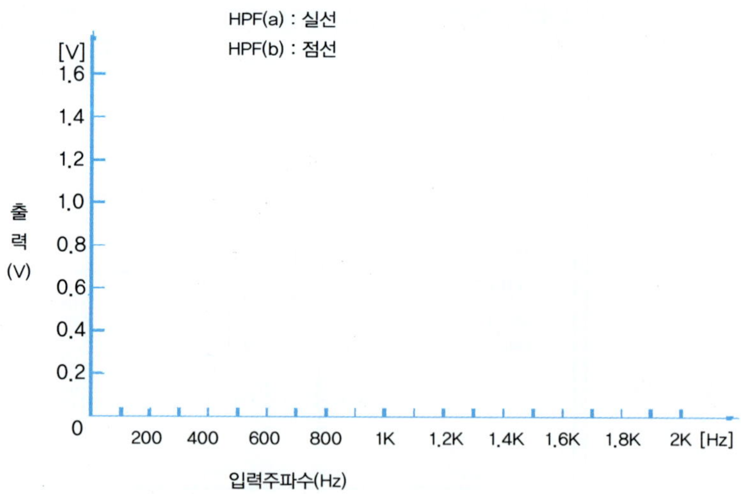

〈그래프 10-2〉
능동 필터(HPF) 특성

결 론

실험 결과에 대해 토의하시오. 〈결론 10-2〉

10–3 대역통과 필터(Band Pass Filter ; BPF)

1. 이 론

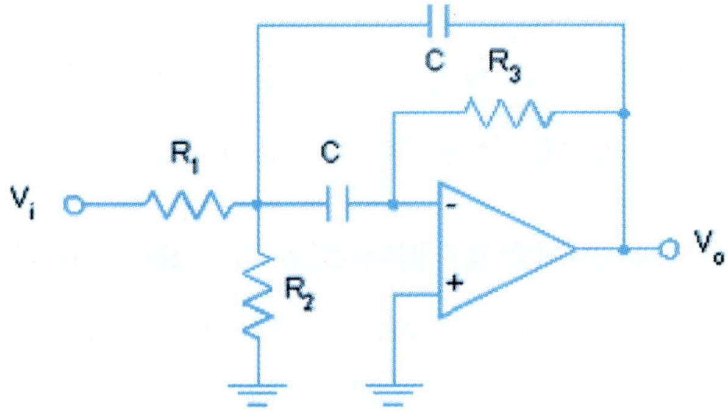

[그림 10-6]
다중궤환 대역통과 필터

[그림 10–6]과 같이 기본적인 다중궤환 대역통과필터에서의 Q는 약 10 이하가 적합하다. 다중궤환이라 함은 궤환 경로가 하나 더 부가되어 있기 때문이다. 다시 말하면 OP AMP의 입력은 반전단자에 연결된다. 이 회로에 대해서 중심주파수는 다음과 같은 관계식에서 결정된다.

$$f_o = \frac{1}{2\pi C} \cdot \sqrt{\frac{1}{R3} \cdot \frac{R1+R2}{R1R2}}$$

그러나 3개의 저항결정은 다음 식에 의해서 간단하게 구해질 수 있다.

$$R1 = \frac{Q}{2\pi f_o G_o C}, \quad R2 = \frac{Q}{2\pi f_o (2Q^2 - G_o)}, \quad R3 = \frac{1}{\pi f_o C}$$

위 식을 합성하면 다음과 같이 G_o를 얻을 수 있다.

$$G_o = \frac{R3}{2\,R1}$$

또한 Q와 G_o의 관계를 유도할 수 있다.

$$Q > \sqrt{\frac{G_o}{2}}$$

일반적으로 C에 대한 적당한 값을 선정한 후에 Q, G_o와 f_o에 대한 필요조건에 바탕을 두는 3개의 저항에 필요한 값을 계통적으로 계산한다.

(1) 상태변수(만능) 필터(state variable filter)

3개의 OP AMP를 적당히 결선하여 동시에 2차 저역통과와 고역통과 그리고 대역통과 필터의 출력을 얻을 수가 있다. 이러한 여파기는 [그림 10-7]과 같고, 이것을 상태변수 필터 혹은 만능필터라고 한다. 회로에서 볼 수 있듯이 기본적으로 하나의 차동증폭기(A1)와 동일한 두 개의 적분기(A2, A3)로 구성된다. 이러한 여파기에 대해서 중심주파수와 차단주파수는 다음 식에 의해 주어지는 것과 같이 동일한 값이 된다.

$$f_o = f_c = \frac{1}{2\pi RC}$$

여파기의 Q는 저항 R_A와 R_B에 의해서 결정된다.

$$R_A = (3Q - 1)$$

저역통과와 고역통과 출력에 대한 통과대역의 이득은 "1"이다. 대역통과 출력에 대해서는 중심주파수의 이득은 Q의 값과 같게 된다.

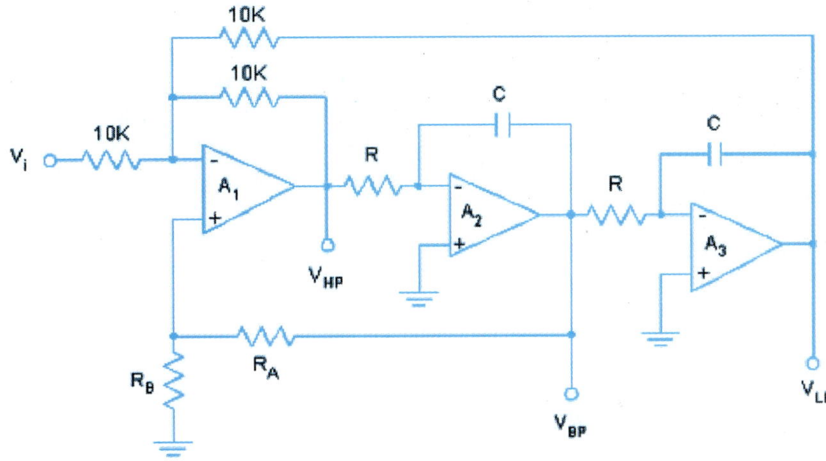

[그림 10-7]
상태변수(만능) 필터

이러한 회로가 저역통과와 고역통과의 두 출력에 대한 2차 응답을 가질 때 이 회로는 3개의 모든 출력을 동시에 얻을 수 있는 최적의 성능을 갖지는 못한다. 저역통과나 고역통과 버터워즈(Butter Worth) 응답 중의 어느 하나에 대해서 Q는 0.707과 같아야 한다. 결과적으로 대역통과 응답은 제대로 나오지 않는다. 즉, 2차 3dB 체비세브(Chevychev) 여파기의 응답에 대해서 Q는 1.3으로서, 그것은 적절한 응답이 되지 못한다. 2차 버터워즈 저역통과, 고역통과 응답(Q=0.707) 혹은 높은 Q의 대역통과 응답 중에서 하나를 설계하여야 한다.

(2) 대역소거 필터(notch filter)

[그림 10-8]의 상태변수 필터의 한 장점은 저역통과, 고역통과 출력을 동시에 똑같이 얻을 수 있다는 점이다. 그래서 대역소거 필터를 만들 수가 있다. 이러한 필터는 음향신호에 60Hz의 험(Hum)의 존재를 최소화하는 데 매우 유용하다. 필요한 것은 동일이득을 가지는 두 입력 가산기회로이다.

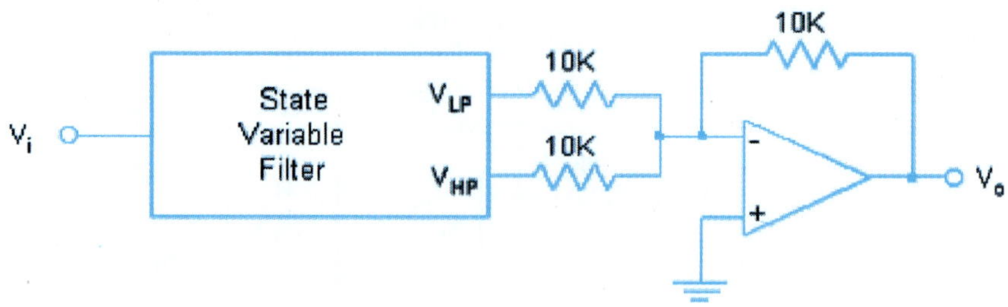

[그림 10-8]
상태변수 대역소거 필터

2. 실험 과정

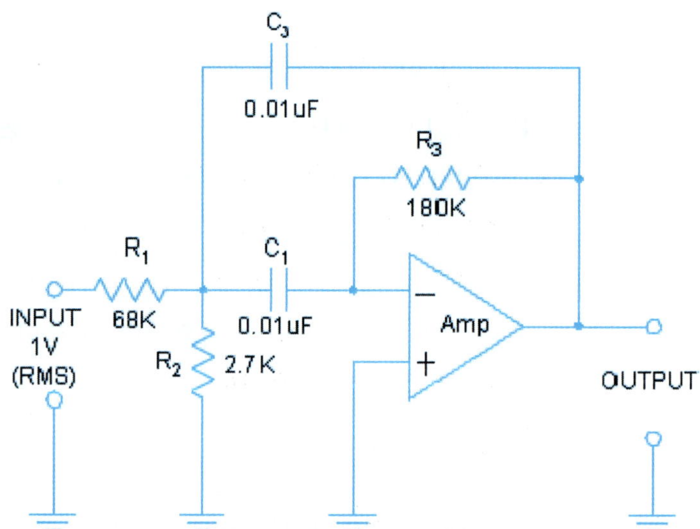

(a)

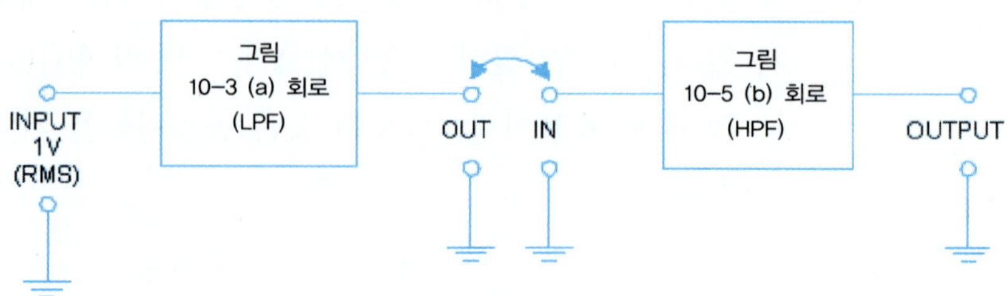

[그림 10-9]
BPF회로

(b)

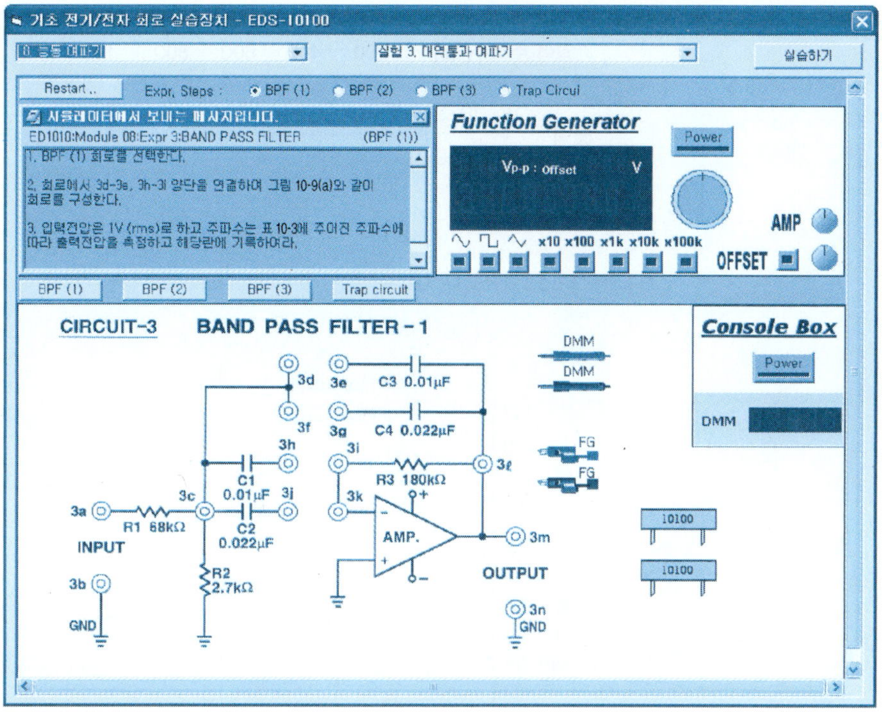

① BPF(1) Step과 (◉ BPF (1)) BPF(1)회로-3에서 3d-3e, 3h-3i 양단을 연결하여 [그림 10-9](a)와 같이 회로를 구성한다.

② 입력전압은 1V(rms)로 하고 주파수는 〈표 10-3〉에 주어진 주파수에 따라 출력전압을 측정하고 해당란에 기록하여라.

③ 다음에는 BPF(2) Step과 (◉ BPF (2)) BPF(2) 회로를 선택한다. 이는 위에서 실험한 LPF와 HPF를 직렬로 연결시켜놓은 구조이다.

④ 입력전압을 1V(rms)로 하고 주파수는 〈표 10-3〉에서와 같이 변화시키면서 출력전압을 측정하고 기록하여라.

⑤ 위에서 측정한 결과를 이용하여 〈그래프 10-3〉에 나타내어라.

〈표 10-3〉

입력 주파수[Hz]		200	400	600	800	1k	1.2k	1.4k	1.6k	1.8k	2k
출력	그림 10-9(a)										
	그림 10-9(b)										

◀비고▶

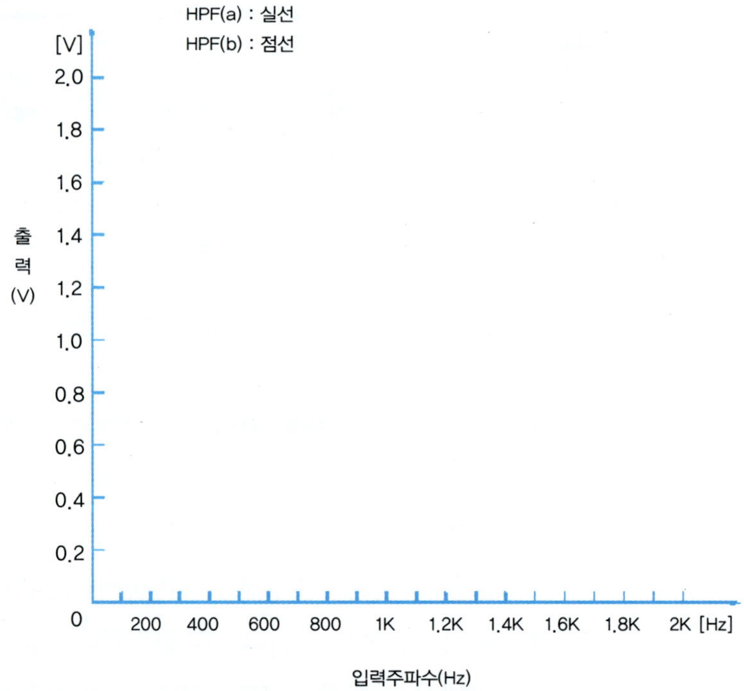

〈그래프 10-3〉
능동 필터
BPF(1) 특성

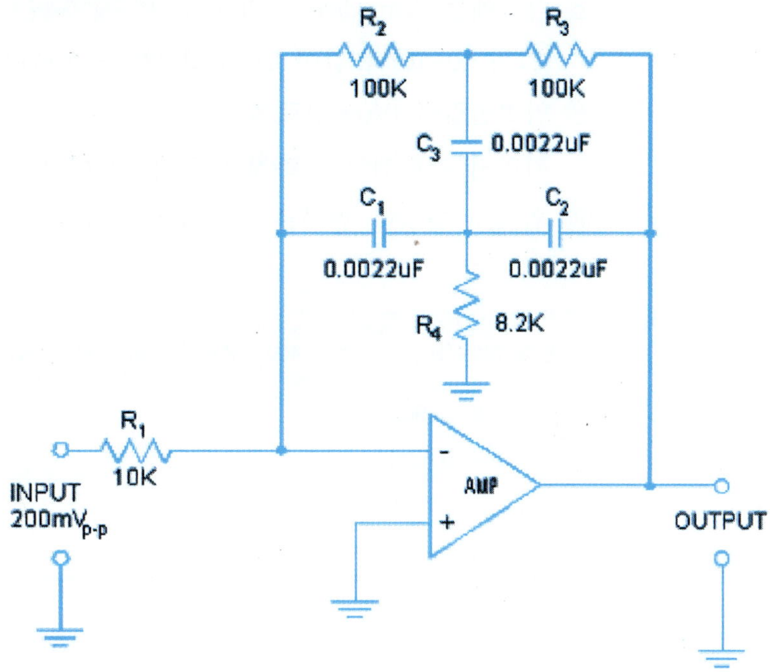

[그림 10-9]
BPF 회로(c)

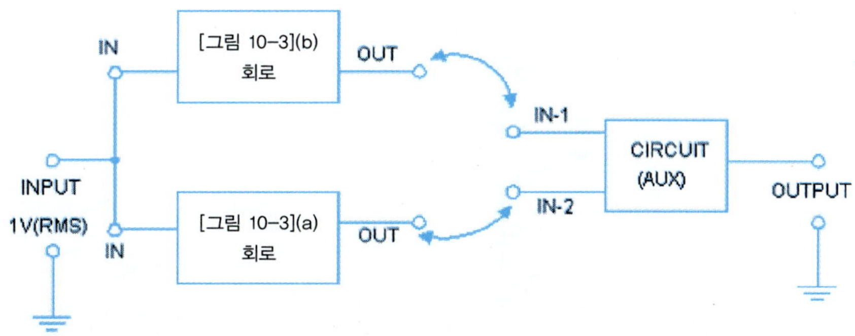

[그림 10-10]
Trap 회로

⑥ 다음은 BPF(3) Step과 (⊙ BPF (3)) BPF(3)를 선택하여 회로-4에서 [그림 10-9](c)와 같이 회로를 구성한다.

⑦ 입력전압은 $200mV_{p-p}$로 하고 주파수는 〈표 10-4〉에 주어진 주파수에 따라 출력전압을 측정하고 해당란에 기록하여라.

⑧ 다음에는 Trap Circuit Step과 (◉ Trap Circui) Trap 회로를 선택하여 [그림 10-10]과 같이 Trap 회로를 구성한다.

⑨ 입력전압을 1V(rms)로 하고 주파수는 〈표 10-4〉에서와 같이 변화시키면서 출력전압을 측정하고 기록하여라.

⑩ 위에서 측정한 결과를 이용하여 〈그래프 10-4〉에 나타내어라.

〈표 10-4〉

입력 주파수[Hz]		200	400	600	800	1k	1.2k	1.4k	1.6k	1.8k	2k
출력	그림 10-9(a)										
	그림 10-9(b)										

◀비고▶

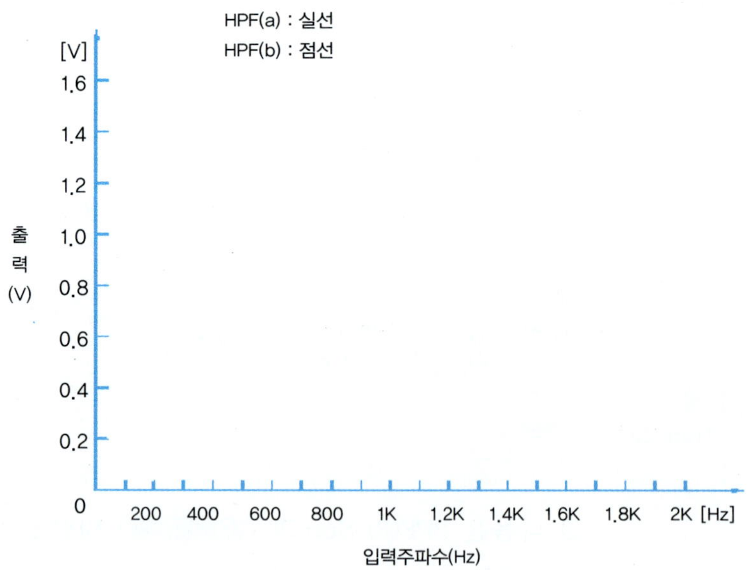

〈그래프 10-4〉 능동 필터 BPF(2) 특성

결 론

실험 결과에 대해 토의하시오. 〈결론 10-3〉

Chapter 11

전원 공급장치

■ 목적

① 다이오드를 이용한 반파정류기의 동작원리를 실험을 통해 알아본다.

② 중간탭이 있는 2차 권선을 이용한 전파정류기의 동작원리를 실험을 통해 알아본다.

③ 브리지 회로에서 전파정류기의 동작원리를 이해한다.

④ 정류된 맥류를 평활시키는 방법을 실험과 함께 이해하고 ripple률에 대하여 알아본다.

⑤ 정전압회로의 구성과 이의 출력특성을 실습한다.

CHAPTER 11

전원 공급장치

11-1 정류기(half/full rectifier)

1. 이 론

(1) 반파정류기(half-wave rectifier)

교류를 직류로 변화시킬 때 다이오드를 사용하는데 이를 정류기라 하며, 그 과정을 정류라고 한다. 정류의 가장 기본적인 방법은 [그림 11-1]에 보인 반파정류회로이다. 변압기의 2차 전압이 정의 반주기(V_{AB}가 +)일 때 다이오드 $D1$은 순방향 바이어스가 되며, 따라서 전압원에 대하여 매우 낮은 저항값을 나타내므로 2차 전압의 대부분이 부하저항 R_L양단에 나타난다. 순방향 바이어스된 다이오드는 대표적으로 실리콘의 경우 0.5V에서 1.0V, 게르마늄의 경우 0.2V에서 0.6V의 순방향 전압강하를 나타낸다. 회로해석을 간단히 하기 위해 전압강하는 대부분 무시하며, 특히

공급전압이 높을 경우에는 다이오드의 순방향 전압강하는 출력전압에 대하여 아주 작은 비율이 된다.

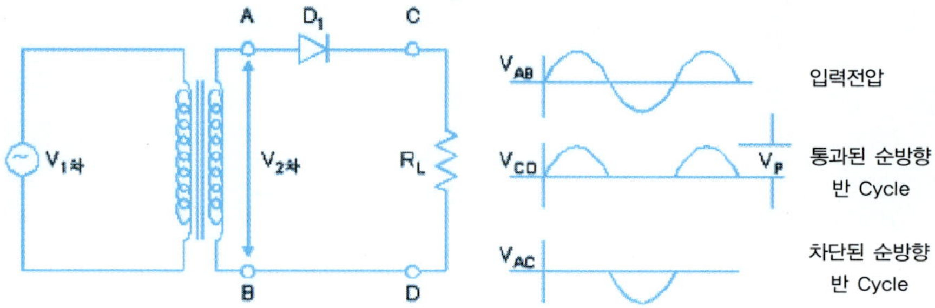

(a) 반파정류회로 (b) 입출력 파형

[그림 11-1] 반파정류회로

[그림 11-1](b)는 반파정류기의 동작을 설명한 것이다. 여기서 출력 V_{CD}는 변압기전압 V_{AB}가 부(-)일 때 0이 됨을 주목하라. 이것은 다이오드가 역방향바이어스(음극에 대하여 양극이 부가된다)가 되기 때문이다. 이상적으로 개방회로와 같다. 평균 직류전압(V_{dc})은 최대치의 0.318배(0.318＝1/ π)와 같다. 대부분의 전압계는 평균값을 나타내므로 반파정류회로에 대하여 최대 전압의 0.318을 지시하게 된다. 그러나 전력을 계산하기 위해서는 실효치가 사용되어야 한다. 반파정류회로에 대한 실효전압은 최대치의 0.5배이다.

반파의 경우,

$$V_{dc} = V_{ov} = \frac{1}{\pi} V_P = 0.318\, V_P$$

$$V_{rms} = 0.5\, V_P$$

전압을 나타내는 이러한 두 가지 다른 방법은 혼란의 요인이 될 수 있다. 다행히도 우리가 보통 다루는 직류에서는 실효치와 평균치가 거의 같으므로 대개는 염려하지 않아도 된다. 부하의 평균전압을 부하저항으로 나눔으로써 얻어지는 전류를 평균전류 I_o라고 한다.

$$I_o = I_{av} = \frac{V_{av}}{R_L}$$

순방향 바이어스시 전압강하는 매우 작다. 그러나 역방향 바이어스시 최대 입력전압은 다이오드 양단에서의 전압강하로 나타난다. 이것을 첨두역전압(peak reverse voltage : PRV)이라고 한다. 모든 다이오드가 초과해서는 안되는 최대허용 PRV정격을 가지며, 이를 초과할 경우 소자는 타버리게 된다. 다이오드가 역바이어스시 [그림 11-1](b)의 다이오드 전압 V_{AC}는 V_{AB}를 따르며, 이때문에 다이오드는 매우 큰 저항값을 갖게 된다. 또한 $D1$이 순방향 바이어스시 전압강하(V_{AC})는 "0"이 아니며, 작은 정의 값을 가짐에 주의하라. 이것이 다이오드의 순방향 전압강하이며, 보통 1V 이하이다.

(2) 전파정류기(full-wave rectifier)

일반적으로 교류를 직류로 변환시키는 더욱 유용하고 효율적인 방법은 교류 입력신호의 정-부 영역을 모두 활용하는 것이다. 이러한 목적을 위하여 사용되는 두 가지 회로가 있는데 그 중 한 가지를 [그림 11-2]에 나타내었다. 이 방법은 입력파형 전부를 직류출력으로 이용하므로 전파정류라고 알려져 있다.

[그림 11-2]의 중간탭(center-tap) 정류기는 중간탭이 있는 2차 권선을 사용한 것이다. 어떤 순간에 전압의 극성이 그림과 같다면 양극이 음극에 대하여 정의 극성을 가지므로 $D1$은 순방향 바이어스가 되어 전도상태가 되며, 이에 반하여 $D2$는 역방향 바이어스가 되어 비전도상태가 된다. 그러므로 단지 $D1$만이 부하에 전류를 공급하게 된다.

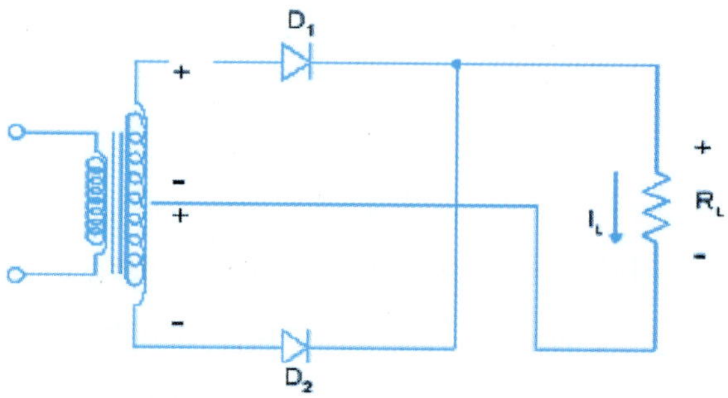

[그림 11-2]
중간탭(center-tap)
전파정류기

교류의 다음 반주기에서는 변압기 2차 전압의 극성이 반전되므로 상황이 반대로 된다. 그러므로 $D1$은 역방향 바이어스, $D2$는 순방향 바이어스가 되어 $D2$가 부하에 전류를 공급하게 된다. 각 다이오드는 반주기 동안만 전도상태가 되므로(교대로 반주기), 반파정류 전류의 2배가 되는 부하전류가 공급된다.

이에 대한 출력파형을 [그림 11-3]에 나타내었다. 여기서 실질적으로 주파수가 2배로 증가하는 현상이 출력에서 나타남을 유의하라. 이는 출력파형의 주기 T가 교류 입력신호의 1/2이 되기 때문이다. 주파수는 주기의 역수임을 상기하라($f = 1/T$).

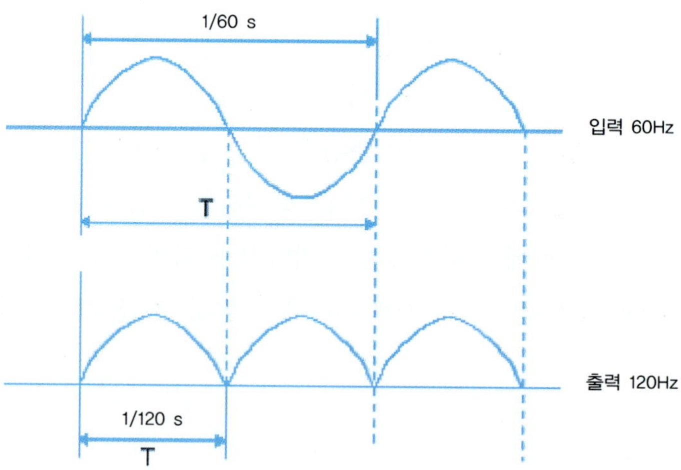

[그림 11-3]
전파정류기의 입력과 출력

대부분의 직류전원장치에서 진공관 다이오드가 실리콘 다이오드로 대치되었을 때까지 중간탭 회로는 가장 보편적인 전파정류회로였다. 그러나, 현재는 저렴한 가격, 높은 신뢰도 및 작은 크기의 실리콘 다이오드의 출현으로 브리지회로가 가장 보편적인 형태가 되었다.

그 이유는 중간탭 회로와 같은 정도의 출력을 얻는데 필요한 변압기의 크기를 축소할 수 있기 때문이다. 중간탭 회로에서는 정-부의 각 반주기 동안에 교대로 전류가 변압기의 2차측을 반분하여 반대방향으로 흐른다.

2. 실험 과정

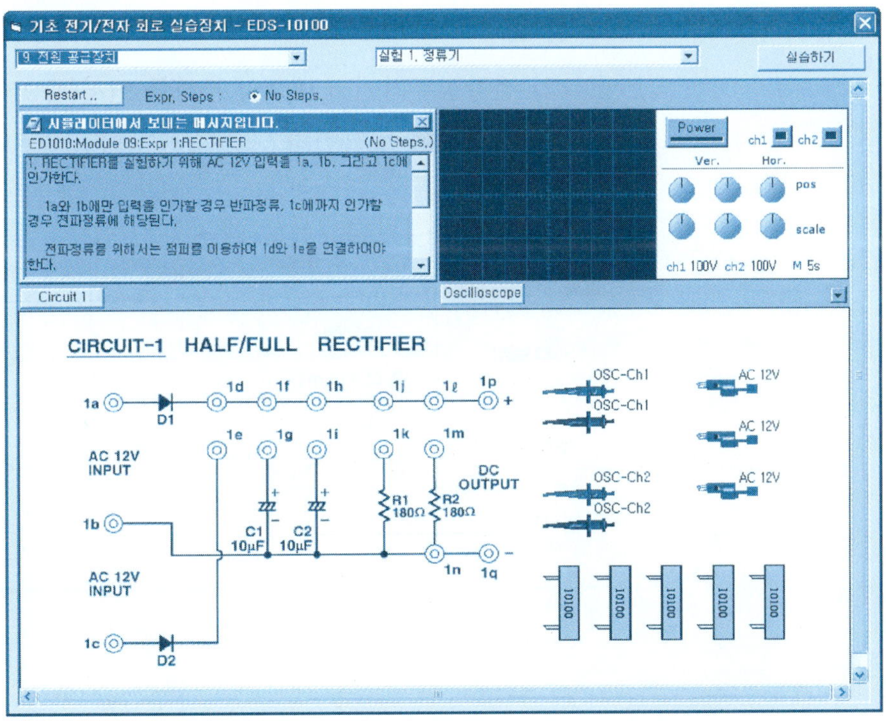

① 회로-1에서 1a-1b에 12V AC 전압을 인가(반파정류기)한다.

② 무부하상태(즉 1j-1k, 1l-1m 모두 개방)에서 필터를 모두 개방한 경

우(1f-1g, 1h-1i모두 개방)와 필터 하나만을 연결시킨 경우(1f-1g 또는 1h-1i연결), 그리고 필터 두 개 모두를 연결시킨 경우(1f-1g, 1h-1i 모두 연결)각각에 대한 출력파형과 실효전압을 측정한다.

③ 2의 결과를 〈표 11-1〉의 해당란에 파형과 함께 기록한다.

④ 1의 반파정류기에서 180Ω의 부하를 연결(즉 1j-1k연결)한 후 2, 3의 과정을 반복한다.

⑤ 회로-1에서 1a-1b-1c에 AC 12V 전압을 인가(전파정류기)한다.

⑥ 2의 과정을 반복한다.

⑦ 6의 결과를 〈표 11-2〉의 해당란에 파형과 함께 기록한다.

⑧ 5의 전파정류기에서 180Ω의 부하를 연결한 후 6,7의 과정을 반복한다.

⑨ 5의 전파정류기에서 90Ω의 부하를 연결(즉 1j-1k, 1l-1m 연결)한 후 6,7의 과정을 반복한다.

〈표 11-1〉

<table>
<tr><th colspan="2">Filter / 출력</th><th>Non</th><th>10μF</th><th>20μF</th></tr>
<tr><td rowspan="2">무부하</td><td>파 형</td><td></td><td></td><td></td></tr>
<tr><td>출력 [Vrms]</td><td></td><td></td><td></td></tr>
<tr><td rowspan="2">부하 180Ω</td><td>파 형</td><td></td><td></td><td></td></tr>
<tr><td>출력 [Vrms]</td><td></td><td></td><td></td></tr>
</table>

◀비고▶

〈표 11-2〉

출력 \ Filter		Non	10μF	20μF
무부하	파 형			
	출력 [Vrms]			
부하 180Ω	파 형			
	출력 [Vrms]			
부하 90Ω	파 형			
	출력 [Vrms]			

〈비고〉

결 론

실험 결과에 대해 토의하시오. 〈결론 11–1〉

11-2 브리지 정류기 및 평활회로

1. 이 론

(1) 브리지 정류기(bridge rectifier)

[그림 11-4]의 브리지 정류기는 반파정류기에 비하여 동일한 변압기전압으로 2배의 DC부하전류를 흘릴 수 있다. 변압기전압 $V = V_{DC}$가 +인 반 사이클에서 전류는 [그림 11-4](c)에 표시된 방향으로 흐르고 V가 −인 반 사이클에서는 (d)에 표시된 방향으로 흐르므로 R_L에는 항상 같은 방향의 전류가 흐른다. 그래서 이런 정류기를 전파정류기라 하며 전류는 다음과 같이 정의된다.

$$L_{dc} = \frac{2V_{ne}}{\pi R_L} = \frac{2I_m}{\pi}$$

한편 브리지 정류기의 단점은 4개의 다이오드가 필요하고, +, − 어느 사이클에서나 2개의 다이오드에 전력소비가 있고, 부하전압이 2개의 다이오드에서의 전압강하만큼 낮다는 것이다.

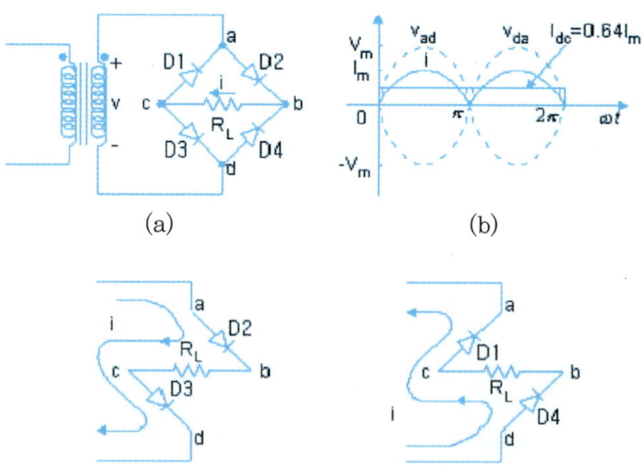

(a) v>0 (D1, D4는 OFF) (b) v<0 (D2, D3는 off)

[그림 11-4]
브리지 전파정류기

(2) 평활회로(smoothing circuit)

AC를 DC로 변류하려면 다이오드에 의하여 정류를 한 후에 반드시 저역통과필터(평활회로)를 거치지 않으면 안된다.

다시 말하면 정류된 맥류를 맥동(Ripple)이 없는 DC로 만들기 위해서는 평활회로에 의하여 맥동전류를 가능한 없도록 해야 한다.

여기서 가장 흔히 사용되고 있는 몇 가지 방법 중 그 장단점은 다음과 같다.

● 초크(Choke)와 콘덴서(Condenser)를 사용한 평활회로

이는 RC 평활 방법보다 부하에 의한 출력전압 변동률이 적으며 또한 출력효율이 높다. 그 이유는 초크의 DC 저항은 극히 적기 때문에 부하 전류에 의한 DC 전압강하는 거의 없으며, 다만 맥동부분에 대해서만 전압 변동률이 있게 된다. 그러나, 초크의 교류적인 리액턴스(Reactance)는 크므로 리플(Ripple)을 크게 감소시킬 수 있게 된다.

$$\text{전압변동률} = \frac{\text{무부하 출력전압} - \text{부하 출력전압}}{\text{부하 출력전압}} \times 100[\%]\text{이다.}$$

- 초크(인덕터)를 사용한 평활회로에서 콘덴서 입력형은 정류기 입력의 AC 전압보다 높은 ($\sqrt{2}$배 이하) DC 전압을 얻을 수 있다. 그러나 초크 입력형은 오히려 약간 낮은($1/\sqrt{2}$ 배 이하) 전압으로 출력된다.
- Input형은 콘덴서 Input형보다 출력전압 변동률이 적으므로 전압안정도를 필요로 하거나 또는 정전압을 하기 힘든 수천 볼트 이상의 DC전원 공급회로에서는 Choke 입력방식을 택하고 있다.
- 초크를 사용한 평활회로는 저항을 사용한 회로에 비하여 출력효율이 대단히 높다. 그 이유는 초크는 리플에 대하여는 큰 리액턴스를 나타내지만 DC에 대하여는 코일의 DC저항만이 영향을 주므로 부하전류에 의한 순수 DC전압 강하가 극히 적기 때문이다.
- L과 C 또는 R과 C의 값은 상호 적절할 때 낭비없는 최대의 리플 제거효율과 출력효율을 올릴 수 있다.

$$\text{양파의 경우 리플률} = \frac{\text{리플 전압}(V_{rns})}{DC\ \text{출력 전압}(V_{AN})} \times 100[\%]$$

$$\text{여기서, 평균값 전압}(V_{AV}) = \text{최대 전압}(V_{PK}) \times \frac{2}{\pi}$$

$$\text{실효값 전압}(v_{rns}) = \text{최대 전압}(V_{PK}) \times \frac{1}{\sqrt{2}}$$

저항(Resistor)과 콘덴서를 사용한 평활회로

RC 평활회로는 저가격인 것이 특징이고 또한 부착 장소가 적게 될 수 있다. 그러나 부하전류가 클 경우 회로의 직렬 필터 저항에서의 전압강하가 많이 생기며 따라서 전압 변동률이 크고 또한 출력효율이 적어지는 단점이 있다. 그러므로 수백mA 이하의 적은 부하전류 회로에서만 사용되고 있다.

RC 평활회로에서 유의하여야 할 것은 R의 전력용량(Rate Power)이 충분히 설계에 반영되어야 한다. 즉, 직렬저항을 흐르는 전류가 I_R일 경우 이때 전력용량은 $W = R \cdot I_R^2$ 이 되며 실제 사용에서는 이 값의 약 2배로 하여 주고 있다.

a. 같은 전압회로에서 부하전류가 커질수록 평활 초크나 저항보다는 콘덴서 용량을 증가시켜야 한다. 그 이유는 초크나 저항은 리플률에만 적용되며 오히려 부하전류 증가에 의한 전압변동률에는 단점이 되기 때문이다.

b. 저항 평활회로는 전력효율을 생각할 필요없는 작은 전력소모의 부하를 위해서만 사용된다. 이는 그 회로가 소형화되기 때문이다.

c. L 과 C로 된 평활회로에서 적정 L값보다 L값을 줄이고 C를 증가시킨다면 그만큼 출력전압변동률은 증가한다.

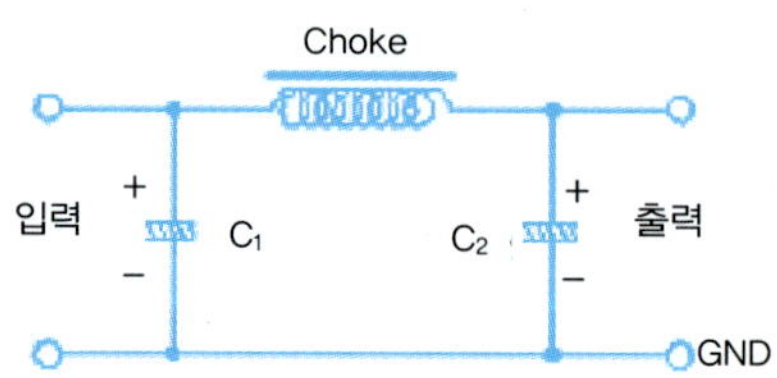

(a) 콘덴서(Condenser) 입력 LC 필터 회로(유형)

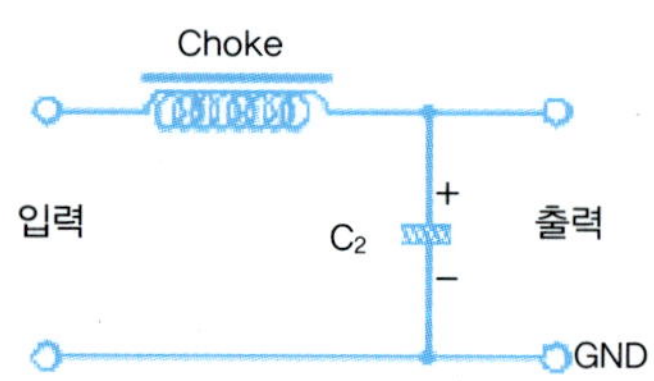

(b) 초크(Choke) 입력 LC 필터 회로

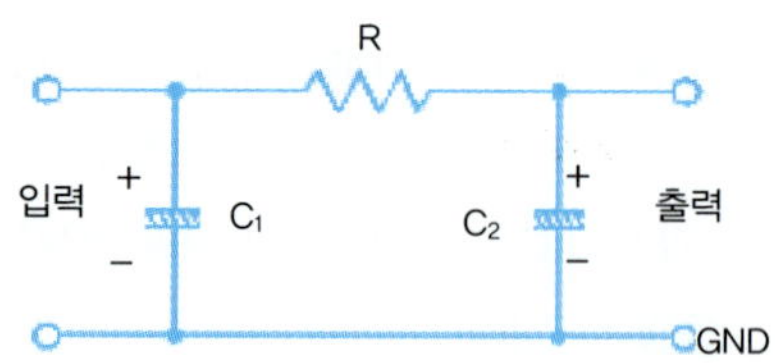

(c) RC에 의한 LPF

[그림 11-5] 평활회로

■ 참고

L과 C로 구성된 평활회로의 L과 C 값의 적정설계(C는 최소한 값임)

- L(인덕턴스) 값의 설계

$$X_L = \frac{1}{K} \cdot \frac{E(\text{초크입력전압 } V)}{I(\text{초크를 통해 흐르는 전류 } A)}$$

여기서 L을 구하면

$$L(\text{henry}) = \frac{1}{K} \cdot \frac{E(\text{volt})}{2\pi\ f \cdot I(\text{Ampere})} \fallingdotseq \frac{E(\text{Volt})}{I(\text{mA})}$$

- C(커패시턴스) 값의 설계

$$C(\mu F) \fallingdotseq \left[\frac{I_L t}{0.5 r_R}\right] \cdot 10^4$$

여기서 I_L = 부하전류(A), r_R = 리플률(%), 맥동주기 t는 60Hz 양파정류이므로

$t = \frac{1}{120\text{Hz}} = 8.3 \times 10^{-3}\text{sec}$이다.

L R과 C로 구성된 Smoothing 회로의 R과 C 값의 적정설계(C는 최소한 값임)

- 저항값의 설계

$$R(\Omega) = K_R \cdot \frac{E(R\text{입력전압 } V)}{I(\text{부하전류 } A)}$$

여기서 $K_R = \frac{25}{100}$이다. 이는 평활저항 R 양단의 전압강하가 R 입력전압의 25%로 설정됨을 말한다.

- 커패시턴스값의 설계

$$C(\mu F) \fallingdotseq \left[\frac{I_L \cdot t}{0.12 r_R}\right] \cdot 10^4$$

여기서 I_L = 부하전류(A)

r_R = 리플률(%)

$t = \frac{1}{120} = 8.3 \times 10^{-3}\text{sec}$이다.

2. 실험 과정

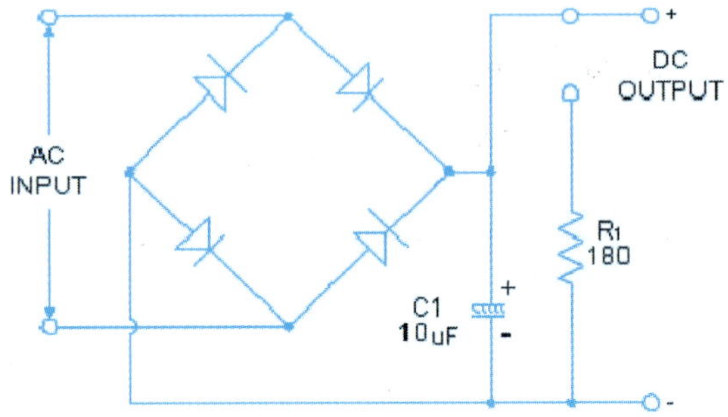

[그림 11-6]
브리지 정류회로

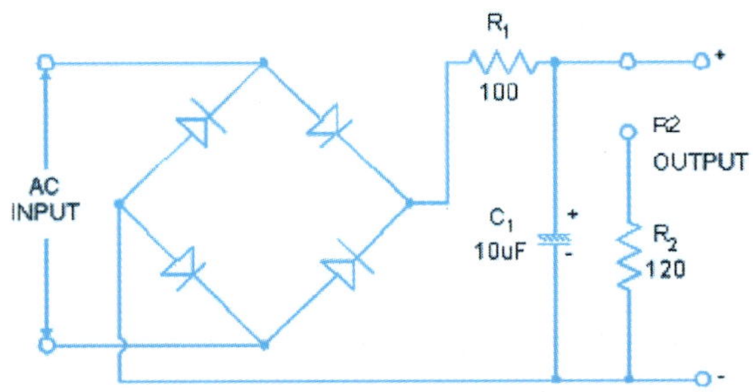

[그림 11-7]
RC 평활회로

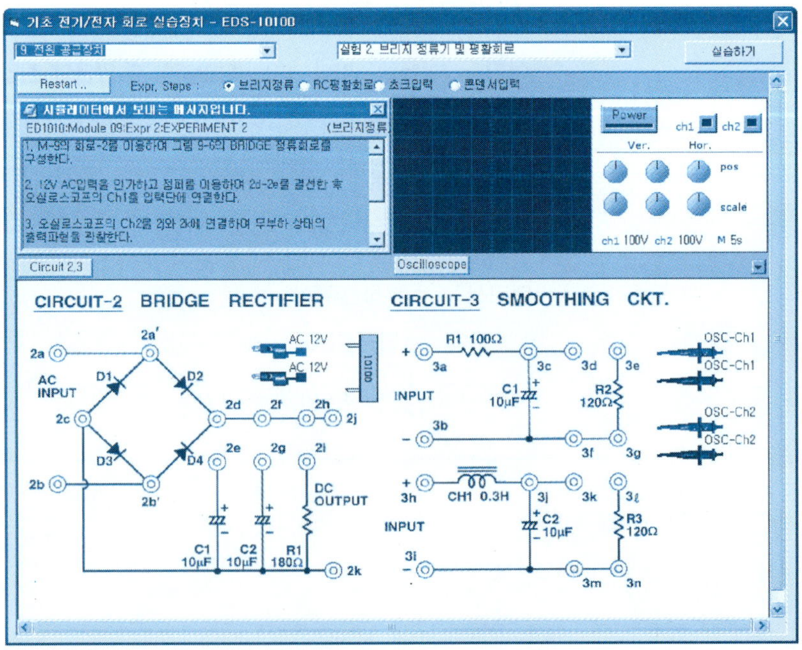

① 브리지정류 Step를 선택하고 (◉ 브리지정류) 회로-2에서 회로를 구성하고 브리지정류 회로의 출력특성을 관찰한다.

② RC 평활회로 Step를 (◉ RC평활회로) 선택하고 회로-2와 회로-3을 사용해서 [그림 11-7]과 같은 회로를 구성한다.

③ 무부하상태에서의 출력파형과 실효전압을 측정하여 〈표 11-3〉의 해당란에 기록한다.

④ 부하를 각각 연결한 후 출력파형과 실효전압을 측정하여 〈표 11-3〉의 해당란에 기록한다.

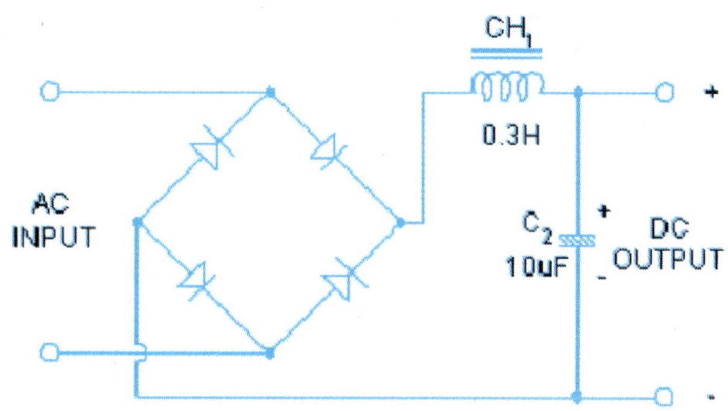

[그림 11-8]
초크입력 정류회로

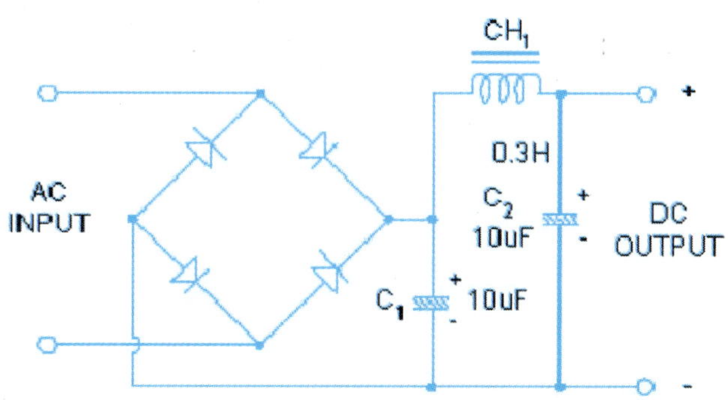

[그림 11-9]
콘덴서입력 정류회로

⑤ 회로-2와 회로-3을 이용하여 [그림 11-8]과 [그림 11-9]의 초크입력 정류회로와 (◉ 초크입력) 콘덴서 입력 정류회로를 (◉ 콘덴서입력) 구성한다.

⑥ 무부하상태에서의 출력파형과 실효전압을 측정하여 〈표 11-4〉의 해당란에 기록한다.

⑦ 부하를 연결한 후 출력파형과 실효전압을 측정하여 〈표 11-4〉의 해당란에 기록한다.

〈표 11-3〉

출력 \ Filter		10μF	20μF
무부하 180Ω	파 형		
	출력 [Vrms]		
부하 90Ω	파 형		
	출력 [Vrms]		

◀비고▶

〈표 11-4〉

출력 \ Filter		초크 입력	커패시터 입력
무부하	파 형		
	출력 [Vrms]		
부하 120Ω	파 형		
	출력 [Vrms]		

◀비고▶

결 론

• 실험 결과에 대해 토의하시오. 〈결론 11-2〉

11-3 정전압 레귤레이터(fixed voltage regulator)

1. 이 론

일반적으로 정밀급 정전압 전원 공급기는 대개 정전류 조정이 가능하도록 하여 과부하 보호기능도 갖도록 설계하고 있다. 예를 들면 30V의 정전압 부하의 장비에 1A 이상의 전류가 흐르게 되면 파손될 우려가 있다고 생각되면 정전류 설정을 1A로 Set시킴으로써 장비의 파손을 방지할 수 있을 것이다.

[그림 11-10]은 정전압 및 정전류 모드의 기능을 갖는 기본회로이다.

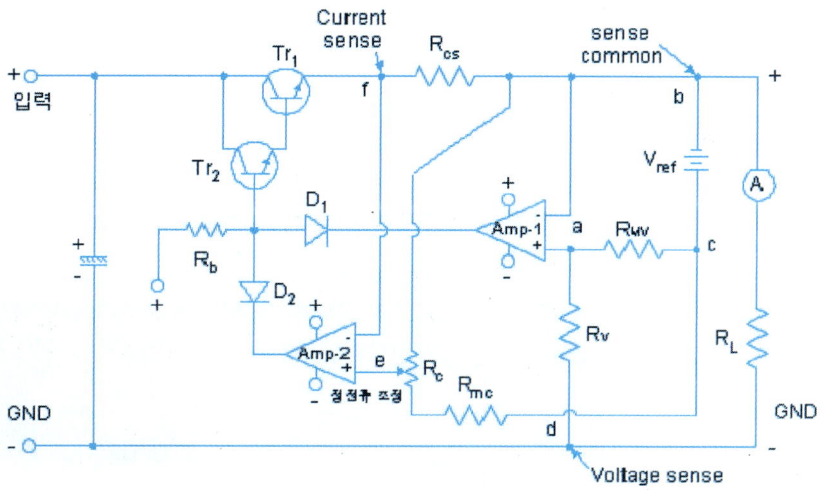

[그림 11-10] 간단한 정전압/정전류회로

회로에서 보면 AMP-1을 중심으로 $D1$, R_V, R_{UV}는 정전압회로이고 기준전압 소스(V_{Ref})는 AMP-2와 공통으로 사용되고 있다. 이 회로에서 $D1$과 $D2$는 AMP-1, AMP-2의 출력이 상호 결합되게 하지 않게 하기 위해 사용되고 있으나 Tr_2의 입력을 위해서는 OR 게이트와 같이 동작되고 있다. 그리고 R_b는 AMP-1 및 AMP-2가 모두 한 방향의 다이오드로 결합되고 있으므로 Tr_2의 베이스 바이어스를 위해 사용되고 있다. 레귤레이터 트랜지스터 Tr_1은 Tr_2와 달링톤 결합되고 있다(실제의 실험회로에서도 내용적으로는 이 회로에서와 같이 달링톤 결합으로 드라이브되고 있다). 그러나, 고정전압 출력을 위한 실험실습 회로는 [그림 11-11]과 같이 보다 간단한 회로를 가지고 진행하기도 한다.

2. 실험 과정

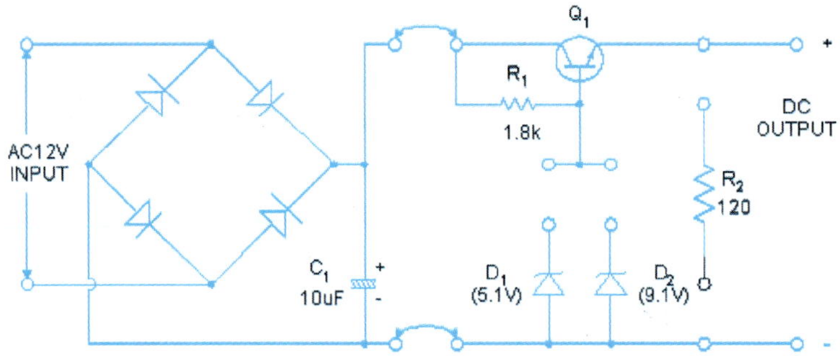

[그림 11-11]
정전압 회로

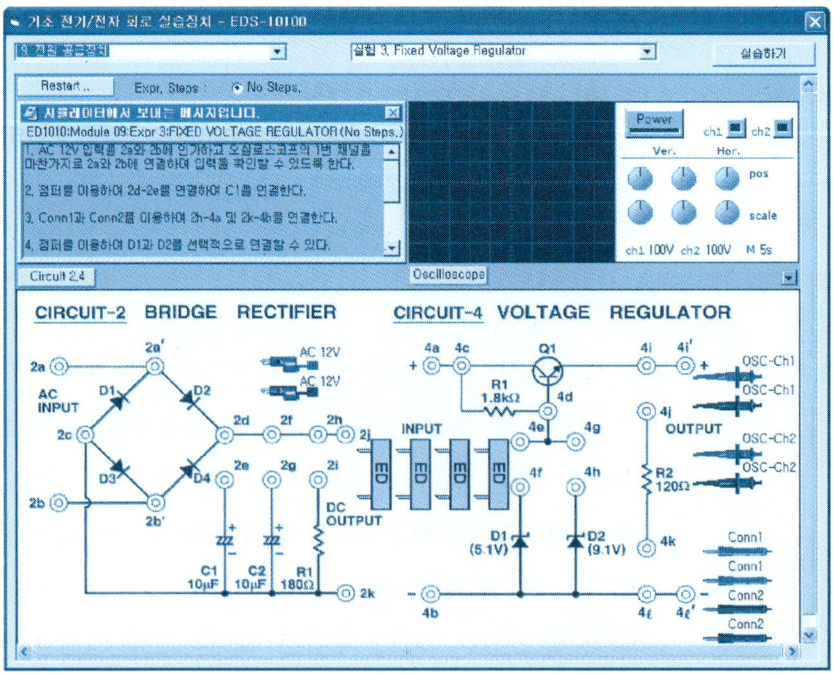

① 회로-2와 회로-4를 이용하여 [그림 11-11]과 같이 정전압 회로를 구성한다.

② 무부하 상태에서 다이오드 $D1$를 연결(즉 4e-4f 연결)했을 때와 다이오드 $D2$를 연결(즉, 4g-4h 연결)했을 때의 출력파형 및 실효전압을 구하여 〈표 11-5〉의 해당란에 기록한다.

③ 120Ω의 부하를 연결한 후 2의 과정을 반복하여라.

〈표 11-5〉

출력 \ V_{ZD}		D1 (5.1V)	D2 (9.1V)
무부하	파 형		
	출력 [Vrms]		
부하 120Ω	파 형		
	출력 [Vrms]		

◀비고▶

결 론

실험 결과에 대해 토의하시오. 〈결론 11-3〉

Chapter 12

발진회로

■ 목적

① RC 발진기의 종류와 동작원리에 대해 실습을 통해 알아본다.

② 윈브리지 발진기와 동작원리를 실습을 통해 알아본다.

③ LC 발진기의 종류와 동작원리에 대해 실습해 본다.

④ 수정 발진기의 동작원리를 실습을 통해 알아본다.

CHAPTER 12

발진회로

12-1 RC 발진기

1. 이 론

정현파 발진기의 발진주파수가 10kHz 이하의 낮은 주파수라면 LC 발진기는 실용적이 못된다. 그 이유는 부피가 크고 값이 비싼 인덕터가 필요하기 때문이다. 탱크회로에 의해 정현파를 발생하는 방법 이외의 다른 방법은 RC 선택 필터를 사용하는 것이다. RC 선택 필터를 이용하는 일반적인 두 가지 예로는 RC 위상변이와 윈브리지 발진기를 들 수 있다.

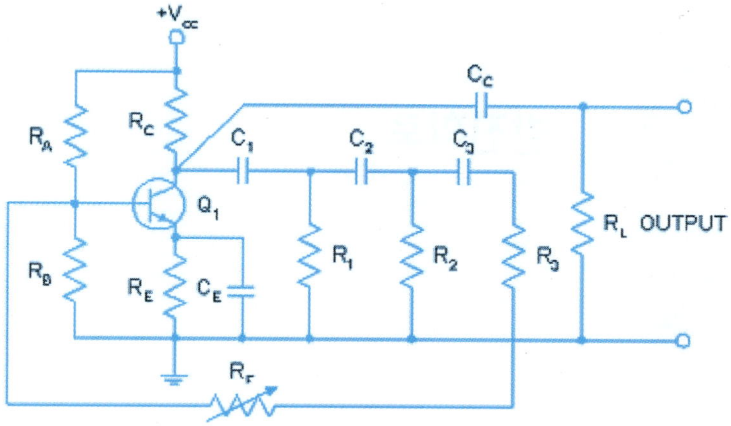

[그림 12-1]
RC 위상변이 발진기

[그림 12-1]은 정현파를 발진하는 회로로 180° 위상변이를 갖는 RC 위상변이 회로망에 단지 한 개의 주파수만이 통과함으로써 이 주파수에 의한 발진이 가능하다. 이 위상변이와 트랜지스터의 입력/출력에서 180° 위상반전이 합쳐지면 바크하우젠 위상변이 필요조건이 만족된다. 따라서 재생효과가 단 한 개의 정현파 주파수에서만 발생하기 때문에 정현파 출력이 가능해진다.

위상변이 회로망은 180° 위상변이가 이루어져야 하기 때문에, 최대 90° 위상변이가 가능한 RC단이 적어도 3개는 있어야 한다. 그러나 실제로 3단보다는 4단이 감쇠가 적으므로 대개는 4단을 사용한다.

RC회로의 감쇠는 전체 폐회로이득이 "1"보다 크도록 트랜지스터의 증폭에 의해 보상이 이루어져야 한다. 그러나 이득이 "1"보다 너무 크면 회로의 안정도가 나빠지기 때문에, 만족할 만한 결과를 얻을 수 있도록 적당한 레벨로 회로의 이득을 조정할 필요가 있다. 이것은 [그림 12-1]에 나타낸 바와 같이 궤환통로에 가변저항을 삽입함으로써 가능해진다. 경우에 따라서는 RC회로망의 손실을 보상하기 위하여 전류이득 $h_{f\pi}$가 매우 높은 트랜지스터가 사용될 때도 있다. 3단 RC발진기의 발진주파수는 3개의 R과 C의 값이 동일할 경우 대략 다음 식으로 근사화된다.

$$f_0 \cong \frac{1}{180° \ RC}$$

RC 위상변이 발진기를 넓은 범위에 걸쳐 주파수 조정을 하려면 여러 개의 저항과 커패시터를 조정하여야 하기 때문에 광역 발진기에서는 사용하지 않는다. 그 밖에 이러한 조정은 또 다른 감쇠를 야기시키기 때문에 이득 조정이 필요하다. 이득 조정을 하지 않을 경우 후단의 폐회로이득이 "1" 이하로 떨어져 발진을 멈추거나 "1"보다 너무 커져서 불안정하게 된다. 이 회로에서는 출력신호가 대체로 5%의 왜곡레벨을 갖는 것이 일반적이다.

2. 실험 과정

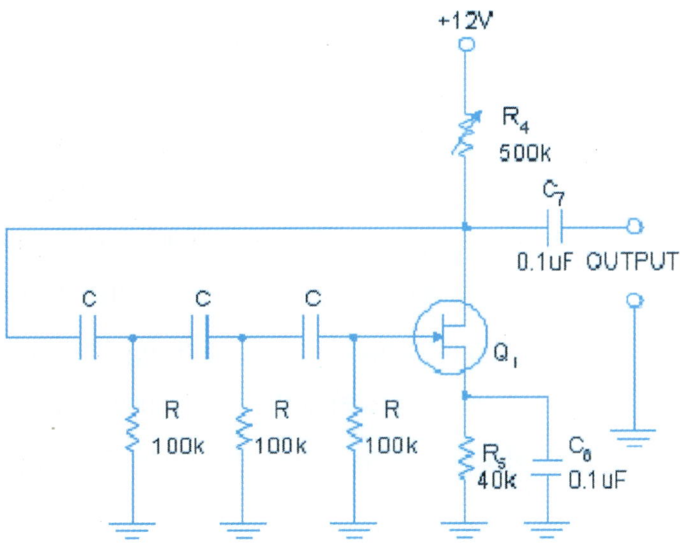

[그림 12-2]
이상 발진기의 기본회로

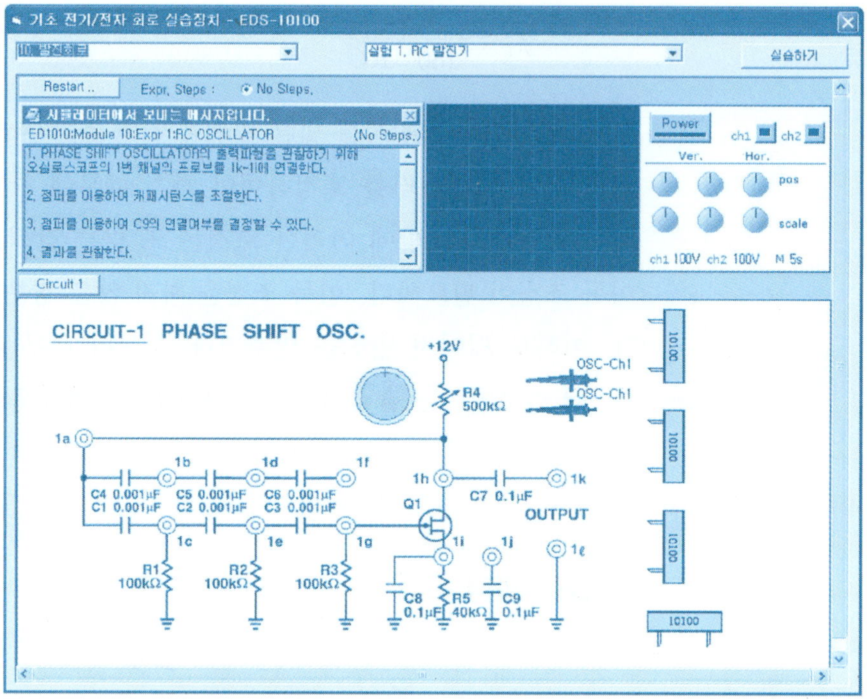

① 회로-1을 이용하여 [그림 12-2]와 같이 회로를 구성한다. [그림 12-2]에서 커패시터 C는 0.001μF, 저항 R은 100kΩ을 사용하고 출력주파수는$1/(2\pi\sqrt{6}\,CR)$가 되게 $R4$를 조정한다.

② 〈표 12-1〉에서처럼 출력주파수를 측정하여 기록하고 출력주파수를 계산하여 기록하여라. 그리고 출력전압을 측정하여 rms로 기록하여라.

③ [그림 12-2]에서 커패시터 C를 0.002μF(1b-1c, 1d-1e, 1f-1g 연결)로 하고 $C9$를 연결(1i-1j연결)하여 과정 2를 반복한다.

〈표 12-1〉

회로 / 출력	실험-1 $C = 0.001\mu F_2$ $R = 100\text{k}\Omega$	실험-2 $C = 0.002\mu F_2$ $R = 100\text{k}\Omega$
출력주파수 [Hz]		
계산주파수 [Hz]		
출력전압 [Vrms]		

◀비고▶

결 론

실험 결과에 대해 토의하시오. 〈결론 12-1〉

12-2 윈브리지 발진기(Wien bridge OSC)

1. 이 론

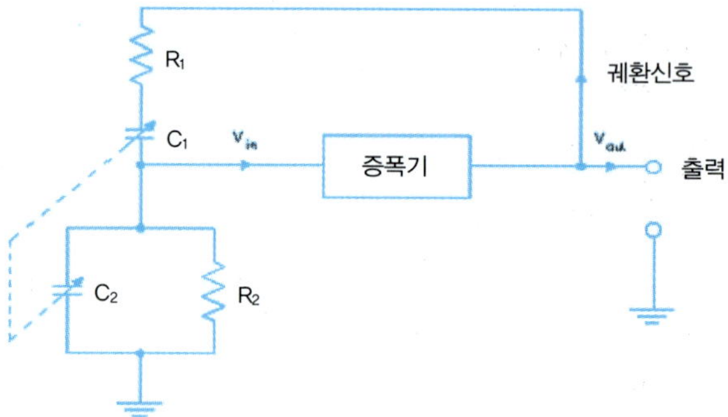

[그림 12-3]
윈브리지 발진기

넓은 범위의 주파수발진과 낮은 왜곡레벨이 요구될 때에는 [그림 12-3]의 윈브리지 발진기를 사용한다. 이 회로는 실험실의 정현파발생기에 쓰이며, 보통 5Hz~500kHz 주파수 범위를 갖는다. [그림 12-3]에서 두 개의 커패시터는 주파수를 가변하는데 사용된다. 여기서 저항과 커패시터는 동일한 값들이고, $C1$과 $C2$사이의 점선은 가변 커패시터 $C1$과 $C2$가 서로 연동됨을 가리킨다(즉 $C1$과 $C2$는 한 개의 조정손잡이에 의해 두 개가 동시에 조절될 수 있도록 기계적으로 연결되어 있다). 또한 필요한 이득을 얻기 위해서 연산증폭기가 주로 사용되어진다.

이 회로의 기본동작은 궤환신호의 위상변이가 영(zero)이 되는 주파수가 단 한 개라는 사실에 있으며, 이 현상은 증폭기의 입력에 가장 큰 진폭으로 궤환되는 주파수에서 발생한다. 직렬 $R1-C1$회로에 궤환되는 아주 낮은 주파수에 대해서는 $C1$이 개방회로가 되므로 V_{in}이 아주 작게 된다. 궤환신호 주파수의 증가와 더불어 V_{in}은 점차 증가하다가 분로 커패시터 $C2$가 단락회로가 되면 V_{in}이 첨두값을 가지게 되며, 이 값은 V_{out}이 V_{in}과 0 위상변이가 되는 주파수에서만 발생함을 알 수 있다. 그러므로 만일 증폭기가 2단의 CE종속이나 연산증폭기와 같이 비반전이면 단일 주파수에서 바크하우젠 조건이 만족되어 안정된 발진이 얻어진다.

직렬/병렬 RC회로의 R과 C가 동일한 값을 가질 때, 최대 궤환신호와 0 위상변이 주파수(발진주파수)는 다음 식으로 나타낸다.

$$f_0 = \frac{1}{2\pi RC}$$

2. 실험 과정

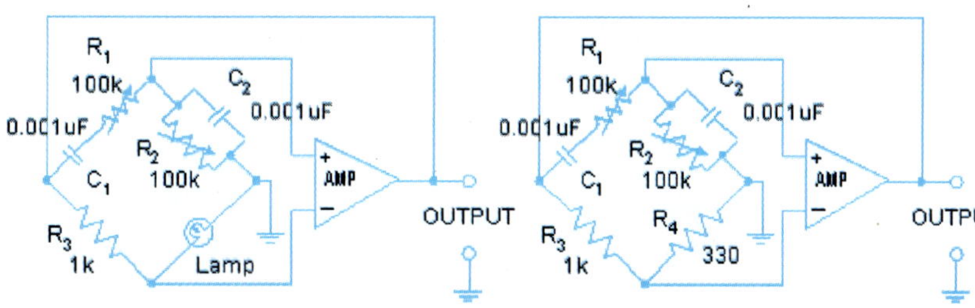

(a) (b)

[그림 12-4] 윈브리지 발진기의 기본회로

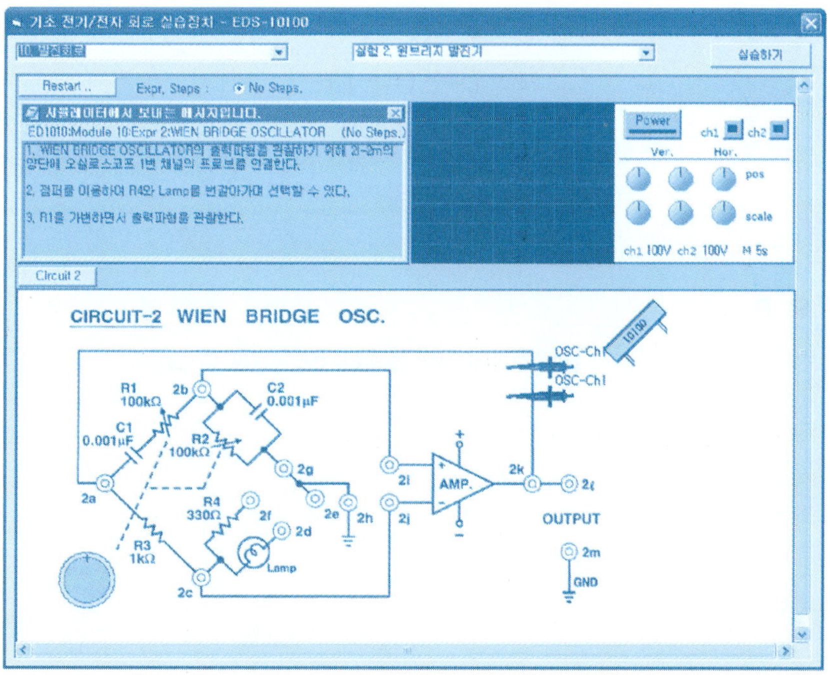

① 회로-2에서 $R1$, $R2$는 최대(100kΩ)로 하고, 램프를 연결(2d-2e 연결)하여 [그림 12-4]의(a) 회로를 구성한다.

② $R1$과 $R2$를 가변하면서 출력단의 최소, 최대 주파수를 측정하여 〈표 12-2〉에 기록하여라. 그리고 무의 출력주파수(CHz)와 무의 출력전압(Vrms)을 해당란에 기록하고 최소 주파수(fo)를 계산하여 기록하여라.

③ 회로-2에서 Lamp대신 $R4$를 연결(2f-2g 연결)하여 [그림 12-4]의 (b) 회로와 같이 구성한다. 그리고 과정 2를 반복하여 해당란에 측정값과 최소 주파수를 기록하여라.

〈표 12-2〉

출력 \ V_{ZD}		(a) 회로 (Rf : Lamp)	(b) 회로(Rf : 330Ω)
주파수[Hz]	최 소		
	최 대		
무의 출력주파수 [Hz]			
무의 출력전압 [Vrms]			
계산 주파수 (최소 f_0)			

◀비고▶

결 론

실험 결과에 대해 토의하시오. 〈결론 12-2〉

12-3 콜피츠 발진기(colpitts OSC)

1. 이 론

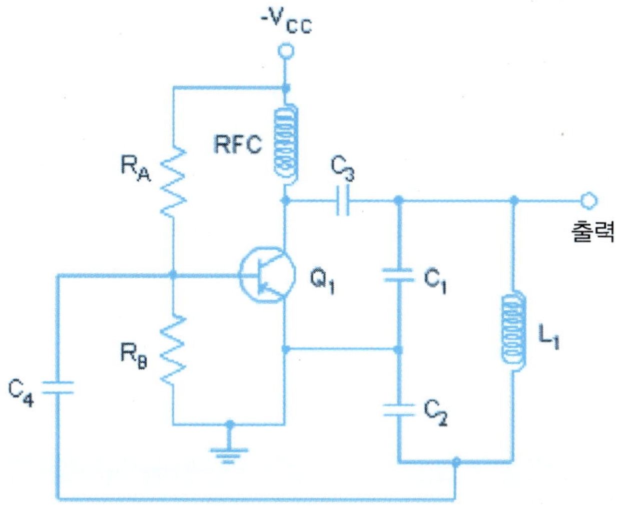

[그림 12-5]
콜피츠 발진기

[그림 12-5]는 콜피츠 발진기를 나타낸 것이다. 이 회로는 탱크회로 소자의 역할이 서로 바뀐 것을 제외하면 하틀레이 발진기와 유사하다. 말하자면 여기서 커패시터는 두 개로 나누어지는 반면, 인덕트는 탭이 없는 단일값을 갖는다. 발진주파수는 대략 $L1$과 $C1$및 $C2$의 직렬 합성용량에 의한 탱크회로의 공진주파수에 의하여 결정된다.

$$f_0 = \frac{1}{2\pi\sqrt{[C1\,C2/(C1 = C2)]\,L1}}$$

콜피츠와 하틀레이 발진기 사이에는 성능상의 차이가 별로 없으며, 이들 중에서의 선택은 편리성이나 경제성에 근거하여 정해진다. 또한 이들 발진기의 가변 출력주파수들은 탱크회로 소자 중의 한 가지 값을 변경시켜 얻을 수 있다.

2. 실험 과정

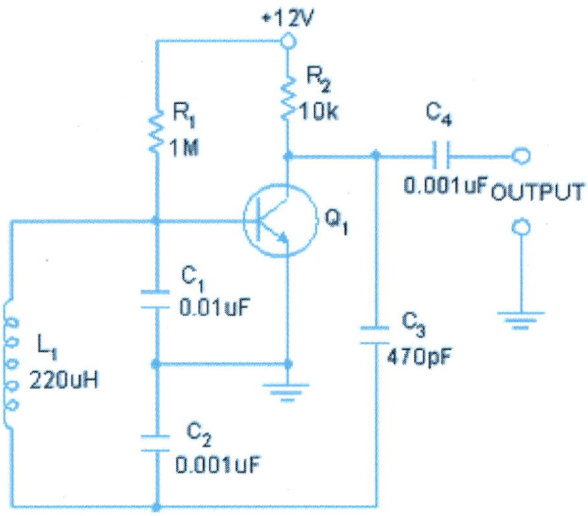

[그림 12-6]
콜피츠 발진기의 기본회로

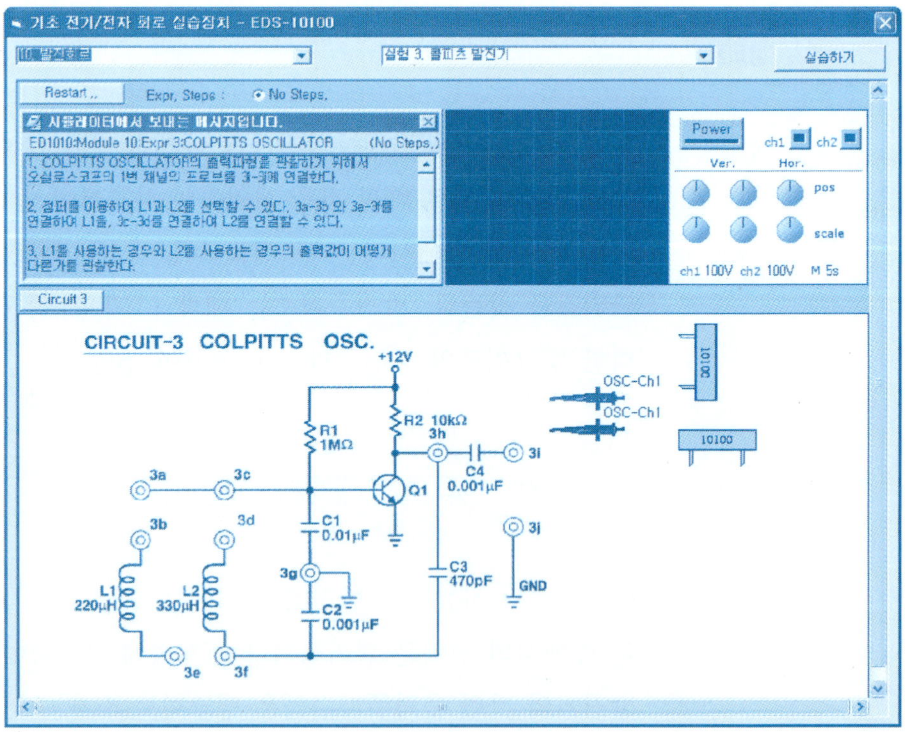

① 회로-3에서 3a-3b, 3e-3f단자를 연결하여(즉 $L1$을 연결하여) [그림 12-6]과 같이 회로를 구성한다.

② 〈표 12-3〉과 같이 출력주파수, 출력전압, 궤환전압($C1$ 양단전압) 그리고 계산주파수를 해당란에 기록하여라. 궤환율은 $(C2/C1) \times 100$이다.

③ 다음에는 $L1$ 연결을 제거하고 3c-3d단자를 연결하여(즉 $L2$를 연결하여) 과정 2를 반복한다.

〈표 12-3〉

회로 / 출력	콜피츠 발진기	
	200 μH	330 μH
출력주파수[KHz]		
출력전압[V_{P-P}]		
궤환전압[V_{P-P}]		
계산주파수[KHz]		

〈비고〉

결 론

실험 결과에 대해 토의하시오. 〈결론 12-3〉

12-4 하틀레이 발진기(Hartley OSC)

1. 이 론

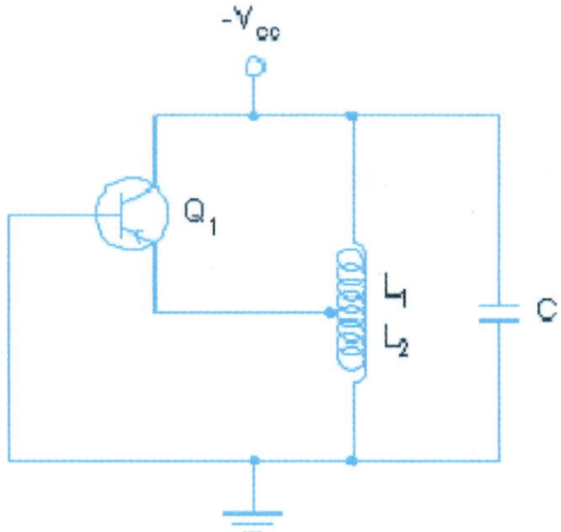

[그림 12-7]
간단한 하틀레이 발진기

[그림 12-7]는 하틀레이 발진기를 간단한 형태로 보인 것이다. 인덕터 $L1$과 $L2$는 중간 탭이 있는 한 개의 인덕터이다. 정궤환은 트랜지스터 출력회로의 $L1$과 베이스-에미터 입력회로쪽의 $L2$ 사이의 상호 인덕턴스 작용에 의하여 얻어진다. 콜렉터회로($L1$)에서 증폭기 신호의 일부가 $L1$과 $L2$로 유도결합에 의하여 베이스에 되돌아온다. CE회로에서 콜렉터와 베이스전압 사이에는 항상 $180°$ 의 위상반전이 생긴다. 또한 트랜지스터의 공통단자인 에미터에 연결되어 있는 인덕터 탭을 기준해서($L1-L2$ 조합) 인덕터의 반대쪽 단자들 사이에서도 또 다른 $180°$ 의 위상반전이 생긴다. 그러므로 이들 둘을 합하면 동상의 궤환조건이 실현되고, 페로이득도 $Q1$에 의하여 얻어진다. 이때 발진주파수는 대략 다음과 같이 주어진다.

$$f_0 = \frac{1}{2\pi\sqrt{(L1+L2)\,C}}$$

그리고 이 발진주파수는 트랜지스터 파라미터와 $L1$과 $L2$ 사이의 결합 계수에 의하여 약간의 영향을 받는다.

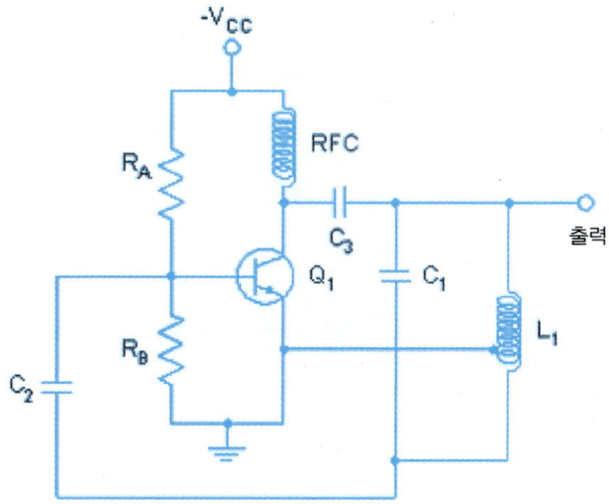

[그림 12-8]
실제의 하틀레이 발진기

[그림 12-8]은 실제의 하틀레이 발진기를 나타내고 있다. 실제 동작할 수 있는 발진기로 제작하기 위해서는 설명을 위해 사용하였던 [그림 12-7]의 간단한 회로에 몇 가지의 회로소자들을 추가해야 한다. 그림에서 저항 R_A와 R_B는 바이어스를 목적으로 사용되었고, 고주파초크(RFC)는 공진주파수에서 개방회로가 되므로 직류 바이어스전류의 통로는 열어주나, 교류전원의 신호는 차단시킨다. 결합커패시터 $C3$는 탱크회로에서 흘러나오는 직류전류를 차단하고 $C2$는 베이스와 탱크회로 사이의 직류결합을 못하게 한다. 그리고 $C1$에 비해 $C2$와 $C3$는 용량이 충분히 크므로 발진주파수에서 단락회로로 간주된다.

2. 실험 과정

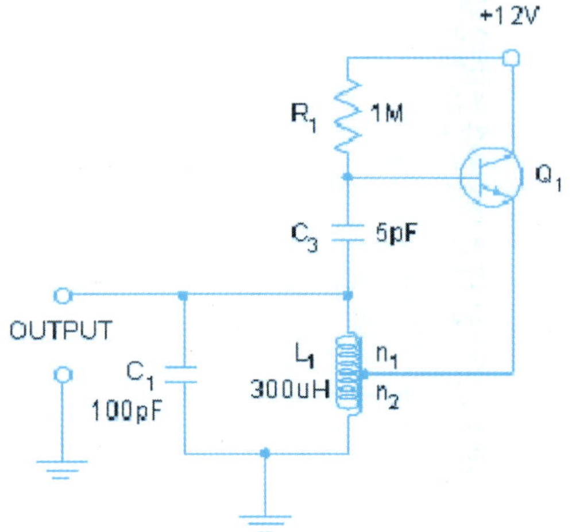

[그림 12-9]
하틀레이 발진기의
기본회로

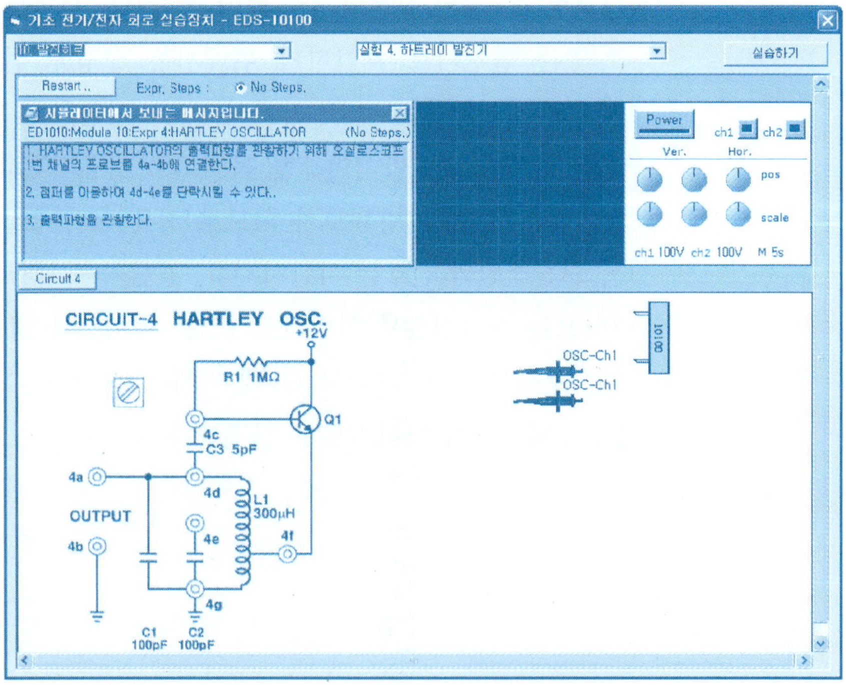

① 회로-4를 이용하여 [그림 12-9]와 같이 회로를 구성한다. 여기서 커패시터는 $C1$만 연결하며 용량은 100pF로 한다.

② 〈표 12-4〉와 같이 출력주파수, 출력전압, 궤환전압(4d-4f간 전압) 그리고 계산 주파수를 해당란에 기록하여라. 궤환율은 $(n_1/(n_1+n_2))\times 100$이다.

③ 다음에는 4d-4e단자를 연결하여 커패시터 용량이 200pF가 되게 하여 과정 2를 반복한다.

〈표 12-4〉

회로 / 출력	하틀레이 발진기	
	100pF	200pF
출력주파수[kHz]		
출력전압[V_{P-P}]		
궤환전압[V_{P-P}]		
계산주파수[KHz]		

◀비고▶

결 론

실험 결과에 대해 토의하시오. 〈결론 12-4〉

12-5 수정 발진기(crystal OSC)

1. 이 론

LC 발진기보다 높은 주파수 안정도가 요구되는 곳에서는 수정 제어 발진기가 이용되고 있다. 수정 발진기는 LC회로의 유도성 소자 대신에 수정의 압전(piezo electric)효과를 사용한 것이다. 수정은 그 자체의 고유 공진주파수를 가지고 있으나, 최적 성능은 외부 커패시턴스와 결합되어질 때 얻어진다. 수정편의 양면에 교면전위를 인가하면 기계적인 진동이 나타나는데, 수정편은 고유의 공진주파수에서 최대 진폭으로 진동을 하게 된다.

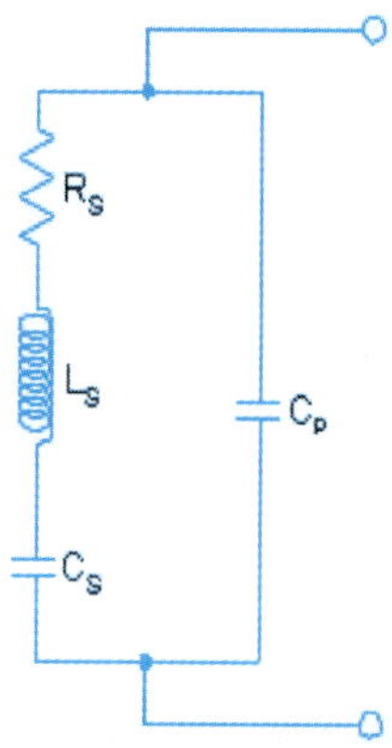

[그림 12-10]
수정편의 등가회로

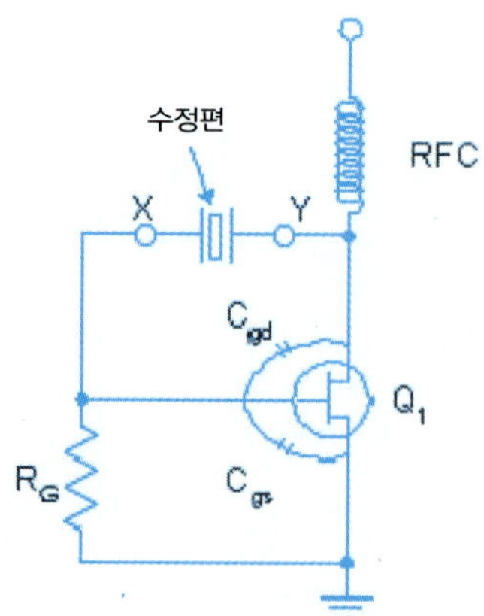

[그림 12-11]
피어스 발진기

수정편의 전기적 등가회로는 [그림 12-10]과 같다. 이 회로는 직렬공진회로(손실 저항을 갖는)와 커패시턴스 C_p를 병렬로 하는 수정편을 나타낸 것이다. 이 두 개의 공진회로(직렬과 병렬)의 공진주파수는 서로 매우 인접(1% 이내)하여 있으므로, 수정편의 임피던스는 좁은 주파수 범위에서 첨예하게 변한다. 이 회로는 매우 높은 Q를 갖는 회로와 등가이며, 실제로 수정편의 Q값은 보통 20,000 정도로부터 10^6까지 크게 할 수 있다. 이것은 Q가 약 1,000 정도가 되는 고품질의 인덕터와 커패시터에 비교할 수 있다. 수정편의 특성이 시간과 온도에 대개 양호한 안정도를 가지기 때문에 비교적 넓은 온도범위에 걸쳐 주파수편차를 ±0.001%로 유지할 수 있다. ±0.001%는 $\pm 10ppne$과 등가이며, 이러한 표현은 아주 적은 분율을 나타내는 데에 적합하다. 또한 수정편이 넓은 온도 변화에 대하여 발진주파수 안정도를 갖게 하기 위해서는 작은 온도제어오븐(oven) 내에 둠으로써 $\pm 1ppne$의 안정도를 얻을 수 있다.

수정편은 천연의 석영을 매우 정밀하게 잘라서 제작하며, 절단하는 방법은 전문적인 기술로서 온도, 특성뿐만 아니라 수정편의 고유 공진주파수를 결정한다. 수정편은 약 15kHz 또는 그 이상의 주파수에서 이용되고 있으며, 주파수가 높을수록 주파수 안정도가 좋아진다. 그러나 100MHz 이상의 주파수에서는 수정편이 너무 얇아지기 때문에 취급상 문제가 뒤따른다.

수정편은 앞에서 논의한 LC발진기 회로소자 중에서 인덕터 대신에 사용되고 있으며, [그림 12-11]은 특별히 수정 발진기를 채용한 피어스 발진기회로이다. 회로에서 FET를 사용하면 FET 자체의 높은 임피던스 때문에 수정편에 부하가 가볍게 걸리며, 좋은 안정도를 가지고 또한 Q가 저하되지 않는 장점이 있다. 이 회로는 본질적으로 콜피츠 발진기와 같으며, 인덕터 대신에 수정편이 사용되었고, 분할 커패시터를 FET의 고유 접합용량으로 대치한 것이다. 이 접합용량들은 일반적으로 적은 값을 갖기 때문에, 이 발진기는 높은 주파수에서만 효과적으로 동작한다.

피어스 발진기의 특별한 이점은 주파수를 변화시키기가 용이하다는 것이다. 이 회로는 동조회로가 없으므로 [그림 12-11]의 회로에서 X와 Y점에 다른 수정편을 삽입함으로써 주파수를 쉽게 바꿀 수가 있다. 이것은 여러 개의 서로 다른 주파수로 동작할 필요가 있는 무선송신기에 유용한 사양이다.

디지털 손목시계의 높은 정확도는 수정 발진기의 높은 주파수 정밀도에 의존하고 있으며 석영박편은 1개월에 수 초 정도의 오차를 갖는다.

2. 실험 과정

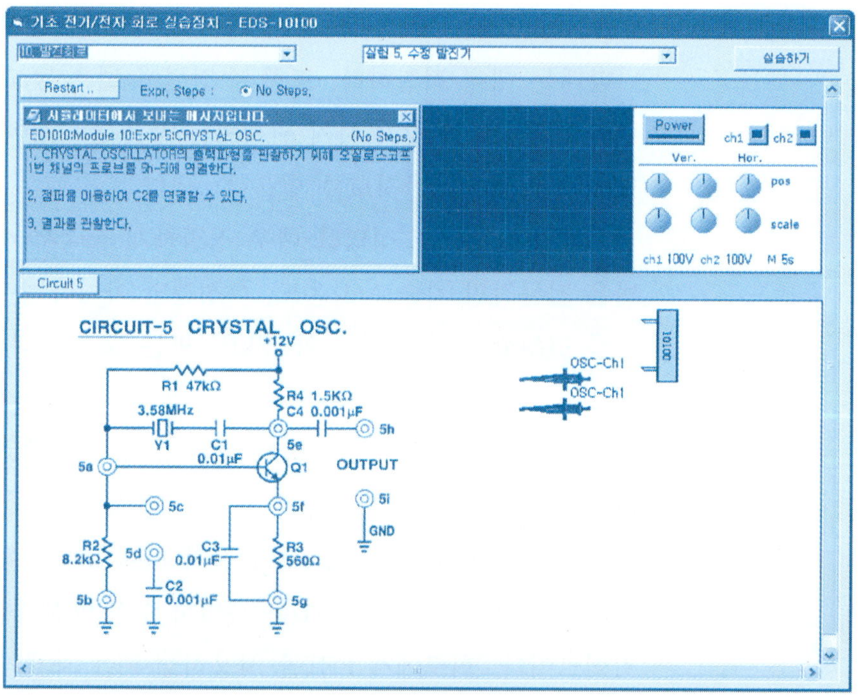

① 회로-5와 같은 피어스 발진기에서 $C2(0.001\mu F)$를 연결하고 출력주파수와 출력전압을 측정하여 〈표 12-5〉에 기록하여라.

② 다음에는 $C2$를 연결하지 않고 출력주파수와 출력전압을 측정하여 〈표 12-5〉의 해당란에 기록하여라.

〈표 12-5〉

측정 / 회로	실험–1 C2 : 0.001μF	실험–2 C2 : Non
출력주파수[kHz]		
출력전압[V_{P-P}]		

◀비고▶

결 론

실험 결과에 대해 토의하시오. 〈결론 12–5〉

Chapter 13

신호변조 및 복조

■ 목적

여러 가지 변조회로와 검파회로의 특성 및 동작 원리를 실험을 통해 알아본다.

CHAPTER 13

신호변조 및 복조

13-1 진폭변조 및 복조회로

1. 이 론

(1) 진폭변조(amplitude modulation)

진폭변조회로로 널리 사용되는 AM 방식은 반송파에 대한 증폭이득을 신호파에 따라서 변화시키는 방식을 말하며 [그림 13-1]의 콜렉터 변조회로는 AM에서 가장 많이 사용하는 회로이다.

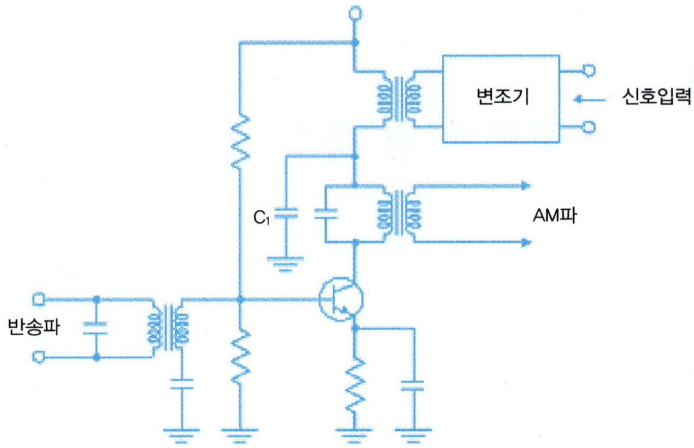

[그림 13-1]
콜렉터 변조회로

[그림 13-1]의 원리는 B급 또는 C급 증폭기에 반송파 입력전압을 걸면 반송파는 증폭되어 콜렉터에 나타나게 되는데, 이때 콜렉터전류를 변조 신호파에 따라서 변화시킨다면 출력반송파의 진폭변화는 신호파의 파형과 거의 같게 된다. $C1$은 반송파의 by-pass(측로) 콘덴서로서 신호파에 대해서는 큰 임피던스를 나타내므로 실제로는 개방회로로 동작한다. 입력신호 주파수 fm은 반송파의 주파수 fc에 비하여 매우 적으므로 반송파의 1주기 동안 신호파의 변화는 무시될 수 있으므로 반송파에 대한 B급 또는 C급 증폭기의 공급전압이 신호파에 따라서 서서히 변화됨을 볼 수 있다. [그림 13-2]는 이러한 콜렉터 변조회로의 동작을 나타내고 있다.

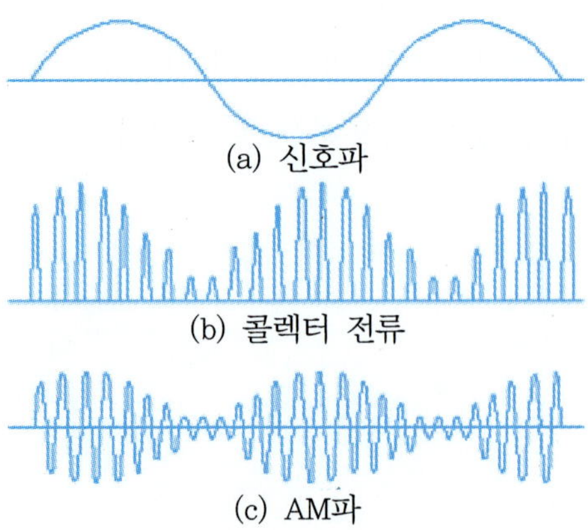

[그림 13-2]
콜렉터 변조회로의 동작

(2) 진폭 복조

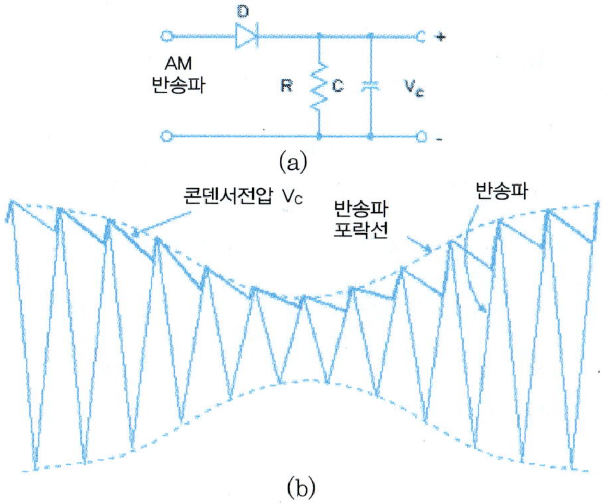

[그림 13-3]
(a) 다이오드 검파기와
(b) 콘덴서에 걸리는
입출력 파형

[그림 13-3]은 다이오드와 RC회로로 구성된 직선검파기로서 AM신호에서 다시 변조신호를 얻을 수 있게 한다.

[그림 13-3]의 동작원리는 먼저 AM파가 다이오드를 통하여 인가되면, 피변조파의 최대 전압이 C에 충전되어 C의 단자전압은 그대로 유지된다. 피변조파의 전압이 C 단자전압 이하인 경우에는 다이오드가 차단상태(OFF)로 되며, 이 상태에서 C의 전하는 저항 R을 거쳐서 방전되므로, 단자전압은 $A_{\ell}^{-\,tlRC}$의 모양으로 서서히 떨어진다.

다시 피변조파 전압이 C의 단자전압보다 커지면 다이오드는 전도상태(ON)로 되어 콘덴서가 재충전된다. [그림 13-3](b)는 이러한 과정이 반복된 경우의 출력전압 파형을 보여준다.

결 론

FM 변조와 AM 복조에 대해 토의하시오. 〈결론 13-1〉

13-2 주파수 변조회로(frequency modulation circuit)

1. 이 론

주파수변조에서 가장 필요한 것은 변조신호의 진폭에 비례하는 주파수의 편이를 만드는 것이며, 여기에는 여러 가지 방법이 개발되어 있다. 여기에서는 주로 사용되는 매개변수 변화방법과 암스트롱(Armstrong) 방법에 대해서 설명한다. 매개변수 변화방법은 발진기의 동조회로에 콘덴서나 코일을 넣어서 발진주파수를 음성신호에 따라 변화시키는 방법으로써 바렉터 다이오드(가변용량 다이오드)를 이용한 회로이다.

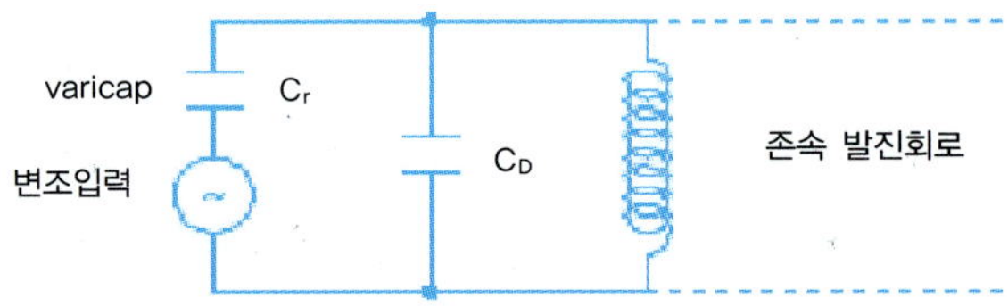

[그림 13-4]
배리캡(Varicap : Voltage Variable Capacitor)을 사용한 FM변조회로

[그림 13-4]에서 보여주는 바렉터 다이오드 회로도는 변조신호에 의하여 C_r에 걸리는 전압이 변화하게 되고, 이는 C_r값을 변화시킨다. 또한 C_r의 변화는 발진주파수를 변하게 하는 요인이 된다. 즉 용량이 변화되면 발진주파수도 변화되어 결국 발진주파수는 변조신호의 전압에 따라서 결정된다. 이렇게 발진기의 주파수가 변조신호의 전압에 따라 조절되는 것을 전압제어 발진기(Voltage Controlled Oscillator ; VCO)라 한다. 발진주파수는 다음과 같다.

$$f = \frac{1}{2\pi\sqrt{LC}}$$

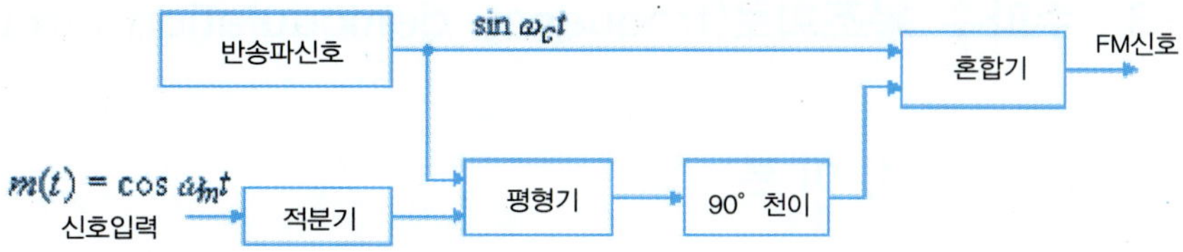

[그림 13-5]
암스트롱 FM 변조방식

또한, 간접적인 주파수 변조방식인 암스트롱방식은 [그림 13-5]와 같이 수정발진에 의한 반송주파수와 신호입력을 적분회로를 통해서 평형변조기 출력을 90° 변조한 것을 혼합기에서 벡터합성함으로써 등가적인 FM파를 얻을 수 있다.

결 론

FM 변조에 대해 토의하시오. 〈결론 13-2〉

13-3 주파수 복조회로(frequency demodulation circuit)

1. 이 론

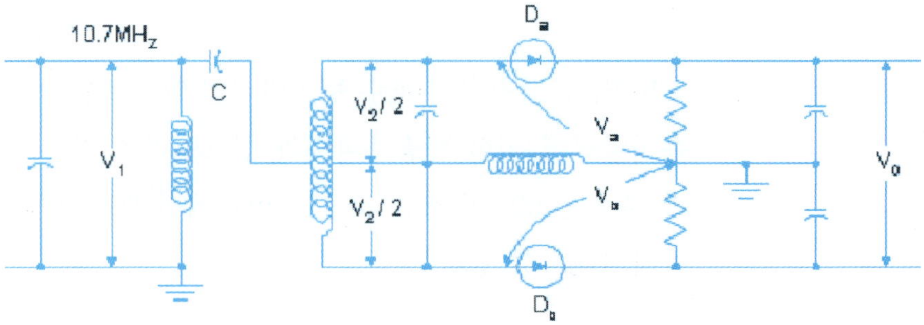

[그림 13-6]
포스터 실리 변별기

주파수변조파에 실린 신호를 재생하려면 주파수의 변화에 비례하는 전류 또는 전압을 얻으면 된다. 이러한 작용을 하는 회로를 주파수 판별기(discriminator)라 하며, 입력주파수의 변화를 일단 진폭의 변화로 바꾸어 FM파를 AM파로 변환한 다음에 직선검파를 하도록 하는 원리로 [그림 13-6]에 포스터 실리 변별기를 보여준다. 포스터 실리 변별기의 트랜스의 1차 및 2차는 모두 반송 주파수에 동조되어 있고 똑같은 Q값을 가지고 있다. 결합 콘덴서 C는 동작주파수에서는 리액턴스가 무시되는 저지콘덴서(blocking capacitor)로 동작하며 동작원리는 다음과 같다. 전압 V_a와 V_b는 아래와 같이 주어진다.

$$V_a = V_1 + \frac{V_2}{2} \qquad V_b = V_1 - \frac{V_2}{2}$$

공진주파수 근처에서 출력전압은 V_1과 V_2의 벡터결합으로 이루어지며 벡터도(vector diagram)는 [그림 13-7]과 같다.

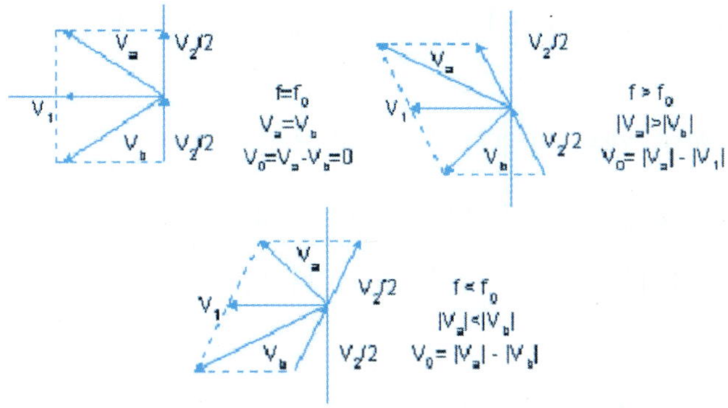

[그림 13-7]
벡터도(vector diagram)

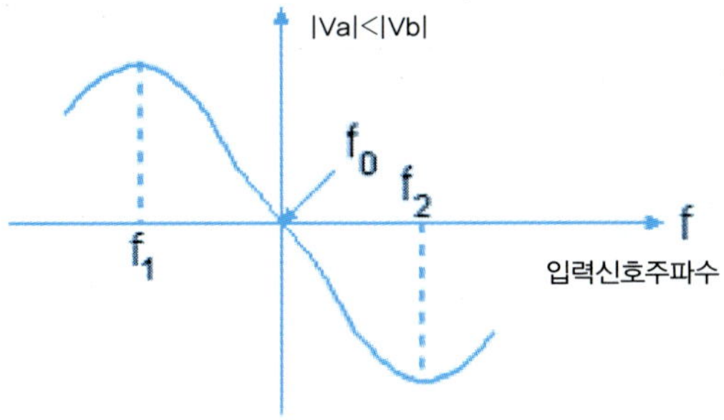

[그림 13-8]
변별기의 특성곡선

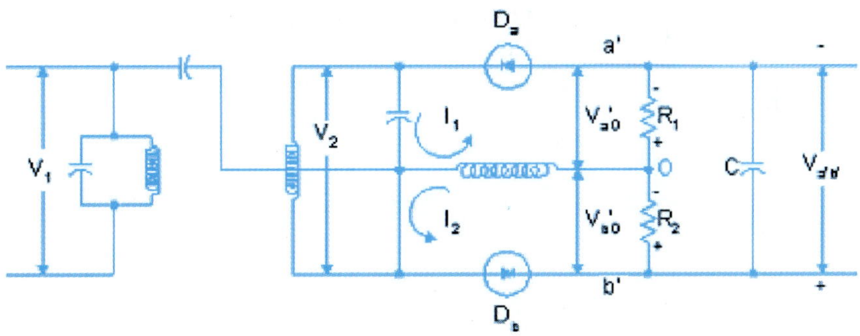

[그림 13-9]
기본 비검파기 회로

$V_a - V_b$는 S 커브 내에 있을 때 [그림 13-8]과 같이 거의 직선적으로 변화한다. [그림 13-9]는 비검파기(ratio detector)를 보여준다. 비검파기는 포스터 실리 회로를 약간 변경하여 입력신호의 진폭변동에 민감하지 않도록 꾸며진 것으로 다음과 같이 해석된다.

$$V_{a}'{}_{0} - V_{b}'{}_{0} = V_{a}'{}_{b}' \qquad V_{a}'{}_{0} = V_{b}'{}_{0} = V$$

위와 같은 관계식에서 중심주파수에서 $V_{a}'{}_{b}'$값은 $2V$가 된다. 입력신호가 다음과 같이 변화되었다고 하면 출력은 $+2V$가 되지만, $R1$과 $R2$에 걸리는 전압은 변화되지 않는다.

$$V_{ao}' = V + \nabla V = AV \qquad V_{bo}' = V - \nabla V = BA$$

따라서 V_{ao}'와 V_{bo}'의 비는 일정하고 입력신호의 진폭에는 무관하다. 즉, 다음과 같은 관계식이 성립한다.

$$\frac{V_{ao}'}{V_{bo}'} = \frac{A}{B}$$

결 론

FM 복조에 대해 토의하시오. 〈결론 13-3〉

Chapter 14

펄스 회로

■ 목적

① 펄스 회로의 동작특성과 입출력 관계를 실험을 통해 알아본다.

② 슈미트 트리거에 의한 구형파 발생원리를 알아본다.

③ 멀티바이브레이터(쌍안정, 단안정, 비안정)에 의한 펄스 발생의 동작원리를 실습을 통해 알아본다.

CHAPTER 14

펄스 회로

14-1 클리핑 회로(clipping circuit)

1. 이 론

어떤 기준레벨보다 높은 부분이나 낮은 부분 등 임의의 파형부분만을 전송하기 위하여 사용하는 회로를 클리핑(clipping) 회로, 리미터 또는 진폭제한회로라고 한다.

(1) 클리핑 회로

[그림 14-1](a)에서 다이오드의 부분적인 선형모델을 이용하면 그림(b)의 전달특성을 얻는다. 다이오드의 임계(혹은 차단오프셋)전압 V_r에 비하여 입력전압 v_i가 $v_p \le V_r + V_R$일 때, 다이오드 전압은 $v < V_r$로 되어 다이오드는 차단상태가 된다. 이때 저항 R에는 전류가 흐르지 않으므로

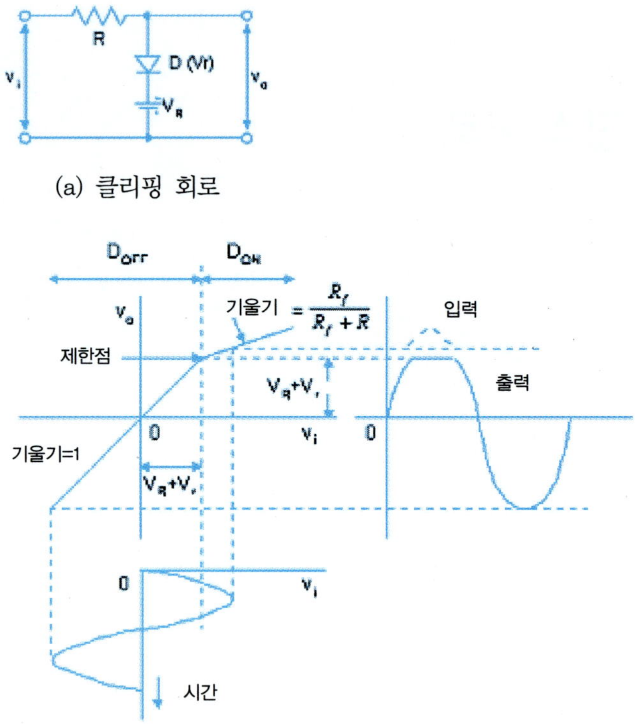

(b) 클리핑 회로의 전달특성

[그림 14-1]
다이오드 클리핑 회로와 전달특성

출력 v_o는 $v_o = v_i$가 된다. 여기서 입력신호가 (-)값으로부터 $V_R + V_r$까지의 범위에서는 전송특성곡선의 기울기가 1인 직선이어야 한다. 다음에 입력신호 v_i가 $v_p \geq V_R + V_r$로 커지면 D는 도통되어 내부저항 R_f인 전지 V_r로써 동작하게 된다. 이때 출력전압 v_o는 다음과 같다.

$$v_o = V_p \frac{R_f}{R + R_f} + (V_R + V_r)\frac{R}{R_f + R}$$

즉 입력에서의 증가분 Δv_i는 감소되고, 출력측에 증가분으로 나타나는 Δv_o는 다음과 같다.

$$\Delta v_o = \Delta v_i \frac{R_f}{R_f + R}$$

이것은 전송곡선에서 $v_p > V_R = V_r$에 대한 기울기 $R_f/(R_f + R)$의 직선 부분임을 알 수 있다. [그림 14-1](b)의 입력신호의 진폭은 만곡점보다 훨씬 큰 파형이므로 출력신호의 진폭은 (+)의 일부분이 깎이게 된다. 이것은 입력신호의 (+)최대치의 잘림을 나타내는 것이 되는데, 만약 $R_f > R$이면 잘린 부분의 정도가 더욱 심하게 되어 출력신호의 최대값은 $V_R + V_r$로 제한된다. 보통 $V_R \gg V_r$이므로, V_R만을 기준전압으로 하여도 된다.

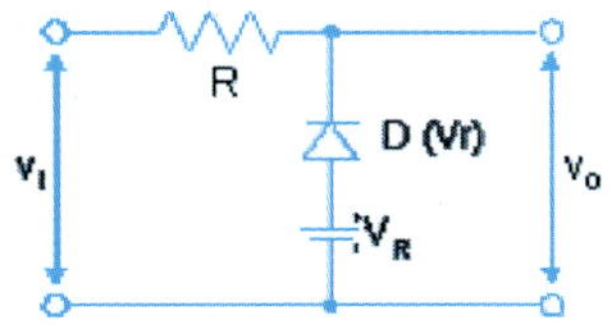

(a) 클리핑 회로

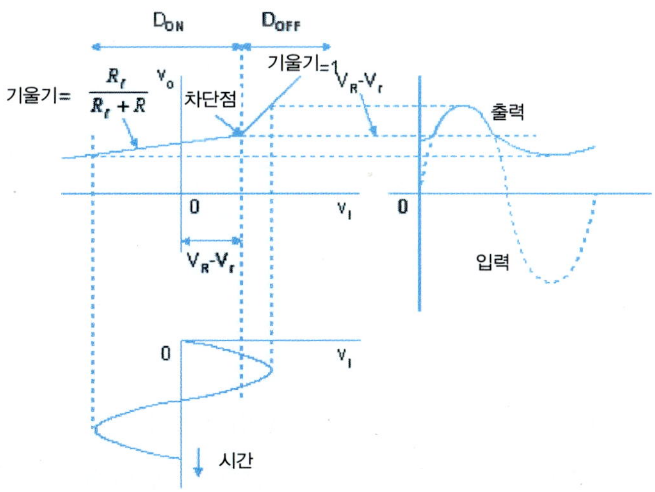

[그림 14-2]
클리핑 회로와 전달특성

(b) 회로의 전달특성

[그림 14-2](a)의 클리핑 회로는 앞의 경우와는 반대로 다이오드가 접속되어 있다. 전달특성에 부분적인 선형모델을 적용하면 그림(b)의 특성을 얻는다. 이 회로에서는 입력신호가 $V_R - V_r$보다 큰 (+)인 선형부분은 감쇠없이 전송되지만, (+)전압보다 낮은 부분은 출력되지 않는다. [그림 14-1](b)와 [그림 14-2](b)에서 다이오드 역방향저항 R_r은 $R_r \gg R$로 가정한다. 이 조건을 만족하지 않는 회로는 전달특성이 수정되어야 하는데, 기울기가 1인 직선부분은 $R_r/(R_r+R)$의 기울기를 갖는 것으로 대치해야 하고, 다이오드 클리핑 회로의 전송에서는 $R_r \gg R$이어야 한다. 일반적으로 흔히 사용되고 있는 다이오드 클리핑 회로를 [그림 14-3]에 나타내었다. 이 회로의 동작을 간단히 하기 위하여 다이오드는 이상적인 것으로 내부저항을 무시하였다. 즉 다이오드는 이상적인 ON-OFF 스위치로써 동작한다고 가정한다.

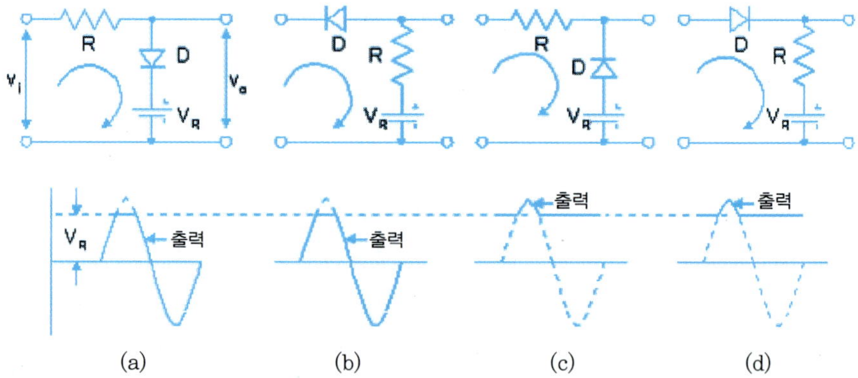

[그림 14-3]
병렬 클리핑 회로와 직렬 클리핑 회로

[그림 14-3](a)의 회로에서 입력전압 v_i가 기준전압 V_R보다 작을 때 D는 차단상태, 즉 개방회로와 같으며, 입력전압 v_i가 V_R보다 클 때 다이오드는 도통상태에 있으며 실제로 단락회로로써 동작한다. 따라서 출력 v_o는 다음과 같다.

$$v_o = V_i(v_i < V_R). \quad v_o = v_R(v_i > V_R)$$

입력신호를 정현파로 가한 경우를 [그림 14-3]의 아래에 표시하였다. 위 식의 클리핑파형은 입력파형에서 기준전압 V_R 이상의 부분을 잘라낸 파형으로 출력측에 나타난다. [그림 14-3](c)는 D의 극성을 반대로 한 회로이다. 이 회로에서 $v_i < V_R$일 때 D는 도통상태에 있고, $v_i > V_R$일 때 차단상태로 된다. 따라서 이 경우의 출력 v_0는 다음과 같다.

$$v_o = V_R(v_i < V_R). \quad v_o = v_i(v_i > V_R)$$

그림에서 보는 바와 같이 출력파형은 입력파형의 기준전압 V_R 이하의 부분을 잘라낸 모양으로 나타난다. 이와 같이 [그림 14-3](a), (c)를 병렬형 클리핑 회로라고 한다. 또 [그림 14-3](b),(d)는 다이오드를 신호의 전송로에 직렬로 넣어서 클리핑 회로를 구성하였으므로, 이를 직렬형 클리핑 회로라고 한다.

(2) 슬라이스(Slice or limitter) 회로

두 개의 기준전압 V_{R1}과 V_{R2}사이의 신호성분만을 전송하기 위하여 다이오드쌍으로 된 다이오드 클리핑 회로를 슬라이스(진폭제한)회로라고 한다. 이 회로는 병렬-직렬 또는 직렬-병렬 연결로써 구성할 수 있는데, [그림 14-4](a)는 병렬인 경우로써 전송특성곡선은 $v_o = v_4 = V_{R1}$과 $v_o = v_4 = V_{R2}$인 두 개의 만곡점을 가지고 있고, 다음과 같은 특성을 갖는다. 여기서 $V_{R2} > V_{R1} \gg V_r$이고 $R_f \ll R$로 한다. 입력전압 v_i가 다음과 같을 때 출력전압과 다이오드의 상태는 다음과 같다.

입력신호 V_i	출력신호 V_o	다이오드 상태
$V_i \leq V_{R1}$	$V_o = V_{R1}$	D1 : ON, : OFF
$V_R \leq V_i \leq V_{R2}$	$V_o = V_i$	D1 : OFF, : OFF
$V_i \geq V_{R2}$	$V_o = V_{R2}$	D1 : OFF, : ON

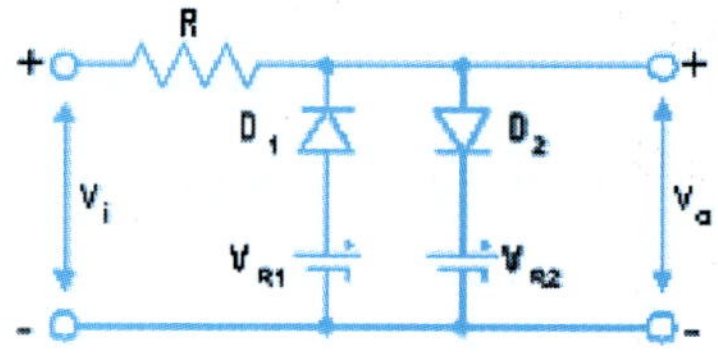

(a) $V_{R2} > V_{R1}$ 인 두 개의 기준 전압을 가진 슬라이스 회로

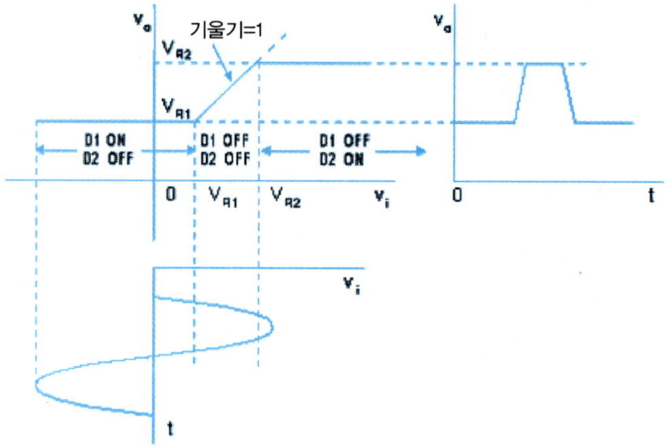

[그림 14-4]
슬라이스 회로

(b) 회로의 전달특성

이 슬라이스회로는 정현파신호로부터 구형파를 얻기 위하여 사용되는데, 대칭인 구형파를 얻으려면 V_{R1}과 V_{R2}의 절대값이 같고, 극성이 반대이어야 한다. 이 조건에서 전달특성곡선을 원점을 지나고 입력파형은 위와 아래 부분이 대칭으로 잘리게 되는데, 입력신호의 진폭이 기준전압 V_{R1}과 V_{R2}의 차이보다 훨씬 크면 출력신호는 구형파로 된다.

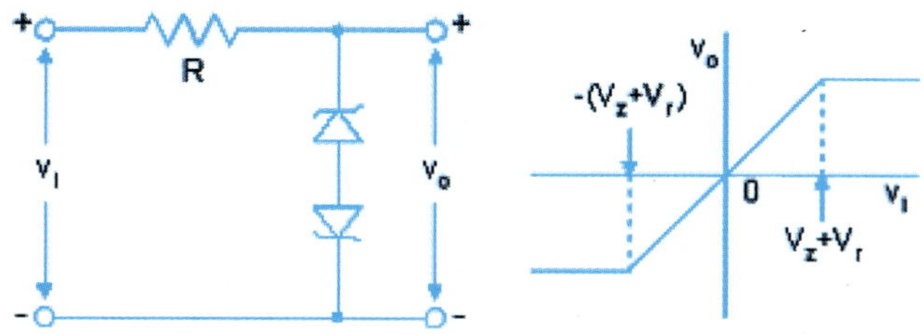

(a) 슬라이스 회로 (b) 전달특성

[그림 14-5]
제너 다이오드를 사용한 슬라이스 회로

또 제너 다이오드를 [그림 14-5](a)와 같이 반대로 직렬연결하면 [그림 14-5](b)와 같은 특성을 가진 클리퍼(clipper)로 동작한다.

다이오드가 동일한 특성을 가지면 대칭인 진폭제한기가 얻어진다. 제너 다이오드의 항복전압이 V_k이고, 차단전압이 V_r이면 [그림 14-5](b)의 전달특성이 얻어진다.

2. 실험 과정

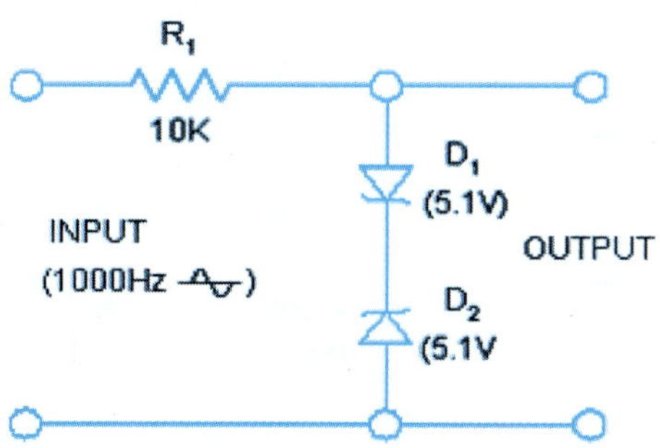

[그림 14-6]
클리핑 회로 1

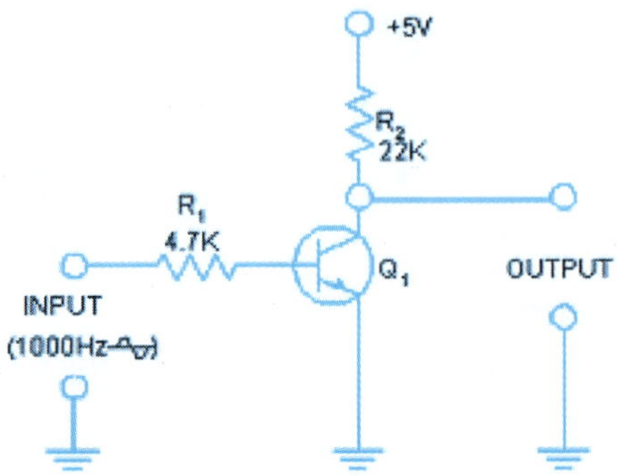

[그림 14-7]
클리핑 회로 2

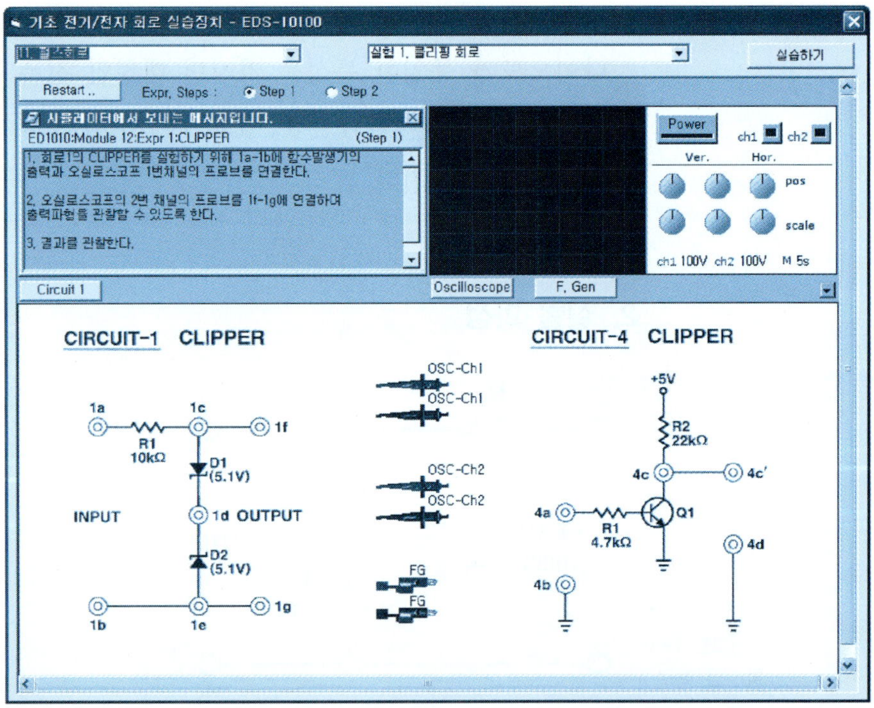

① Step1을 선택하고, 회로-1에서 [그림 14-6]과 같이 회로를 구성하고 입력은 사인파(sine wave) 1000Hz로 한다.

② 〈표 14-1〉에 주어진 것과 같이 각각의 입력전압에 대하여 1f-1g 양단의 출력전압을 측정하여 해당란에 기록하여라. 그리고 출력파형을 확인하고 입력파형과 비교하여라.

③ Step2를 선택하고, 회로-4에서 [그림 14-7]과 같이 회로를 구성하고 입력은 사인파 1000Hz로 한다.

④ 〈표 14-2〉에 주어진 것과 같이 각각의 입력전압에 대하여 4c'-4d 양단의 출력전압을 측정하여 해당란에 기록하여라. 그리고 출력파형을 확인하고 입력파형과 비교하여라.

〈표 14-1〉

입력전압[V_{P-P}]	5	10	15	20
출력전압[V_{P-P}]				
출력파형				

◀비고▶

〈표 14-2〉

입력전압[V_{P-P}]	5	10	15	20
출력전압[V_{P-P}]				
출력파형				

◀비고▶

결 론

실험 결과에 대해 토의하시오. 〈결론 14-1〉

14-2 슈미트 트리거 회로(Schmitt trigger circuit)

1. 이 론

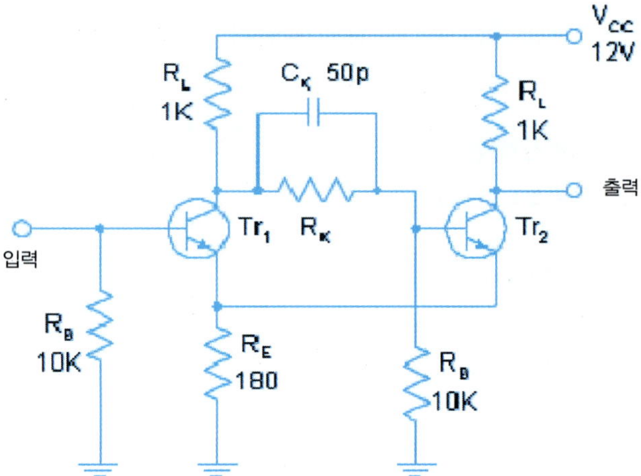

[그림 14-8]
슈미트 트리거 회로

슈미트 트리거 회로는 전압 레벨의 검출, 파형의 정형 등에 쓰인다. 일반적으로 [그림 14-8]과 같이 2개의 트랜지스터가 저항 분할 및 에미터 결합에 의해서 결합되어 있다. 입력, 즉 Tr_1의 베이스 전위가 낮을 때에 Tr_1은 OFF, Tr_2는 ON이 되어 있고, R_E에는 Tr_2의 에미터 전류가 흘러 Tr_1의 에미터 전위가 높아져서 Tr_1이 OFF가 된다. 또, Tr_1의 콜렉터가 고전위이기 때문에 R_L를 통하여 Tr_2에 베이스 전류가 흘러 Tr_2가 ON이 되어 Tr_1은 OFF, 결국 Tr_2는 ON의 안정상태에 있게 된다.

여기서 입력전압이 서서히 증가하여 $(V_{\underline{RE}} + V_{\underline{F}})$를 넘었을 때 Tr_1의 베이스 전류가 흐르기 시작하여 콜렉터 전압이 내려가기 시작하면, Tr_2의 베이스 전류가 감소하고, 에미터 전류도 감소한다. 그 때문에 Tr_1의 에미터 전압이 내려가기 시작하여 Tr_1의 베이스 전류는 급속히 증가하게 된다.

이와 같은 정궤환 작용에 의해 순간적으로 Tr_1이 ON, Tr_2가 OFF로 상태가 반전된다. 이 상태에서 이번에는 Tr_1의 에미터 전위는 R_k와 Tr_1의 에미터 전류에 의해서 정해지는 값이 된다. 다음에 입력전압이 내려가 이 전압보다 내려가면 Tr_1이 OFF가 되어, 전과는 반대로의 정궤환이 작용하여 순간적으로 Tr_1이 OFF, Tr_2가 ON인 원래의 상태로 되돌아간다.

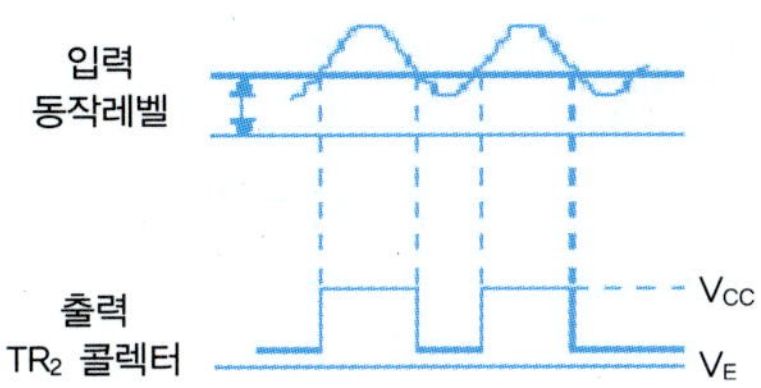

[그림 14-9]
슈미트 트리거 회로의 입출력 파형

이 상태를 입출력 파형으로 보이면 [그림 14-9]와 같이 된다. 여기서 동작 레벨은 $(V_{BE}+R_E I_E)$가 되므로, Tr_1, Tr_2각각의 부하저항을 다르게 하여 에미터 전류를 바꿈으로써 반전할 때의 동작 레벨과 원상 회복할 때의 동작 레벨을 다른 값이 되게 할 수도 있으며, 이 차이를 히스테리시스 전압이라 한다.

슈미트 트리거 회로는 어떤 설정 레벨에 이른 신호만을 검출한다든가, 임의의 파형을 구형파로 바꾼다던가, 왜곡된 펄스를 정형하는 데 사용한다.

2. 실험 과정

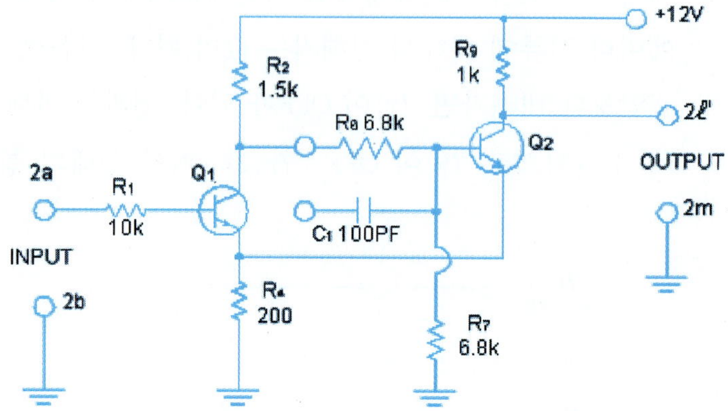

[그림 14-10]
슈미트 트리거 실험회로 1

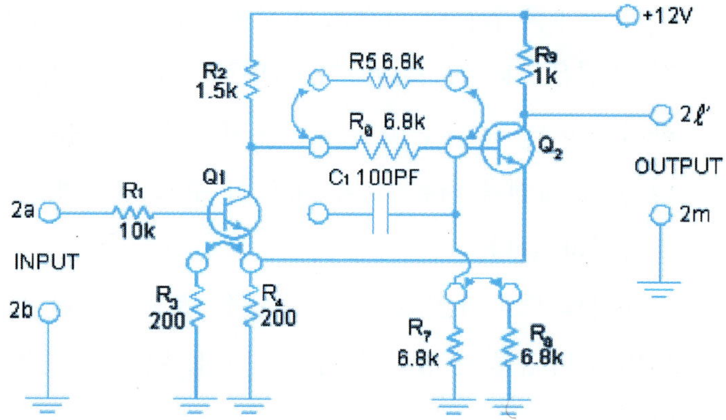

[그림 14-11]
슈미트 트리거 실험회로 2

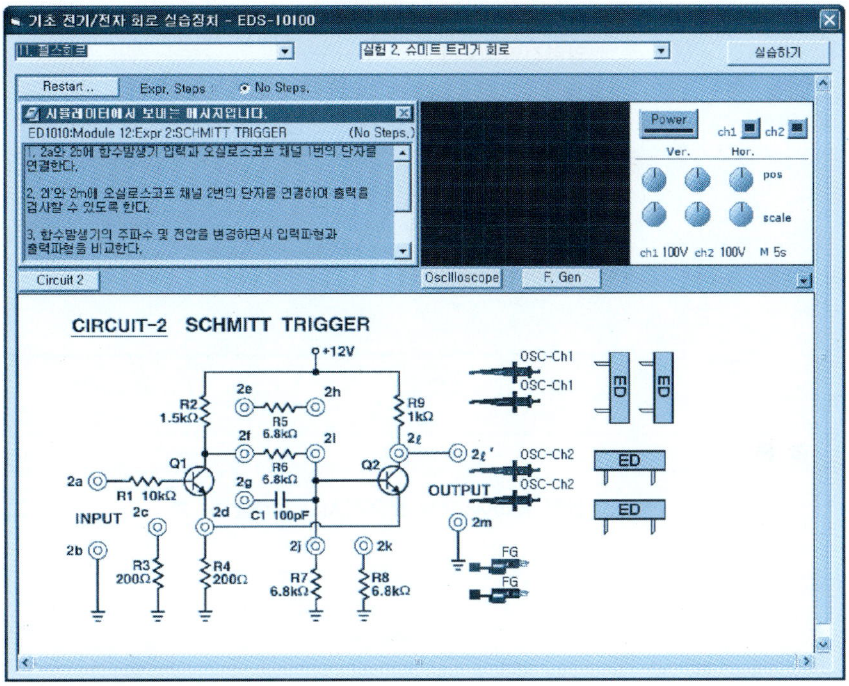

① 회로-2를 이용하여 [그림 14-10]과 같이 회로를 구성한다. 입력은 사인파 1000Hz로 한다.

② 〈표 14-3〉의 각각의 입력전압에 따라 출력전압을 측정하여 해당란에 기록하여라. 그리고 출력파형을 확인하고 입력파형과 비교하여라.

③ 회로-2에서 2c-2d, 2e-2f, 2h-2i, 2j-2k 양단을 연결하여 [그림 14-11]과 같이 회로를 구성한다.

〈표 14-3〉

입력전압[V_{P-P}]	그림 14-10		그림 14-11	
	10	5	10	15
출력전압[V_{P-P}]				
출력파형				

◀비고▶

결 론

실험 결과에 대해 토의하시오. 〈결론 14-2〉

14-3 쌍안정 멀티바이브레이터 회로(bistable multivibrator circuit)

1. 이 론

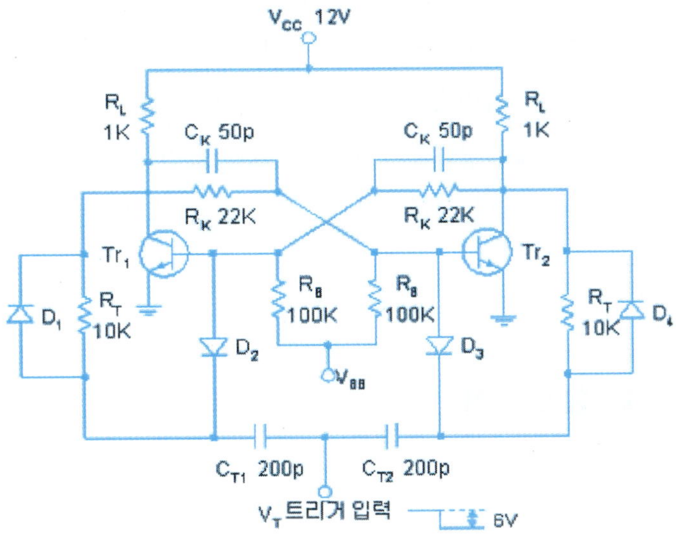

[그림 14-12]
고정 바이어스형 플립플롭 회로

쌍안정 멀티바이브레이터는 플립플롭(Flip-Flop) 회로라고도 하는데, 이 회로는 분주회로, 계수회로, 정보의 기억회로로서 쓰이고 있다. [그림 14-12]에 보인 것과 같이 비안정 멀티바이브레이터의 각 트랜지스터 간의 결합을 저항 분할에 의해서 구성한 것이라고 볼 수 있다. 따라서 안정상태는 Tr_1이 ON이면서 Tr_2가 OFF 혹은 Tr_1이 OFF이면서 Tr_2가 ON이 되는 동작을 한다. Tr_1이 ON, Tr_2가 OFF인 경우에는 Tr_1의 콜렉터는 0V, 따라서 Tr_2의 베이스에는 V_{BB}에 의해서 (-)전압이 걸려 Tr_2가 OFF 되고, Tr_1은 ON으로 안정상태가 된다. 트리거 입력에 (+)의 전압이 걸리면 C_{T1}은 한쪽이 Tr_1ON으로 0V가 되어 있기 때문에 충전되나, C_{T2}는 Tr_2가 OFF이고 한쪽에 고전위가 걸려 있으므로 충전되지 않는다. 이 상태에서 트리거 전압이 갑자기 0V로 내려가면, C_{T1}의 전위는 다이오드를 통하여 Tr_1의 베이스-에미터 간에 역방향으로 걸려 Tr_1을 OFF시키고, 그 영향에 의해서 Tr_2가 ON으로 상태가 반전된다. 트리거 입력이 0V에서 갑자기 (-)전압으로 내려가더라도 똑같은 작용을 한다. 이와 같이 플립플롭 회로는 트리거의 전압이 내려갈 때에 상태가 반전되므로, 2개의 펄스가 들어갈 때에 Tr_1 또는 Tr_2의 콜렉터로부터 1개의 펄스가 나와 분주 또는 계수회로로써 동작한다.

트리거 입력을 Tr_1측과 Tr_2측으로 나누어서 트리거를 걸면, 한쪽 트리거로는 Set 상태로, 다른 한쪽의 트리거로는 리셋(Reset) 상태로 환원시킬 수가 있다. 이와 같은 것을 RS 플립플롭이라 하며, 정보의 기억에 이용된다.

2. 실험 과정

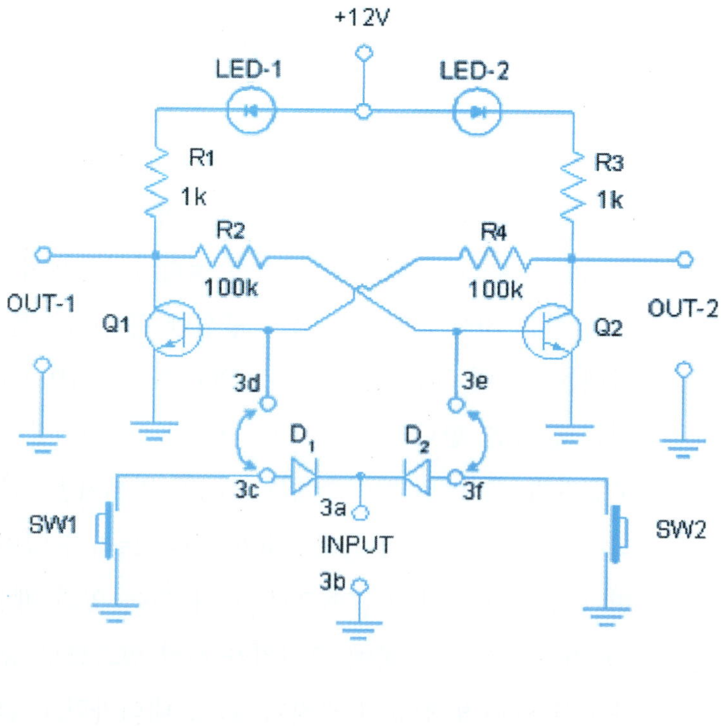

[그림 14-13] 쌍안정 멀티바이브레이터에 의한 1/2분주 실험

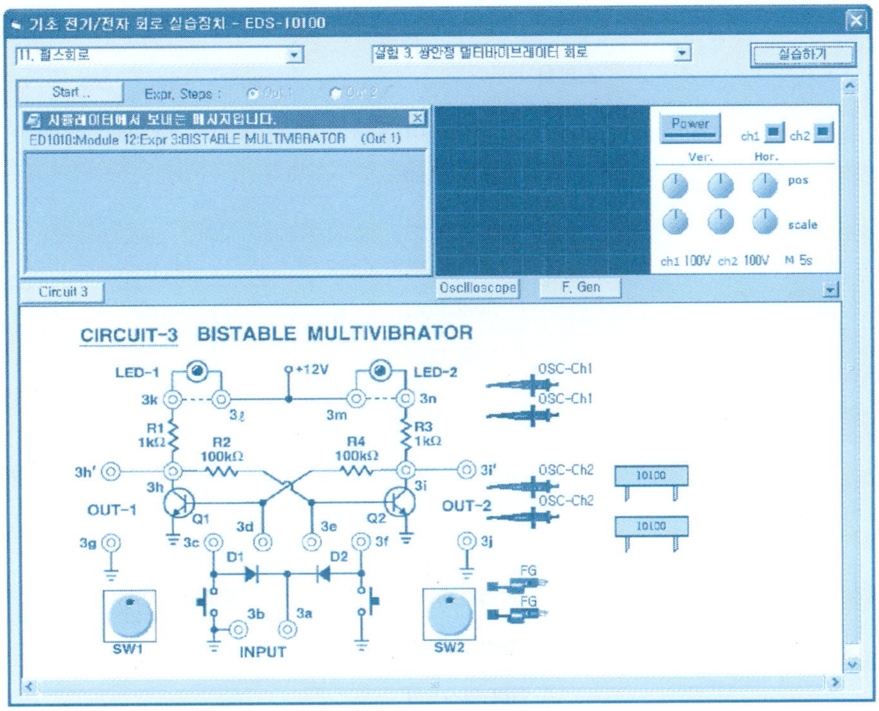

① Out-1 Step를 선택하고, 회로-3에서 3c-3d, 3e-3f를 연결하여 [그림 14-13]과 같이 회로를 구성하여라.

② 〈표 14-5〉에 나타난 순서대로 스위치를 누른 후 LED-1, LED-2, 그리고 OUT-1과 OUT-2의 상태를 측정한 후 해당란에 ○표한다.

③ [그림 14-13]과 같은 회로에서 3a-3b에 〈표 14-5〉와 같이 100Hz, 1000Hz 구형파를 입력해 가면서 각각의 출력주파수 및 출력주기를 측정하여 입력주기와 비교하라. 그리고, 측정 결과를 표에 나타내어라.

〈표 14-4〉

스위치 \ 출력		LED-1		LED-2		LED-3		LED-4	
		ON	OFF	ON	OFF	ON	OFF	ON	OFF
스위치 누름 순서	SW1 Push								
	SW2 Push								
	SW1 Push								
	SW1 Push								
	SW2 Push								
	SW2 Push								

◀비고▶

〈표 14-5〉

입력주파수	100Hz(구형파)	1000Hz(구형파)
출력주파수		
입력 펄스주기		
출력(분주) 펄스주기		

◀비고▶

결 론

실험 결과에 대해 토의하시오. 〈결론 14-3〉

14-4 단안정 멀티바이브레이터 회로(monostable multivibrator circuit)

1. 이 론

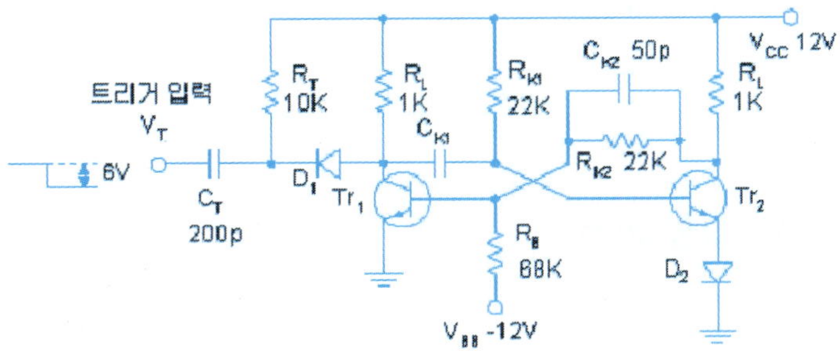

[그림 14-14]
단안정 멀티바이브레이터

펄스를 일정시간 늦춘다던가, 일정 시간 스위치를 개폐한다든가 할 때 단안정 멀티바이브레이터가 쓰인다. 단안정 멀티바이브레이터는 [그림 14-14]와 같이 비안정 멀티바이브레이터의 한쪽 결합회로를 저항 분할에 의해서 구성한 것과 같다.

정상 상태에서는 Tr_2는 R_{k1}에 의해서 베이스 전류가 흘러 ON이 되고, Tr_1은 Tr_2의 콜렉터가 0V이므로 R_{k2}, R_B에 의해서 베이스에 (-)전압이 걸려 OFF가 된다. C_{k2}는 거의 전원전압 정도로 충전되어 있게 되며, 이때 (-)의 트리거 펄스가 들어오면 Tr_1의 콜렉터 전위가 내려가고, Tr_2의 베이스에 C_{k1}의 전압이 (-)방향으로 걸려 Tr_2 OFF가 된다. Tr_1은 Tr_1의 콜렉터 전압이 올라감으로써 베이스 전류가 흘러 ON이 되고, Tr_2를 완전히 OFF 상태가 되게 한다. 그 뒤 C_{k1}의 전하는 R_{k1}을 통하여 방전을 시작하고, C_{k2}의 전위가 (-)전위로부터 $V_{\underline{RE}} + V_{\underline{E}}$가 된 순간부터 Tr_2가 다시 ON, Tr_1은 OFF되어 원래의 상태로 돌아간다. 여기서 C_{k1}이 방전을 시작하여 Tr_2가 다시 ON이 되기까지의 시간이 동작시간 T이다.

C_{k1}을 방전하는 전하의 식은 다음과 같다.

$$R_{k1} \cdot \frac{dq}{dt} + \frac{q}{C_{k1}} = V_{CC}$$

위 식에서 초기 조건 t=0, $VC_{b1} = -V_{CC}$라 놓고, Tr_2의 베이스 전압을 구하여 $V_B(Tr_2) = V_{RE} + V_E \cong 0V$가 될 때까지의 시간을 구하면 동작 시간은 $T = 0.69R_{h1} \cdot C_{h1}$이 된다.

2. 실험 과정

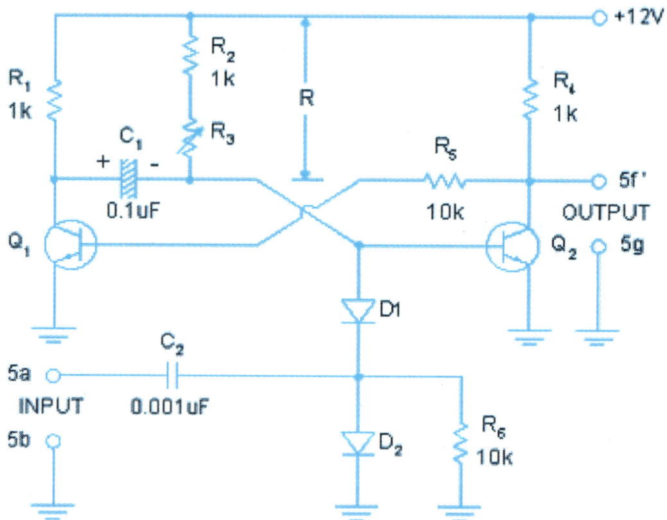

[그림 14-15]
단안정 멀티바이브레이터 실험회로

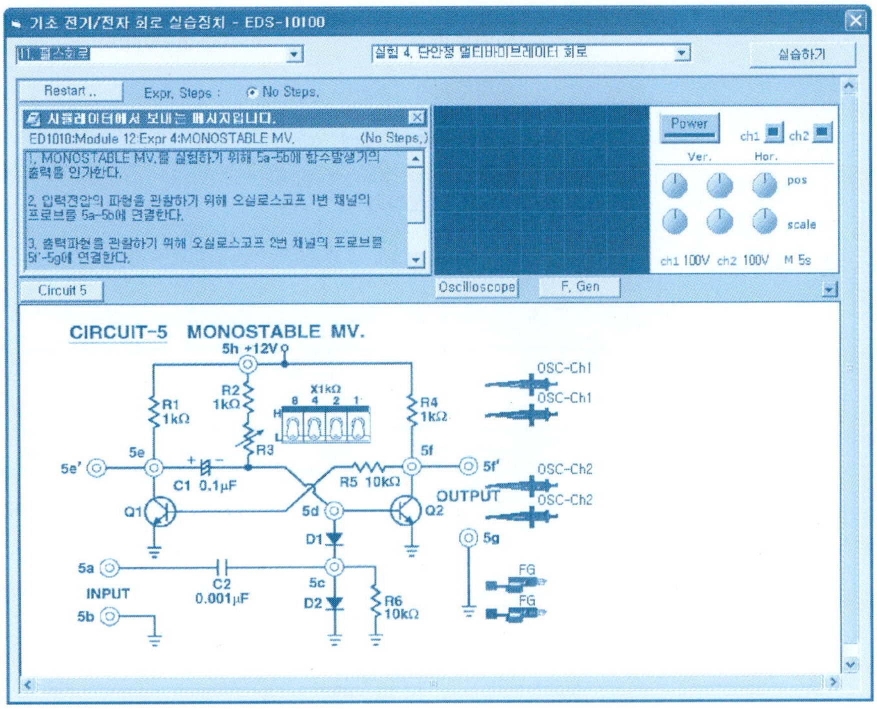

① 회로-5를 이용하여 [그림 14-15]와 같이 회로를 구성한다. 그리고 100Hz 및 1000Hz 펄스 신호를 입력단 5a-5b 양단에 인가한다.

② 출력주파수 및 입력 펄스주기, 출력 펄스주기를 측정하여 〈표 14-6〉에 기록하여라.

③ 〈표 14-7〉에 주어진 $R3$값을 변화시키면서 출력의 펄스폭을 측정하여 기록하고 계산값을 해당란에 기록하여라.

〈표 14-6〉

입력주파수	100Hz(구형파)	1000Hz(구형파)
출력주파수		
입력 펄스주기		
출력(분주) 펄스주기		

◀비고▶

〈표 14-7〉

R3[kΩ]		1	2	3	4	5
입력신호		100Hz Pulse(Duty Cycle 1:1)				
출력 펄스	펄스폭[ms]					
	계산값[ms]					

◀비고▶

결 론

실험 결과에 대해 토의하시오. 〈결론 14-4〉

Chapter 15

기초 논리회로

■ 목적

① 다이오드에 의한 기본 게이트의 로직 개념을 실험해 본다.

② AND, OR, XOR 게이트의 특성을 실험을 통해 이해한다.

③ NAND, NOR, NOT의 부정논리 게이트에 대하여 알아본다.

CHAPTER 15

기초 논리회로

15-1 다이오드 논리회로(diode logic circuit)

1. 이 론

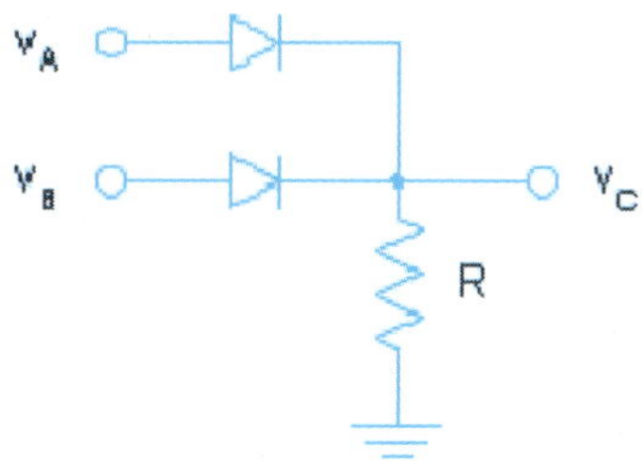

(a)

V_A	V_B	V_C
0	0	0
0	5	5
5	0	5
5	5	5

(b)

[그림 15-1]
다이오드를 이용한 OR 게이트

다이오드와 저항을 이용하여 디지털 논리함수를 구현할 수 있다. [그림 15-1](a)는 OR 게이트(gate)를 나타낸다. "0"은 0V를 나타내고, "5"는 + 전압(+5V)을 나타낸다. 여기서 $V_A = 0\,V$(논리 0), $V_E = 0\,V$(논리 0)일 때만 출력 $V_C = 0\,V$(논리 0)가 된다. 만일, V_A 또는 V_B(또는 둘다)가 고(High)레벨이라면 이에 대응하는 다이오드가 도통될 것이고 출력은 고(High)레벨(논리 1)이 된다. 따라서 [그림 15-1](b)의 진리표를 따른다.

그러나 이러한 다이오드 논리 게이트는 문제점을 갖고 있다. 입력들 중 하나가 고레벨, 즉 +5V일 때 출력은 고레벨이 될 것이다. 그러나, 그 크기는 다이오드의 전압강하(=0.7V) 때문에 +5V보다 낮은 4.3V정도밖에 되지 않는다. 이 값은 +5V에 가까우므로 논리 1로써 정확하게 표시될 수 있다. 그러나 복잡한 디지털 시스템에서처럼 이런 게이트들 몇 개가 직렬로 연결된다면, 다이오드의 전압강하가 더해져서 그 레벨이 더 이상 1로 읽을 수 없을 정도로 낮아지게 되는 경우가 생길 수도 있다. 이러한 경우에는 트랜지스터와 같은 증폭소자를 이용하여 적당한 값으로 복원시킴으로 인해 해결할 수 있다.

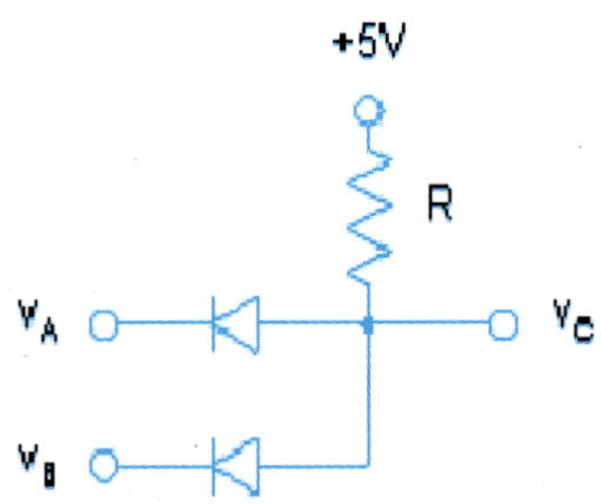

(a)

V_A	V_B	V_C
0	0	0
0	5	0
5	0	0
5	5	5

(b)

[그림 15-2]
다이오드를 이용한 AND게이트

[그림 15-2](a)는 두 개의 입력을 갖는 AND 게이트를 나타내었다. 두 개의 입력을 갖는 진리표는 [그림 15-2](b)와 같다. "0"이 0V를 나타내고, "1"은 +5V를 나타냄으로 AND 게이트 함수를 구현할 수 있다. 여기서 두

개의 입력중 하나라도 저(Low)레벨이면 이에 대응하는 다이오드가 도통되어 출력은 저(Low)레벨이 된다. 입력이 모두 고(High)레벨일 때만 두 개의 다이오드가 개방회로처럼 동작하여 전원전압과 같은 전압이 출력에 나타나게 된다.

다이오드의 전압강하 때문에 저(Low)레벨 상태에서의 출력전압은 0V가 아니고 약 0.7V가 된다. 이러한 레벨 하락은 OR 게이트와 비슷하며, 레벨 복원회로를 이용하여 해결할 수 있다.

2. 실험 과정

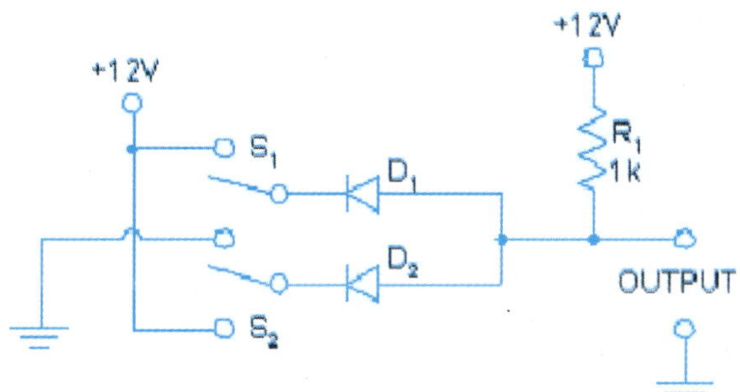

[그림 15-3]
다이오드 AND 게이트

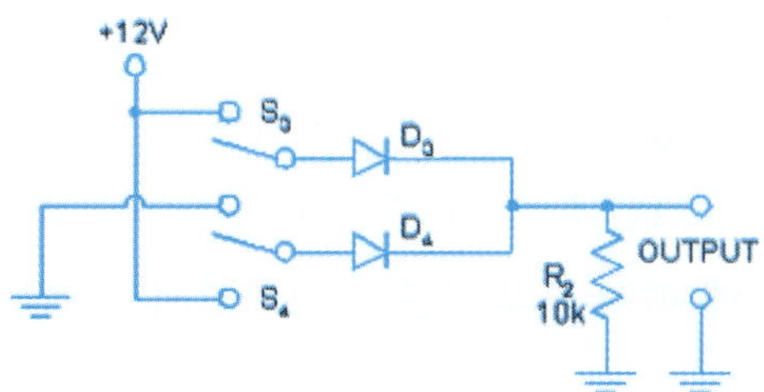

[그림 15-4]
다이오드 OR 게이트

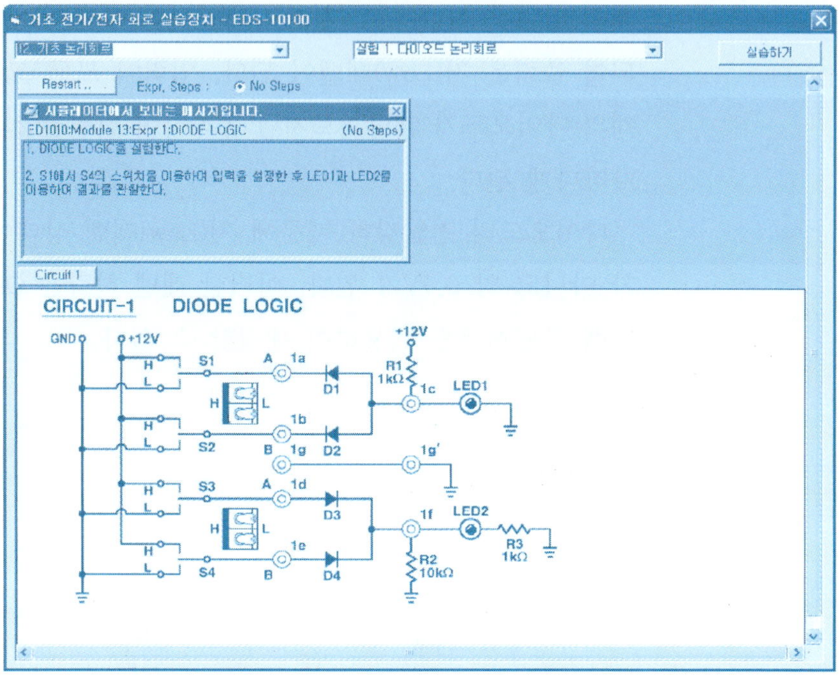

① 회로-1을 [그림 15-3]과 같이 AND 게이트 회로를 구성한다.

② 회로의 스위치를 열면 GND에 연결되며 하위(Low) 레벨을 의미하고, 12V에 연결하면 상위(High) 레벨을 의미한다. 〈표 15-1〉에 따라 스위치를 조정하면서 출력값을 기록하여라. LED1에 불이 들어오면 1, 들어오지 않으면 0으로 기록하여라.

③ 회로-1을 [그림 15-4]와 같이 OR 게이트 회로를 구성한다.

④ 〈표 15-1〉에 따라 스위치를 조정하면서 출력값을 기록하여라. LED2에 불이 들어오면 1, 들어오지 않으면 0으로 기록하여라.

〈표 15-1〉

	그림 15-3(AND 게이트)			그림 15-4(OR 게이트)		
	S-1	S-2	OUT	S-3	S-4	OUT
1						
2						
3						
4						

◀비고▶

결 론

실험 결과에 대해 토의하시오. 〈결론 15-1〉

15-2 AND 게이트/NAND 게이트(AND/NAND gate)

1. 이 론

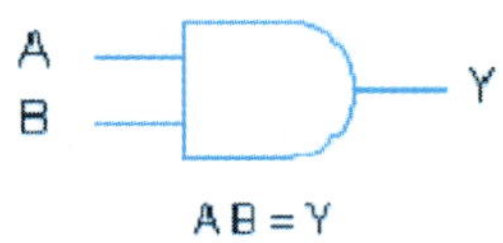

(a) AND 게이트 기호

A	B	Y
Low	Low	Low
Low	High	Low
High	Low	Low
High	High	High

(b) 진리표

[그림 15-5]
AND 게이트와 진리표

AND 게이트의 출력상태가 상위(High) 레벨이 되기 위해서는 모든 입력상태가 상위(High) 레벨이 되어야 한다. [그림 15-5]는 AND 게이트와 진리표를 나타낸다.

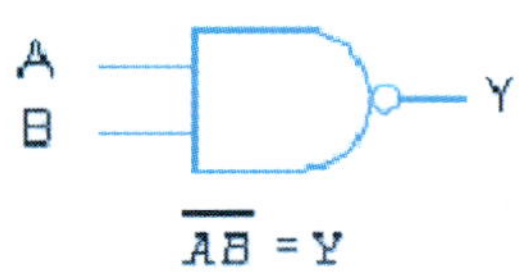

(a) NAND 게이트 기호

A	B	Y
Low	Low	High
Low	High	High
High	Low	High
High	High	Low

(b) 진리표

[그림 15-6]
NAND 게이트와 진리표

반면 NAND 게이트는 모든 입력이 동시에 상위(High)이면 출력은 하위(Low)가 된다. 그 외의 경우는 출력이 전부 High가 된다. [그림 15-6]은 NAND 게이트와 진리표를 보여준다.

2. 실험 과정

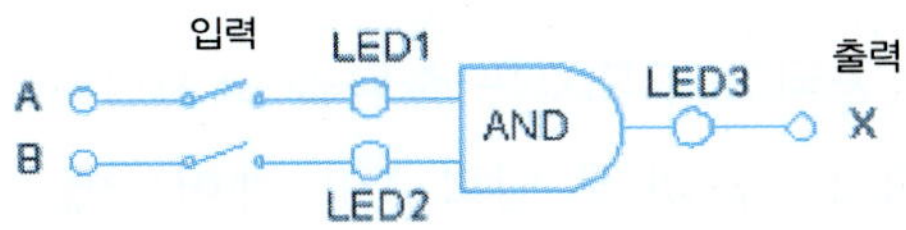

(a) 2–INPUT AND 게이트

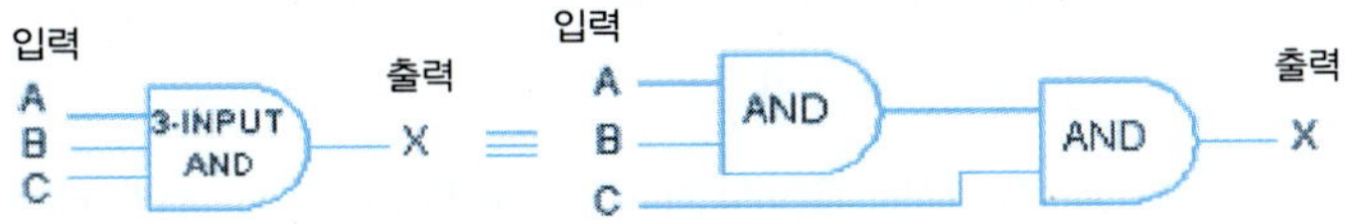

(b) 3–INPUT AND 게이트

[그림 15-7]
2–Input AND 게이트와
3–Input And 게이트

[그림 15-8]
NAND 게이트 실습

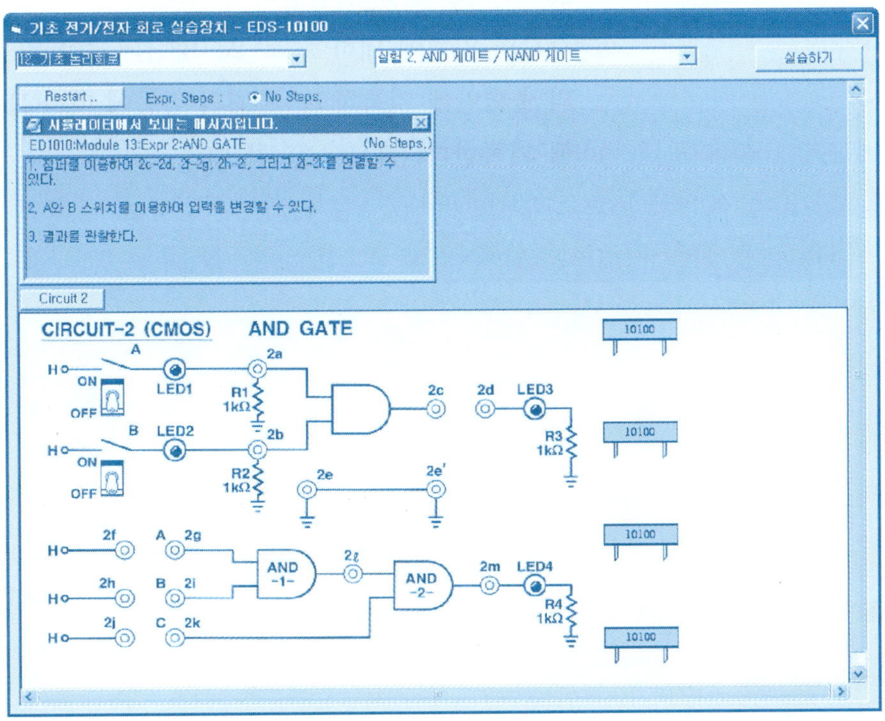

① 회로-2에서 2c-2d 단자를 연결하여 [그림 15-7](a)와 같이 두 입력 AND 게이트를 구성한다. LED1, LED2는 A, B에 "H"가 인가될 때 점등되고, LED3은 출력을 표시한다.

② 〈표 15-2〉의 두 입력 AND 게이트에 대하여 스위치 A를 ON, OFF시키며 출력 X를 기록하여라.

③ 회로-2를 이용하여 [그림 15-7](b)와 같이 3입력 AND 게이트 회로를 구성하여라.

④ A, B, C를 ON시키기 위해서는 입력 A에 대해서는 2f-2g 단자를, B에 대해서는 2h-2i 단자를, C에 대해서는 2j-2k 단자를 연결시키면서 〈표 15-2〉의 3입력 AND 게이트에 대한 각각의 입력에 대하여 출력을 기록하여라.

⑤ 회로-2에서 2c-2d 단자에 Inverter를 연결하여 [그림 15-8]과 같이 NAND 게이트 회로를 구성한다. 즉, 회로의 S_2를 OFF로 하고 2c-4f, 2d-4i를 연결한다.

⑥ 각각의 입력에 대하여 2c-2e' 양단의 출력을 측정하여 AND 게이트의 출력란에 기록하고 LED3의 점등에 따라 NAND 게이트의 출력란에 기록한다(〈표 15-3〉 참조).

〈표 15-2〉

2 Input AND 게이트			3 Input AND 게이트			
A	B	X	A	B	C	X
OFF	OFF		OFF	OFF	OFF	
OFF	ON		OFF	OFF	ON	
ON	OFF		OFF	ON	OFF	
ON	ON		OFF	ON	ON	
			ON	OFF	OFF	
			ON	OFF	ON	
			ON	ON	OFF	
			ON	ON	ON	

◀비고▶

〈표 15-3〉

입 력		출 력	
A	B	AND	NAND
OFF	OFF		
OFF	ON		
ON	OFF		
ON	ON		

◀비고▶

결 론

실험 결과에 대해 토의하시오. 〈결론 15–2〉

15-3 OR 게이트/XOR 게이트(OR/Exclusive OR gate)

1. 이 론

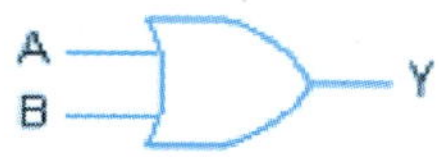

A	B	Y
Low	Low	Low
Low	High	High
High	Low	High
High	High	High

[그림 15-9]
OR 게이트와 진리표

OR 게이트는 입력 중 하나만 High 상태이면 출력이 High가 된다. [그림 15-9]는 OR 게이트와 진리표를 보여준다.

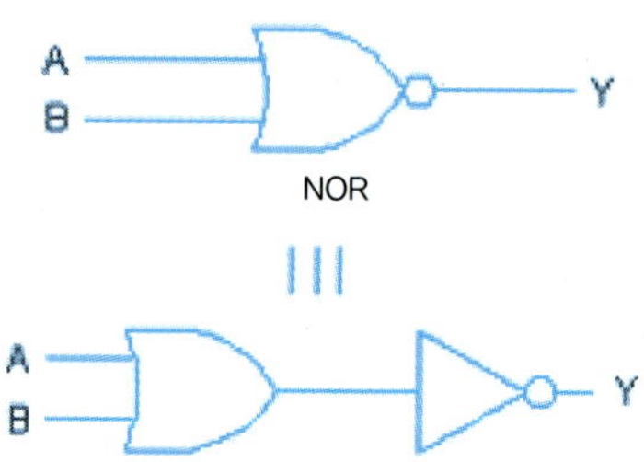

A	B	Y
Low	Low	High
Low	High	Low
High	Low	Low
High	High	Low

진리표

[그림 15-10]
NOR 게이트와 진리표

NOR 게이트의 특성은 OR 게이트 출력의 반대가 된다. [그림 15-10]은 NOR 게이트와 진리표를 나타낸다.

EOR 게이트 기호

A	B	Y
Low	Low	High
Low	High	Low
High	Low	Low
High	High	Low

진리표

[그림 15-11]
EXCLISIVE-OR(XOR) Gate

2 입력 EXCLUSIVE-OR(XOR) 게이트의 특성은 이들 두 입력 상태가 서로 상반될 때만 출력이 High가 된다. 이것이 2 입력 OR 게이트와 다른 점이다. [그림 15-11]은 XOR 게이트와 진리표를 보여준다.

2. 실험 과정

(a) OR 게이트 (b) EOR 게이트

[그림 15-12]
OR 게이트와 XOR 게이트

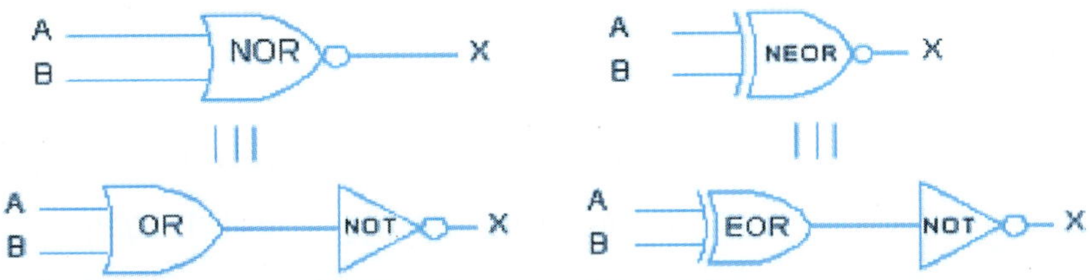

[그림 15-13]
NOR 게이트와 XNOR 게이트

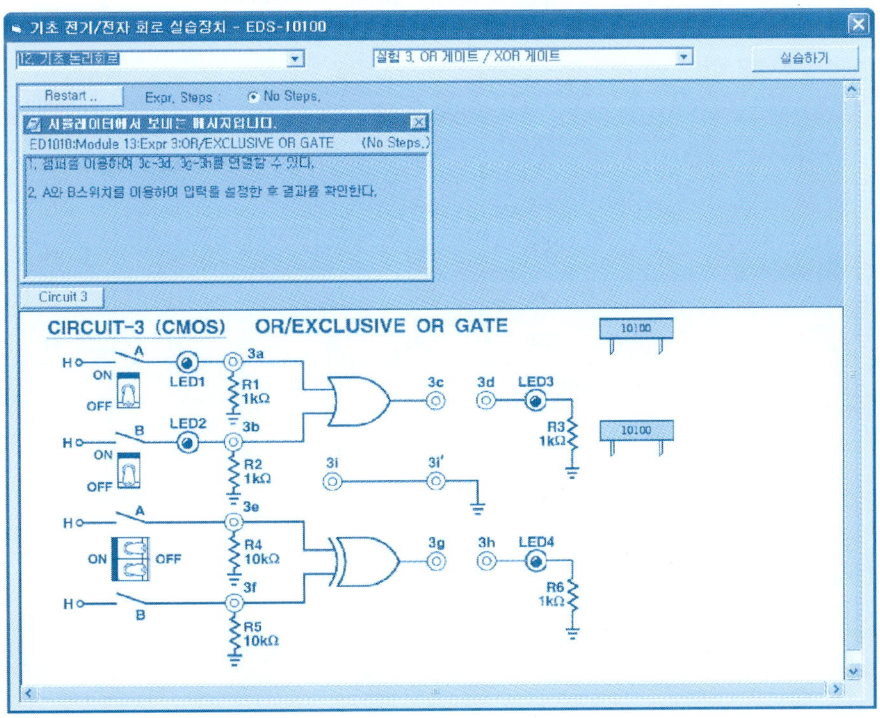

① 회로-3에서 3c-3d 단자를 연결하여 [그림 15-12](a)와 같이 OR 게이트 회로를 구성한다. LED1, LED2는 입력을, LED3은 출력을 나타낸다.

② 입력 A, B에 의한 출력단의 LED3의 점등을 확인하여 〈표 15-4〉에 기록하여라.

③ 회로-3에서 3g-3h 단자를 연결하여 [그림 15-12](b)와 같이 XOR 게이트 회로를 구성한 후, 각각의 입력에 대하여 출력단의 LED4의 점등에 따라 출력을 〈표 15-4〉에 기록한다.

④ 회로-3에서 3c-3d 단자에 Inverter를 연결하여 [그림 15-13]의 NOR 게이트 회로를 구성한다. 그리고 각각의 입력에 대하여 출력을 〈표 15-5〉에 기록한다.

⑤ 회로-3에서 3g-3h 양단에 Inverter를 연결하여 [그림 15-13]과 같이 XNOR 게이트 회로를 구성한다. 그리고 각각의 입력에 대하여 출력을 〈표 15-5〉에 기록한다.

〈표 15-4〉

OR 게이트			XOR 게이트			
A	B	X	A	B	C	X
OFF	OFF		L	L		
OFF	ON		L	H		
ON	OFF		H	L		
ON	ON		H	H		

◀비고▶

〈표 15-5〉

NOR 게이트			XNOR 게이트			
A	B	X	A	B	C	X
OFF	OFF		L	L		
OFF	ON		L	H		
ON	OFF		H	L		
ON	ON		H	H		

◀비고▶

결 론

실험 결과에 대해 토의하시오. 〈15-3〉

15-4 NOT 게이트(inverter gate)

1. 이 론

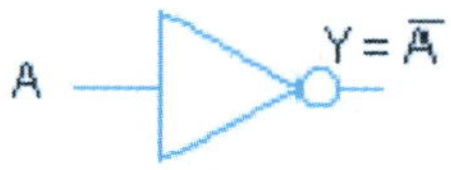

NOT 게이트 기호

A	Y
Low	High
High	Low

진리표

[그림 15-14]
NOT 게이트

NOT 게이트는 하나의 입력상태에 대해 하나의 출력상태만 있으며, 그 상태는 서로 상반된다. [그림 15-14]는 NOT 게이트와 진리표를 나타낸다.

2. 실험 과정

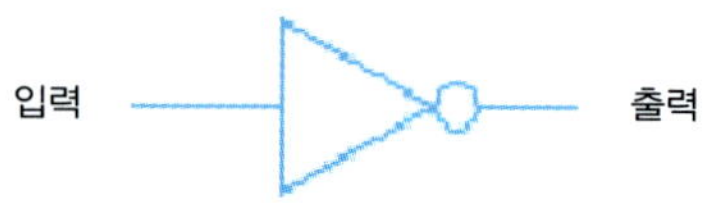

[그림 15-15]
NOT 게이트

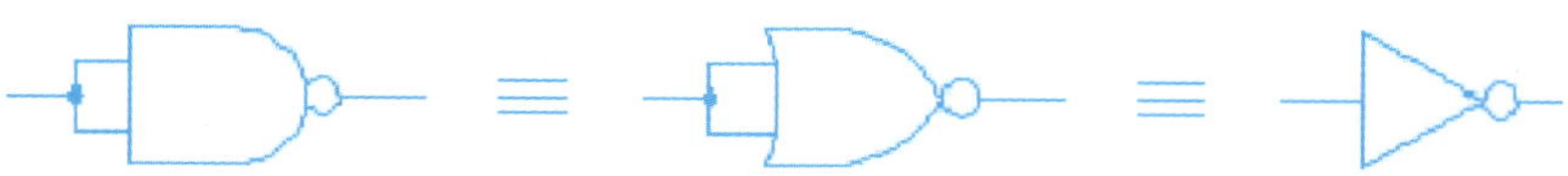

[그림 15-16]
NAND와 NOR 게이트를
사용한 NOT 게이트

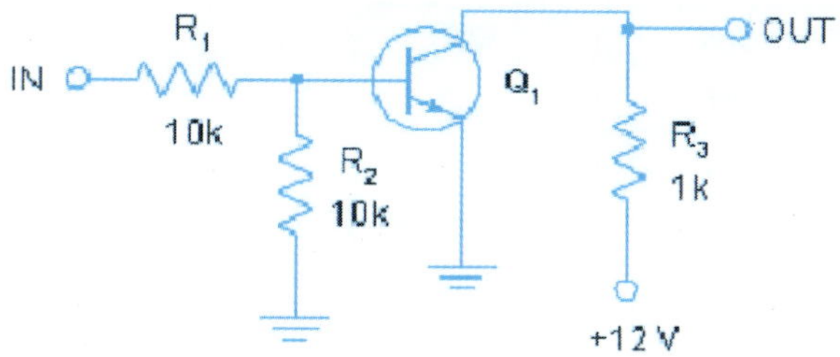

[그림 15-17]
트랜지스터를 사용한
NOT 게이트

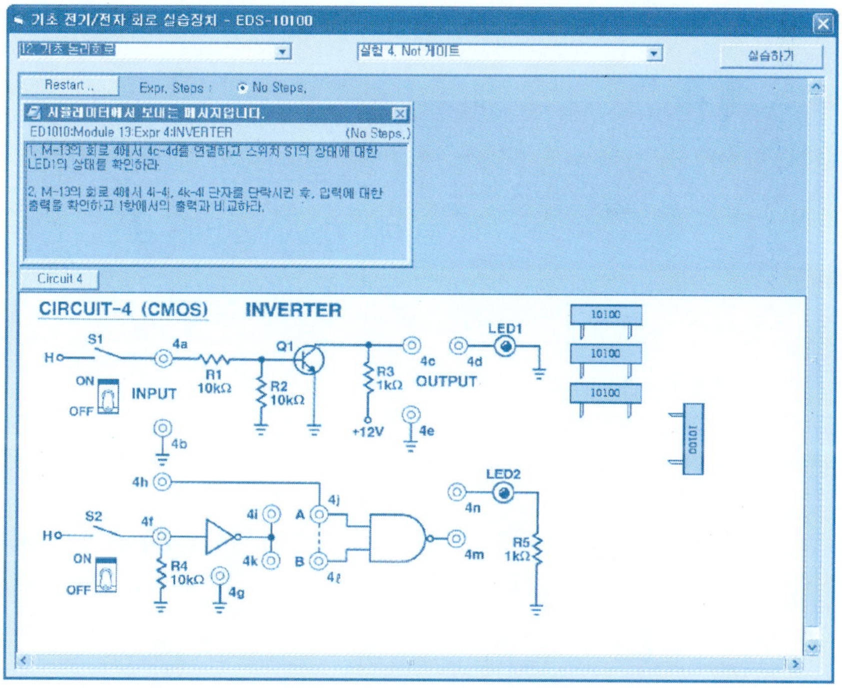

① 회로-4에서 4c-4d를 연결하고 스위치 $S1$의 상태에 대한 LED1의 상태를 확인하여 〈표 15-6〉에 기록하여라.

② 회로-4에서 4j-4l, 4m-4n 단자를 단락시킨 후, 입력에 대한 출력을 확인하고 1항에서의 출력과 비교하여라.

③ 회로-4에서 입력단의 스위치 $S2$에 의한 출력단 4k-4g 양단의 출력을 측정하고 출력값과 1항에서의 출력과 비교하여라.

〈표 15-6〉

입력	출력
OFF	
ON	

결 론

실험 결과에 대해 토의하시오. 〈결론 15-4〉

Chapter 16

순차 논리회로

■ 목적

① RS 플립플롭과 JK 플립플롭의 동작원리와 특성을 실습을 통해 이해한다.

② 카운터와 시프트 레지스터의 동작원리와 설계 방법에 대하여 알아본다.

CHAPTER 16

순차 논리회로

16-1 RS 플립플롭(RS Flip-Flop)

1. 이 론

기본 플립플롭은 비동기식 순차 논리회로이다. 기본 회로의 입력에 게이트를 추가해서 플립플롭이 한 클럭펄스 발생기간 동안에만 입력에 응답하도록 만들 수 있다. [그림 16-1](a)의 클럭부 RS 플립플롭은 기본 NOR 플립플롭과 두 개의 AND 게이트로 구성되어 있다. 두 AND 게이트의 출력은 S와 R의 입력 값에 관계없이 클럭펄스(clock pulse, CP)가 "0"으로 된 상태에는 "0"으로 유지하고 클럭펄스가 1로 된 기간만 정보가 S와 R 입력으로부터 기본 플립플롭에 도달되도록 허용된다. 클럭부 RS 플립플롭은 S=1, R=0일 때 CP=1이 되면 Q= 1로 되는데 이 상태를 세트(set)상태라 한다. 이 상태에서 CP=0이 되더라도 Q값은 바뀌지 않는다.

또한 $S=0$, $R=1$일 때 CP=1이면 $Q=0$으로 되는데 이 상태를 클리어(clear)상태라 한다. 역시 CP=0이 되더라도 Q값은 변하지 않는다. 여기에서 주목할 것은 S=1, R=1일 때 CP=1이라는 상태이다.

이때는 $Q=\overline{Q}=0$이 되는 상태가 발생한다. 다음 순간 CP=0이 되면 플립플롭의 상태는 부정상태로 된다. 즉, 펄스의 하강 모서리에서 기본 플립플롭의 세트 입력과 리세트 입력 중 어느 것이 더 오랫동안 1로 유지되는가에 따라 Q가 "0" 또는 "1"로 된다. 이것이 클럭부 RS 플립플롭의 문제점이고 개선할 점이다. S=0, R=0일 때 CP=1이 되면Q는 이전 상태를 유지한다. 즉, "1"이 출력되고 있었으면 $Q=1$, "0"이 출력되고 있었으면 $Q=0$이 된다. 역시 CP=0이 되더라도 Q값은 변하지 않는다.

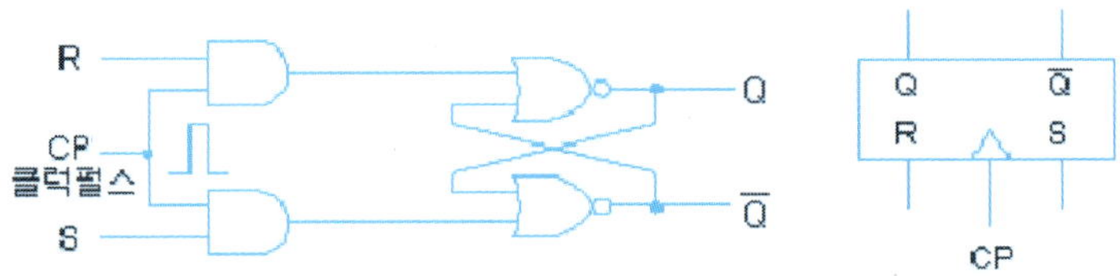

(a) 논리도 (b) 기호

Q	S	R	Q(t+1)
0	0	0	0
0	0	1	0
0	1	0	1
0	1	1	부정
1	0	0	1
1	0	1	0
1	1	0	1
1	1	1	부정

(c) 특성표

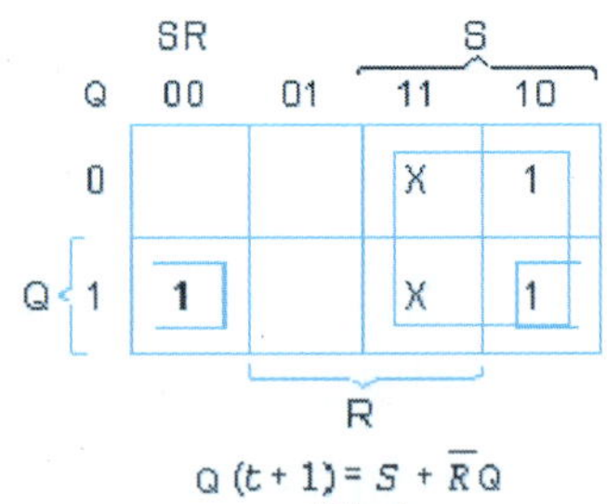

(d) 특성 방정식

[그림 16-1]
클럭부 RS 플립플롭

클럭부 RS 플립플롭의 기호는 [그림 16-1](b)와 같고, 입력으로는 S, R, CP를 갖고 있다. CP 입력은 조그마한 삼각형으로 표시하기 때문에 사각형 내부에는 써넣지 않는다. 이 삼각형은 동적 지시(dynamic indicator)란 기호이며, 입력 클럭펄스가 낮은 전위(0)에서 높은 전위(1)로 변할 때 (↗) 플립플롭이 반응한다는 것을 나타낸다. 플립플롭의 출력은 사각형 안에 Q와 $\overline{Q}$로 표기되어 있다. 플립플롭은 비록 Q가 사각형 내에 적혀 있다 하더라도 다른 변수명을 할당할 수 있다. 이 경우에 선택된 변수명은 출력선을 따라 사각형 밖에 표기한다. 한 플립플롭의 상태 결정은 그의 정상적인 출력에서 Q의 값을 가지고 결정한다. 정상적인 출력의 보수(반대 극성)를 얻고 싶으면 출력에 Inverter를 삽입할 필요없이 출력 $\overline{Q}$에서 직접 얻을 수 있다.

[그림 16-1](c)는 플립플롭의 특성표(characteristic table)이다. 이 표에는 플립플롭의 작동이 표형식으로 요약되어 있다. Q는 주어진 시간에서의 플립플롭의 2진 상태이며(현재 상태라고도 함) S와 R열은 가능한 입력 값을 나타낸다. $Q(t+1)$은 한 클럭펄스가 발생된 후의 플립플롭의 상태이다(다음 상태라고도 함).

플립플롭의 특성방정식은 [그림 16-1](d)의 카르노맵에서 유도한다. 이 방정식은 현재 상태와 입력의 함수로서 다음 상태의 값을 나타낸다. 맵에서 2개의 부정상태는 “0”이나 “1” 중 어느 것으로도 될 수 있기 때문에 X로 표기된다. 관계식 $SR=0$은 S와 R이 동시에 “1”이 될 수 없다는 것을 나타내는 것으로서 특성방정식의 일부로 포함시켜야 한다.

2. 실험 과정

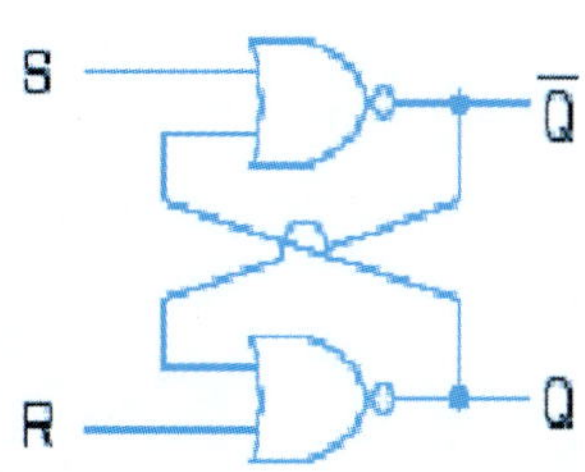

[그림 16-2]
NOR 게이트를 사용한 RS 플립플롭

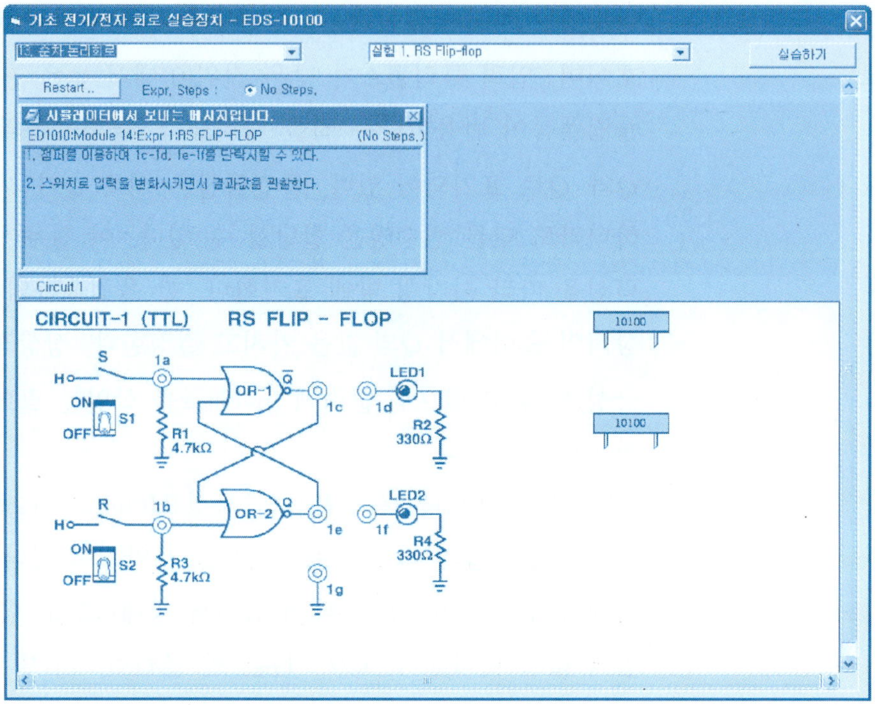

① 회로-1에서 1c-1d, 1e-1f를 연결하여 [그림 16-2]와 같이 RS 플립플롭을 구성하여라.

② 입력 스위치가 ON인 상태를 1, 스위치가 OFF인 상태를 0으로 표기하며, 출력 LED가 켜진 것을 출력 1, 꺼진 것을 0으로 표기한다.

③ 〈표 16-1〉에 따라 R, S의 입력을 인가하고, LED1, LED2의 점등에 따라 Q, $\overline{Q}$의 출력을 기록한다.

〈표 16-1〉

XOR 게이트			
R	S	Q	$\overline{Q}$
0	0		
0	1		
1	0		
1	1		

◀비고▶

결 론

실험 결과에 대해 토의하시오. 〈결론 16–1〉

16-2 JK 플립플롭(JK Flip-Flop)

1. 이 론

JK 플립플롭은 클럭부 RS 플립플롭에서 부정상태를 없애고 일정한 값을 출력하도록 개량한 것이다. 입력 J와 K는 입력 S와 R과 마찬가지로 플립플롭을 세트하고 클리어(clear)시킨다(J는 세트에, K는 클리어에 대응된다). J와 K에 동시에 1이 가해지면 플립플롭은 한 클럭펄스 뒤에는 현재 상태의 보수를 취한다(클럭부 RS 플립플롭에서는 부정상태였다). 즉, $Q(t) = 1$이면 $Q(t+1) = 0$이 되고, $Q(t) = 0$이었으면 $Q(t+1) = 1$이 된다.

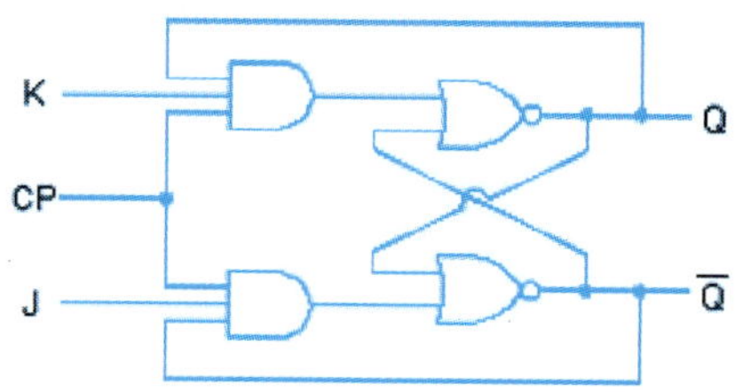

(a) 논리도

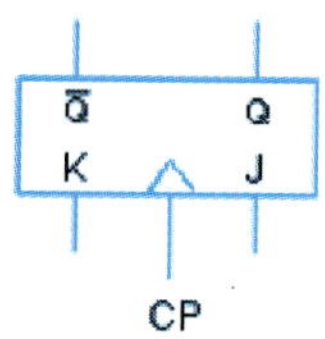

(b) 기호

Q	J	K	Q(t+1)
0	0	0	0
0	0	1	0
0	1	0	1
0	1	1	1
1	0	0	1
1	0	1	0
1	1	0	1
1	1	1	0

(c) 특성표

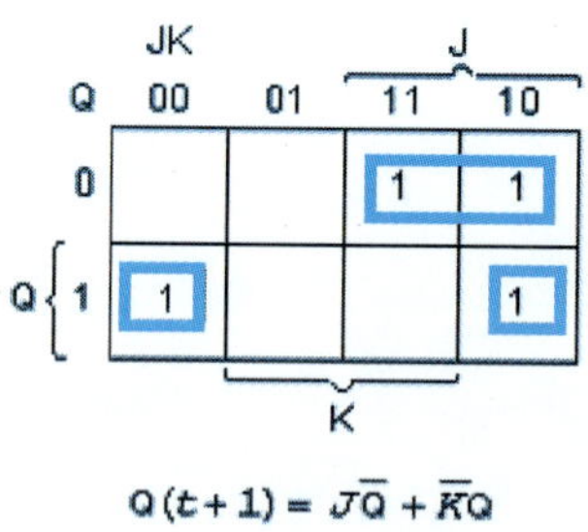

$Q(t+1) = J\overline{Q} + \overline{K}Q$

(d) 특성 방정식

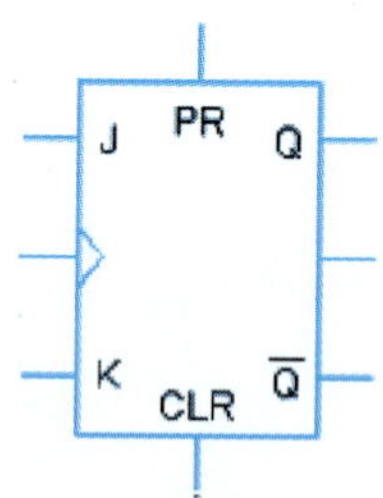

(e) PR/CLR형 JK F/F

[그림 16-3] 클럭부 JK 플립플롭

[그림 16-3](a)는 클럭부 JK 플립플롭의 논리도이다. 이 그림의 구성을 보면 출력 Q는 K와 CP 입력을 AND시켜서 Q의 전 상태가 “1”일 때만 다

음 클럭펄스 기간에 플립플롭이 클리어되게 하였다. 마찬가지 방법으로 출력 $\overline{Q}$는 J와 CP 입력 AND시켜 $\overline{Q}$가 전 상태에서 "1"일 때만 클럭펄스 기간에 세트(set)되게 하였다.

(1) JK 플립플롭의 동작

[그림 16-3](c)의 특성표에서 보듯이 JK 플립플롭은 J와 K가 모두 1인 때를 제외하고는 RS 플립플롭의 작동과 똑같다. J와 K가 둘 다 동시에 1일 경우를 생각하면 클럭펄스는 오직 AND 게이트, 즉 그것의 입력에 현재 플립플롭의 출력 "1"이 피드백된 게이트만을 통해서 전달된다. 예를 들어 $Q(t)=1$이면 위쪽 AND 게이트의 출력이 "1"이 되어 플립플롭이 클리어[$Q(t+1)=0$]된다. 어느 경우이든 플립플롭의 다음 출력상태는 현재 상태의 보수가 취해진다. 그러므로 RS 플립플롭의 불안상태를 개선한 것이 JK 플립플롭이다. JK 플립플롭의 기호는 [그림 16-3](b)와 같이 표시하며 플립플롭의 상태값을 임의로 정할 수 있도록 PR(Preset)과 CLR(Clear)를 부착한 플립플롭은 [그림 16-3](e)와 같이 표시한다.

(2) JK 플립플롭의 단점

JK 플립플롭의 피드백연결 때문에 일단(J=K=1 일 때) 출력이 보수가 취해진 후에도, 클럭펄스 CP가 계속 남아 있게 되면 다시 또 보수를 취하는 반복적이고 연속적인 출력의 변화를 야기할 것이다. 이 바람직하지 못한 결점이 되는 상태를 피하기 위해, 클럭펄스의 지속시간은 신호가 플립플롭을 통과하는 전파 지연시간보다 더 긴 지속시간을 가져야 한다. 이것은 회로의 작동이 펄스의 폭에 달려 있기 때문에 매우 제한적인 요소이다. 이러한 문제를 해결하기 위해 사용하는 것이 [그림 16-4]에 주어진 주종 JK 플립플롭(Master-Slave JK Flip-Flop)이다.

2. 실험 과정

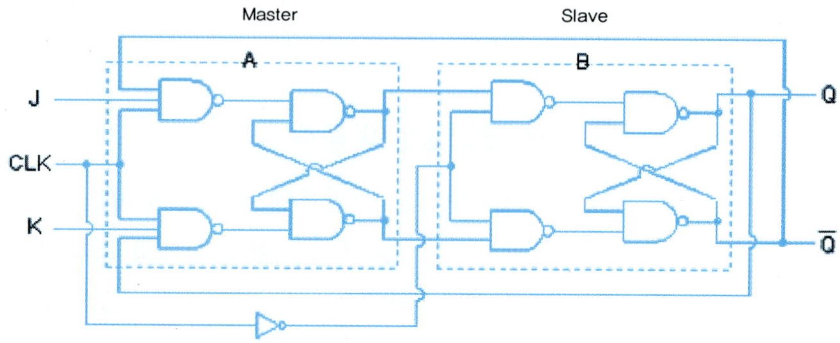

[그림 16-4]
마스터-슬레이브 JK 플립플롭 회로도

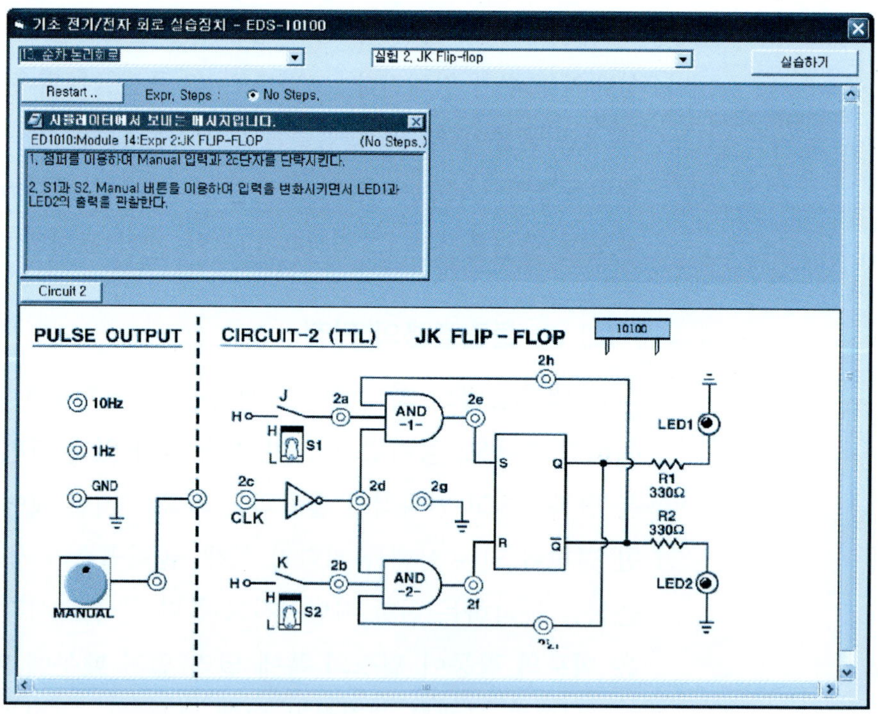

① 회로-2는 JK 플립플롭을 보여 주고 있다. 입력 스위치가 ON상태이면 High, 스위치가 OFF상태이면 Low를 의미한다.

② Manual Pulse Output과 2c를 연결한 후 [그림 16-3]과 같은 JK 입력을 가한 후 Manual 스위치를 1회 누른다. 출력의 상태를 표에 기록한다.

③ 〈표 16-2〉와 같이 JK의 입력을 변화하면서 출력단의 LED1, LED2의 점등에 따라 출력값을 표시하여라.

〈표 16-2〉

입 력			출 력	
J	K	CLK	Q	$\overline{Q}$
0	0			
0	1			
1	0			
1	1			

◀비고▶

결 론

실험 결과에 대해 토의하시오. 〈결론 16-2〉

16-3 2진 계수기(binary counter)

1. 이 론

(1) 2진 리플 카운터(binary ripple counter)

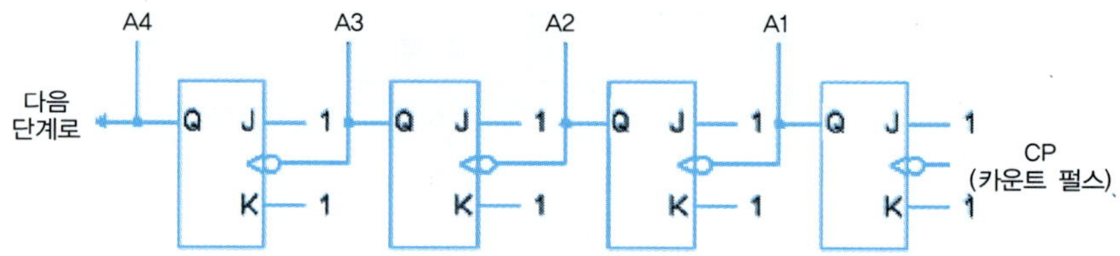

[그림 16-5]
4비트 2진 리플 카운터

2진 리플 카운터는 보수로 만드는 기능이 있는 플립플롭들(T 또는 JK 형태)이 직렬연결되는, 즉 각 플립플롭의 출력이 바로 다음의 플립플롭의 입력단자에 연결되어 구성되어 있다.

가장 낮은 자리의 비트를 저장한 플립플롭에만 카운터 펄스가 연결되어 있다.

[그림 16-5]는 4비트의 2진 리플 카운터의 계통도로써 여기에 모든 J와 K의 입력단자에는 모두 1이 입력된다. CP 입력단자들에 표시된 작은 원은 하강 모서리, 즉 CP 입력단자에 입력되는 값이 "1"에서 "0"으로 변할 때 (↓)플립플롭의 상태값이 보수가 된다는 것을 표시한다.

셈순서				플립플롭이 보수를 취하는 조건	
A_4	A_3	A_2	A_1		
0	0	0	0	보수 A_1	
0	0	0	1	보수 A_1	A_1이 1에서 0으로 바뀌며 A_2는 보수를 취함
0	0	1	0	보수 A_1	
0	0	1	1	보수 A_1	A_1이 1에서 0으로 바뀌며 A_2는 보수를 취함 A_3은 보수를 취함
0	1	0	0	보수 A_1	
0	1	0	1	보수 A_1	A_1이 1에서 0으로 바뀌며 A_2는 보수를 취함
0	1	1	0	보수 A_1	
0	1	1	1	보수 A_1	A_1이 1에서 0으로 바뀌며 A_2는 보수를 취함
					A_1이 1에서 0으로 바뀌며 A_3은 보수를 취함
1	0	0	0	등등……	

[그림 16-6]
2진 리플 카운터의 셈 순서

2진 리플 카운터의 작동을 이해하기 위해 [그림 16-6]에 주어진 카운터 순차를 살펴보자. 가장 낮은 자리의 비트 A_1은 매 클럭펄스마다 보수가 되어야 한다. A_1의 값이 "1"에서 "0"으로 변할 때마다 A_2의 값은 보수가 될 것이다. 또 A_2의 값이 "1"에서 "0"으로 변할 때마다 A_3의 값은 보수가 될 것이다. A_4도 마찬가지가 될 것이다. 예를 들어, 계수 0111에서 1000으로의 전이를 검사해 보자. 표에서 화살표는 이 경우의 전이들을 강조해서 표시한 것이다. A_1은 CP에 의해 보수가 된다. A_1의 값이 "1"에서 "0"으로 변하므로, 이것은 A_2의 레지스터를 작동시켜 A_2가 보수를 취하게 된다. 따라서 A_2의 값도 "1"에서 "0"으로 변하며, A_3를 보수시키고, A_3는 "1"에서 "0"으로 보수가 되면서 다시 A_4를 보수로 만든다. 만일, A_4가 다시 다음 순서의 레지스터에 같은 식으로 연결되어 있다고 가정하면 A_4의 출력값의 전이는 다음 레지스터를 작동시킬 수 없다. 왜냐하면, A_4의 출력값이 "0"에서 "1"로 변하기 때문이다. 그리하여 1000이 된다. 이 카운터의 플립플롭들은 한 번에 하나씩 빠르게 연결해서 변화한다. 신호는 리플 형태로 카운터를 통과하여 전달된다. 리플 카운터는 때때로 비동기식 카운터라고도 한다.

(2) 2진 역방향 카운터(binary down counter)

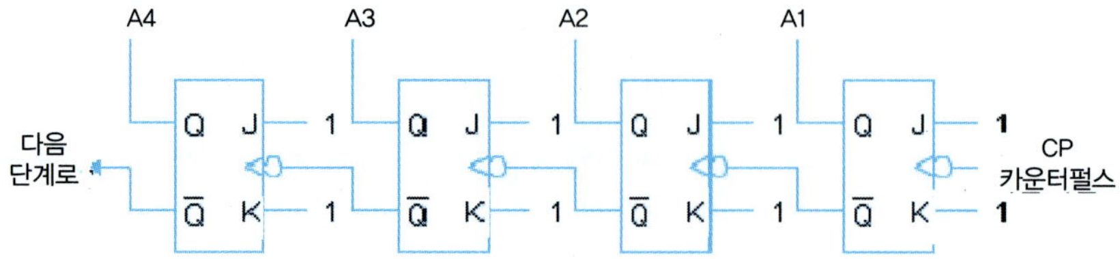

[그림 16-7]
4비트 2진 역방향 리플 카운터

역순으로 카운트되는 2진 카운터(즉 1111에서 1110, 1101 순으로 감소하는 카운터)를 2진 역방향 카운터(binary down counter)라 한다. 역방향 카운터에서 2진 계수는 매 클럭펄스마다 1씩 감소하여 간다. 4비트 다운 카운터 계수는 15의 2진수에서 출발해서 14, 13, 12, …, 0으로 계속 계수되다가, 15로 되돌아가서 다시 감소하며 계수된다. 그림 16-7의 회로에서 출력들은 플립플롭의 보수 단자 $\overline{Q}$에서 빼낸다면 이 회로는 2진 다운 카운터로서 쓸 수 있다. 만일, 플립플롭의 정상 출력 Q밖에 얻을 수 없을 경우 그 회로를 다운 카운터로 쓰려면 다음과 같이 수정하여야 한다. 2진 다운 카운터의 카운트 순차를 생각해 보면, 우선 가장 낮은 자리의 비트는 매 CP마다 보수가 되어야 한다는 것을 알 수 있다. 순차 내에 있는 어떤 다른 비트이든지, 그것보다 바로 낮은 비트의 값이 "0"에서 "1"로 변하면 이 비트는 보수로 되어야 한다. 그러므로 모든 플립플롭이 펄스의 상승 모서리에서 작동하도록 하여, (즉 플립플롭이 CP입력 단자에 있는 작은 원을 없애면) Q를 다음 번째 단의 플립플롭의 CP로 사용하면 된다. 만일 플립플롭이 하강 모서리에서 작동한다면, 각 플립플롭의 CP 입력 단자에 바로 앞의 플립플롭의 출력 $\overline{Q}$를 입력시키면 된다. 그렇게 되면, Q가 0에서 1로 변할 때 $\overline{A}$는 1에서 0으로 변하게 되어 다음 플립플롭을 작동시킨다. 따라서 2진 카운터로서 사용할 수 있는 것이다.

(3) 비동기식 10진(BCD) 카운터

10진 카운터는 0에서 9까지 10개의 상태를 카운트하는 것으로 10진수를 2진 코드로 표현하는 데는 적어도 4비트가 필요하므로 10진 카운터의 대표적인 것은 BCD 카운터이다.

10진 카운터의 카운트 순서는 2진 카운터와 비슷하다 단지 9에서 0으로 변화하도록 되어 있다.

[그림 16-8]은 10진(BCD) 카운터의 상태도를 보인다.

카운터 숫자			
D	C	B	A
0	0	0	0
0	0	0	1
0	0	1	0
0	0	1	1
0	1	0	0
0	1	0	1
0	1	1	0
0	1	1	1
1	0	0	0
1	0	0	1

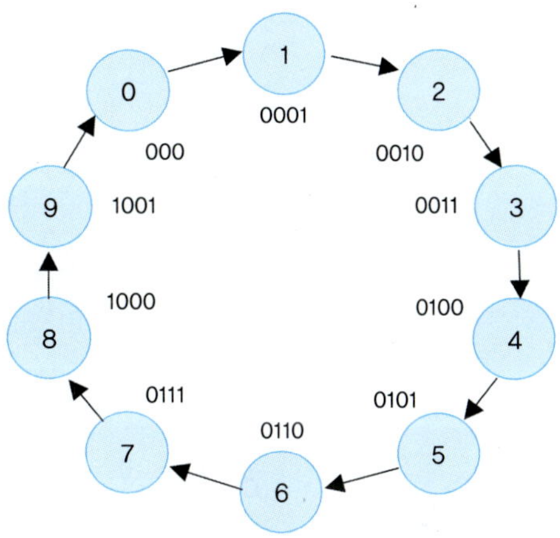

[그림 16-8]
10진(BCD) 카운터의 상태도

카운트 순서는 다음과 같다.

① 플립플롭의 출력은 매 클록펄스 때마다 상태를 바꾸므로 J와 K를 1로 하여 토글될 수 있도록 한다.

② 플립플롭의 출력은 D플립플롭의 출력이 0이고, A플립필롭의 출력이 1에서 0으로 바뀌면 상태를 바꾸며, D출력이 1이고, A출력이 1이면 B플립플롭의 출력이 0이 된다.

③ 플립플롭의 출력은 B플립플롭의 출력이 1에서 0으로 변할 때 상태를 바꾼다.

④ D플립플롭의 출력은 B와 C가 1이고 A가 1에서 0으로 변할 때 상태를 1로 바꾸고, B, C가 0이고 A가 1에서 0으로 변하면 D플립플롭의 출력이 0이 됨을 알 수 있다.

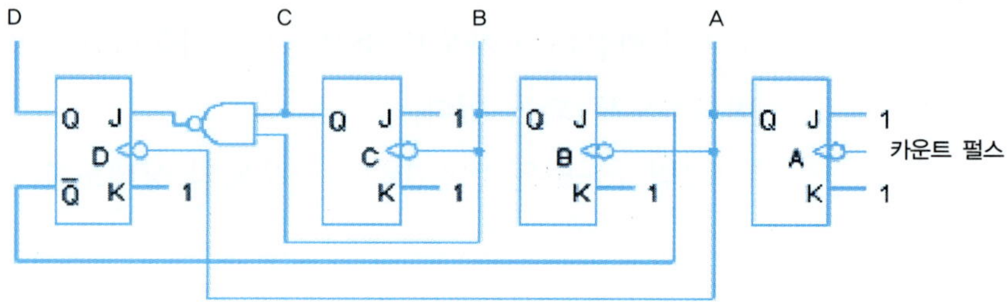

[그림 16-9]
10진(BCD) 비동기식 카운터

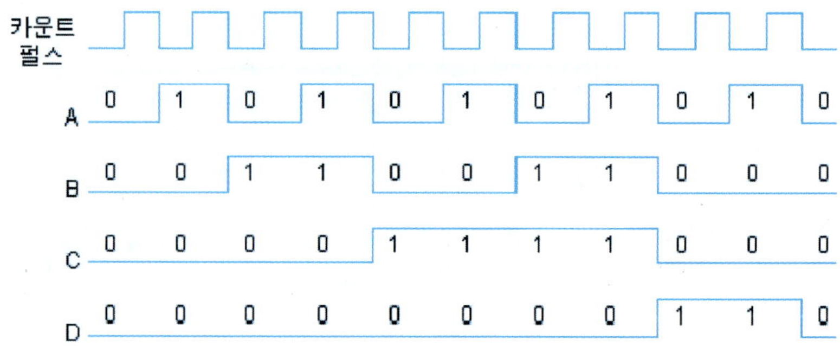

[그림 16-10]
10진(BCD) 카운터에 대한 타이밍도

이런 상황을 근거로 설계한 10진 비동기식 카운터를 [그림 16-9]에서 보여주고 있으며, 10진 카운터의 타이밍도를 [그림 16-10]에 나타내었다.

2. 실험 과정

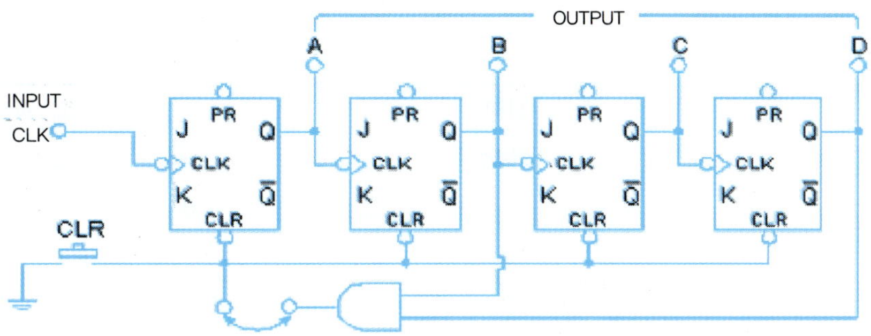

[그림 16-11]
10진 Up 카운터 회로

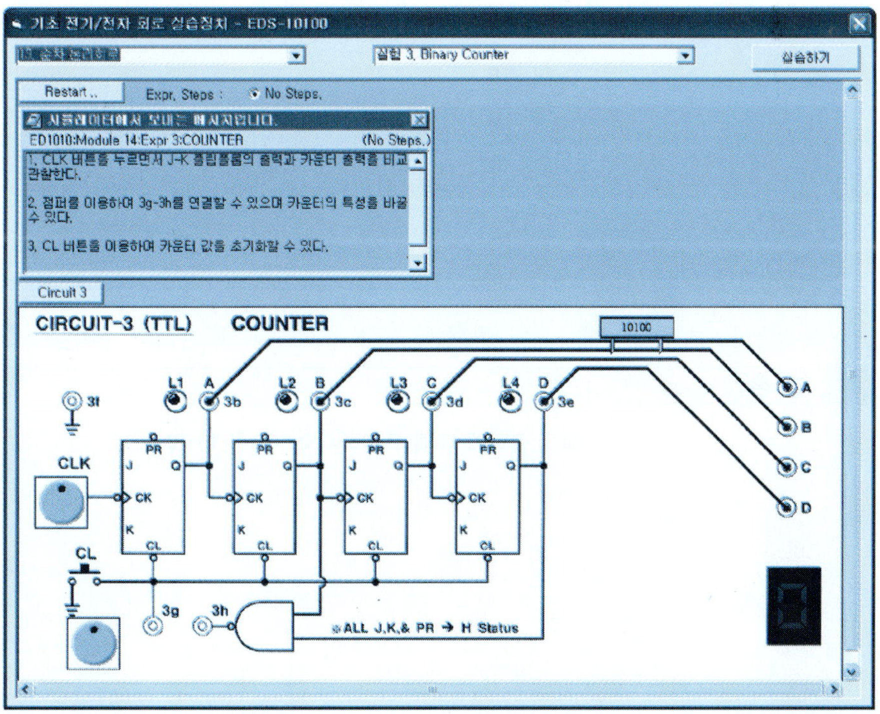

① 회로-3에서 3g-3h를 연결하여 [그림 16-11]과 같이 10진 Up 카운터 회로를 구성한다.

② 〈표 16-3〉과 같이 클럭의 수에 따라 A~D의 각 LED 점등 상태를 점검하여 점등시 "1", 소등시 "0"으로 기록한다.

〈표 16-3〉

입력	출 력				
클럭수	D=8	C=4	B=2	A=1	10진수
1	0	0	0	0	0
2					
3					
4					
5					
6					
7					
8					
9					
10					

〈비고〉

결 론

실험 결과에 대해 토의하시오. 〈결론 16-3〉

16-4 시프트 레지스터(shift register)

1. 이 론

시프트(shift)란 "위치를 바꾸다. 이동한다."는 뜻이며, 레지스터의 동작은 클록펄스(clock pulse)의 입력에 의해서 이루어진다.

여기서 시프트 레지스터의 동작 상태를 살펴보자. 만약 6비트의 데이터 101101 이 시프트 레지스터에 축적되어 있다고 하자. 이 상태를 보인 것이 [그림 16-12](a)이다. 이 상태에서 클럭펄스를 1개 받으면 [그림 16-12](b)와 같이 LSB(least significant bit)의 1은 밖으로 나와서 버려지고 각각의 비트는 1비트씩 왼쪽 숫자를 받는다.

이때 MSB(most significant bit)는 외부 데이터를 받는다. 그림에서는 외부 데이터는 모두 0이므로 1비트 오른쪽 시프트가 행하여질 때마다 MSB에는 "0"이 들어온다. 이것은 오른쪽 시프트(right shift)의 한 예이다.

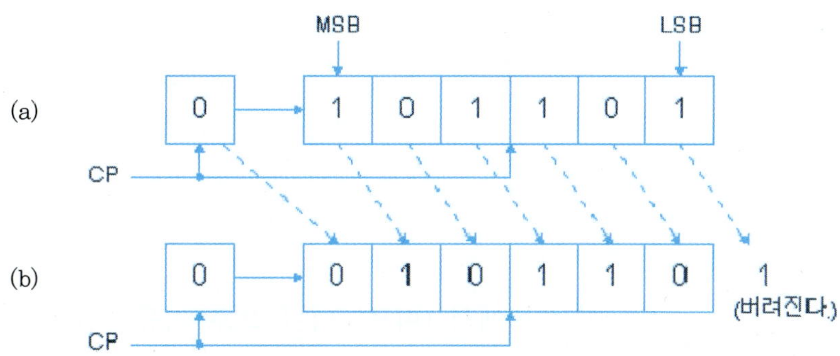

[그림 16-12]
6비트 시프트 레지스터의 동작

[그림 16-12](a)는 D 플립플롭을 이용해서 구성한 오른쪽 시프트 레지스터(right shift register)이다. 여기서 각 단의 D 플립플롭에 현재 기억되어 있는 데이터값을 1010이라 하고, 새로운 외부 데이터 직렬 입력 11010 이 D입력으로 입력될 때, 그리고 클럭펄스(즉, 시프트 펄스)의 트레일링 에지(trailing edge)상태마다 오른쪽으로 한 비트씩 데이터가 이동된

다고 할 때 그 동작 상태를 [그림 16-13](b)에 나타내었다.

시프트 레지스터를 이용하면 곱셈과 나눗셈을 할 수 있다. 즉, 왼쪽으로 한 번 시프트하면 2로 곱한 결과가 되고, 오른쪽으로 한 번 시프트하면 2로 나눈 결과가 된다. 예를 들면 5비트 2진 데이터값이 (10000)2인 경우 오른쪽으로 한 번 시프트하면 (1000)2이 되고, 또 한 번 오른쪽으로 이동하면 (100)2이 된다. 여기서 2진 데이터값을 10진수로 바꾸어 보면 5비트 (10000)2은 (16)10이 되고 (1000)2은 (8)10, (100)2은 (4)10가 된다.

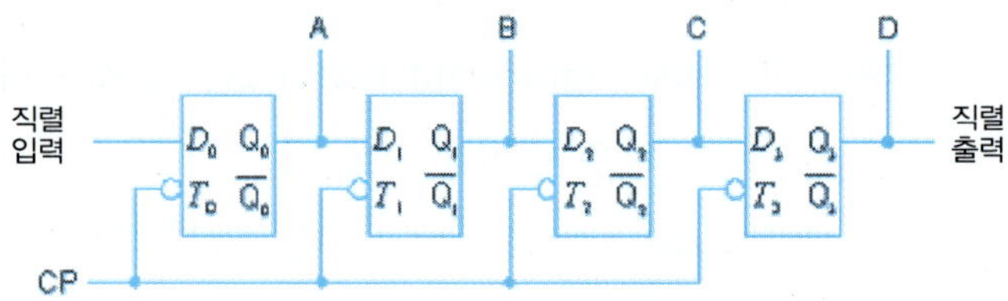

(a) D플립플롭을 사용한 시프트 레지스터

클럭펄스 (CP)	직렬입력	레지스터상태(병렬출력) A	B	C	D	직렬출력
처음	1	1	0	1	0	0
1	1	1	1	0	1	1
2	0	1	1	1	0	0
3	1	0	1	1	1	1
4	0	1	0	1	1	1

[그림 16-13]
시프트 레지스터와 상태표

(b) 4비트 오른쪽 시프트 레지스터의 상태표

이는 16에서 1비트 오른쪽으로 이동하면 16 ÷ 2 = 8이 되고, 또 한 번 오른쪽으로 이동하면 8÷2=4가 된다는 것을 알 수 있다. 결국 오른쪽으로 1비트씩 이동하면 2로 나눈 셈이 된다. 또 이것을 왼쪽으로 한 비트씩 이동해 보면 2로 곱해지는 것을 알 수 있게 된다.

2. 실험 과정

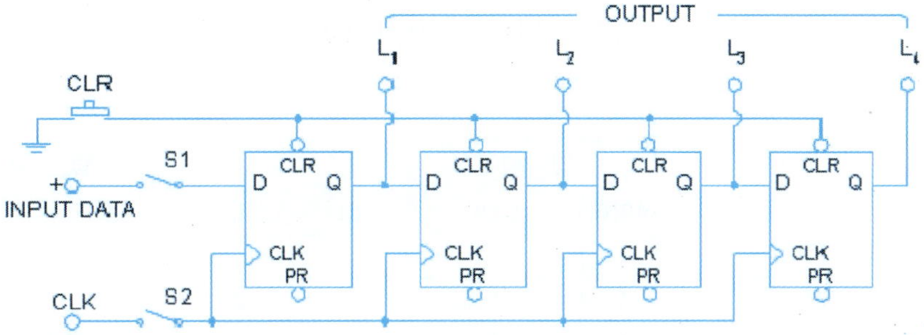

[그림 16-14]
시프트 레지스터(시리얼 입력/패러런 출력))

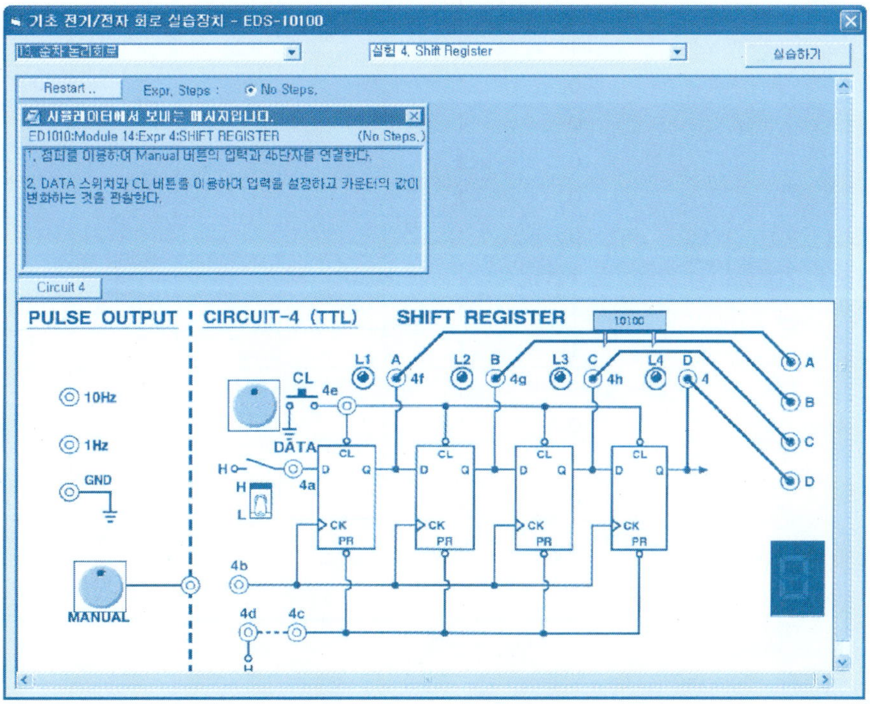

① 회로-4에서 [그림 16-14]와 같이 시프트 레지스터를 구성한다. (Manual Pulse Output으로부터 4b단자에 연결한다.)

② 데이터가 〈표 16-4〉와 같이 인가될 때, 클럭이 인가됨에 따라 출력단의 각 출력 L1, L2, L3, L4측정하여 해당란에 기록하여라. 데이터

입력은 스위치 S1이 ON이면 H, OFF이면 L를 의미한다. 단, 클럭을 인가하기 전에 CL스위치를 한 번 눌러 시프트 레지스터 내의 데이터를 일단 삭제시켜주도록 한다.

〈표 16-4〉

입 력		출 력			
데이터	CLK	L1	L2	L3	L4
1	↑				
1	↑				
1	↑				
1	↑				
1	↑				
1	↑				
0	↑				
0	↑				
0	↑				
0	↑				
0	↑				
1	↑				
1	↑				
1	↑				
1	↑				
0	↑				
0	↑				
0	↑				

◀비고▶

결 론

실험 결과에 대해 토의하시오. 〈결론 16-4〉

Chapter 17
조합 논리회로

■ 목적

① 디코더, 인코더의 동작원리를 실습을 통해 이해하고 아울러 용도와 응용을 예측할 수 있게 한다.

② 멀티플렉서, 디멀티플렉서의 동작원리를 실습을 통해 이해하고 이의 응용을 예측할 수 있게 한다.

③ 가산기와 감산기의 동작원리와 사용방법을 실습을 통해 알아본다.

CHAPTER

17

조합 논리회로

17-1 복호기(decoder)

1. 이 론

코드 형식의 2진 정보를 다른 코드 형식으로 바꾸는 회로가 디코더(decoder)이다. 다시 말하면, 2진 코드를 해독(decoding)하여 이에 대응하는 한 개의 선택 신호로 출력하는 것을 말한다.

디코더는 컴퓨터의 중앙처리장치내에서 번지의 해독, 명령의 해독, 제어 등에 사용되며 타이프라이터 등에서는 중앙처리장치로부터 들어온 2진 코드를 문자로 변환하여 인쇄할 때 사용되고 있다. 예로써 [그림 17-1]과 같은 2×4 디코더를 살펴보자. 이 디코더는 입력이 두 개, 출력이 네 개다. 이것은 가능한 한 2진 입력의 조합만큼의 출력을 갖는다. 즉 n×2n 디코더는 n개의 입력이 들어가서 2n개의 출력이 나온다. 2×4 디코더와 진리표는 [그림 17-1]처럼 되며, 진리표에서 살펴보면 출력은 한 비트만이 1로 되어 있음을 볼 수 있다.

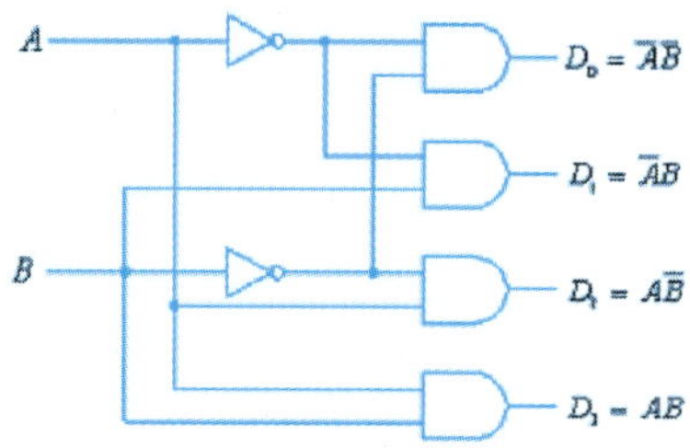

(a) 2×4 디코더의 회로

입력		출력			
A	B	D_0	D_1	D_2	D_3
0	0	1	0	0	0
0	1	0	1	0	0
1	0	0	0	1	0
1	1	0	0	0	1

(b) 2×4 디코더의 진리표

[그림 17-1]
2x4 디코더의 회로와 진리표

한편 회로 동작을 제어하기 위해서 디코더에 인에이블(enable) 입력을 넣는 것이 때때로 편리할 때가 있다. 예를 들면, 인에이블 입력을 가진 3×8 디코더를 [그림 17-2]에 나타냈는데, 이 인에이블 입력이 "0"이면 모든 출력이 "0"이 되고, 인에이블 입력이 1일 때 디코더는 정상적인 동작을 하게 된다. 그리고 입출력 수가 많은 디코더는 하나하나 그리기가 복잡하므로 [그림 17-2](b)처럼 블록도로써 표시할 수가 있다.

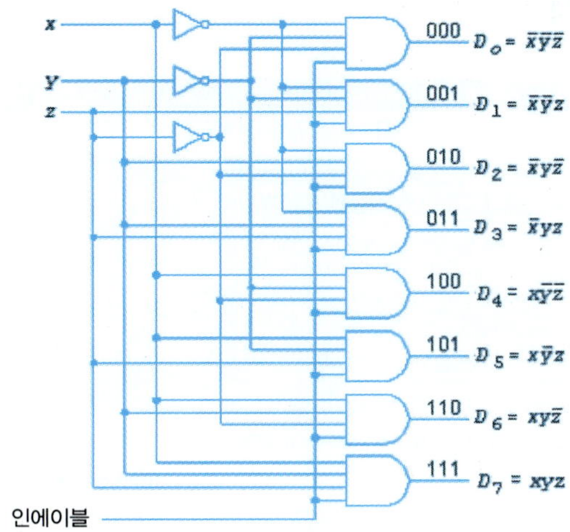

(a) 3×8 디코더의 회로

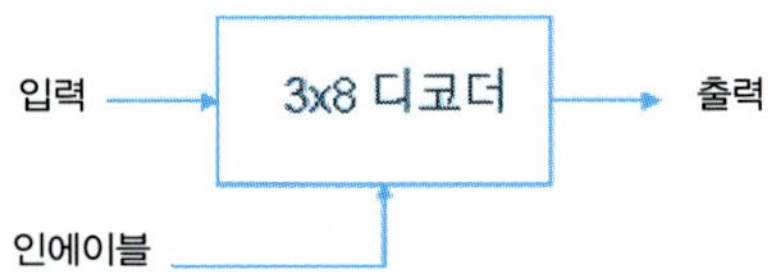

(b) 블록도

[그림 17-2]
3x8 디코더의 회로와 블록도

[그림 17-2](a)는 입력이 3개, 출력이 $2^3 = 8$개인 해독기로서 AND 게이트로 구성되어 있다. 이것은 2진수를 8진수 또는 10진수로 변환할 때 사용된다. 예를 들면 인에이블이 1이고, x, y, z 입력에 2진 데이터 101이 입력될 때 1은 x회선, 0은 $\overline{y}$회선, 1은 z회선을 따라 출력측 D_5에 전달되어 어떤 신호로 나타나게 된다. 이 신호는 2진수 (101)이므로 8진수나 10진수로 해독되어 5라고 표시한다.

2. 실험 과정

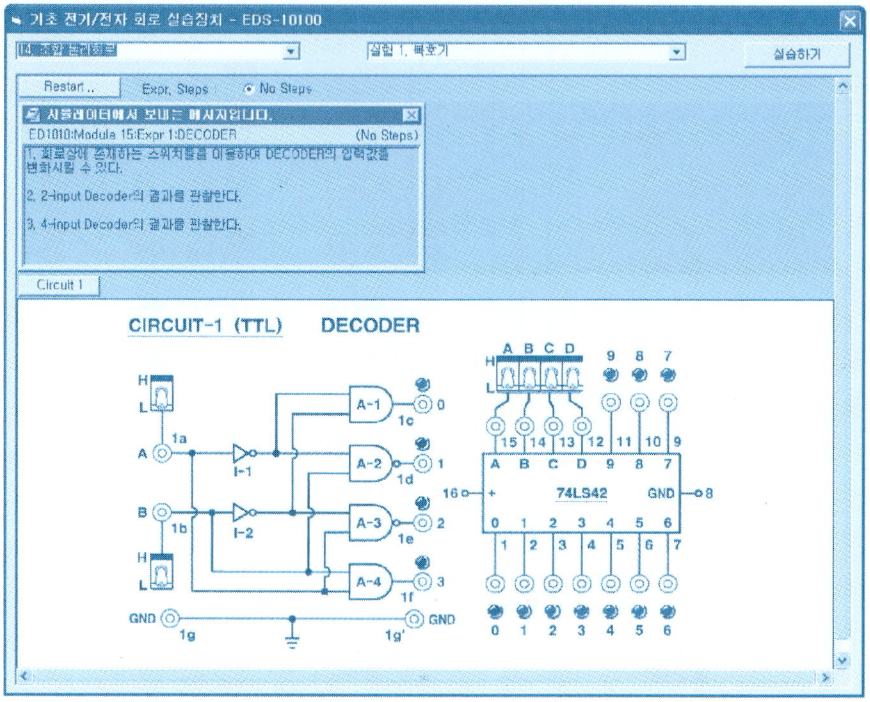

① 회로-1의 왼쪽 회로는 2 to 4 디코더를 나타낸다. 스위치를 사용하여 〈표 17-1〉과 같이 입력을 변화시키면서 출력 1c, 1d, 2e, 3f의 전압을 측정하여 1, 0으로 해당란에 표기하여라.
(LED 점등을 확인)

② 회로-1의 오른쪽 회로는 4 to 10 디코더를 나타낸다. 〈표 17-2〉와 같이 입력 A, B, C, D에 따라 출력 0, 1, 2, 3, 4, 5, 6, 7, 8, 9의 전압을 측정하여 해당란에 표기하여라.
(LED 점등을 확인)

〈표 17-1〉

입 력		출 력			
A	B	0	1	2	3
0	0				
0	1				
1	0				
1	1				

◀비고▶

〈표 17-2〉

입 력				출 력									
D	C	B	A	0	1	2	3	4	5	6	7	8	9
0	0	0	0										
0	0	0	1										
0	0	1	0										
0	0	1	1										
0	1	0	0										
0	1	0	1										
0	1	1	0										
0	1	1	1										
1	0	0	0										
1	0	0	1										

◀비고▶

결 론

실험 결과에 대해 토의한다. 〈결론 17–1〉

17-2 부호기(encoder)

1. 이 론

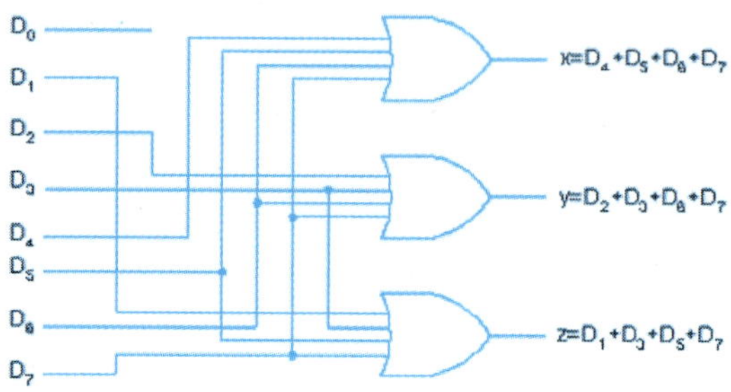

[그림 17-3]
8진-2진 인코더

[그림 17-4]
8진-2진 인코더에 대한 진리표

입력								출력		
D_0	D_1	D_2	D_3	D_4	D_5	D_6	D_7	x	y	z
1	0	0	0	0	0	0	0	0	0	0
0	1	0	0	0	0	0	0	0	0	1
0	0	1	0	0	0	0	0	0	1	0
0	0	0	1	0	0	0	0	0	1	1
0	0	0	0	1	0	0	0	1	0	0
0	0	0	0	0	1	0	0	1	0	1
0	0	0	0	0	0	1	0	1	1	0
0	0	0	0	0	0	0	1	1	1	1

인코더는 디코더의 역연산을 수행하는 디지털 함수이다. 인코더는 2^M개 이하의 입력선과 n개의 출력선을 가진다. 인코더의 예가 [그림 17-3]에 있다. 8진-2진 인코더는 8개의 디지트들 각각에 대해 입력이 필요하므로 8개의 입력이 있어야 하며 그 대응되는 2진수를 산출하기 위해 3개의 출력들이 있어야 한다. 즉, 인코더는 코드화기이다. 그림에서 인코더는 OR 게이트들로 구성되는데 OR 게이트들의 입력은 [그림 17-4]의 진리표로부터 결정된다. 출력 z는 입력 8진 디지트가 홀수이면 "1"이 된다. 출력 y는 입력 8진 디지트가 2, 3, 6, 7이면 "1"이 된다. 또, 출력 x는 입력 8진 디지트가 4, 5, 6, 7일 때 "1"이 된다. D_0는 어떤 OR 게이트에도 연결

되지 않았는데 이 경우 2진 출력은 모두 “0”이 되어야 하기 때문이다. 그러나 모든 입력들이 “0”일 때도 출력들은 전부 “0”이 된다.

이 모순성은 모든 입력이 “0”이 아니라는 사실을 지시하기 위해 추가의 출력을 하나 제공함으로써 해결한다.

[그림 17-3]의 인코더는 임의의 때 하나의 입력만 “1”이 될 수 있다고 가정한다. 그렇지 않으면 회로는 의미가 없다. 회로는 8개의 입력을 가지고 있다. 따라서 $2^8 = 256$개의 입력 조합이 가능한데 단지 이들 중 8개만이 의미를 가진다.

인코더들은 입력 우선순위를 정하여 가장 높은 우선순위를 가지는 입력선만 해독한다. [그림 17-4]에서 높은 첨자를 가지는 입력이 낮은 첨자를 가지는 입력보다 우선순위가 높다고 하자. 만일 D_2와 D_5가 동시에 “1”이 된다면 D_5가 D_2보다 우선순위가 높기 때문에 출력은 [101]이 될 것이다.

2. 실험 과정

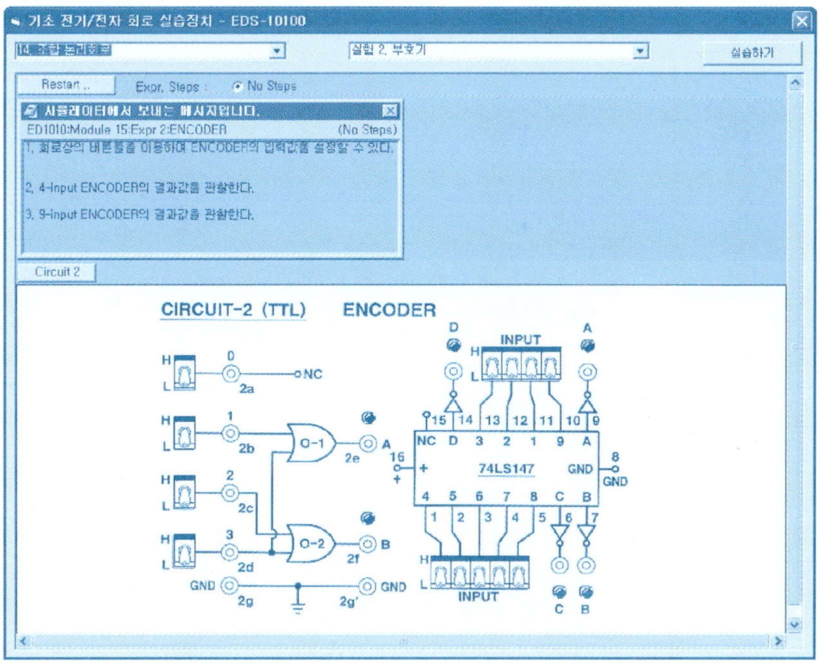

① 회로-2의 왼쪽 회로는 4 to 2 인코더를 나타낸다. 스위치를 사용하여 〈표 17-3〉과 같이 입력 0, 1, 2, 3을 변화시키면서 출력 A, B를 측정하여 1, 0으로 해당란에 표기하여라. (LED 점등을 확인)

② 회로-2의 오른쪽 회로는 10 to 4 인코더를 나타낸다. 〈표 17-4〉와 같이 입력 1, 2, 3, 4, 5, 6, 7, 9에 따라 출력 A, B, C, D를 측정하여 해당란에 기록하여라. 단 〈표 17-4〉에서 X는 Don't Care를 나타낸다. 그리고 출력단에는 Inverter가 부착되어 있음에 유의하라.

〈표 17-3〉

입 력				출 력	
0	1	2	3	A	B
0	0	0	0		
0	1	0	0		
0	0	1	0		
0	0	0	1		

◀비고▶

〈표 17-4〉

입 력									출 력			
1	2	3	4	5	6	7	8	9	D	C	B	A
1	1	1	1	1	1	1	1	1				
0	1	1	1	1	1	1	1	1				
×	0	1	1	1	1	1	1	1				
×	×	0	1	1	1	1	1	1				
×	×	×	0	1	1	1	1	1				
×	×	×	×	0	1	1	1	1				
×	×	×	×	×	0	1	1	1				
×	×	×	×	×	×	0	1	1				
×	×	×	×	×	×	×	0	1				
×	×	×	×	×	×	×	×	0				

◀비고▶

결 론

실험 결과에 대해 토의하시오. 〈결론 17-2〉

17-3 멀티플렉서/디멀티플렉서(multiplexer/demultiplexer)

1. 이 론

(1) 멀티플렉서(Multiplexer)

멀티플렉싱이란 많은 수의 정보 장치를 적은 수의 채널이나 선들을 통하여 전송하는 것을 의미한다. 디지털 멀티플렉서는 많은 입력선들 중에서 하나를 선택하여 출력선에 연결하는 조합회로이다. 선택선들의 값에 따라서 특별한 입력선이 선택된다. 정상적인 경우 2^n개의 입력선과 n개의 선택선으로 구성되어 있다. 이때 n선택선들의 비트조합에 따라서 입력 중의 하나가 선택된다.

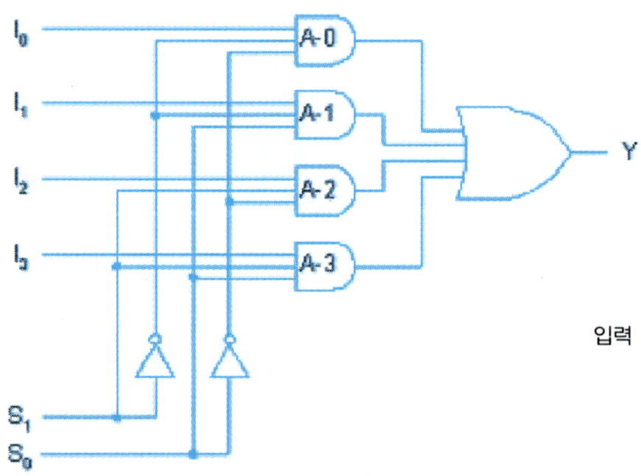

(a) 논리도

S_1	S_0	Y
0	0	I_0
0	1	I_1
1	0	I_2
1	1	I_3

(B) 함수표

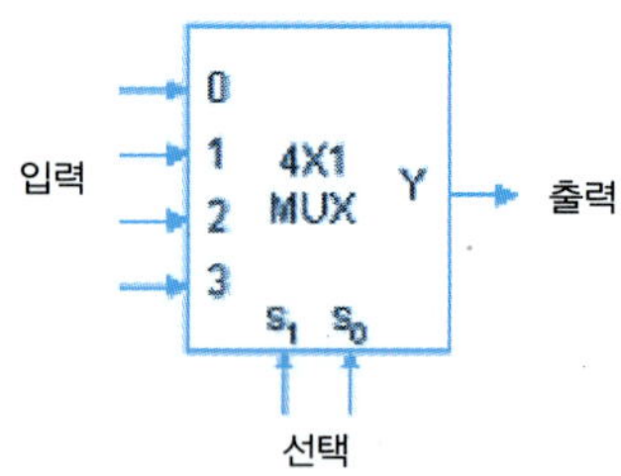

(c) 블록도

[그림 17-5] 4x1 멀티플렉서

4×1멀티플렉서가 [그림 17-5](a)에 주어졌다. 4개의 입력선들, I_0에서 I_3까지 각각은 각 AND 게이트의 한 입력이 된다. 선택선 S_1과 S_0는 특별 동작이 요구되는 한 AND 게이트를 선택하기 위해 동작한다. [그림

17–5](b)의 함수표는 각 가능한 선택선들의 비트 조합에 대한 입출력 통로를 목록으로 작성한 것이다. 이 MSI 함수가 디지털 시스템 설계에 사용될 때 [그림 17–5](c)에 있는 블록도로 표시한다. 회로 작동을 설명하기 위해 $S_1S_0 = 10$일 때를 살펴보자, 입력 I_2와 관련된 AND 게이트(A–2)를 보면 2개의 입력은 “1”이 되고 나머지 하나의 입력은 I_2가 된다. 나머지 3개의 다른 AND 게이트들은 적어도 하나의 입력이 “0”이 되어서 출력들은 모두 “0”이 된다. 따라서 OR 게이트의 출력은 I_2와 같게 된다. 즉 OR 게이트는 선택된 입력을 출력과 연결시켜 주는 통로 구실을 한다. 멀티플렉서는 많은 입력들 중 하나를 선택하여 선택된 입력선의 2진 정보를 출력선에 넘겨 주기 때문에 데이터 선택기라고도 한다.

(2) 디멀티플렉서(demultiplexer)

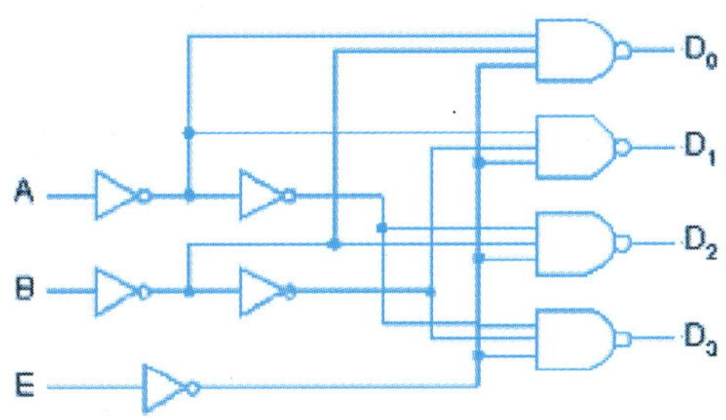

(a) 논리도

E	A	B	D_0	D_1	D_2	D_3
1	X	X	1	1	1	1
0	0	0	0	1	1	1
0	0	1	1	0	1	1
0	1	0	1	1	0	1
0	1	1	1	1	1	0

(b) 진리표

[그림 17–6] 인에이블(E)입력을 가지고 있는 2x4 디코더 멀티플렉서

1개의 인에이블 입력을 가지고 있는 디코더는 디멀티플렉서로서의 기능을 수행한다. 디멀티플렉서는 정보를 한 선으로 받아서 2^n개의 가능한 출력선들 중 하나를 선택하여 받은 정보를 전송하는 회로이다. 디멀티플렉서는 n개의 선택선들의 값에 의해 특별한 출력선이 선택된다. [그림 17–6]의 디코더는 만일 E가 입력선이고 A와 B를 선택선으로 취급한다면 디멀티플렉서와 같은 기능을 수행한다. 이것은 [그림 17–7](b)에서 볼 수 있다. 입력 변수 E는 모든 출력선으로 통하는 통로들을 가지고 있다. 그

러나 입력 정보는 A와 B의 2진 값에 의해 결정되는 단 하나의 출력선에만 연결된다. 이것은 [그림 17-6](b)에 있는 이 회로의 진리표로부터 증명될 수 있다. 예를 들어 선택선 AB=10이면 D_2는 입력 E와 동일하게 되고 다른 모든 출력들은 "1"이 된다. 디코더와 디멀티플렉서 연산들은 동일한 회로에서 얻어지기 때문에 인에이블 입력을 가지고 있는 디코더는 디코더나 디멀티플렉서로 간주할 수 있다. 회로를 디멀티플렉서로 만드는 것이 바로 인에이블 입력이며 디코더 그 자체는 AND, NAND 또는 NOR 게이트들을 사용한다. 디코더/디멀티플렉서 회로들은 함께 연결되어 좀 더 큰 디코더 회로를 형성할 수 있다.

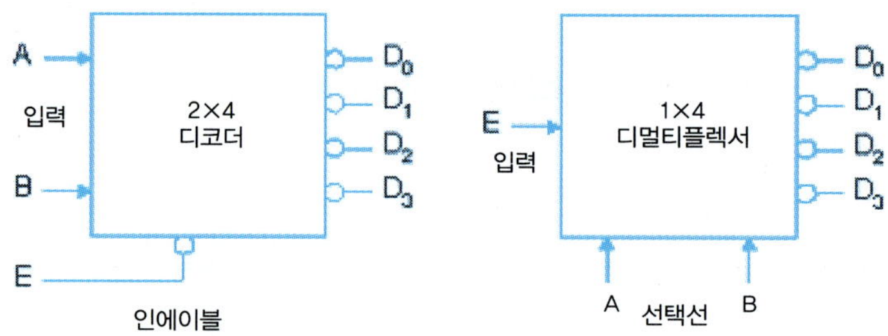

[그림 17-7]
[그림 17-6]에 대한 블록도

2. 실험 과정

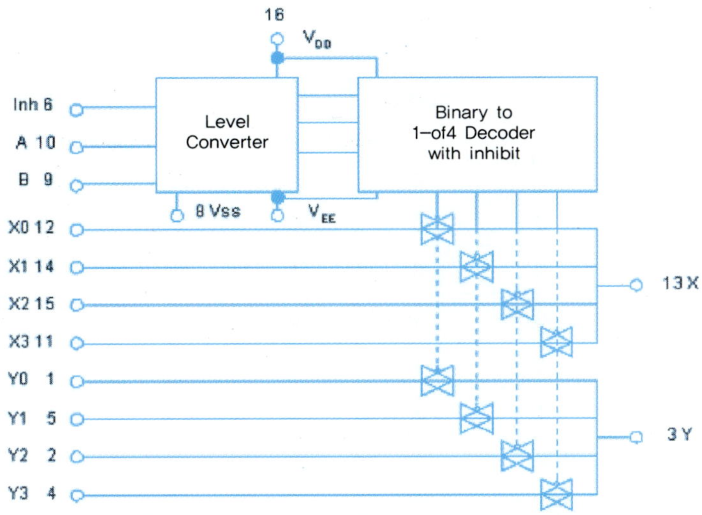

[그림 17-8]
Dual 4-CH Analog
멀티/디멀티플렉서
(CMOS MC-14052B)

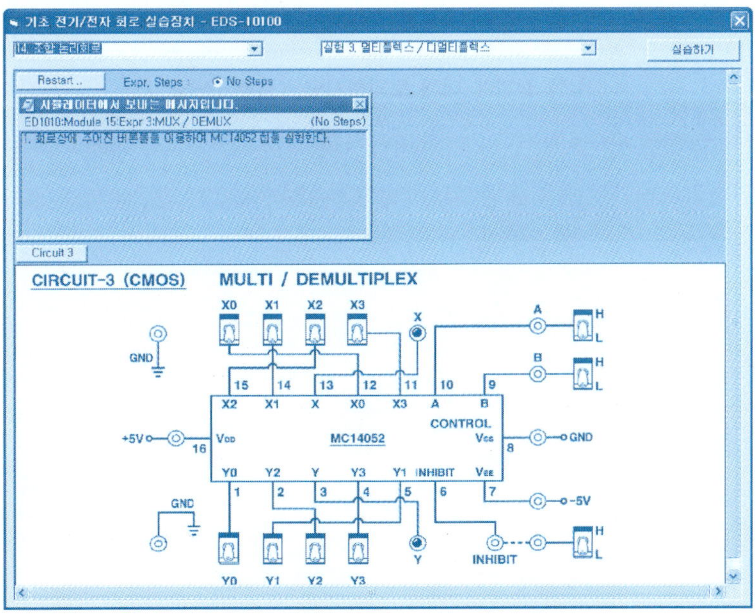

① 회로-3은 Dual 4-Channel Analog 멀티플렉서를 나타내는 회로이다. [그림 17-8]은 블록도를 나타낸다.

② Inhibit와 선택선의 입력이 〈표 17-5〉와 같을 때 출력 X, Y를 측정하여 해당란에 기록하여라.

〈표 17-5〉

<table>
<tr><th colspan="3">Control</th><th colspan="4">On Switch</th></tr>
<tr><td rowspan="2">Inhibit</td><td colspan="2">Select</td><td colspan="2">X-Section</td><td colspan="2">Y-Section</td></tr>
<tr><td>B</td><td>A</td><td>COM.</td><td>CH.</td><td>COM.</td><td>CH.</td></tr>
<tr><td>0</td><td>0</td><td>0</td><td rowspan="4">X</td><td></td><td rowspan="4">Y</td><td></td></tr>
<tr><td>0</td><td>0</td><td>1</td><td></td><td></td></tr>
<tr><td>0</td><td>1</td><td>0</td><td></td><td></td></tr>
<tr><td>0</td><td>1</td><td>1</td><td></td><td></td></tr>
<tr><td>1</td><td>×</td><td>×</td><td></td><td></td><td></td><td></td></tr>
</table>

◀비고▶

결 론

실험 결과에 대해 토의하시오. 〈결론 17-3〉

17-4 가감산기(Half/Full adder)

1. 이 론

(1) 반가산기(Half Adder)

반가산기는 2개의 2진 입력과 2개의 2진 출력으로 구성된다. 입력 변수들은 피가수와 가수를 나타내고 출력 변수들은 합과 캐리를 의미한다. 일반적으로 두 입력을 x, y로 출력을 S와 C라 한다. 입력과 출력에 대한 진리표는 [그림 17-9]와 같다.

입 력		출 력	
X	Y	C	S
0	0	0	0
0	1	0	1
1	0	0	1
1	1	1	0

◀비고▶

[그림 17-9]
반가산기의 진리표

C는 입력들이 둘 다 1 일 때만 1이 된다. S는 입력이 둘 중 하나가 1일 때만 1이 된다. 두 출력에 대한 단순한 부울 함수들은 진리표로부터 직접 얻을 수 있다. 곱셈의 단순화된 합은 다음과 같다.

$$S = \overline{x}y + x\overline{y}$$

$$C = xy$$

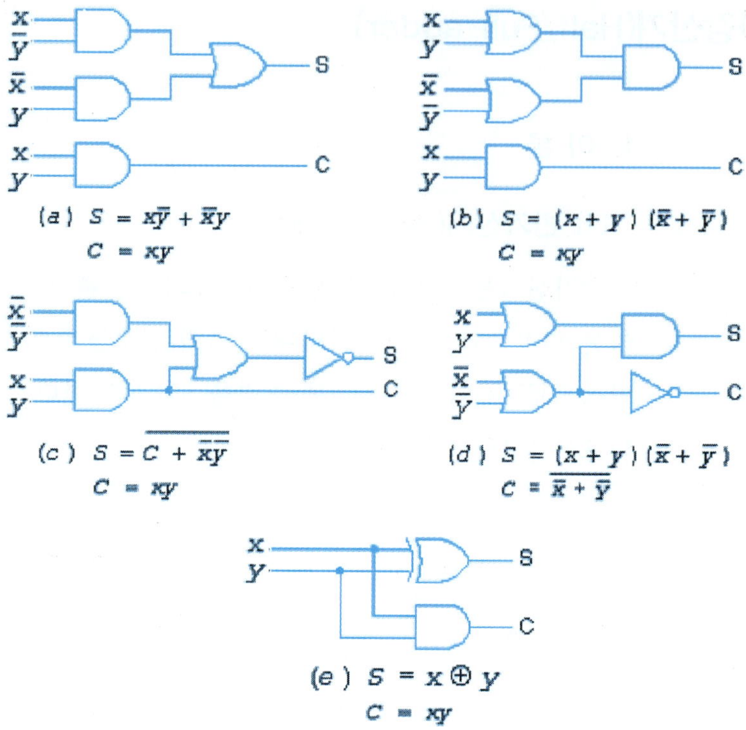

[그림 17-10]
반가산기 구현방법

이것을 논리도로 표시한 것이 [그림 17-10]이며 반가산기에 대한 다른 4가지 논리도들도 [그림 17-10]에 있다. 이것들은 모두 입력과 출력의 작동에 관한한 똑같은 결과를 산출한다. 이것을 볼 때 우리는 이와 같은 간단한 조합 논리함수를 제작할 때조차 여러가지 다양한 선택이 있을 수 있음을 알 수 있다.

[그림 17-10](a)는 반가산기를 곱의 합으로 구현한 것이며, (b)는 합의 곱으로 구현한 것이다.

$$S = (x+y)(\overline{x}+\overline{y})$$

$$C = xy$$

(c)는 S가 x와 y의 Exclusive-OR이라는 사실에서 얻어진다. S의 보수는 x와 y의 동치이다.

$$\overline{S} = xy + \overline{x}\,\overline{y}$$

그런데 $C = xy$이므로

$$S = \overline{C + \overline{x}\,\overline{y}}$$

(d)에서 C를 합의 곱으로 표현하면 다음과 같다.

$$C = xy = \overline{\overline{x} + \overline{y}}$$

반가산기는 (e)에서처럼 XOR 게이트와 AND 게이트로 실현할 수 있다.

(2) 전가산기(Full Adder)

전가산기는 3개의 입력 비트들의 합을 계산하는 조합회로이다. 전가산기는 3개의 입력과 2개의 출력으로 구성된다. x와 y로 표시된 입력 변수들은 더해질 현재 위치의 두 비트이며, z로 표시된 세번째 입력 변수는 바로 전 위치로부터의 캐리이다. 3개의 비트를 더할 때 합은 0부터 3까지 나올 수 있고, 2와 3을 2진수로 표시하는 데 2개의 디지트가 요구되므로 2개의 출력이 필요하다. 두 출력 중 합에 대해서는 S라는 기호로 캐리에 대해서는 C라는 기호로 표시한다. 3개의 비트의 합을 계산하여 앞의 디지트는 출력 캐리 C가 되며 뒤의 디지트가 S로 표시된다. 전가산기의 진리표는 [그림 17-11]과 같다.

입 력			출 력	
X	Y	Z	C	S
0	0	0	0	0
0	0	1	0	1
0	1	0	0	1
0	1	1	1	0
1	0	0	0	1
1	0	1	1	0
1	1	0	1	0
1	1	1	1	1

◀비고▶

[그림 17-11]
전가산기의 진리표

3개의 입력 변수들이 가질 수 있는 모든 가능한 1과 0들의 조합에 대해서 2개의 출력 변수는 1 또는 0의 값을 가진다. 모든 입력들이 0일 때 출력은 0이 된다. 출력 S는 1개 또는 3개의 입력들이 1일 때 1이 된다.

조합 회로의 입출력 비트들은 문제의 여러 단계에서 다르게 해석할 수 있다. 입력선의 2진 신호는 산술적으로 더해져 2디지트 합을 출력선에 산출하는 비트로 간주한다.

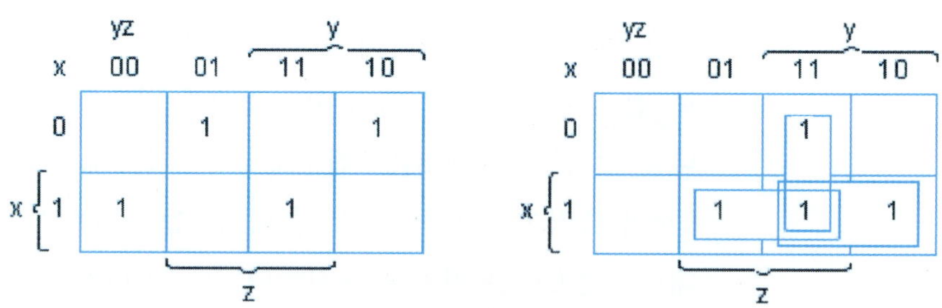

$S = \overline{x}\overline{y}z + \overline{x}y\overline{z} + x\overline{y}\overline{z} + xyz$ $\qquad C = xy + xz + yz$

[그림 17-12]
전가산기에 대한 맵(map)

반면에 진리표로 표현할 때나 논리 게이트로 회로를 구성할 때에 앞 문장에서와 동일한 2진 값을 부울 함수의 변수로 볼 수 있다. 이렇게 이 회로에서 쓰이는 비트들이 2가지의 다른 해석을 할 수 있다는 것을 인식하는 것은 중요한 일이다.

전가산기 회로의 입출력 논리 관계는 각 출력 변수에 대해 하나의 부울 함수가 대응되므로 2개의 부울 함수로 표현될 수 있다. 각 부울 함수를 단순화시키기 위해 맵이 하나씩 필요하다. 각 맵은 출력이 세 입력 변수들의 함수이므로 8개의 사각형들로 구성된다. [그림 17-12]에 있는 2개의 맵들은 두 출력 함수들을 각각 단순화하는데 사용한다. 각 맵의 사각형 내에 표시된 1은 진리표로부터 직접 얻을 수 있다. 출력 S의 경우 1로 표시한 사각형들은 인접한 사각형과 결합할 수 없으므로 더 이상 단순화시킬 수 없다. 출력 C는 단순화되어져 6개의 문자로 된 표현을 얻는다. 곱의 합으로 전가산기의 논리도가 [그림 17-13]에 있다. 이것은 다음 부울 함수 표현을 사용한 것이다.

$$S = \overline{x}\,\overline{y}z + \overline{x}y\overline{z} + x\overline{y}\,\overline{z} + xyz$$

$$C = xy + xz + yz$$

전가산기에 대한 다른 구성을 개발할 수 있다. 합의 적으로 표현할 경우 [그림 17-13]과 같은 수의 게이트를 사용하지만 AND 게이트와 OR 게이트의 수가 서로 바뀐다.

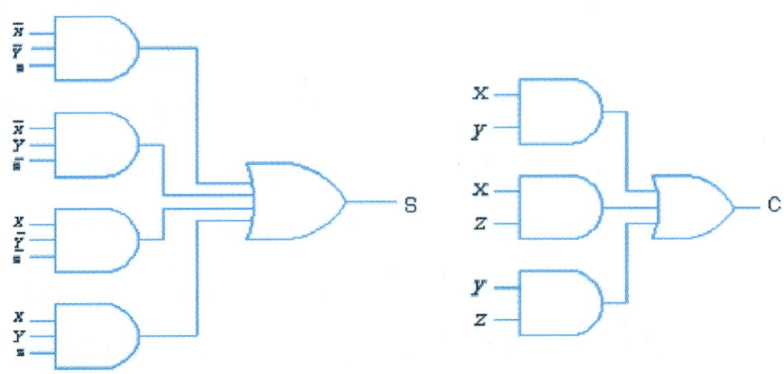

[그림 17-13]
곱의 합으로 구성된 전가산기

전가산기는 [그림 17-14]에서처럼 2개의 반가산기와 하나의 OR 게이트로 구현할 수 있다. 두 번째 반가산기의 출력 S는 첫 번째 반가산기의 출력과 z를 Exclusive-OR한 것이다. S와 C는 다음과 같이 부울 함수로 표현할 수 있다.

$$
\begin{aligned}
S &= Z \oplus (x \oplus y) \\
&= \overline{z}(x\overline{y} + \overline{x}y) + z\,\overline{(x\overline{y} + \overline{x}y)} \\
&= \overline{z}(x\overline{y} + \overline{x}y) + z\,\overline{(x\overline{y} + \overline{x}y)} \\
&\quad (x\overline{y}z + \overline{x}y\overline{z}) + xyz + \overline{x}\,\overline{y}z \\
C &= Z(x\overline{y} + \overline{x}y) + xy = x\overline{y}z + \overline{x}yz = xy
\end{aligned}
$$

(3) 반감산기(Half Subtracter)

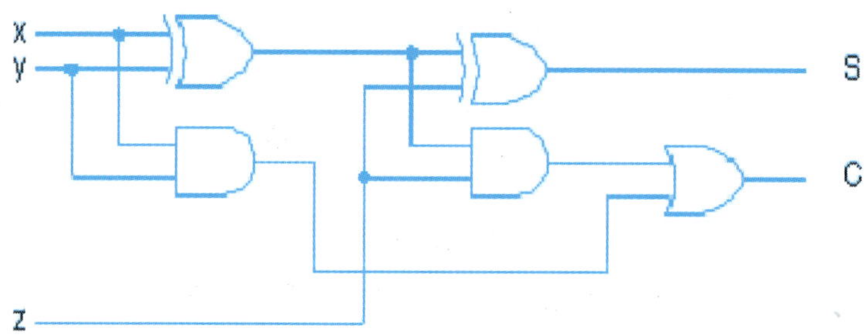

[그림 17-14]
2개의 반가산기와 하나의 OR게이트로 구성된 전가산기

반감산기는 2개의 비트들을 빼서 그 차를 산출하는 조합회로이다. 이 회로는 1을 빌렸는지를 나타내는 또 하나의 출력을 가진다. x는 피감산 비트를 표시하는 데 사용하고 y는 감산 비트를 표시하는 데 사용한다. $x-y$를 수행하기 위해 우리는 x와 y의 상대적인 크기를 살펴보아야 한다. $x \geq y$이면 다음 세 경우가 가능하다. 0–0=0, 1–0=1, 그리고 1–1=0. 이 결과를 차 비트(difference bit)라 부른다. 만일 $x < y$ 인 경우, 즉 0–1일 때에는 바로 앞 자릿수로부터 1을 빌어야만 한다. 빌린 1은 2진수에서 2와 같으므로 감산수 비트에 더해져 결국 2–1=1이 된다. 반감산기는 2개

의 출력이 필요한데 하나는 차를 생성하여 기호 D로 표시하고, 또 다른 하나는 기호 B로 받아내림(borrow) 표시하여 앞 위치의 디지트로부터 1이 빌어지는지를 표시한다. 반감산기에 대한 진리표는 [그림 17-15]와 같다.

입 력		출 력	
X	Y	B	D
0	0	0	0
0	1	1	1
1	0	0	1
1	1	0	0

◀비고▶

[그림 17-15]
반감산기의 진리표

출력 B는 $x \geq y$이면 0이고 x=0, y=1에 대해서만 1이 된다. 출력 D는 산술연산 $2B+x-y$의 결과이다.

반감산기 두 출력에 대한 부울 함수들은 진리표에서 직접 구할 수 있다.

$$D=\overline{x}y+x\overline{y}$$

$$B=\overline{x}y$$

D에 관한 논리가 반가산기에서 S에 관한 논리와 동일하다.

(4) 전감산기(Full Subtracter)

전감산기는 바로 전 낮은 단 위치의 디지트에 빌려 준 1을 고려하면서 두 비트들의 뺄셈을 수행하는 조합회로이다. 이 회로는 3개의 입력과 2개의 출력을 가진다. x, y, z는 각각 피감수, 감수, 그리고 전 자릿수로부터의 빌림(borrow)을 표시하는데 사용되는 출력기호이다. 전감산기의 진리표는 [그림 17-16]과 같다.

입 력			출 력	
X	Y	Z	B	D
0	0	0	0	0
0	0	1	0	1
0	1	0	0	1
0	1	1	1	0
1	0	0	0	1
1	0	1	1	0
1	1	0	1	0
1	1	1	1	1
〈비고〉				

[그림 17-16]
전감산기의 진리표

3개의 입력 변수들이 가질 수 있는 모든 가능한 1과 0들의 조합에 대해 두 출력 변수의 값은 x-y-z의 결과에 따라서 "1" 또는 "0"으로 결정된다. 입력 빌림(z)이 0이면 반감산기와 동일하게 된다. x=0, y=0, z=1인 경우 바로 앞 디지트로부터 1을 빌려와야 한다. 그 경우 2가 x에 가해지므로 2-0-1=1이 되어 D=1이고 이때 빌림이 있으므로 B도 1이 된다. x=0, yz=11일 때도 앞 디지트로부터 1을 빌어야 하므로 B=1이고, x는 2가 더해져 D는 2-1-1=0에 의해 0이 된다. x=1, yz=01일 때 x-y-z=0이므로 B=0, D=0이 된다. 마지막으로 x=1, yz=11이면 앞 디지트로부터 1을 빌어 x는 2가 더해져 3이 되므로 D=1, B=1이 된다.

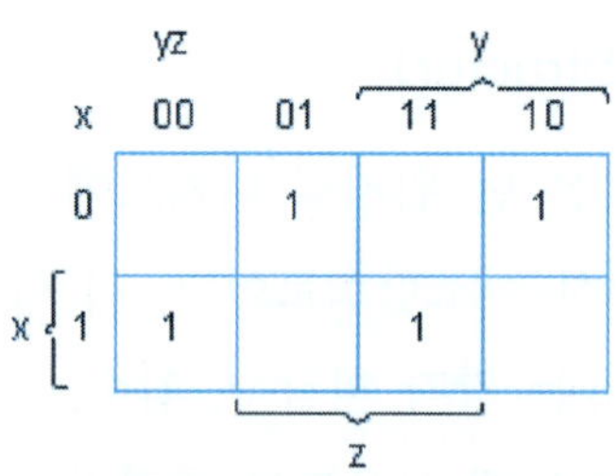

$D = \overline{x}\overline{y}z + \overline{x}y\overline{z} + x\overline{y}\overline{z} + xyz$

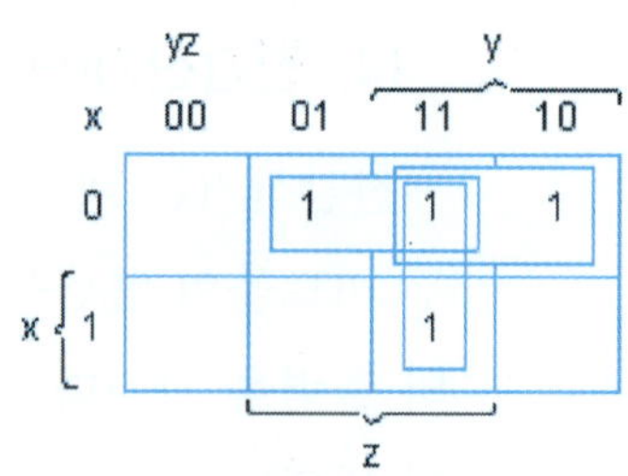

$B = \overline{x}y + \overline{x}z + yz$

[그림 17-17]
전감산기에 대한 맵(map)

전감산기의 두 출력에 대한 부울 함수들은 [그림 17-17]의 맵에 있다. 이것을 단순화하여 적의 합으로 나타내면 다음과 같다.

$$D=\overline{x}\,\overline{y}z+\overline{x}y\overline{z}+x\overline{y}\,\overline{z}+xyz$$

$$B=\overline{x}y+\overline{x}z+yz$$

전가산기의 출력 S와 전 감산기의 출력 D는 동일하며 전감산기의 출력 B는 x를 $\overline{x}$로 대치하면 동일하게 된다는 사실이 흥미있는 일이다. 따라서 x의 보수를 캐리를 산출하는 게이트에 적용하면 간단히 전가산기를 전감산기로 바꿀 수 있다.

2. 실험 과정

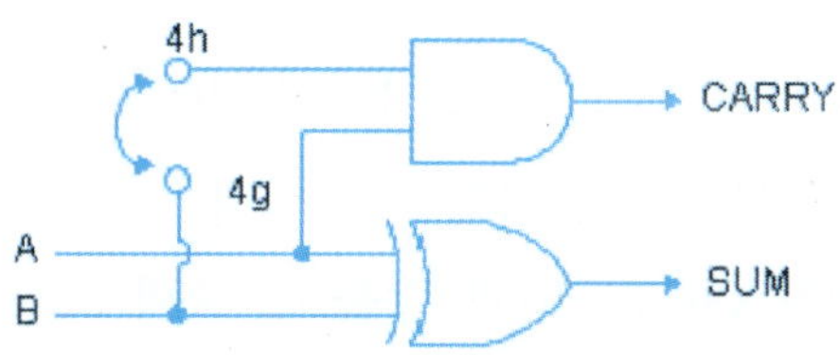

[그림 17-18]
Half Adder 회로

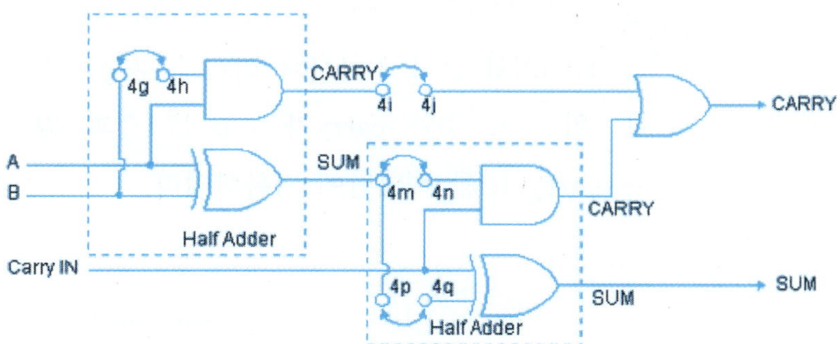

[그림 17-19]
Full Adder 회로

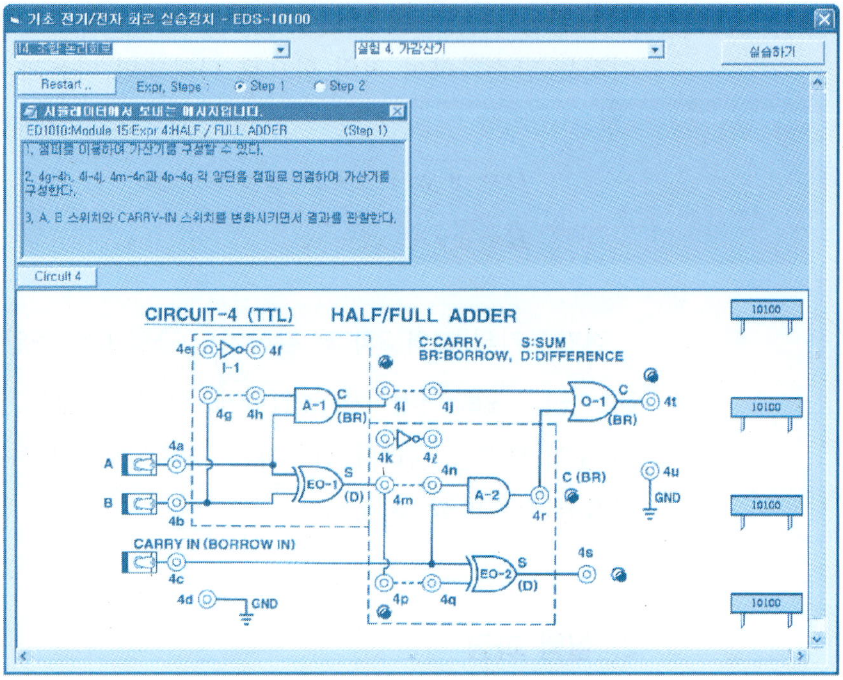

① 단계 1을 선택하고 회로-4에서 4g-4h 단자를 연결하여 [그림 17-18]과 같이 반가산기를 구성한다.

② 입력 A, B가 〈표 17-6〉과 같을 때 출력 Sum(4m)과 Carry(4i)를 해당란에 기록하여라.

③ 회로-4에서 4g-4h, 4i-4j, 4m-4n, 4p-4q 단자를 연결하여 [그림 17-19]와 같이 전가산기 회로를 구성한다.

④ 입력 A, B와 carry가 〈표 17-7〉과 같을 때 출력 Sum(4s)과 Carry(4t)를 해당란에 기록하여라.

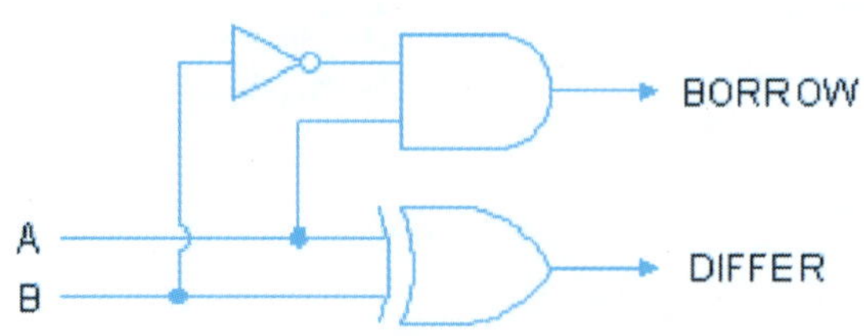

[그림 17-20]
반감산기 회로

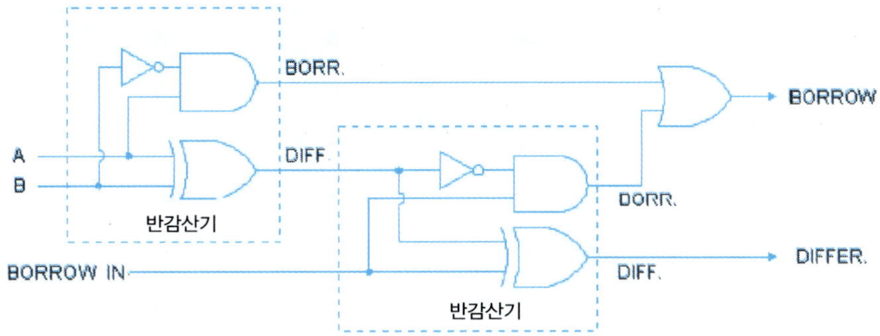

[그림 17-21]
전감산기 회로

⑤ 단계 2를 선택하고 회로-4에서 4e-4g, 4f-4h양단을 연결하여 [그림 17-20]과 같이 반감산기 회로를 구성한다.

⑥ 입력 A, B가 〈표 17-8〉과 같을 때, 출력 Differ.(4m)와 Borrow(4i)를 해당란에 기록하여라.

⑦ 회로-4에서 4e-4g, 4f-4h, 4i-4j, 4k-4m, 4l-4n, 4p-4g 단자를 연결하여 [그림 17-21]과 같이 전감산기 회로를 구성한다.

〈표 17-6〉

입 력		출 력	
B	A	Sum	Carry
0	0		
0	1		
1	0		
1	1		

〈비고〉

⑧ 입력 A, B와 Borrow가 〈표 17-9〉와 같을 때 출력 Differ(4s)와 Borrow(4t)를 해당란에 기록하여라.

〈표 17-7〉

입 력			출 력	
Carry	B	A	Sum	Carry
0	0	0		
0	0	1		
0	1	0		
0	1	1		
1	0	0		
1	0	1		
1	1	0		
1	1	1		

◀비고▶

〈표 17-8〉

입 력		출 력	
B	A	Differ	Borrow
0	0		
0	1		
1	0		
1	1		

◀비고▶

〈표 17-9〉

입 력			출 력	
Carry	B	A	Deffer	Borrow
0	0	0		
0	0	1		
0	1	0		
0	1	1		
1	0	0		
1	0	1		
1	1	0		
1	1	1		

◀비고▶

결 론

실험 결과에 대해 토의하시오. 〈결론 17-4〉

Chapter 18

메모리

■ 목적

① 메모리를 위한 어드레싱과 데이터 입력의 개요를 실습회로를 통해 이해한다.
② 메모리의 구조와 종류는 이해하고 메모리의 데이터 기록과 인출방법을 이해한다.

CHAPTER 18

메 모 리

18-1 데이터 생성

(1) 어드레스(address) 생성

회로-1은 어드레스 신호를 발생시키는 회로이다. 16비트의 어드레스 버스에 각각 토글 스위치를 연결하여 High/Low 신호를 선택하므로 어드레스를 발생시키도록 하고 있다.

(2) 디스플레이(display)

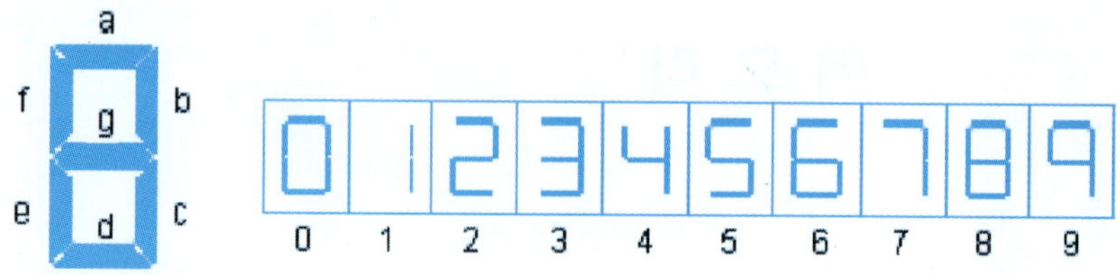

[그림 18-1]
세그먼트 디스플레이

(a) (b)

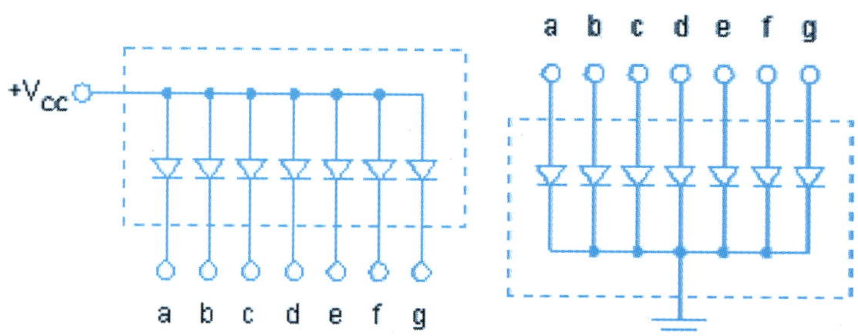

[그림 18-2]
세그먼트 디스플레이의 두 가지형

(a) 공통 애노드형 (b)공통 캐소드형

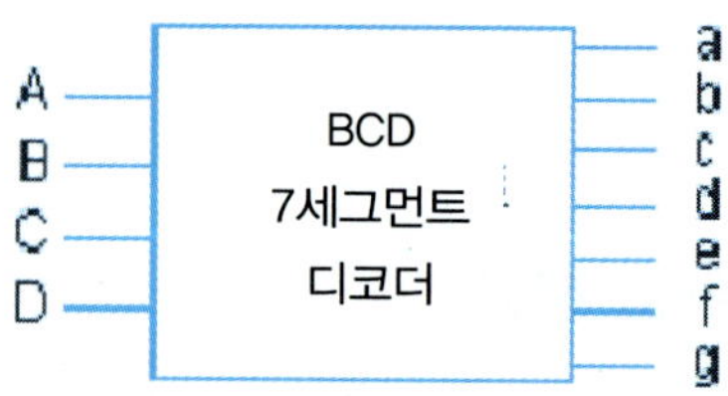

[그림 18-3]
BCD 7세그먼트 디코더

디지털 시계, 휴대용계산기, 계측기기의 숫자표시는 [그림 18-1](a)와 같이 배치된 a, b, c, d, e, f, g의 7개의 LED 또는 LCD(Liquid Crystal Display) 중 몇 개에 순방향전압을 걸어서 발광시켜 0, 1, 2, …, 9까지의 임의의 숫자를 밝게 표시하게 되어 있다. 예컨대 3을 표시하려면 7세그먼트 중에서 a, b, c, d, g에만 전압을 걸어준다.

7세그먼트 디스플레이에는 [그림 18-2](a)와 같이 애노드를 공통으로 하는 것과 [그림 18-2](b)와 같이 캐소드를 공통으로 하는 두 가지 유형이 있다. 전자에서는 전류제한 저항을 a,b, …, g와 그라운드 사이에 삽입하고 후자에서는 +Vcc와 a,b,c, …, g사이에 삽입한다.

BCD-7세그먼트 디코더는 BCD코드에 대한 4비트 입력과 7세그먼트 각각에 대한 a, b, c, …, g의 7개 출력이 있다([그림 18-3] 참조). 예컨대 ABCD=0101(5)이면 a,c,d,f,g가 HIGH가 된다.

(3) 데이터 생성

공통버스선을 구성하는데 개방형 콘덴서를 쓸 수 있으나 더 널리 쓰이는 것이 3상태출력(Three-State Output)의 TTL이다. 이 출력은 논리 0, 논리 1 이외에 high-impedance(Hi-Z) 상태를 갖는다. Hi-Z상태가 되면 출력이 전기적으로 외부와의 연결이 끊어진 상태가 된다. 이 상태를 얻기 위하여 DISABLE(ENABLE)이라는 별도의 제어 단자를 HIGH(LOW)로 한다. 이것을 LOW(HIGH)로 하면 게이트는 정상적 동작을 한다.

[그림 18-4]
3상태 Inverter(C)와 3상태 버퍼(d)는 제어신호가 Active LOW인 경우

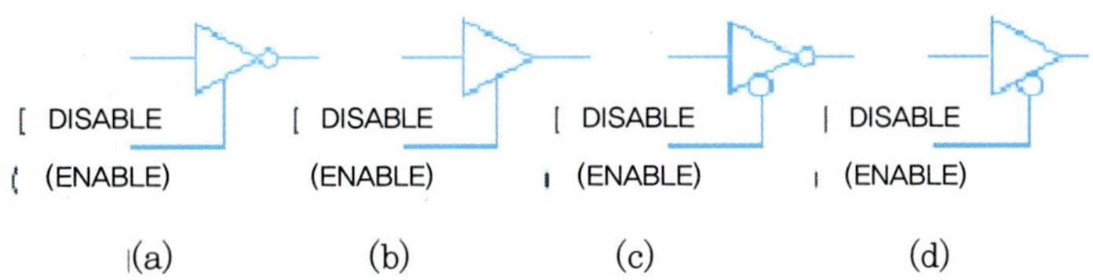

[그림 18-5]
3상태 버퍼를 이용한 버스 구조

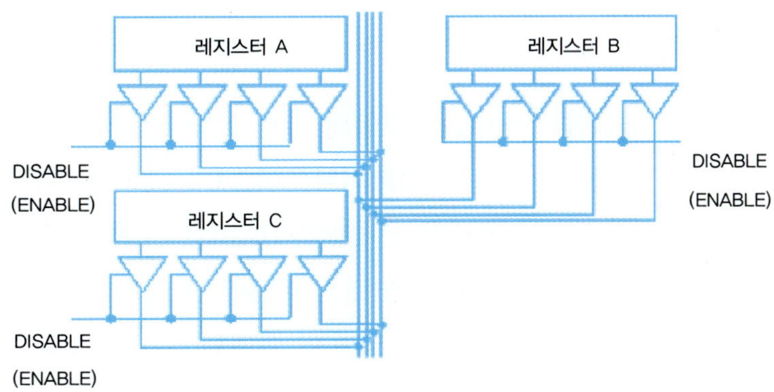

[그림 18-4]는 3상태 출력의 Inverter와 버퍼의 회로도적인 표시를 보여준다. 특히 [그림 18-4](c),(d)에서 DISABLE 단자에 버블이 붙은 것은 이것을 LOW로 해야만 DISABLE 또는 ENABLE의 기능이 생긴다는 뜻이다. 이것을 active LOW라고 한다. 이와 대조하여 버블이 안 붙은 [그림 18-4](a),(b)의 제어신호는 active HIGH라고 한다. [그림 18-5]는 3상태 Inverter를 이용한 버스 구조의 한 예로써 3개의 4비트 레지스터에 저장된 데이터를 공통버스에 내보낼 수 있도록 한 것이다. 한 번에 한 레지스터의 데이터만을 내보내기 위해서 다른 레지스터의 출력에 붙은 3상태 버퍼는 모두 Hi-Z상태로 해야 한다.

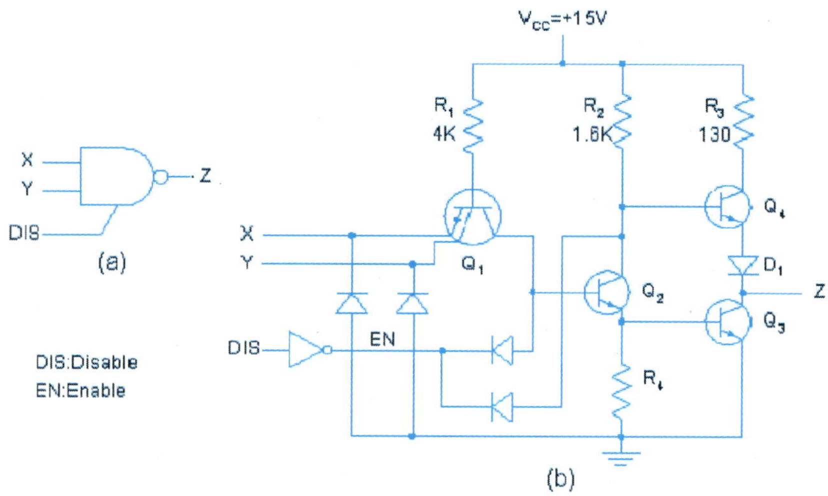

[그림 18-6]
3상태 NAND 게이트 회로

[그림 18-6](a)는 3상태 출력 NAND게이트의 기호이고, (b)는 그 동작 원리를 나타내는 회로이다. DIS (Disable)입력을 LOW로 하면 게이트는 정상적으로 동작한다. DIS를 HIGH로 하면 EN은 LOW가 되고, $Q2$, $Q4$의 베이스를 LOW로 끌어내려 이들을 cut off시킨다. $Q2$가 OFF되므로 출력이 Hi-Z상태가 된다. $Q1$의 입력단자와 그라운드 사이의 두 다이오드는 입력에 큰 (-)전압이 걸릴 때 ON되어 멀티-에미터 전압이 -0.7V 이하로 내려가지 않도록 하여 $Q1$을 보호해 준다.

18-2 SRAM

1. 이 론

RAM은 사용자의 프로그램이나 데이터를 기입(write) 혹은 판독(read)하는 장치이다. 기억장치의 기본단위는 하나의 비트(bit)를 기억하는 회로, 즉 플립플롭이다. 이 플립플롭을 8개 혹은 16개를 한 묶음으로 해놓은 것이 레지스터이고, 이러한 레지스터를 병렬적으로 나열해놓은 것이 RAM이다. 즉, RAM은 레지스터 하나 하나가 모여서 이루어진다. 그리고 이들 각각의 레지스터에는 [그림 18-7]과 같이 번지(address)가 붙는다. 각 가옥에 번지가 붙은 이치와 같다.

하나의 번지에 들어갈 수 있는 2진수의 갯수, 즉 비트(bit) 수는 기종에 따라 다르지만 마이크로컴퓨터에서는 4비트, 8비트, 12비트, 16비트 등이 보통이다. 몇 비트가 되든간에 하나의 번지에 기억되는 정보를 통틀어서 워드(word)라고 한다. 어떤 번지에 데이터를 기억시키면 그 전에 기억되어 있던 데이터는 모두 없어지고 새로운 데이터가 그 번지의 내용이 된다. 이 내용은 새로이 어떤 데이터를 기입(write)시키지 않는 한 몇 번을 읽어들이더라도 그대로 남는다.

앞에서 RAM은 레지스터가 병렬적으로 나열되어 있는 것이라고 하였다. 그러나 실은 RAM에는 이외에도 [그림 18-8]과 같이 번지선택회로와 버퍼가 필요하다. 번지선택회로는 어떤 특정의 번지를 선택하기 위해서 필요하고, 버퍼는 선택된 특정 번지의 내용을 잠시 보존하기 위해서 필요하다. 번지선택회로는 일종의 디코더인데 이 회로에서 선택된 번지의 내용이 버퍼를 거쳐서 밖으로 나간다. 예컨대, [그림 18-8]과 같이 8개의 기억번지를 가진 RAM을 상정할 때 번지선택버스에 010이라는 번지정보가 들어가면 번지선택회로에서 2번지가 선택되고, 그래서 2번지의 내용(00000110)이 버퍼를 거쳐서 데이터버퍼로 나간다.

RAM에는 이외에도 여러 칩 중에서 이 칩(RAM)만을 선택시키는데 필요한 칩선택선(chip select line)이 있고, 기입할 것인지 판독할 것인지를 결정하는데 필요한 WE(write enable)이라는 제어선이 있다. [그림 18-9]는 SRAM의 블록선도이다.

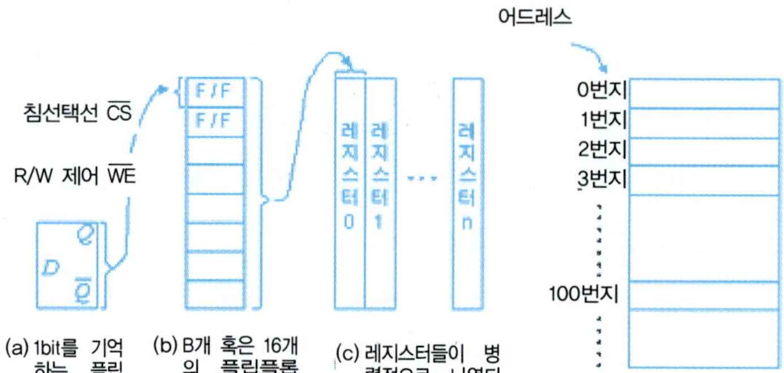

(a) 1bit를 기억하는 플립플롭 회로 (b) 8개 혹은 16개의 플립플롭으로 이루어진 레지스터 (c) 레지스터들이 병렬적으로 나열되어 있는 RAM

[그림 18-7]

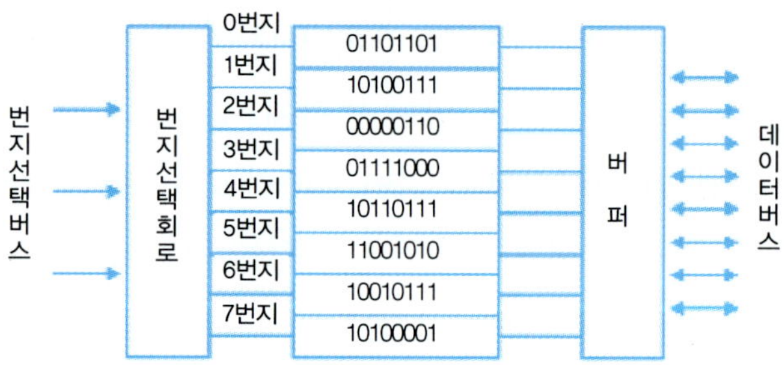

[그림 18-8]

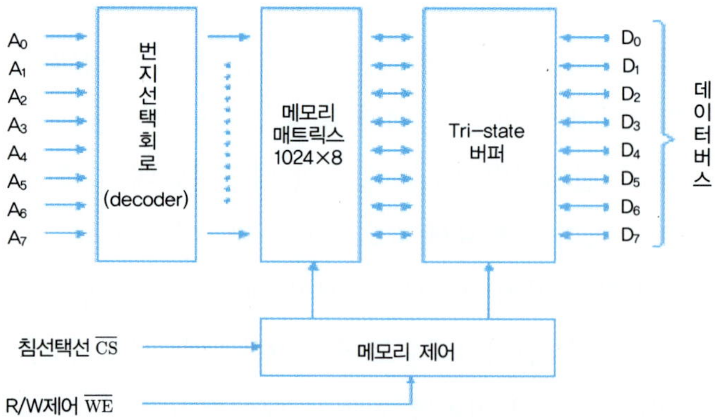

[그림 18-9]
SRAM의 블록선도

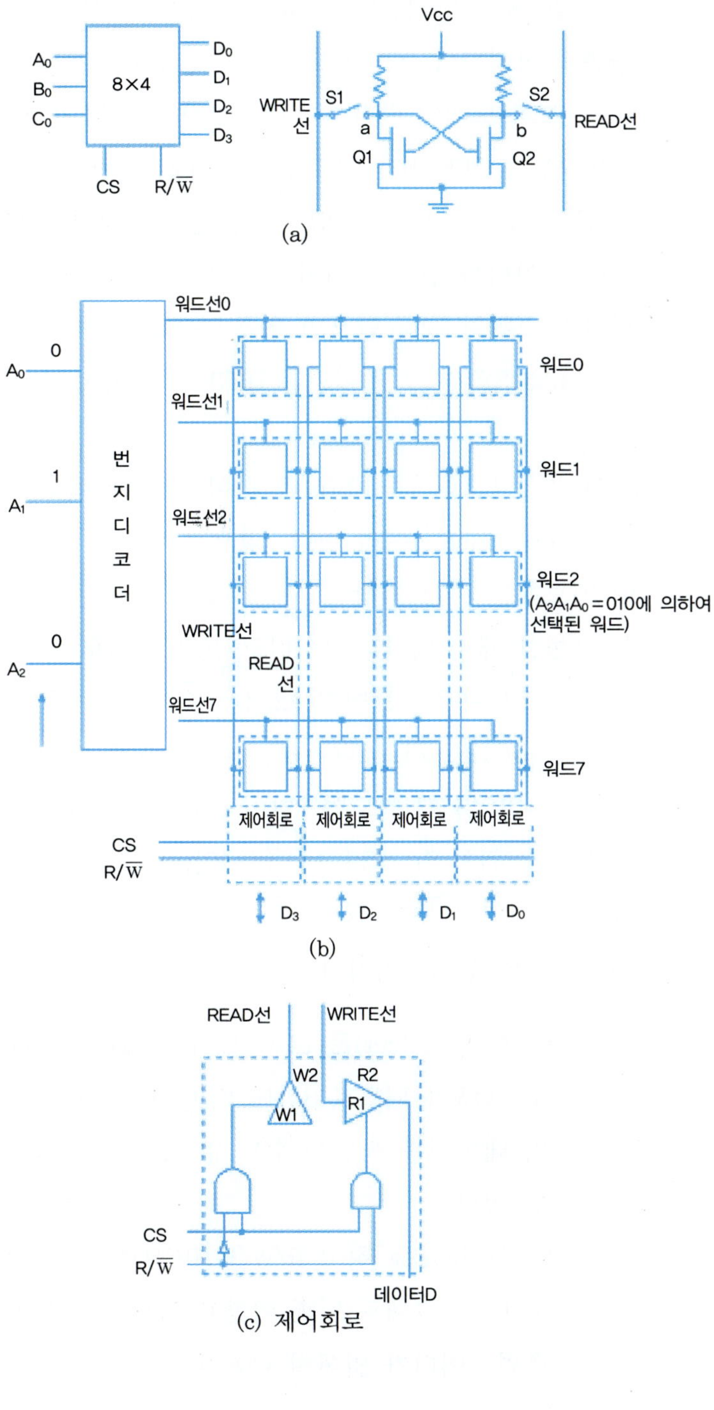

[그림 18-10]
워드선택방식의 SRAM 구조

[그림 18-10](a)는 MOS SRAM의 셀을 표시한다. nMOS $Q1$, $Q2$는 플립플롭를 형성한다. $Q1$의 드레인 단자 a가 강제적으로 HIGH가 되면 $Q2$는 ON, $Q2$의 드레인 단자 b가 LOW, $Q1$은 OFF가 된다. 반대로 a가 LOW가 되면 $Q2$는 OFF, b가 HIGH, $Q1$은 ON이 된다. 이리하여 이 회로에 논리 1 또는 0을 기억시킬 수 있다. 이 셀에 데이터를 써넣으려면 왼쪽 WRITE선에 데이터를 싣고 스위치 S1을 닫으면 된다. 또 기억된 데이터를 읽어내려면 스위치 S2를 닫으면 우측 READ선에 데이터가 나온다. 스위치 S1, S2는 nMOS로써 그 게이트를 HIGH로 하면 ON되고, LOW로 하면 OFF된다.

이 셀을 [그림 18-10](b)와 같이 배열한 메모리를 워드선택방식(word selection scheme)이라 한다. 옆으로 배열된 셀들이 한 워드를 형성하며 이 메모리는 8워드×4비트/워드=32비트의 용량을 갖는다(단순히 8×4라고 표현할 때가 많다). 번지디코더(보통 메모리 IC에 내장되어 있다)는 2진수로 표시된 3비트 번지 A2A1A0를 디코딩하여 23, 즉 8개의 워드선 중 하나를 HIGH로 하고 나머지는 다 LOW로 한다. 예컨대 같은 그림에서 A2A1A0=010일 때 워드선 2만이 HIGH가 되어 위로부터 세번째 워드의 4개 셀의 스위치 S1, S2([그림 18-10](a) 참조)가 동시에 ON 된다. 같은 그림에서 (b)의 하부에 점선 4각으로 표시된 제어회로는 구체적으로 [그림 18-10](c)와 같다. 여기서,

- CS(Chip Select)를 LOW로 하면 AND 게이트 W1, R1의 출력이 모두 LOW가 되므로 3상태 버퍼 W2, R2가 Hi-Z가 되어 W2를 통하여 데이터를 써넣을 수도 없고, R2를 통하여 데이터를 읽어낼 수도 없다.
- CS를 HIGH로 하고 R/W을 HIGH로 하면 W2는 Hi-Z의 상태가 되고 R2는 그대로 버퍼 역할을 하므로 오른쪽 READ선에 실린 셀의 출력데이터가 읽어져 나온다.

- CS를 HIGH로 하고 R/W를 LOW로 하면 위와 반대로 R2가 Hi-Z상태가 되고 W2가 정상적 버퍼역할을 하므로 이를 통하여 출력데이터를 왼쪽 WRITE선에 실릴 수 있다.

컴퓨터에서는 CPU가 메모리의 번지를 지정하여 번지버스에 실어 보내고, 또 제어신호(CS, R/W 등)를 제어버스에 실어 내보내고, 데이터는 데이터버스에 실린다([그림 18-10] 참조).

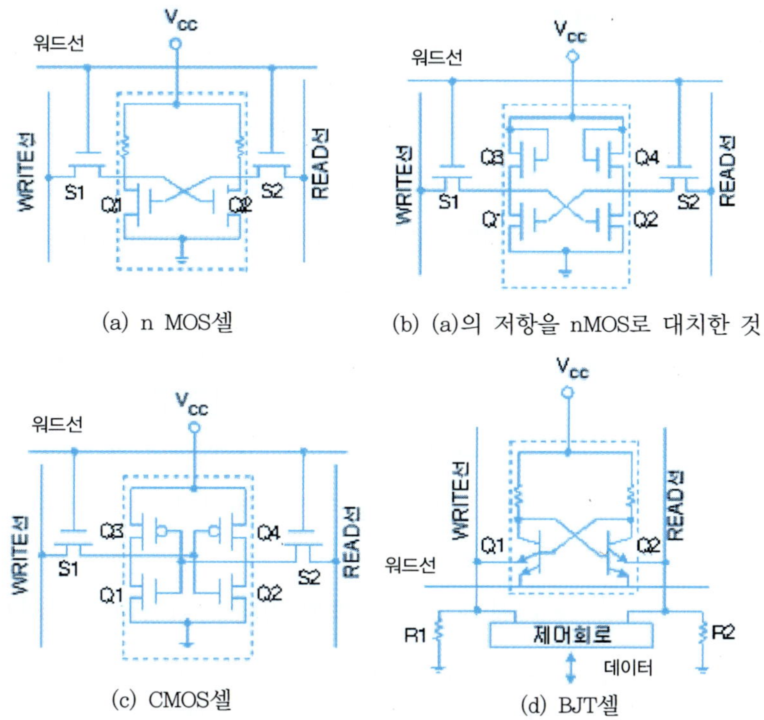

(a) n MOS셀 (b) (a)의 저항을 nMOS로 대치한 것

(c) CMOS셀 (d) BJT셀

[그림 18-11]
워드 선택 방식의 SRAM 메모리 셀의 여러가지

[그림 18-11]은 SRAM의 MOS 메모리셀의 몇 가지 회로를 그렸다. (a)는 이미 설명한 [그림 18-10](a)에 대한 것이고, (b)는 여기서 저항 대신에 MOSFET의 게이트를 드레인에 연결하여 대치한 것으로 자주 쓰인다. (c)는 pMOS와 nMOS를 상보적으로 연결하여 구성한 CMOS셀이다. 워드선이 LOW이면 스위치 $S1$, $S2$가 오픈되어 셀에 메모리를 써넣을 수도 없고

저장된 데이터를 읽어낼 수도 없다. 지금 워드선이 HIGH이면 두 nMOS 스위치 $S1$, $S2$가 ON되는데 이때 WRITE선에 실린 데이터가 HIGH이면 $Q2$ON, $Q4$OFF, $Q2$의 드레인 LOW, $Q1$, OFF, $Q3$ ON되어 결국 셀 출력이 LOW가 된다. 반대로 WRITE선이 LOW이면 이상과 반대로 셀 출력이 HIGH가 된다. (d)는 멀티-에미터를 갖는 BJT를 사용한 메모리 셀이다. 워드선이 LOW이면 BJT를 흐르는 전류는 워드선쪽으로 흐르고 데이터선쪽으로는 흐르지 않는다. 워드선이 선택되고(즉 HIGH가 되고) CS를 HIGH로 한 다음에 데이터를 써넣고, 읽어내고 할 수 있다.

다음의 설명은 [그림 18-10](c)의 제어회로를 참조한다.

- 데이터를 써넣기 위해서는 R/W을 LOW로 한다. 그러면 $R2$는 Hi-Z 상태가 되고 W2는 버퍼로써 동작한다. 따라서 만일 입력데이터가 HIGH이면 WRITE선이 HIGH가 되고 $Q1$은 OFF된다. (두 에미터가 HIGH이기 때문에), 그러면 플립플롭의 원리에 의하여 $Q2$는 ON이 된다(그 전류는 오른쪽 $R2$를 흐른다). 이후 워드선이 LOW가 되더라도 $Q2$의 전류가 워드선 쪽으로 스위치되지만 그 상태는 보존된다. 이 상태는 CS가 LOW가 되더라도 불변이다(만일 처음에 써넣은 입력데이터가 LOW이면 $Q1$ON, $Q2$ OFF 상태가 보존된다).
- 이상과 같이 기억된 정보를 읽어내기 위해서는 CS와 R/W을 HIGH로 한다. 이때, $Q1$이 OFF, $Q2$가 ON 상태였다면 오른쪽 $R2$양단의 HIGH 전압이 버퍼 $R2$를 통하여 출력된다.

2. 실험 과정

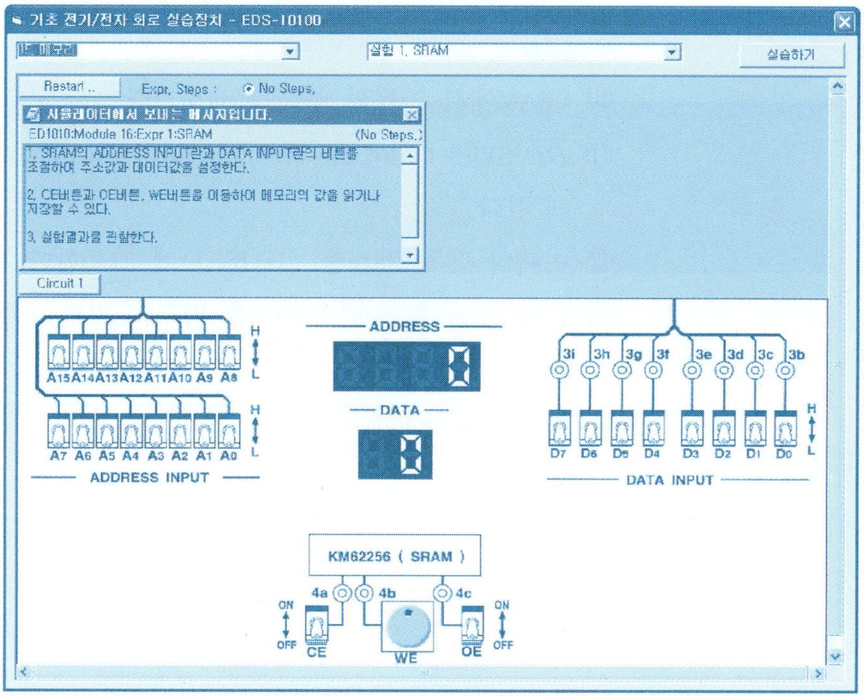

① $\overline{OE}$의 토글 SW를 ON(High)로 한다.

② $\overline{CE}$의 토글 SW를 ON(High)로 한다.

③ 회로-1의 주소 SW와 회로-3의 데이터 SW를 모두 Low로 하여 0번지, 0값이 되도록 한다.

■ SRAM Data를 기입하는 방법

④ $\overline{CE}$ SW를 OFF(Low)하여 SRAM을 선택한다.

⑤ SRAM에 기입할 임의의 주소를 세팅한다.

⑥ SRAM에 기입할 임의의 데이터를 세팅한다.

⑦ 회로-4의 $\overline{WE}$ 푸시 SW를 눌러 데이터를 기입한다.

⑧ 이때의 주소와 데이터를 〈표 18-1〉에 기록한다.

⑨ 6~9항을 반복하여 주소와 데이터를 바꾸어 가며 실험한다.

■ SRAM의 Data를 판독하는 방법

⑩ SRAM에서 판독할 주소를 세팅한다.

⑪ $\overline{OE}$ SW를 OFF(Low)하여 데이터가 SRAM에서 판독되어 Display되게 한다.

⑫ 이때의 판독 Data를 〈표 18-1〉에 기록한다.

⑬ 11~13항을 반복하여 주소를 바꾸어 가며 실험한다.

〈표 18-1〉

기입/판독 주소	기입 데이터	판독 데이터

◀비고▶

결 론

실험 결과에 대해 토의하시오. 〈18-1〉

18-3 DRAM

1. 이 론

DRAM의 내용은 시간의 경과와 함께 소실되므로 Refresh 회로를 만들어 일정시간 내에 재차 써내는 일을 반복해야 한다. 이러한 동작을 Refreshing이라 하는데 Refresh회로와 그 타이밍이 좀 복잡하지만 셀 구성에 요구되는 트랜지스터 수가 적으므로 집적도를 올릴 수 있다.

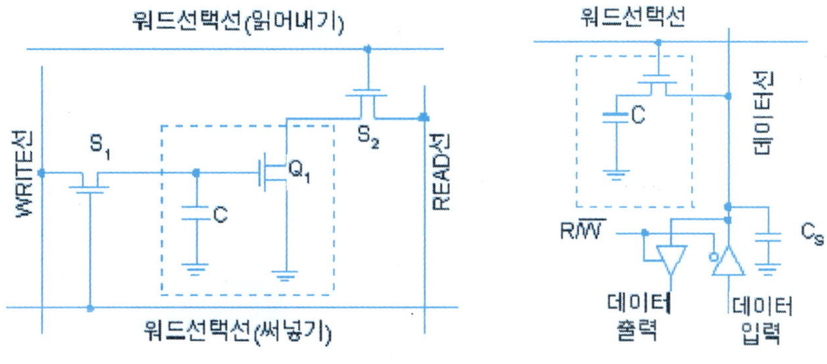

[그림 18-12]
DRAM의 셀

[그림 18-12](a)는 DRAM의 메모리셀을 나타낸다. 정보의 축적은 커패시터 C에 전하를 축적함으로써 이루어진다. 써넣을 때에는 nMOS 스위치 S1을 ON시킨다. 그러면 입력데이터에 의하여 C가 충전되어 정보가 축적된다. 읽어낼 때에는 스위치 S2를 ON시킨다. 그러면 C에 축적된 정보가 출력 데이터선에 나타난다. 커패시터 C는 별도로 만들지 않고 nMOS $Q1$의 게이트-소스 간의 커패시터를 이용한다.

[그림 18-12](b)는 nMOS 1개로 된 메모리셀이다. 워드선택선에 의해서 FET를 ON시키면 커패시터 C의 전하가 데이터선에 흘러 들어오므로 정보를 읽어낼 수가 있다. 이때 반대로 데이터선에 정보를 주면 C가 충전되므로 정보를 써넣을 수 있다. 다만 읽어낼 때 C의 전하는 데이터선의 부유

용량 Cs에 분배되어 출력전압이 떨어지므로 write amp의 설계에서 주의를 요한다. 일단 읽어내면 C의 전하가 방출되므로 이 메모리셀은 destructive read-out(파괴적 읽어내기)이다. 따라서 이 문제를 해결하기 위한 Refresh 회로가 부가적으로 필요하다.

2. 실험 과정

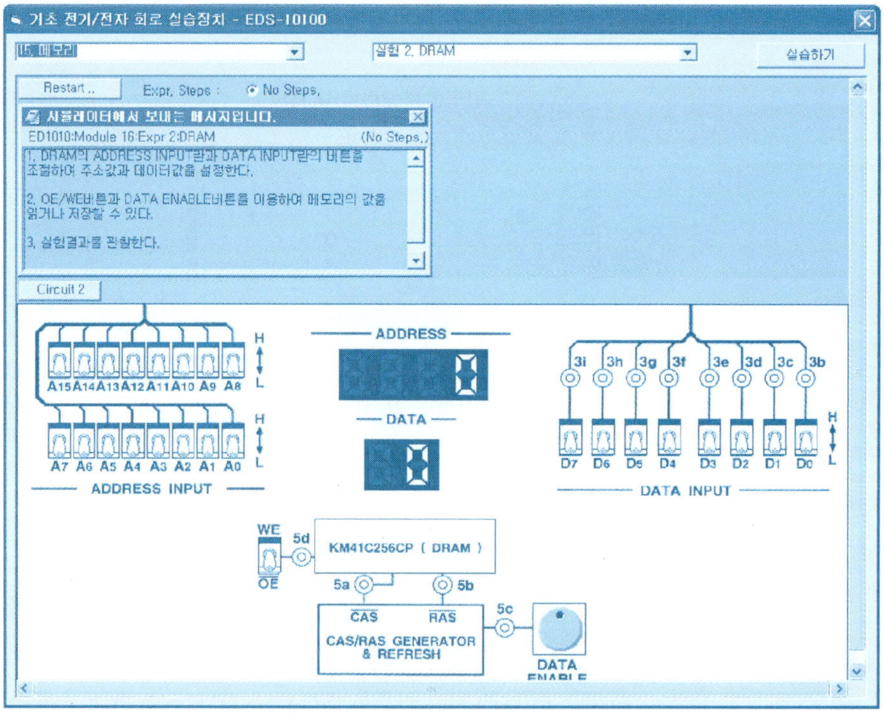

① 회로-1과 회로-3의 모든 SW를 Low로 하여 0번지, 0값이 되도록 한다.

■ DRAM에 Data를 기입하는 방법

② 토글 SW를 WE로 세팅한다.

③ DRAM에 기입할 임의의 주소를 세팅한다.

④ DRAM에 기입할 임의의 데이터를 세팅한다(단, 데이터는 1 또는 0

값만 기입 가능함).

⑤ DATA ENABLE 푸시 SW를 눌러 데이터를 기입한다.

⑥ 이때의 주소와 데이터를 〈표 18-2〉에 기록한다.

⑦ 4～7항을 반복하여 주소와 데이터를 바꾸어 가며 실험한다.

■ DRAM의 Data를 판독하는 방법

⑧ 토글 SW를 $\overline{OE}$로 세팅한다.

⑨ DRAM에서 판독할 주소를 세팅한다.

⑩ DATA ENABLE 푸시 SW를 눌러 데이터가 DRAM에서 판독되어 Display되게 한다.

⑪ 이때의 판독 DATA를 〈표 18-2〉에 기록한다.

⑫ 10~12항을 반복하여 주소를 바꾸어 가며 실험한다.

〈표 18-2〉

기입/판독 주소	기입 데이터	판독 데이터

◀비고▶

결 론

실험 결과에 대해 토의하시오. 〈18-2〉

18-4 EPROM

1. 이 론

개발 및 연구단계에서는 ROM의 내용을 자주 바꿀 필요가 생긴다. 이때 흔히 사용되는 것이 EPROM이다.

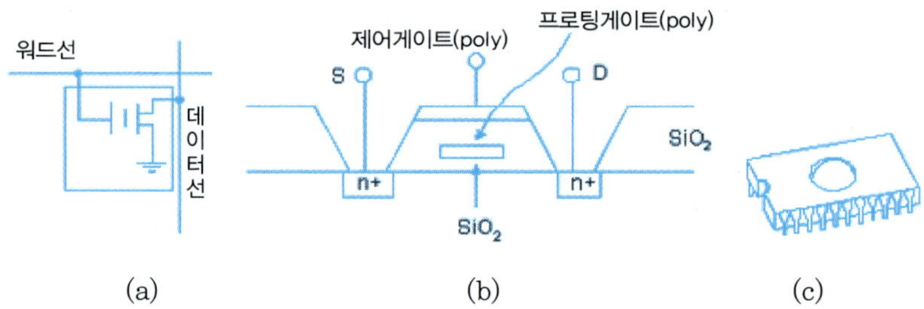

[그림 18-13]
nMOS UV EPROM

[그림 18-13]은 nMOS에 의한 EPROM의 구조를 나타낸다. 보통의 제어게이트 외에 프로팅 게이트(floating gate)를 가지고 있는 것이 특징이다. 데이터를 써넣을 때에는 제어게이트-드레인 간에 정의 전압을 가하여 소스-드레인 간에 채널을 생기게 하여 전류를 흘린다. 드레인 부근의 공핍층의 전계는 애버런치 항복을 일으킬 정도로 높지 않지만 가속된 전자의 충돌 전이에 의해서 생긴 전자가 제어게이트로부터의 전계에 의하여 프로팅 게이트에 주입된다. 프로팅 게이트에 전하를 축적한 MOS트랜지스터는 그 부전하에 의하여 통상의 읽어내기 상태(써넣을 때의 고전압이 걸리지 않은 상태)에서는 채널이 형성 안되므로 OFF 상태가 된다. 즉 논리 0이 저장된다. 프로팅게이트는 SiO_2에 의하여 절연되어 있기 때문에 일단 여기에 축적된 전하는 빠져 나가지 못하므로 기억이 유지된다. 기억을 소거(erase)하기 위해서는 패키지의 창〈[그림 18-13](c)참조〉에 자외선(UV)를 쪼임으로써 프로팅 게이트로부터 SiO_2를 통하여 기판에 광전류를 흘려 게이트에 축적된 전하를 방전시킨다.

사용자는 EPROM에 원하는 정보를 쉽게 써넣기 위해서 EPROM

programmer라는 장치를 사용한다.

(1) 구 조

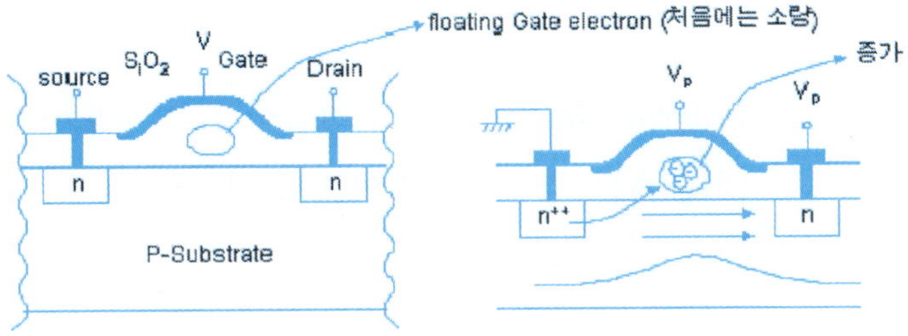

[그림 18-14] (a) EPROM sell구조(Program 전) (b) electron의 주입(Program 후)

(2) 프로그래밍

$V_P = 25\,V$로 하여 Control Gate와 Drain에 걸어주면 Source로부터 Drain으로 강력한 전자의 흐름이 생겨 강한 전계가 형성되어 전자들 중 일부가 SiO_2의 전위 장벽을 넘어서 Floating Gate에 모인다. 따라서, Threshold 전압이 보통 +2V에서 +10V로 높아진다.

(3) 읽기(Reading)

Control Gate에 +5V 전압을 걸어준다. 만일 Program이 안되어 있으면 +5V에 의해 TR이 Conduct 되므로 “1”로 간주되고 Program이 되어 있으면 +5V에 의해 Conduct 되지 않으므로 “0”으로 간주된다.

(4) 삭제(Erase)

일단 Program 되면 gate에 주입된 Charge는 10~100년 유지되며 자외선에 20분 정도 노출되면 Gate의 전자들이 Exit되어 SiO_2전위 장벽을 넘어 기판(Substrate)에 흩어진다.

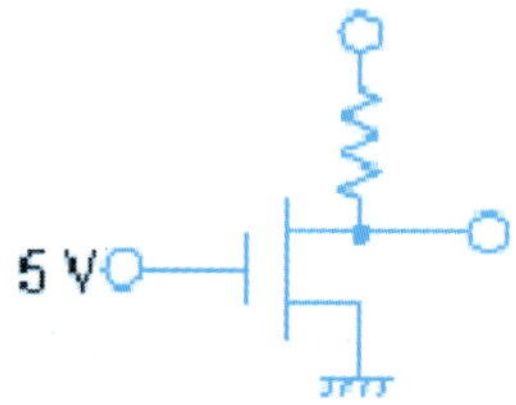

Program 후 Threshold 전압이 10V 정도이므로 D-S간 불통
(처음에는 약 2V만 걸어도 동작함)

2. 실험 결과

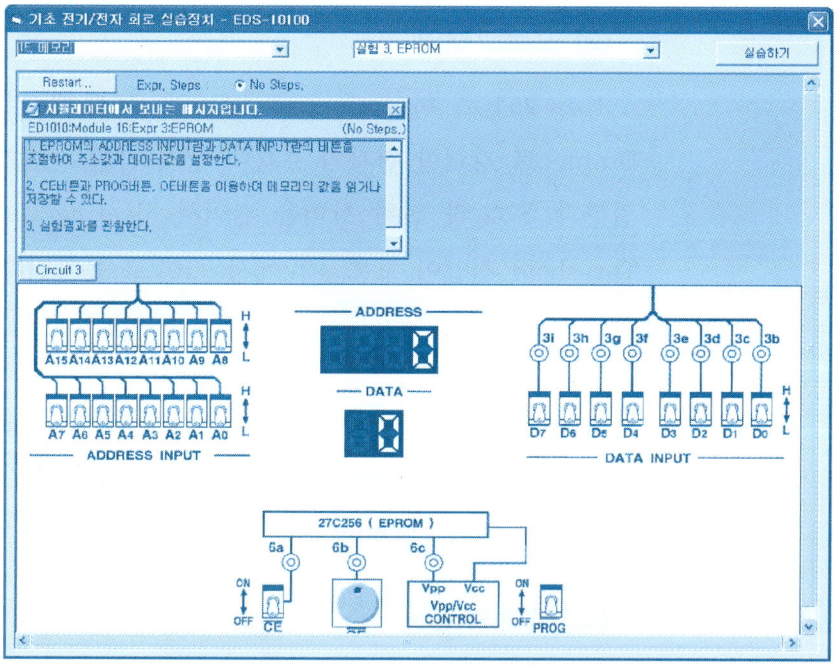

① PROG SW를 OFF하여 Low가 되도록 세팅한다.

② $\overline{CE}$ SW를 ON(High)한다.

③ 회로-1과 회로-3의 모든 SW를 Low로 하여 0번지, 0값이 되도록 한다.

■ EPROM에 DATA를 기입하는 방법

④ PROG SW를 ON(High) 한다.

⑤ EPROM에 기입할 임의의 주소를 세팅한다.

⑥ EPROM에 기입할 임의의 데이터를 세팅한다.

⑦ $\overline{CE}$ SW를 순간 OFF(Low)하였다가 ON(High) 하여 EPROM에 데이터를 기입한다.

⑧ 이때의 주소와 데이터를 〈표 18-3〉에 기록한다.

⑨ 6～9항을 반복하여 주소와 데이터를 바꾸어 가며 실험한다.

■ EPROM의 Data를 판독하는 방법

⑩ PROG SW를 OFF(Low) 한다.

⑪ $\overline{CE}$ SW를 OFF(Low)하여 EPROM을 선택한다.

⑫ EPROM에서 판독한 주소를 세팅한다.

⑬ $\overline{OE}$ SW를 눌러 데이터가 EPROM에서 판독되어 Display 되게 한다.

⑭ 이때의 판독 데이터를 〈표 18-3〉에 기록한다.

⑮ 13~15항을 반복하여 주소를 바꾸어 가며 실험한다.

〈표 18-3〉

기입/판독 주소	기입 데이터	판독 데이터

◀비고▶

결 론

실험 결과에 대해 토의하시오. 〈18–3〉

Chapter 19

신호변환기

■ 목적

① 아날로그 신호를 디지털 신호로 또는 디지털 신호를 아날로그 신호로 변환하는 회로의 동작원리를 실습을 통해 알아본다.

② 주파수 변화를 전압 변화로 또는 전압 변화를 주파수 변화로 변환하는 회로의 동작원리를 실습을 통해 알아본다.

CHAPTER 19

신호변환기

19-1 아날로그-디지털 변환기(A/D converter)

1. 이 론

아날로그 신호를 디지털 신호로 변환하는 여러 가지 방법이 있으나 그 주가 되는 3가지 방법에 관해서 회로구성, 동작원리, 특징 등을 설명한다. AD변환에는 입력 아날로그 신호에 포함된 최고 주파수의 2배 이상으로 샘플링하여야만 원신호를 재현할 수 있다는 사실이 알려져 있다(Nyquist 정리). 따라서 고주파 신호일수록 고속 ADC를 요구한다. 또 ADC의 출력 2진수의 비트수가 많을수록 ADC의 분해능(resolution)이 높다고 말하며 입력 아날로그 신호의 레벨이 더 세분화되어 디지털 신호로 표현된다.

(1) 병렬비교 ADC

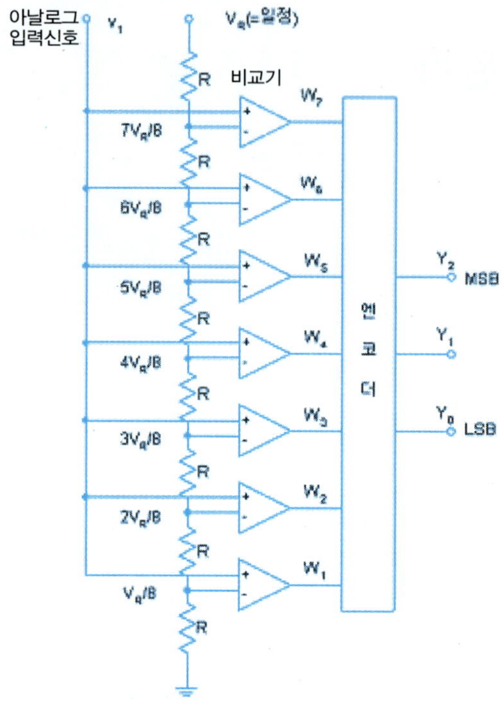

[그림 19-1]
비트 병렬비교 ADC

입력	W7	0	0	0	0	0	0	0	1
	W6	0	0	0	0	0	0	1	1
	W5	0	0	0	0	0	1	1	1
	W4	0	0	0	0	1	1	1	1
	W3	0	0	0	1	1	1	1	1
	W2	0	0	1	1	1	1	1	1
	W1	0	1	1	1	1	1	1	1
출력	Y2	0	0	0	0	1	1	1	1
	Y1	0	0	1	1	0	0	1	1
	Y0	0	1	0	1	0	1	0	1
◀비고▶									

[그림 19-2]
[그림 19-1]의 부호기의
입출력 관계

이것은 병렬 비교형 ADC로써 플래시(flash)형이라고도 하며 가장 속도가 빠른 ADC이다. [그림 19-1]은 그 구조를 나타내며 아날로그 입력 전압 V_1이 병렬 비교기들에 의해서 그 레벨이 비교되어 3비트의 2진수로 동시에 부호화되어 나온다. 이 형태에서 n비트 출력을 위해서는 2^n개의 동일저항과 2^n-1개의 비교기가 필요하다(예컨대 8비트 ADC에서는 256개의 R과 255개의 비교기가 필요하다). V_1의 레벨에 따라 그보다 더 높은 "+"단자 전압이 걸리는 하위 비교기들은 출력이 모두 HIG가 되고, 나머지 상위 비교기들의 출력은 모두 LOW가 된다. 예컨대 $(3/8)V_R < V_1 < (4/8)V_R$일 때 W1~W3는 모두 HIGH, W4~W7은 모두 LOW가 된다. 이 상태에서 ADC 출력은 $Y_2Y_1Y_0 = 011(=3)$이 된다. [그림 19-2]는 인코더의 입·출력간의 관계를 나타낸다. 변환 도중에 아날로그 입력전압이 변하면 안되므로 샘플/홀더(Sample/Holder)회로를 ADC 앞에 연결한다.

변환속도는 비교기 및 인코더의 지연의 합에 의해서 결정되며, 현재 20ns 이하의 ADC도 사용되고 있다. 4~8비트(16~256레벨)가 상용화되고 있으며 비트수가 이 이상되면 구조가 너무 커진다. 1초에 변환할 수 있는 수를 변환율(conversion rate)이라 하고 변환속도의 역수와 같다.

(2) 이중 적분형(dual slope) ADC

이것은 비교적 서서히 변하는 아날로그 신호를 정밀하게 디지털신호로 변환하는 데 적합한 것으로써 [그림 19-3]에 표시한 바와 같이 적분기, 비교기, 카운터로 구성된다. 원리적으로 아날로그 전압에 비례하는 시간동안 클럭펄스를 카운트하여 그 카운트 수를 디지털신호로 출력한다. 아날로그 입력전압에 비례하는 시간을 얻는 데 적분기를 쓴다.

그림에서 기준전압 $V_R > 0$, 아날로그 입력전압 $V_p > 0$이라고 가정하자. 처음에는 스위치 S2가 닫혀있다가(적분기의 출력전압 $V_0 = 0$) t=0에서 S1이 1로 스위칭됨과 동시에 S2가 열린다. 그러면 V_0는 직선적으로 감소하며, T_1후에는 $V_0 = -(V_i/RC)T_1 \propto V_i$, $f = T_1$에서 S1을 2로 옮기면

V_0는 V_R/RC의 증가율로 상승한다. $V_0=0$이 될 때까지의 시간을 T_2라 하면 다음과 같이 계산될 수 있다.

$$\frac{V_4}{RC}T_1 = \frac{V_R}{RC}T_2 \qquad T_2 = \frac{T_1}{V_R}V_4 \propto V_4$$

이 회로는 RC에 무관하므로 R, C의 값이 정밀할 필요가 없다. T_2동안만 카운터로 클럭펄스를 센다면 그 수는 V_i에 비례하고 결국 아날로그 입력에 비례하는 디지털 신호를 얻을 수 있다.

이 ADC는 아날로그 입력전압과 기준전압을 2회 적분하기 때문에 이중적분형이라고 한다. 동작원리로부터 이 회로는 고속 AD변환에는 부적당함을 알 수 있다. 그러나 회로가 간단하고, 잡음에 강하므로(잡음을 적분하면 0이 된다. 또 1/60초마다 한 번씩 적분하면 60Hz의 방해도 제거된다) 저속 고정밀도 ADC에 흔히 쓰인다. 예컨대 6자리(999999 = 106-1 = 221 ; 21비트) 디지털 전압계 등은 이런 ADC를 이용한다.

(3) DA 피드백형 ADC

이것은 ADC의 출력 디지털 부호를 다시 DA로 변환하여 입력신호와 비교한다. 다음 3가지가 있다.

1) 계단형 ADC(staircase ADC)

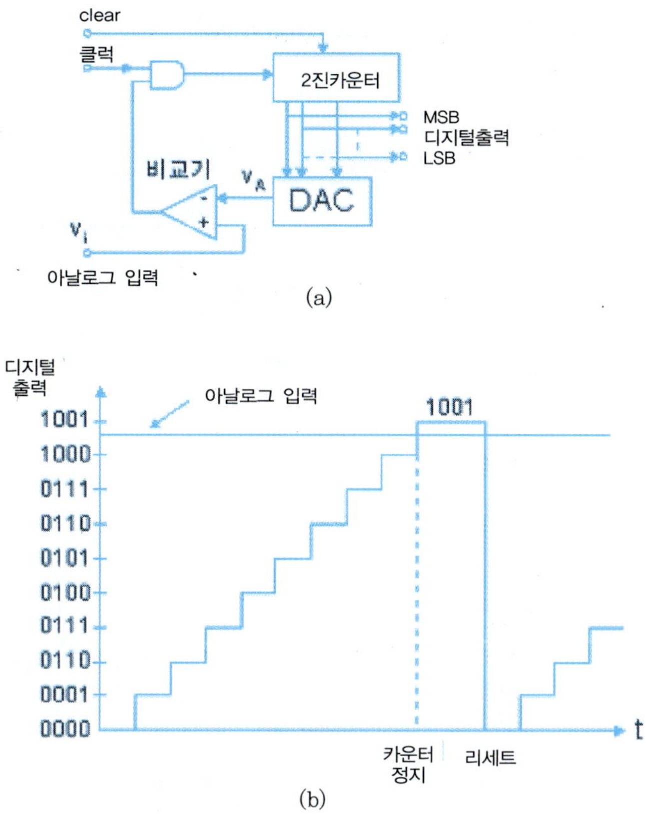

[그림 19-3]
계단형 ADC(4비트의 경우)

[그림 19-3](a)에서 S/H된 아날로그 신호 V_i가 비교기의 "+"단자에 입력된다. t=0에서 2진 UP 카운터는 0으로 세트된다. 따라서 비교기의 "−" 단자에 입력되는 DAC의 출력전압은 0이다. [그림 19-3](a)에서 $V_j > V_A$ 이면 카운터는 클럭에 따라 하나씩 카운트 UP한다. 그러므로 V_A는 [그림 19-3](b)에 표시한 바와 같이 계단적으로 증가한다. V_A가 V_i를 넘으면 비교기 출력의 부호가 바꾸어지고 카운터를 정지시킨다. 이때의 결과가 디지털 출력이 된다. 제어회로가 카운터를 0으로 다시 리셋시키고 위의 과정을 반복하여 새로운 입력신호의 레벨을 변환한다. 이 방법은 구조가

간단하지만 출력을 얻는 데 시간이 걸린다(최악의 경우 2^{n-1}개의 클럭이 필요하다 ; n은 ADC의 비트수).

2) 추적형 ADC(tracking ADC)

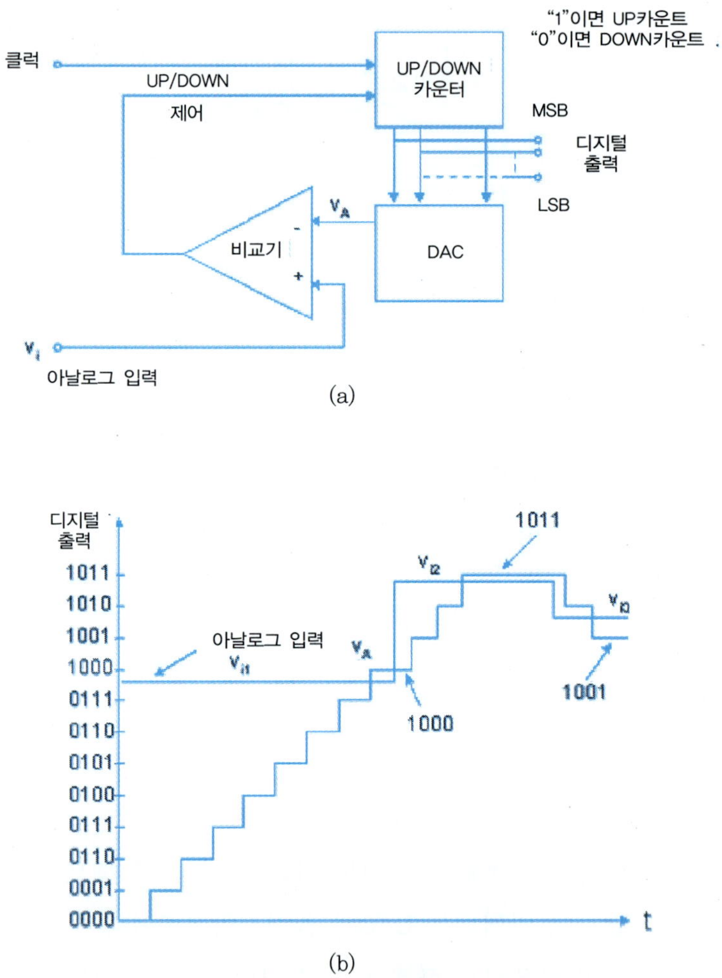

[그림 19-4]
추적형 ADC(4비트의 경우)

[그림 19-4](a)는 [그림 19-3](a)의 UP카운터를 UP/DOWN 카운터로 대치한 것으로써 이 그림에서 알 수 있듯이 작은 변화를 추적해가는 데 유용하다. 먼저와 같이 t=0에서 카운터는 0으로 세트된다. 따라서 DAC 출

력전압 V_A는 "0"이다. $V_j > V_A$일 때 먼저와 마찬가지로 카운터는 클럭에 따라 1씩 카운트 UP한다([그림 19-4](b) 참고). V_A가 V_i를 넘으면 비교기 출력의 부호가 바뀌어지고 이번에는 카운터가 하나씩 카운트 DOWN한다. 결과적으로 얻어지는 디지털 출력은 정확한 값에서 ±1LSB만큼 오차를 가진다. 그림에 표시한 대로 V_{Q1}에 대해서는 디지털 출력=1000, V_Q에 대해서는 1011, V_Q에 대해서는 1001이다. 이와 같이 입력신호의 작은 변화를 계속 추적해간다.

3) 축차근사 ADC(successive approximation ADC)

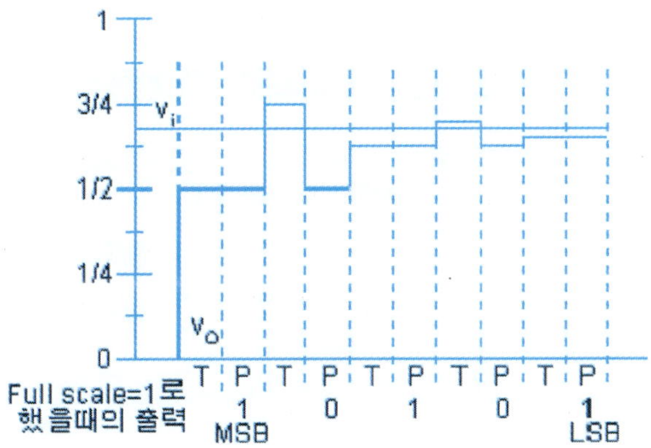

[그림 19-5] 축차근사 ADC

이것은 카운터 대신 더 복잡한 디지털 회로를 포함한다. 처음에 모든 비트를 0으로 세트한다. MSB부터 시작하여 각 비트를 차례로 1로 세트한다. DAC의 출력은 비교기에서 입력신호 V_i와 비교된다. 만일 V_A가 V_i를 넘지 않으면 대응하는 비트는 1로 그대로 두고 넘으면 대응하는 비트를 다시 0으로 세트한다. n비트 ADC에서는 이와 같은 스탭을 n번 거쳐서 완전한 출력 비트가 얻어진다. 좀더 구체적으로 [그림 19-5]를 통해 알아보자, 처음에 비교기는 입력 V_i를 DAC출력 $V_R/2$과 비교한다. $V_p < (V_R/2)$이면 비교기 출력 +, MSB는 그대로 1로 두고 $V_p < (V_R/2)$이면 비교기

출력은 0, MSB는 0으로 다시 세트한다. 이상에서 MSB가 1인가 0인가에 따라 $(V_R/2)+(V_R/4)$또는 $0+V_R/4$이 된다. 이제는 이것이 V_i와 비교되며, 그 대소에 따라서 (MSB-1)비트가 1 또는 0으로 결정된다. 이와 같은 과정을 n번 반복한다. [그림 19-5]는 V_0가 V_i에 점차적으로 접근해 가는 모양을 나타낸다. 여기서 T는 테스트 기간이고 P는 테스트되어 결정된 비트를 출력으로 내보내는 기간이다.

이 형의 ADC는 구조가 간단하고 비교적 정확하고 빠르기 때문에 많이 사용된다. 현재 8~19비트의 AD 변환시간이 10μs되는 것들이 있다.

2. 실험 과정

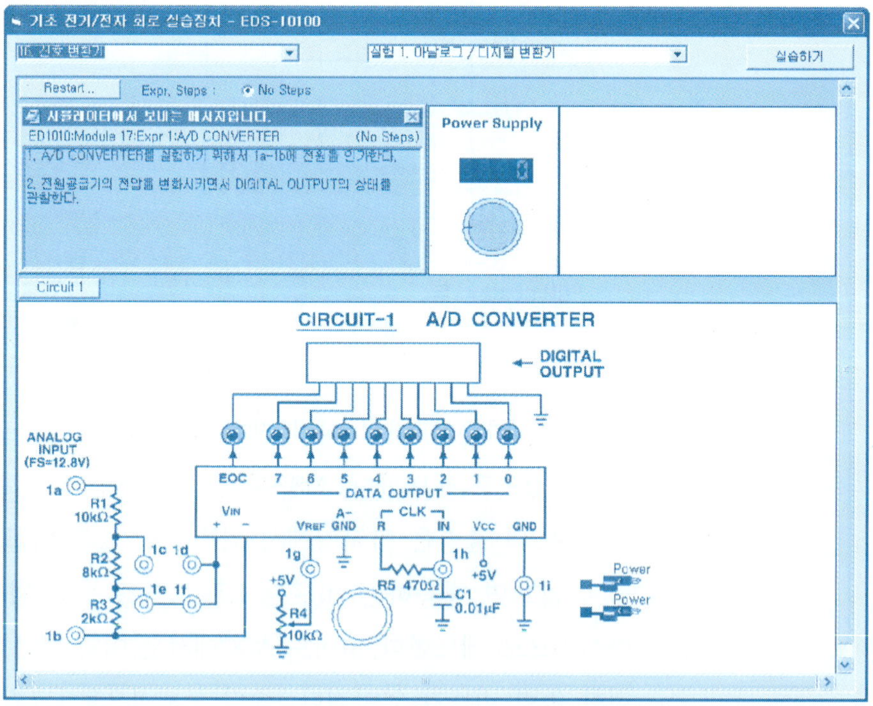

① 실험을 위해 회로-1을 이용한다.

② 1e-1f를 연결한 후 1a-1b 단자에 DC 12.75V를 인가한다.

③ $R4$를 가변하여 DATA OUTPUT 0~7에 해당하는 LED가 모두 점등되게 한다. 단, "0"에 해당되는 LED는 소등에서 점등으로 바뀌는 순간에 정확히 조정한다.

④ 입력 DC전압을 0V에서 12.75V까지 50mV씩 증가시켰을 때의 DATA OUTPUT LED의 상태를 점검하여 〈표 19-1〉의 해당란에 점등시 H, 소등시 L로 기록한다. 단, $R4$는 절대 가변하지 않도록 한다.

〈표 19-1〉

Analog Input(DC)	Digital Output(Binary Output)								
	D7	D6	D5	D4	D3	D2	D1	D0	
0									
0.5V									
0.10V									
0.15V									
0.20V									
0.25V									
0.30V									
0.35V									
0.40V									
0.45V									
0.50V									
0.80V									
1.60V									
3.20V									
6.40V									
12.75V									

◀비고▶

결 론

실험 결과에 대해 토의하시오. 〈결론 19-1〉

19–2 디지털–아날로그 변환기(D/A converter)

1. 이 론

(1) 가중 저항을 이용한 DAC

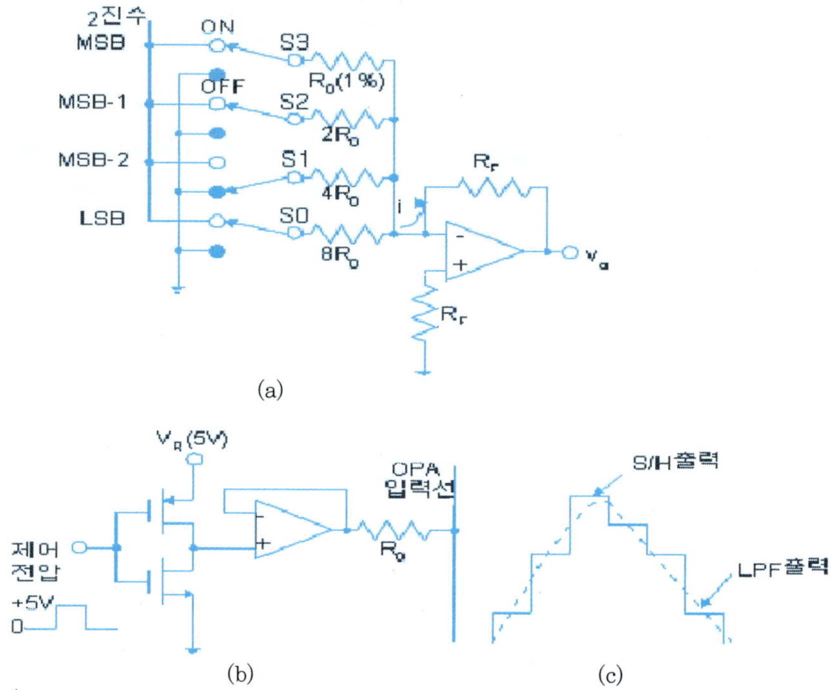

[그림 19-6]
가중 저항을 이용한 DAC

[그림 19-6](a)는 4비트의 2진수에 비례하는 아날로그 전압을 얻는 한 가지 방법으로써 2진적으로 가중(weighted)저항 R_0· $2R_0$·$4R_0$·$8R_0$를 통하여 흐르는 전류를 가산기로 합하고 있다. 예컨대 2진수가 1101($13_{(10)}$)일 때 그림에서 스위치 S1만 OFF되어 접지되고(MOS 스위치의 경우 게이트 전압을 LOW로 하여 OFF 시킨다), 나머지는 ON되어 기준전압 V_R에 연결된다. 따라서 출력전압 $V_0 = -R_F i$는 다음과 같이 되므로 기준전압은 매우 정확해야 한다.

$$V_0 = \frac{-R_F}{8R_0}(2^3 \times 1 + 2^2 \times 1 + 2^1 \times 0 + 2^0 \times 1)\,V_R = -\left(\frac{R_F}{8R_0}\,V_R\right) \times 13$$

입력저항은 적은 것일수록 정확도가 높아야 한다. 또한, 스위치의 ON 저항은 최소 저항 R_0의 $1/2^n$보다 적어야 한다(n:비트수). 왜냐하면 일반적으로 입력이 n비트일 경우 출력의 최대치는 다음과 같기 때문이다.

$$V_0 = -\frac{R_F}{2^{n-1}R_0}\,V_R \times (2^n - 1)$$

따라서 예컨대 $R_0 = 10\text{k}\Omega$, $V_R = 1\,V$, 8비트일 때 $V_0 = 0 \sim -10\,V$까지 얻으려면 제일 큰 입력저항은 $2^7 R_0 = 1.28\text{M}\Omega$, $R_F = R_0 \times 10 \times \frac{2^7}{(2^8 - 1)} =$ 50,196kΩ으로 해야 한다. 이와 같이 비트가 높을수록 큰 저항이 필요하다는 것이 이 형식의 DAC의 결점이다. 다음에 기술할 DAC는 이 문제를 해결해 준다. 스위치로써는 [그림 19-6](b)와 같은 CMOS Inverter가 적당하다. 보통 DAC 뒤에 S/H(Sample/Holder) 회로를 연결한다. 입력 디지털 신호는 동시에 병렬적으로 변하므로 S/H의 출력은 [그림 19-6](c)와 같이 계단식으로 변한다. 이것을 매끄러운 아날로그 신호로 만들기 위하여 그 뒤에 저역통과필터(LPF)를 연결한다. LPF의 차단주파수는 스위치를 동작시키는 클럭 주파수보다는 낮게 하고 신호에 포함된 최고 주파수보다는 높게 해야 한다.

(2) R–2R 사다리꼴 DAC

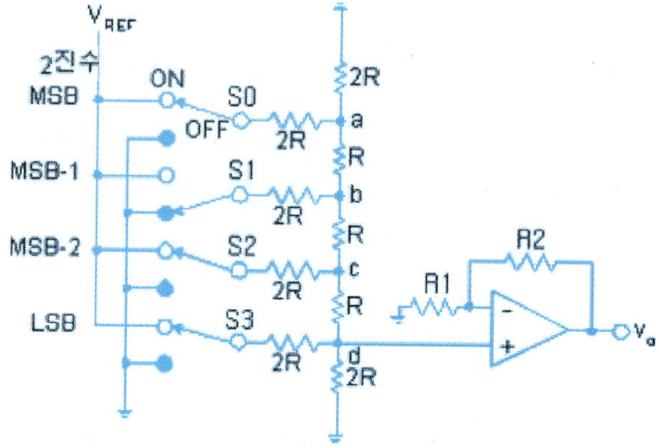

[그림 19-7]
R–2R 사다리꼴 DAC

이것은 R과 2R의 두 가지 저항들을 사다리꼴로 연결한 것으로써 [그림 19–7]은 4비트의 2진입력에 대한 것이다. 입력 2진수 $1101(13_{(10)})$에 대해서는 그림에서 S1만이 그라운드되고 기타는 기준 전압 V_R에 연결되어 다음과 같이 된다.

$$V_d = \frac{2}{3}\cdot\frac{V_R}{16}(2^0 + 0 + 2^2 + 2^3) = \frac{2}{3}\cdot\frac{V_R}{16}(13)$$

$$\therefore\ V_0 = (1+\frac{R2}{R1})\,Vd = (1+\frac{R2}{R1})\frac{2}{3}\cdot\frac{V_R}{16}(13)$$

예컨대 $V_R = 1\,V$일 때 최대 출력을 10V로 하려면 $1+(R2/R1)/24\times 15 = 0$으로부터 $R2/R1 = 15$로 하면 된다.

① R–2R 사다리꼴 DAC는 하중 R DAC에 비해서 저항의 개수가 2배이지만 두 가지 저항값만이 필요하고 특성은 각 저항의 정밀도가 아니라 저항비에 관계되므로 저항비의 정밀도가 높아야 한다.

또 스위치의 ON 저항은 R_{ON}은 2진수의 MSB 쪽에서 더 큰 영향을 주므로 $2R/R_{ON}$의 비를 크게 해야 한다.

② 각 접점과 접지 사이에 분포용량이 존재한다. 따라서 위쪽에서 발생한 스탭 전압일수록 출력까지 전달하는 데 지연(delay)이 생기며, 이것이 고속동작을 저해한다. [그림 19-7]의 DAC는 이러한 문제를 해결해 준다.

2. 실험 과정

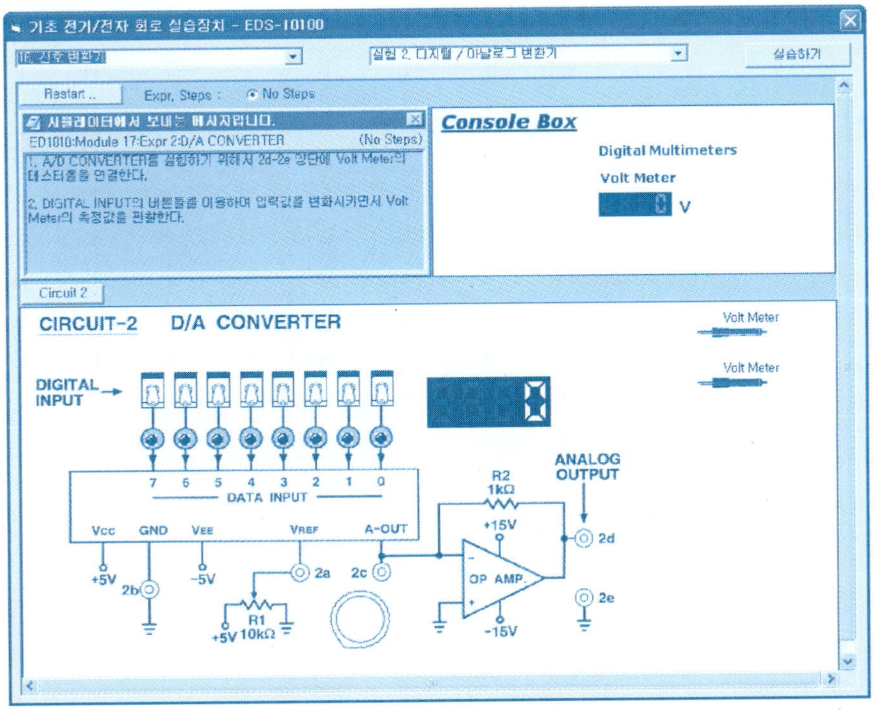

① 실험을 위해 회로-2를 이용한다.

② DATA INPUT(회로-1의 ADC 출력을 이용)이 〈표 19-2〉와 같이 인가될 때의 아날로그 출력값을 〈표 19-2〉의 해당란에 기록한다(LED의 상태로 H, L 결정).

〈표 19-2〉

Step	Digital Input (Binary Input)								Analog Output(DC)
	D7	D6	D5	D4	D3	D2	D1	D0	
0	L	L	L	L	L	L	L	L	
1	L	L	L	L	L	L	L	H	
2	L	L	L	L	L	L	H	L	
3	L	L	L	L	L	L	H	H	
4	L	L	L	L	L	H	L	L	
5	L	L	L	L	L	H	L	H	
6	L	L	L	L	L	H	H	L	
7	L	L	L	L	L	H	H	H	
8	L	L	L	L	H	L	L	L	
9	L	L	L	L	H	L	L	H	
10	L	L	L	L	H	L	H	L	
11	L	L	L	H	L	L	L	L	
12	L	L	H	L	L	L	L	L	
13	L	H	L	L	L	L	L	L	
14	H	L	L	L	L	L	L	L	
15	H	H	H	H	H	H	H	H	

◀비고▶

결 론

실험 결과에 대해 토의하시오. 〈결론 19-2〉

19-3 주파수-전압 변환기(F/V converter)

1. 이 론

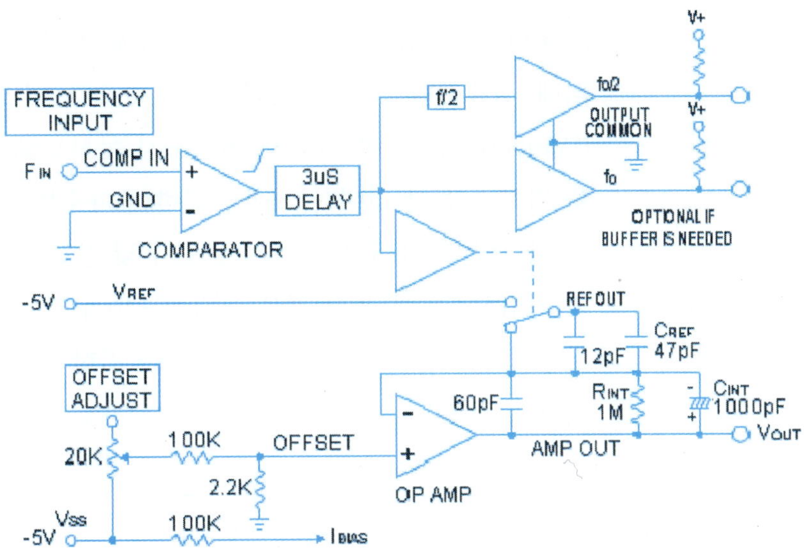

[그림 19-8]
주파수-전압 변환기의 회로

주파수-전압 변환기(Frequency-Voltage Converter)란 입력된 주파수에 비례한 DC 전압출력으로 바꾸어 주는 회로를 말하며 [그림 19-8]는 DC~10kHz까지 동작할 수 있는 F-V 콘버터이다. [그림 19-8]에서 변환기는 입력 주파수 파형에 선형적으로 비례하는 출력전압을 발생한다. 비교기의 입력에서 F_{IN}이 "0"이면 비교기 출력도 "0"이 되어 OP AMP의 가산접속 회로에 분배되고, 이 양은 번갈아 OP AMP의 출력에서 전압 펄스를 내는 피드백 저항을 통해 흐른다. RINT에 걸리는 콘덴서(CINT)는 이 펄스를 평균해서 입력 주파수에 선형적으로 비례하는 DC 전압으로 바꾸어 준다.

이 회로에서 입력 주파수와 출력전압과의 관계는 다음과 같다.

$$V_{OUT} = [V_{REF} \cdot C_{REF} \cdot R_{JNT}]F_{JN}$$

FIN의 변화에 대한 응답속도는 RINT와 CINT에 의해 결정되며 VOUT에 포함된 리플의 총합은 CINT와 입력 주파수에 반비례한다. CINT를 증가시키면 리플을 줄일 수 있는데 낮은 주파수에 대해서는 1μF~100μF가 아주 적절한 값이다. 이 회로를 단전원에서 동작시킬 때 VREF 전압은 OP AMP의 OFFSET 입력 단자(+)와 SW에 연결된 VREF 단자와의 전압차에 의해 정해진다. 만약, 입력신호가 $\pm 200neV$보다 작은 경우는 비교기(Comparator)가 이 신호를 인식하지 못하므로 최소한 이값보다 큰 입력을 가하여야 할 것이다. 또한, 입력 주파수를 최대 100kHz까지 사용하고자 한다면 RINT의 값을 100kΩ보다 낮은 걸로 교체하면 될 것이다. 단극의 입력신호를 사용할 경우 그림 19-10과 같이 OFFSET 회로에서 사용한 저항회로와 같은 구성을 적용하거나 결합 콘덴서를 연결하여 사용할 수 있다.

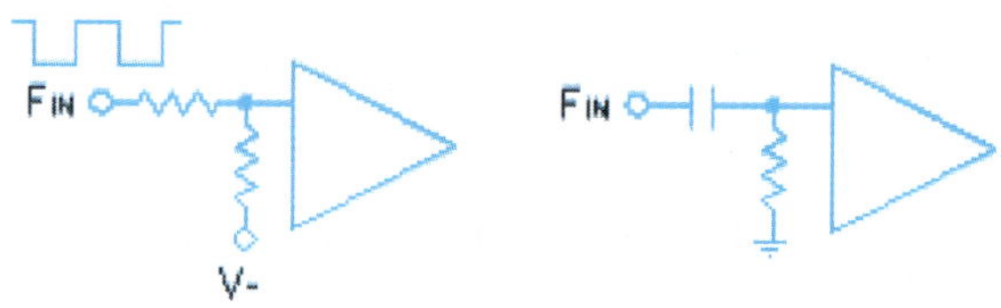

[그림 19-9]
단극신호 입력시의 회로 구성

f0와 f0/2는 F-V 모드에서는 일반적으로 사용하지 않는다. 만약, 이 출력에 버퍼를 부가회로로 연결하여 약간 응용한다면 f0는 입력 파형을 추종할 것이다. 단, f0는 F_{IN}에 대해 3μs 지연되며, 회로에서 주파수 출력 f0의 한주기는 f0/2의 반주기가 될 것이다.

2. 실험 과정

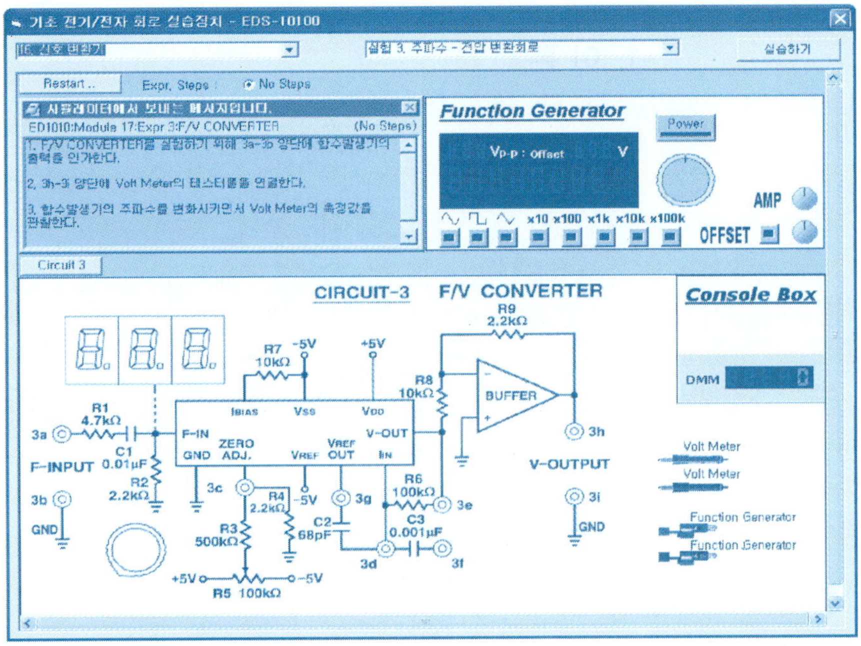

① 실험을 위해 회로-3을 이용한다.

② 3a-3b를 연결한 후 출력전압이 0V가 되도록 R5를 조정한다.

③ 3a-3b에 입력신호의 주파수를 〈표 19-3〉과 같이 100Hz씩 증가시켰을 때의 출력전압을 측정하여 표의 해당란에 기록하고 입력주파수와 출력전압과의 선형성 여부를 검사한다. 이때, 입력Level은 1V~3V 정도로 한다.

〈표 19-3〉

입력주파수[Hz]	100	200	300	400	500	600	700	800
출력 전압[V]								

◀비고▶

결 론

실험 결과에 대해 토의하시오. 〈결론 17-3〉

19-4 전압-주파수 변환기(V/F converter)

1. 이 론

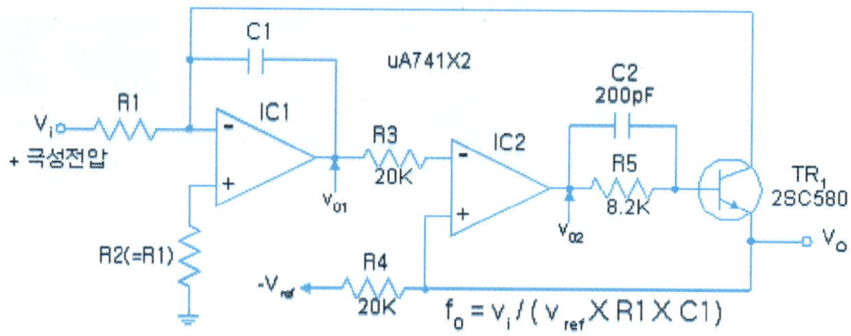

[그림 19-10]
전압-주파수 변환기의 회로

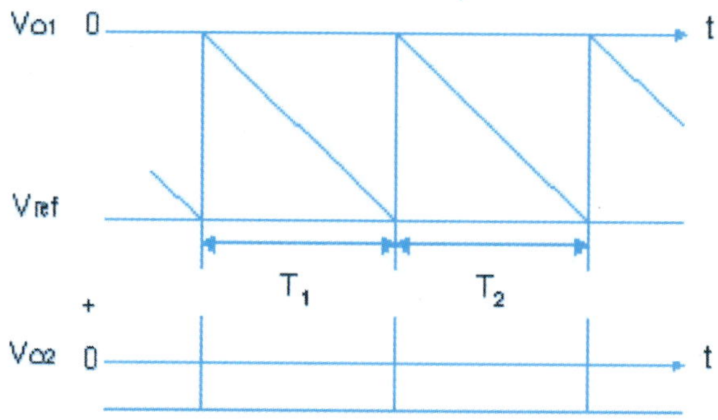

[그림 19-11]
변환기의 파형

전압-주파수 변환기(Voltage-Frequency Converter, 이하 V-F 변환기라 한다.)는 적분회로로 구성되어 있다. [그림 19-10]은 V-F 변환기의 회로로써, 입력전압 Vi를 $IC1$으로 반전 증폭을 함과 아울러 $C1$에 의해서 적분 작용을 하게 된다. 따라서, 이 적분기는 반전된 전류를 입력에 되먹임 시키므로 출력전압 Vo는 다음과 같이 나타난다.

$$V_0 = -\frac{1}{C1}\int t, dt = -\frac{1}{C1}\int \frac{V_4}{R_4}dt = -\frac{1}{R_2 C1}\int v_1 dt$$

(단, 여기서, i_f는 되먹임 전류이다.)

이 회로의 과도응답을 라플라스 변환(Laplace Transform)을 이용하면 아래와 같다.

$$V_o(S) = -\frac{1}{sT}V_4 \cdot \frac{1}{s} = -\frac{1}{s^2} \cdot \frac{1}{T}V_4$$

(여기서, T는 $R1C1$이고, s는 미분 연산자[=d/dt]이다)가 되며, 따라서 $V_0(f) = L^{-1}[V_0(s)]$를 적용하면 다음과 같다.

$$V_o(S) = -\frac{1}{sT}V_4 \cdot \frac{1}{s} = -\frac{1}{s^2} \cdot \frac{1}{T}V_4$$

이 식의 의미는 $f = 0$인 시간의 출력전압은 $V_0 = 0$이고, $V_0 = 0$시간 후의 출력전압은 $V_0 = V_f$가 됨을 말한다. 여기서, $R2$는 바이어스 전류를 보정하기 위한 저항으로 $R2 \cong R1$이 된다. 그러므로 $R1C1$의 시정수가 결정되면 출력파형은 [그림 19-11]의 V_{01}과 같이 적분된 톱날파로 나타나게 된다. 또, $IC2$는 적분기의 출력전압과 기준전압 V_{ref}를 비교해서 V_{01}이 기준전압 V_{ref} 이하일 경우에는 비교기의 출력전압이 양(+)이 되어 트랜지스터 TR_1을 통전(ON)시키고, 이로 인해서 $C1$의 전하를 $C1$으로방전시키게 된다. 반대로, V_{01}이 V가 되면서 $IC2$의 비교영역을 지나면 V_{02}은 (−)의 포화전압으로 출력이 나타나게 되어 TR_1은 불통(OFF)가 된다.

$R1C1$의 시정수로써 V_{01}이 0V로 되는 방향에 적분을 개시하게 된다. 이 경우, $IC1$은 $R1C1$의 시정수로 정상적인 적분기로써 동작하는 경우의 $IC2$의 +측 전압은 TR_1의 포화전압 TR_1이 대단히 작다고 볼 수 있으므로, $IC1$의 전압과 동일한 0V의 전위가 된다.

따라서, V_{01}이 0V 이상되는 전위에서 $IC2$는 반전하고, TR_1은 불통(OFF)인 동작을 되풀이한다.

이 회로에서 문제가 되는 것은 이 불통(OFF)되는 경우에 콜렉터 누설전류를 항상 적분할 것, 누설전류가 작을 것, 더욱이 TR_1의 통전저항(TR_1)이 $R1$에 비해서 작을 것 등이 요구된다. 이 회로의 출력주파수를 결정하기 위해서 적분되는 순간에 주기로써의 시간을 T_1, 리셋(Reset)에 필요한 시간을 T_2라 하면 T_1, T_1 그리고 발진주파수는 다음과 같다.

$$V_{01} = -\frac{1}{R1\,C1}\int_o^{T_1} V_{1\,dt} = V_{ref}$$

$$\therefore T_1 = (V_{ref}/\,V_r)R1\,C1$$

$$\therefore T_1 = (V_{ref}/\,V_r)R1\,C1$$

$$\therefore T_2 = (V_{ref}/\,V_{ref)}(R4 + R_r)C1 = (R4 + R_r)C1$$

(여기서, R_1은 TR_1이 통전 때의 저항이다)

$$f_0 = \frac{1}{T_1 + T_2}$$

그러나, 실제T_2 는 T_1에 비해서 대단히 작은 시정수로 되지 않으면 안된다.

그러므로, 회로정수는 다음 두 가지의 조건을 만족시켜야 한다.

$$R4 > R_r$$

$$(R4 + R\gamma)C1 < R1\,C1$$

결국, 이 회로의 입력전압에 대한 출력 발진주파수가 시정수 $R1\,C1$에 의해서 크게 좌우된다고 볼 수 있으므로, 발진주파수의 기준을 설정하기 위해서는 $R1$ 또는 $C1$을 정하거나 기준전압 V_{ref}를 조정해야 한다. 그러나, 기준전압(V_{ref})을 너무 높게 설정하면 적분 출력전압의 최고값에 교차하는 점이 없게 되어 비교적 출력이 나타나지 못하므로, 보통 적분출력의 반 정도의 전압으로 설정하는 것이 좋다.

2. 실험 과정

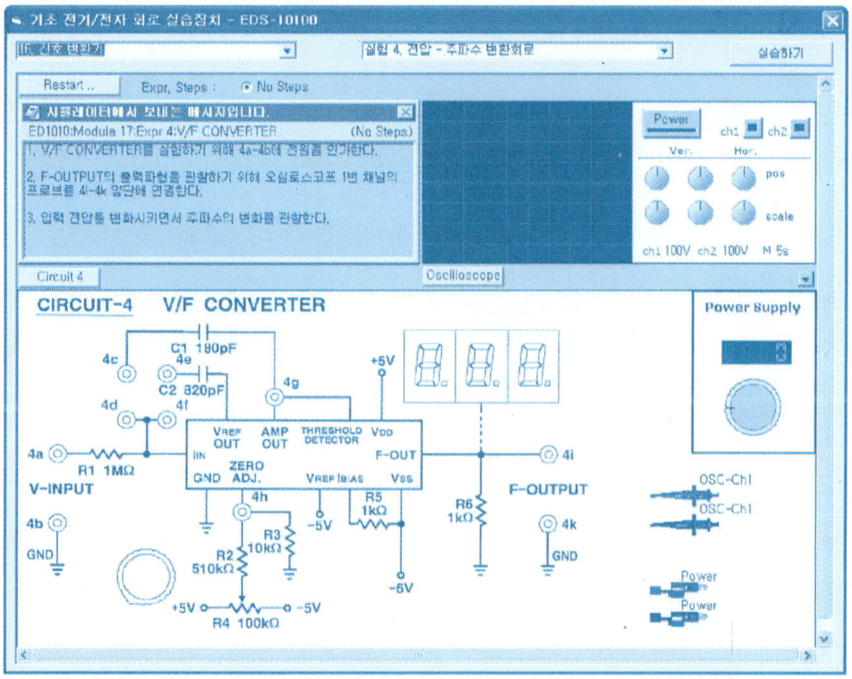

① 실험을 위해 회로-4를 이용한다.

② 4a-4b, 4e-4f를 연결한 후 출력 주파수가 0Hz가 되도록 V_{ref}를 조정한다.

③ 4a-4b에 입력신호의 전압값을 〈표 17-4〉와 같이 1V씩 증가시켰을 때의 출력주파수를 측정하여 표의 해당란에 기록하고 입력전압과 출력주파수와의 선형성 여부를 검사한다.

〈표 19-4〉

입력전압[V]	1V	2V	3V	4V	5V	6V	7V	8V
출력주파수[Hz]								

◀비고▶

결 론

실험 결과에 대해 토의하시오. 〈결론 19-4〉

찾아보기

저자 약력

■ 남 상 엽

- 공학박사
- 삼성종합기술원 정보시스템연구소 근무
- 모토로라 반도체통신(주) 기술연구소 근무
- (현) 경문대학 정보통신과 교수

■ 박 정 호

- 한양대학교 전자공학과 학사(1991)
- 공학박사
- 삼성종합기술원 전자기기연구소 근무
- 인성정보 통신개발실 근무
- 코리아닷컴 시스템실 근무
- 두루넷(주) 시스템실 근무
- (현) 서울디지털 대학교 컴퓨터공학부 교수

■ 박 용 후

- (현) (주)ED 대표이사

전자회로 기초 및 응용

2006년 7월 1일 1판 1쇄 발행

저 자 남상엽 · 박정호 · 박용후
발행인 남 승 우

발행처 도서출판 상尙 학學 당堂
서울특별시 동작구 사당3동 220-43
TEL : 02) 595-1692~4
FAX : 02) 595-1394
E-mail : namdoo6@unitel.co.kr
신고 : 2-155호 (1968. 11. 29)

정가 23,000원

ISBN 89-85437-21-6 93560

임베디드 시스템 구성도 EMBEDDED SYSTEM

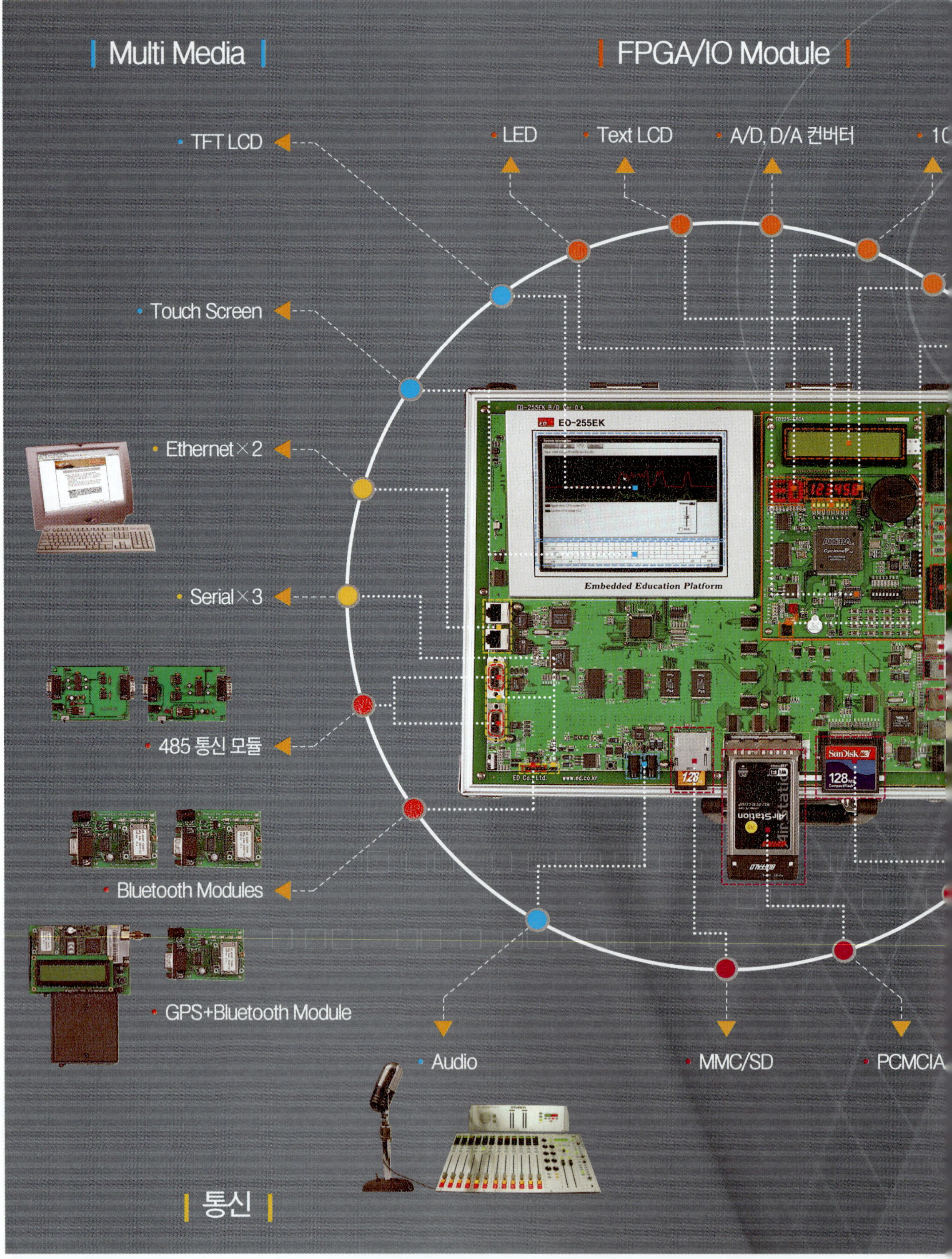

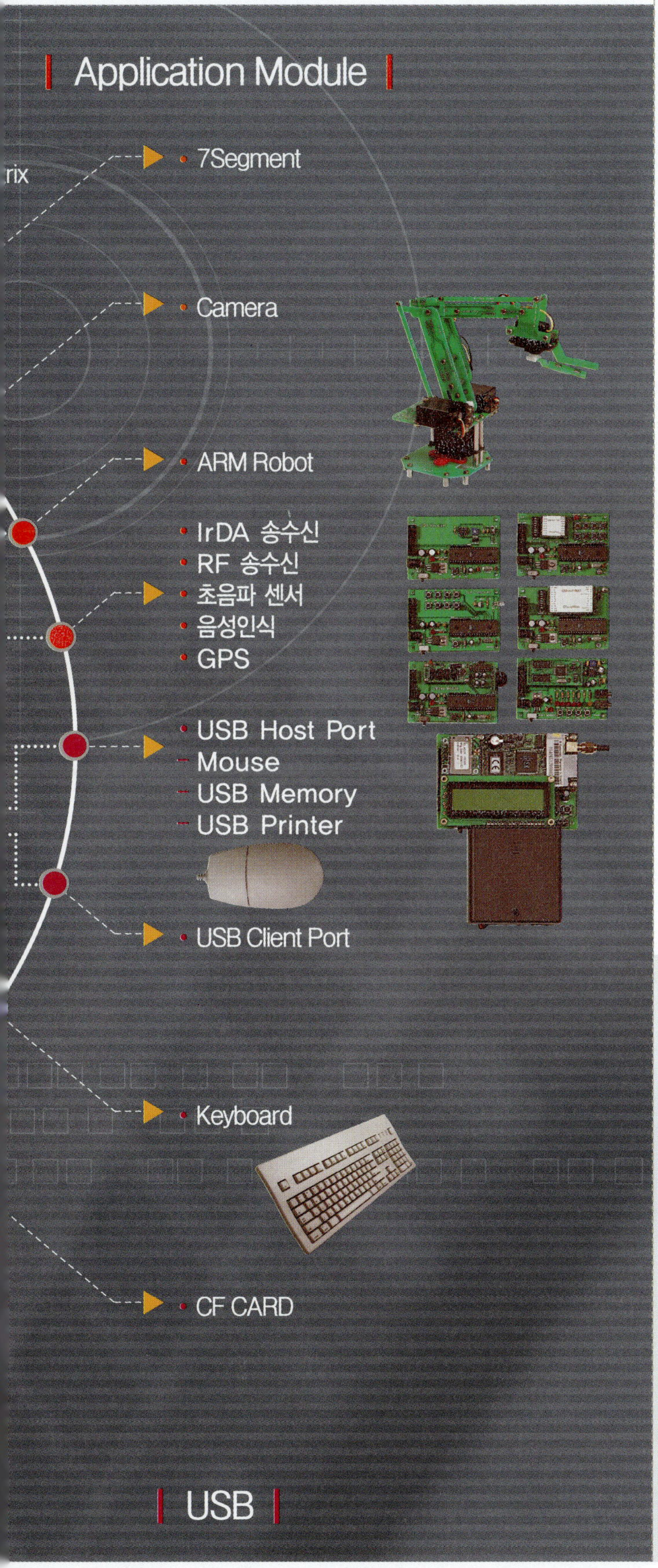

임베디드 응용 시스템 활용 구성 (Embedded System)

ED-255EK

Intel XScale PXA255 400MHz의 저전력 고성능의 프로세서를 채택하였으며 이 실습 장비를 이용하여 네비게이션, Bluetooth, PDA, 라우터, 웹 패드 등 보다 빠른 IT장비들을 개발하기 위한 임베디드 실습 및 개발 솔루션을 제공합니다.

풍부한 시스템 제원

Flash 32Mbyte, SDRAM 128Mbyte, 10Mbps Ethernet 포트와 10/100 Ethernet 포트, Wireless LAN을 지원하여 다양한 네트워크 디바이스를 경험할 수 있으며 USB 1.1/2.0Host/Client, UART, 6.4˝ TFT LCD, AC'97 Codec, RTC와 Multi Media Card들인 PCMCIA, CF, MMC/SD Card를 지원하여 시스템 활용을 극대화 시켰습니다.

12만 Gate FPGA 지원

임베디드 시스템과 독립적으로 또는 병행하여 시스템을 운용할 수 있으며 직접 VHDL코드로 설계하여 LED, Text LCD, A/D, D/A 컨버터, 7-Segment, Dot Matrix, Step Motor, Buzzer, CMOS Image Sensor 등을 설계하고 응용할 수 있습니다.

확장 어플리케이션 시스템 지원

ED-255EK장비의 활용을 극대화하기 위해 다양한 어플리케이션 모듈과 이 모듈들을 설명하는 교재도 같이 제공하고 있습니다. 모듈은 GPS, 초음파, IrDA, RF, 485통신, Bluetooth, 음성인식, ARM Robot 등이 있으며 현재 필드 에서 많이 사용되는 것들로 구성을 하였습니다.

임베디드 시스템 응용 모드

▶ **Application Module**

• 음성인식 • Robot • ARM로봇 • IrDA
• RF • GPS • Bluetooth • 초음파

▶ **FPGA/IO(Option) Module**

• FPGA/IO • 20X2 Text LCD • Key Pad
• AD/DA • Motor • Camera • LED • Buzzer

▶ **통 신**

• 네트워크 장비 • 인터넷 • 홈 네트워크 • Webserver

▶ **Multi Media**

• Audio • Display • MP3 • 동영상 플레이

▶ **USB**

• 입력/저장/출력 • Multi Media • Webcam • Printer

SoC 토탈솔루션

System on a Chip Training System

Model : ED-SoCwinner

특징

- 10만, 40만, 100만 Gates 모두 사용 가능한 통합 Platform으로 구성
- 마이크로 프로세서인 ARM922T를 내장, 쉽고 빠른 OS 탑재가 가능
- Ethernet, UART, IDE, VGA Port, USB, PCMAIA 등의 주변 장치들을 다양한 IP 검증 및 OS를 이용한 디바이스 제어가 가능
- PCI Master / Slave 설계 구현 및 테스트
- 640×480 6.4″ TFT LCD와 CMOS Image Sensor를 이용하여 멀티미디어 장비 구현 가능
- Xilinx Vertex II 3,000,000 ~ 8,000,000 Gate 디바이스가 장착된 확장 모듈을 지원

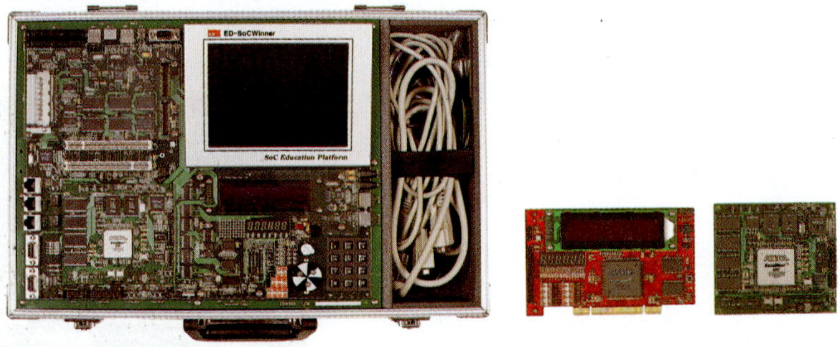

실험실습내용

- H/W와 S/W Co-Verification 및 알고리즘
- AMBA AHB Bus 설계 및 검증
- DMA 설계 및 실습
- CMOS Image Sensor를 통한 영상 처리 실습
- IDE를 이용한 대용량 HDD 제어 실습
- AC97 Codec을 이용한 MP3
- 리눅스 디바이스 드라이버를 설계하여 주변 기기 제어
- 리눅스 OS 포팅
- ARM 프로세서 구조 및 개념
- SDRAM Controller 설계 및 실습
- TFT LCD / VGA 포트를 통한 이미지 처리 실습
- Dual Ethernet 을 통한 네트워크 실습
- AD/DA 컨버터 제어 실습
- 다양한 주변기기를 활용한 IP 설계 및 제어

규격

Excalibur	Device (EPXA4F672C3, EPXA10F1020C2, EPXA1F672C3)
	CPU (ARM922T)
	FPGA 10만/40만/100만 Gates
	SRAM (128kbytes) / DPRAM (64kbytes)
Memory	Flash : 32Mbytes (Max. 64Mbytes), SDRAM : 256Mbytes (Max. 512Mbytes)
TFT-LCD	6.4″ TFT Color LCD
VGA	VGA Port
Serial	UART Port (2ea)
Ethernet	10/100Mbps Ethernet Port (2ea)
PS/2	PS/2 Port 2ea for Keyboard / Mouse
USB	USB 2.0 Host / Client Port (2ea)
RTC	Real Time Clock
Audio	AC97 Audio Codec
CMOS Camera	Hynix CMOS Image Sensor
Character LCD	20×2 Character LCD
ADC / DAC	12bit A/D Converter / 14bit D/A Converter
Dot Matrix	5×7 Dot Matrix (2ea)
7-Segment	6×7-Segment
Keypad	4×4 Keypad / DIP S/W (8 Input DIP Switch)
Step Motor	Step Motor
Buzzer	Buzzer
Expansion	Ubiquitous Sensor Network Board (Option)
	FPGA Daughter Board (Option)
	Application Module Port
Debug	JTAG Port, Multi-ICE Port

RFID 토탈솔루션

RFID Application Trainer
Model : ED-3100

특징

- RFID 리더기에 대한 F/W 프로그램 실습
- Air-interface 등의 실험이 가능하도록 다수의 Test Point 제공
- Anti-Collision 기능 지원
- Application Engineer를 위한 OCX Library 제공
- 범용으로 사용되는 13.56MHz I-CODE Type
- Tag에 Data를 Read / Write 가능
- 컨베이어와 연동되는 미니 플랜트 제공 (창고관리, 공정관리, 주차관리 등)
- 탈부착이 가능한 응용 모듈 (출입통제, 물류관리, 자판기 등)

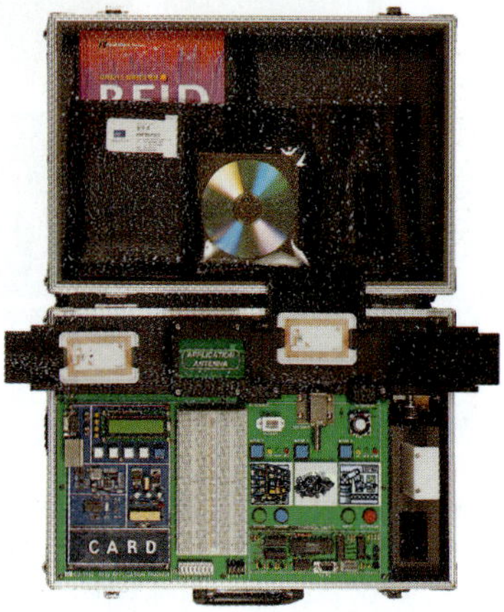

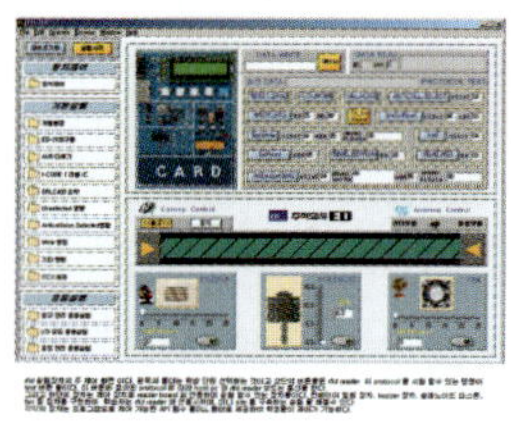

실험실습내용

- 개발환경 익히기 (AVR, JTAG, 컴파일러)
- ED-3100 구성 및 구동법
- 예제를 통한 AVR 장치 학습
- I-CODE1 라벨 IC 학습
- SLRC400 Reader IC 학습
- Unselected 명령어 학습
- Anticollision and Selected 명령
- Write, Selected, Addressed 명령
- 기타명령 (Selected Read, Halt, EAS/Quiet)
- OCX (예제)

규격

RFID Reader	Reader Control CPU	ATMEG128
	Carrier Frequency	13.56MHz ± 1kHz
	Protocol	I-CODE1
	Reading Distance	100mm 내외
	Display	4 Line Character LCD
	입력장치	모드설정용 입력 스위치 4ea
	Interface	RS-232, RS-422
RFID Antenna	2종 (PCB패턴, 플랜트 실습부)	
RFID Tag	13.56MHz I-CODE1 (R/W) : 10ea	
응용모듈	창고관리, 공정관리, I/O확장모드	

유비쿼터스 센서네트워크 토탈솔루션

Ubiquitous Sensor Network Trainer

Model : ED-3120, ED-3160

ED-3120 특징

- 유비쿼터스 센서네트워크 ZigBee (IEEE 802.15.4) 방식 원리 및 개념이해 가능
- 다양한 센서의 장착 및 확장성 확보 (조도센서, 온도센서, 습도센서, 가스센서, 초음파센서)
- 센서네트워크 시스템 교육 및 개발에 필요한 토탈 솔루션을 제공
- 다양한 적응 분야 (운영체제, 네트워크, Security, 로봇, H/W 개발, 센서 응용 등)
- PAN Coordinator에 접수된 화재, 가스누출 등의 경보상황을 PC를 통해 모바일 SMS로 수신 가능

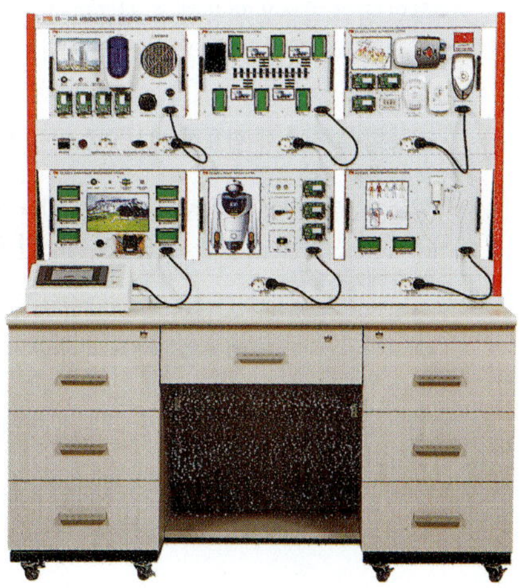

ED-3120

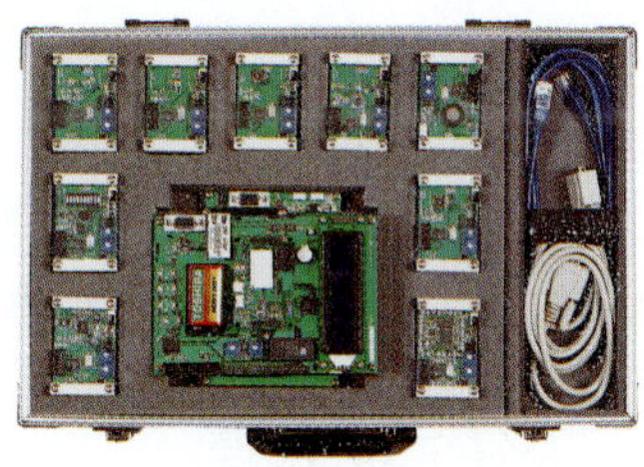

ED-3160

ED-3120 실험실습내용

- 센서 네트워크의 개요
- 센서 네트워크 모듈 하드웨어 이해
- 센서 네트워크 OS의 이해
- 센서 네트워크 환경 구축
- UART를 이용한 통신 프로그램
- 센서 기초 프로그램 (가스, 습도, 온도, 조도)
- 센서 기초 프로그램 (맥박, 체온, 기울기, 방위센서 등)
- RF 응용실습
- 센싱 및 제어 프로그램 및 Multi-hop Routing 프로그램
- Multi-hop을 이용한 제어 프로그램
- 센서네트워크 모니터링
- SMS 전송장치 연동 모니터링
- 센서 네트워크 구축 팀 프로젝트 제안서 작성
- 센서 네트워크 구축 팀 프로젝트 중간보고 및 프로젝트 수정
- 센서 네트워크 구축 팀 프로젝트 최종 보고 및 자료정리
- 팀 프로젝트 결과평가 및 보고회

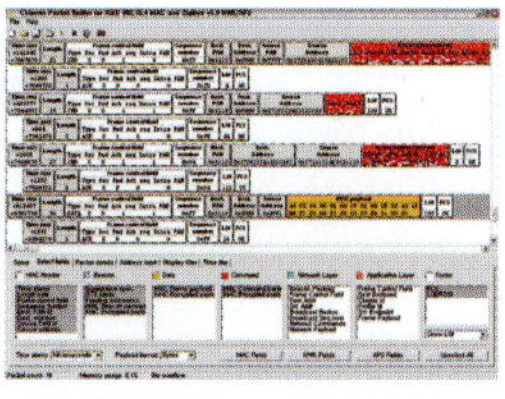